2판

유체기계 응용, 선정, 설계

SECOND EDITION
FLUID MACHINERY
APPLICATION,
SELECTION AND DESIGN

2판

유체기계 응용, 선정, 설계

Terry Wright · Philip M. Gerhart 지음

곽재수 · 김윤제 · 김진혁 · 윤준용 · 최민석 옮김

교문사

2판 머리말

본 교재는 사실상 Terry Wright가 저술한 『Fluid Machinery: Performance, Analysis and Design』의 2판에 해당하고, 초판과 2판의 주안점을 모두 적절히 반영하기 위해 부제를 변경하였다. 터보기계의 디자인 측면만을 강조하는 이 분야 대부분의 책들과 달리, 본 교재에서는 지면의 절반 이상을 할애하여 터보기계 응용 분야의 광범위한 공학적 문제와 특정 응용 분야에 적합한 기계를 선정하는 내용을 다루었다.

이미 초판의 서론에서 본 교재의 철학에 대해 상세하게 언급하였고, 2판에서도 많이 변경되지 않았기 때문에 여기서 다시 반복할 필요는 없을 것 같다. 2판에서는 세부적인 구성이 많이 변경되었는데, 독자에게 더욱 논리적인 흐름을 제공하기 위해 각 장의 내용을 재구성하였다. 이번 개정 작업에서는 독자가 대학생이든지 공학자든지 상관없이 이해하기 용이하도록 독자를 먼저 염두에 두고 서술하였다.

특히, 이 분야에서 사용하는 관습적인 표현을 포기하면서까지 본 교재 전체에서 동일한 수학적 기호를 사용하기 위해 세심하게 심혈을 기울였다. 이러한 노력의 가장 좋은 예는 속도 삼각형의 각도 β일 것이다. 전통적으로 β는 반경류형 기계에서는 상대속도와 블레이드 속도 사이의 각도를 의미하고, 축류형 기계에서는 상대속도와 축방향의 각도를 의미한다. 본 교재에서는 혼란을 피하기 위해 β를 상대속도와 블레이드 속도 사이의 각도의 의미로 고정하였다.

가능한 한 자료의 최신화를 위해 노력하였고, 그 대표적인 예로는 터보기계에서의 전산 유체역학 분야의 난관에 대한 내용들을 들 수 있다. 초판이 출판된 1999년 이후에 이 분야는 놀라운 발전을 기록하였지만, 이 분야의 전문가들조차도 좋은 설계 결과를 위해서는 본 교재에서 강조하는 1차원 설계 기법에서 설계를 시작해야 한다고 말하고 있다. 따라서 우리는 터보기계의 설계와 해석에서 CFD 활용의 방향성만을 제시할 것이다.

본 교재의 강점 중의 하나는 각 장의 마지막 부분에 포함된 많은 연습 문제라고 할 수 있다. 본 교재에는 거의 350문제가 수록되어 있고, 그중 약 1/3은 2판에서 새롭게 추가된 것이다.

초판 머리말

본 교재의 목적은 터보기계에 대한 유체역학적 문제를 광범위하게 다루는 것이다. 실제 공학자들에게 유용한 참고 자료나 설명서가 되기를 원하기 때문에 대부분의 기계공학자가 산업 현장에서 경험할 수 있는 압축기, 블로워, 홴, 펌프 등의 실용적인 기계들을 강조하여 설명한다. 다양한 터보기계를 종류별로 골고루 포함하기 위해서 가스 터빈과 수력 터빈에 관해서도 설명하고, 이에 따라 가스 터빈 엔진의 광대한 자료 중에서 선정된 일부도 설명된다. 가스 터빈은 전통적으로 항공우주 분야의 장비로 취급되었고, 다양한 문헌들에서 자세히 설명되었다(Oates, 1984, Wilson, 1984, Oates, 1985, Bathie, 1996, Lakshiminarayana, 1996, Mattingly, 1996). 최근 첨두부하용이나 분산 발전, 열병합 발전 등의 분야에서 발전용 가스 터빈의 수요가 크게 증가하고 있고, 이에 따라 공학도들이 졸업 후에 가스 터빈 엔진을 접할 수 있는 기회가 많아졌지만, 본 교재에서는 더 자주 접할 수 있는 산업용 기기들에 집중한다.

유체기계의 성능 인자들이 자세히 유도되고, 많은 예제를 통해 설명된다. 유량과 양정의 항으로 표현되는 기계의 고유 성능과 회전하는 임펠러 소음의 관계가 설명되고, 기계와 상호작용을 하는 유로 시스템과 소음의 관계도 다루어진다. 본 교재의 전반에 걸쳐 유로 시스템의 저항 특성과 기계 성능의 관계는 기계와 시스템 모두의 관점에서 강조된다. 유체기계와 관련된 음압 특성과 소음 수준은 유량과 압력 변화와 함께 기본 성능 변수로 다루어진다.

터보기계 임펠러의 형상 및 내부 구조와 고유 성능의 기본적인 관계는 초반부부터 다루어진다. 앞부분에서는 기계의 형상과 크기의 관계가 상사 변수 개념으로 설명되고, 형상과 크기, 양정, 유량이 기계의 구조와 성능을 나타내는 독특한 관계식으로 표현될 수 있음을 보인다. 이 비속도와 소음 및 크기의 관계는 경험적이고 전통적인 실험 관계식으로 정리된다. 이 개념을 이용하여 공학 현장에서 마주치는 다양한 종류와 모양 및 크기의 기계를 하나의 단순한 방법으로 설명한다.

후반부에서는 유로 내에서 발생하는 유동의 근사를 통해 기계의 구조와 성능을 설명하는 주제를 다룬다. 질량 방정식과 각운동량 방정식에서 시작하여 기계의 구조, 크기, 속도, 유로 형상 등을 고려하여 터보기계의 유동과 성능에 대한 지배 관계식을 유도한다. 이 고차원적인 상세 과정은 앞에서 유도된 크기와 속도에 관한 개념과 긴밀하게 연관되어 설명된다.

전반부에서 다양한 장비, 응용 분야 및 제약 사항에 대한 광범위한 예제와 설계 연습을 수행한 다음, 후반부에서는 심화된 계산 과정을 연습한다. 이를 위해 전반부에서 기본 성능 개념을 유도하기 위해 사용되었던 단순화된 가정 대신에 유동장에 대한 보다 복잡하고 엄밀한 분석을 설명한다. 유동장을 보다 심층적으로 분석함으로써 터보기계 구성품의 이해와 분석 및 설계에 내재된 복잡함과 어려움에 대한 현실적인 측면을 설명한다.

계산의 엄밀성과 복잡성이 크게 증가함에 따라 마지막 부분에는 터보기계의 분석 및 설계와 관련된 어려운 문제점 일부가 심화 설계 주제로 소개된다. 목표 성능 달성을 위한 기계의 설계와 구조에 영향을 미치는 매우 낮은 레이놀즈수 조건과 높은 난류 강도 조건이 설명된다. 본 교재의 후반부에서는 압축성, 불안정성 및 실속 현상과 이에 수반되는 기계와 시스템 상호 작용에 의한 성능 저하를 이용하여 성능 범위와 허용 가능한 작동의 한계를 설명한다.

본 교재의 전반에 걸쳐서 설계의 마지막 단계에서 터보기계 유동장 분석을 위한 심화된 해석 기법의 필요성을 설명하고 있지만 대부분에서는 다양한 근사화 기법들이 강조되고 있다. 이때 성능과 구조의 관계와 기계의 거동에 대한 근본적인 이해를 돕기 위해 기본 설계 방식의 개념이 적용된다. 마지막 장에서는 터보기계의 유동장에 대한 정확하고 상세한 정보를 제공하는 계산 기법들에 대한 개요를 소개한다. 이러한 기법들은 기본 형상에 적용되어 세부적인 구조 개선의 영향을 고찰하고, 설계자가 기계의 구성과 성능을 최적화하는 데 사용된다. 이 장에서는 현재와 미래의 전산 해석 능력의 중요성을 강조하고, 독자들에게 기계 설계 과정에서 유체역학의 더욱 정확한 해석에 대한 방향성을 제시한다.

본 교재의 전반에 걸쳐 예제와 연습 문제들은 기계의 설계나 선정 과정과 관련이 있도록 구성하였다. 연습 문제에서는 크기, 속도, 비용, 소음, 효율 등의 제약 조건 등이 고려된 시스템의 성능 필요 조건이나 사양을 다루게 된다. 이처럼 터보기계에서 실용적인 설계 방식을 적용하는 목적은 학생이든지 공학자이든지 상관없이 독자에게 본 교재의 범위 안에서 설명 가능한 현실적인 어려움들과 서로 상충하는 필요 조건들을 보여 주기 위함이다. 광범위한 산업적 응용 분야의 예를 사용함으로써 저자들은 독자가 기본 설계 방식의 일반성과 다양해 보이는 응용 분야의 공통점을 파악할 수 있기를 바란다.

저자들

Philp M. Gerhart는 Rose-Hulman Institute of Technology에서 학부 과정을 졸업한 후, University of Illinois at Urbana-Champaign에서 석사와 박사 학위를 수여 받았다. 1971년 부터 1984년까지 University of Akron의 기계공학과 교수, 1985년부터 1995년까지 University of Evansville의 기계-토목공학과 학과장, 1995년부터 같은 대학의 공학 및 컴퓨터과학 대학의 학장을 역임하였다.

Gerhart 박사는 2권의 저서와 35편 이상의 학술 논문과 보고서를 저술하였다. 그는 미국 육군, NASA, National Science Foundation, Electric Power Research Institute 등의 연구 과제를 주도적으로 수행하였다. 그는 다양한 발전 및 장치 산업 회사들의 자문 활동을 하고 있으며, Indiana Space Grant Consortium의 부원장으로 활동하고 있다.

Gerhart 박사는 미국 공학교육학회(American Society for Engineering Education)의 회원 이고 미국 기계학회(American Society for Mechanical Engineering)의 석좌회원이다. 1998 년부터 2001년까지 미국 기계학회의 성능 실험 표준(PTC: performance test codes) 담당 부회장을 역임하였다. 또 성능 실험 표준 부문 및 홴과 스팀 발생기 관련된 여러 부문의 회원 으로 오랫동안 활동하였다. 1993년에 미국 기계학회의 Performance Test Codes Gold Medal을 수여받았고, 2001년에 미국 보이스카우트 연맹의 Silver Beaver 상을 수상하였다.

Terry Wright는 항공우주학 학사, 석사, 박사 학위를 Georgia Institute of Technology에 서 취득하였고, Alabama 주에 기술사(은퇴)로 등록되어 있다. 초기에 그는 Westinghouse Research Laboratories에서 연구자와 수석 엔지니어로 오랫동안 근무하였다. 이 기간에 그는 주로 Westinghouse 사의 Sturtevant Division에서 터보기계의 설계와 제작에 전념하였다.

1980년대 중반에 Wright 박사는 University of Alabama at Birmingham의 기계공학과 교 수로 임용되었고, 유체역학과 터보기계, 터보기계 내의 소음 최소화에 대해 활발히 교육하고 연구하였다. 대학에 있는 동안 터보기계 제작사와 사용자들에 대한 자문을 수행하였고, 1990 년대 대부분을 기계공학과 학과장으로 봉사하였다.

정부와 산업계에서 교육 자문으로 활동하였고, 90편 이상의 연구 및 배포 제한이 있는 산 업 보고서와 40여 편의 공학 학술지, 소논문, 학술 대회지 논문을 저술하였다. 그는 미국 기계학회의 터보기계와 터보기계 소음 관련된 분과에서 활발하게 활동하였다.

Wright 박사는 University of Alabama at Birmingham의 석좌 교수로 활발한 저술 및 사회 활동을 하고 있다. 그는 터보기계 장비의 제작사와 사용 업계와 긴밀한 교류를 이어 가고 있으며, 현재 미국 기계학회 PTC 11 홴 입구 유동 왜곡 분과의 자문역으로 활동하고 있다.

역자 머리말

국내에 소개된 여러 터보기계 관련 서적을 검토하면서 유체역학적인 기본 이론과 설계, 산업 현장에 적합한 기계의 선정 등을 폭넓게 다루는 교재를 선정하려고 노력하던 중에 Wright 박사와 Gerhart 박사가 저술한 서적을 접하게 되었다. 본 교재에서는 상사 법칙부터 터보기계의 기본 이론, 소음, 2차원 및 3차원 유동에 이르는 광범위하지만, 터보기계를 처음 접하는 학생이나 공학자가 기본적으로 알아야 하는 내용들을 다루고 있다. 본 교재의 가장 큰 특징은 터보기계 관련 이론의 소개와 유도뿐만 아니라 이 이론들을 실제 산업에 적용하는 방법을 설명하고 있다는 것이다. 그 예를 들면, 대표적인 산업용 터보기계인 홴과 펌프에 대해 제작사에서 제시한 카탈로그를 활용하여 주어진 조건에 적합한 기계를 선정하는 과정을 상세히 설명하고 있다.

또 속도 삼각형과 오일러 방정식으로 모든 터보기계의 에너지 전달 과정을 설명할 수 있다는 장점을 반영하여 여러 종류의 터보기계를 동일한 원리로 설명하고, 이러한 내용을 하나의 장에 정리하여 각 기계의 유사점과 차이점을 비교하기 쉽게 설명하고 있다. 4장의 소음과 9장의 준3차원 유동, 10장의 일부 내용은 학부에서 다루기에는 조금 어려운 내용이지만, 다른 부분들은 학부 고학년 수준의 학습이 충분히 가능하리라고 판단된다.

이와 같이 터보기계 관련 기초 이론부터 다양한 장치의 설계 및 사양 결정 과정을 포함하는 체계적이고 실용적인 내용을 터보기계 관련 공부를 이제 막 시작하는 독자들에게 좀 더 쉽게 알려주고 싶은 작은 소망에서 번역을 시작하게 되었다. 번역에서 가장 큰 주안점은 실제로 학계와 산업계 현장에서 많이 쓰이는 용어들을 사용하는 것이었다. 예를 들어, airfoil은 깃이나 익형보다는 에어포일로 그대로 표현하였다. 또 영문의 직역보다는 독자들의 이해가 쉽도록 풀어서 설명하고자 노력하였다. 역자들의 노력에도 불구하고 영어를 한국어로 번역하는 과정에서 기대에 미치지 못하는 점이 있을 것으로 생각되지만 역자의 바람대로 터보기계를 처음 접하는 독자에게 좋은 참고 자료가 되기를 바란다.

역자 일동

차례

제6장 터보기계 내부 유동의 기초

제7장 속도 삼각형 및 유로 구성

FLUID MACHINERY

FLUID MACHINERY

제**1**장

서 론

1.1 서문

서론에서는 터보기계 분야에 사용되는 해석적, 경험적 관계식과 개념 설명에 필요한 열역학 및 유체역학의 기본 원리를 다룬다. 가능한 터보기계에 대한 표준 명칭이 사용될 것이며, 열역학 및 유체역학의 방정식들은 실제 산업 현장을 반영할 수 있도록 구체적으로 설명할 것이다.

1.2 열역학과 유체역학

본 교재에서 물리 현상과 상태량이 고려되는 유체에는 공기, 연소 생성물, 건식 증기와 같은 기체와 물, 오일, 석유 제품 및 제조와 에너지 변환 공정에서 운송되는 여러 뉴턴 (Newton) 유체와 같은 액체가 포함된다. 이러한 유체와 그 거동을 지배하는 규칙은 서론부에 제시된 예제와 문제 해결에 필요한 작동 유체에 대해서만 간결하게 제시된다.

복잡한 유체 및 특수 응용 분야에 대한 정보는 열역학 및 유체역학에 대한 교과서, 특화된 공학 교재 및 학술지에서 찾아볼 수 있다. 예를 들어, White(2008), Fox 등(2009), Munson 등(2009), Gerhart 등(1992), VanWylen과 Sonntag(1986), Moran과 Shapiro(2008), Baumeister 등(1978), 미국 기계학회(ASME) 및 미국 항공우주학회(AIAA)에서 발간되는 학술지, 유체역학 및 터보기계 핸드북(Schetz와 Fuhs, 1996) 등이 있다. 여기에서는 다상 유동이나 혼합물 흐름, 즉 액체 슬러리(slurry) 또는 가스 혼입 고형물, 전자기장의 영향을 받는 유체 또는 이온화되거나 화학적으로 반응하는 기체 또는 액체와 같은 흐름은 깊게 다루지 않는다.

1.3 단위와 용어

단위는 일반적으로 표 1.1에 나타낸 것처럼 국제 단위계(SI) 및 영국 중력 단위계(BG) 기본 단위계를 사용한다. 불행히도 터보기계의 성능 변수는 기본 단위 시스템으로 변환해야 하는 산업별 단위계(industry-specific unit)로 매우 빈번하게 표기된다. 압력 변화, 통과 유량, 그리고 입력 또는 추출된 동력을 기반으로 하는 이러한 성능 매개변수의 단위를 표 1.2에 기술하였다. 보다 일반적인 단위 간의 변환 계수는 부록 B에 소개하였다.

표 1.1 기본적인 SI 및 BG 단위계

길이	Meter(m)	Foot(ft)
질량	Kilogram(kg)	Slug(slug)
시간	Second(s)	Second(s or sec)
온도	Kelvin(K)	$^{\circ}$Rankine($^{\circ}$R) or $^{\circ}$F
힘	Newton(N), $N = kg \times m/s^2$	Pound(lb), $lb = slug \times ft/s^2$
압력	Pascal(Pa), $Pa = N/m^2$	lb/ft^2
일	Joule(J), $J = N \times m$	$ft \times lb$
일률	Watt(W), $W = J/s$	$ft \times lb/s$

표 1.2 전통적인(산업용) 성능에 관한 SI 및 BG 단위계

압력	lb/ft^2(psf), in. wg, in. Hg, lb/in^2(psi)	N/m^2(Pa), mm H_2O, mm Hg
양정	foot(ft)	m, mm
체적 유량	ft^3/s(cfs), ft^3/min(cfm), gal/min(gpm)	m^3/s, l/s(liter $1 = 10^{-3}$ m^3), cc/s
질량 유량	slug/s, lbm/s	kg/s
중량 유량	lb/s, b/hr	N/s, N/min
일률	Watts, kW, hp, $ft \times lb/s$	$N \times m/s$, J/s, kJ/s, Watts, kW

표 1.2에서 찾아볼 수 있듯이 단위는 종종 기본 관심 변수가 아닌 마노미터의 액체 이동량 또는 전기 신호값과 같은 기기 판독값을 기반으로 한다. 적어도 특정 제품이나 산업에 대해 엔지니어는 공통의 용어를 사용해야 한다. 따라서 본 교재는 액체 펌프의 경우(m^3/h, m^3/s), 축동력의 경우 kW 등을 포함한다. 그러나 본 교재에서는 일반적으로 분석 및 설계를 위해 기본 단위계를 사용하며, 필요시 또는 원하는 경우 기존 단위계로 변환할 것이다.

1.4 열역학적 변수 및 물성

자주 사용되는 변수 및 상태량에는 압력, 온도, 밀도(p, T 및 ρ)와 같은 상태 변수가 포함된다. 그것들은 각각 다음과 같이 정의된다. p는 유체 내의 평균 수직 응력이고, T는 유체 내의 내부 에너지의 측정치(실제로는 분자 운동에 의한 운동에너지의 측정치)이며, ρ는 유체의 단위 체적당 질량이다(열역학에서는 비체적, $v = 1/\rho$가 더 자주 사용됨). 이들은 유체의 상태를 정의하는 기본 변수이다. 유체에 주어지는 일과 에너지를 고려할 때 비에너지(e), 내부 에너지(u), 엔탈피($h \equiv u + p/\rho$), 엔트로피(s), 그리고 유체의 비열(c_v 및 c_p)을 반드시

포함해야 한다. 유체 마찰과 열전달을 고려할 때는 점도(μ)와 열전도도(κ)의 두 가지 전달 물성을 포함해야 한다. 일반적으로 이러한 물성은 상태 변수 함수 형태로 상호 연관되어 있다[예: $\rho = \rho(p, T)$, $h = h(T, p)$, $\mu = \mu(T, p)$]. 즉, 이들은 유체 상태량의 함수이다.

내부 에너지 u는 유체가 가지는 열에너지의 척도이다. 비에너지 e는 열에너지뿐만 아니라 $e = u + V^2/2 + gz$와 같은 위치 에너지와 운동에너지를 포함한다. 여기서 g는 단위 질량당 중력이고, 일반적으로 '중력으로 인한 가속'이라고 하며, V는 국부 속도, z는 지정된 기준선 위의 좌표이다(연직 방향을 양의 값으로 함).

기체의 경우 본 교재에서는 열적으로 또는 열량적으로 완전한 반응을 설명할 수 있는 기체로만 국한한다. 즉, 특정 유체의 R, c_v 및 c_p 값이 상수일 때 $p = \rho RT$, $u = c_v T$, 그리고 $h = c_p T$을 따르는 기체만을 고려한다는 것이다. 기체 분자량(M)을 이용하여 $R = R_u/M$을 구할 수 있다. 여기서 R_u는 유니버셜 기체상수인데, SI 단위계로 8,310 $\mathrm{m^2/(s^2\ K)}$, BG 단위계로 49,700 $\mathrm{ft^2/(s^2\ {}^\circ R)}$이다. 부록 A는 예제 및 문제 해를 구할 때 편리하게 참조할 수 있도록 기체상수 및 기타 유체 상태량에 대한 일부 정보를 제공한다. R, c_p 및 c_v는 $R = c_p - c_v$ 및 비열비 $\gamma = c_p/c_v$와 관련이 있는데, 기체상수 사이의 다른 관계식으로 $c_v = R/(\gamma - 1)$ 및 $c_p = \gamma R/(\gamma - 1)$를 들 수 있다. 고압 압축기나 가스 터빈에서와 같이 온도 변화가 클 경우 c_v, c_p 및 γ 값이 온도에 따라 변하지만, 공기를 이송시키는 데 사용되는 대부분의 터보기계에서는 c_v, c_p 및 γ 값이 일정하다고 가정할 수 있다.

이러한 열역학적 상태 변수 외에도 '실제 유체'의 전달 물성(점성 계수 및 동점성 계수)도 정의해야 한다. 점성 계수(μ)는 유체의 전단응력과 변형률 사이의 비례 상수로 정의된다. 단순 전단유동의 경우 $\tau = \mu(\partial V/\partial n)$로 나타낼 수 있는데, 여기서 n은 속도 V에 수직인 방향이다. 점성 계수의 단위는 전단응력에 대한 속도구배비로 나타낼 수 있다($\mathrm{Pa \times s}$ 또는 $\mathrm{lb_f \times s/ft^2}$). 점성 계수는 대부분의 유체에서 압력과 사실상 무관하지만 유체 온도에는 상당한 영향을 받는다. 일반적으로 기체의 경우 점성 계수는 $\mu/\mu_0 \approx (T/T_0)^n$와 같은 지수함수 형태로 근사화할 수 있다. 공기의 경우 $n = 0.7$ 및 $T_0 = 273\mathrm{K}$일 때, $\mu_0 = 1.71 \times 10^{-5}\ \mathrm{kg/(m \cdot s)}$ 값을 가진다. 다른 근삿값은 문헌을 통해 확보할 수 있으며, 일부 자료는 부록 A에 제시하였다. 동점성 계수($\nu \equiv \mu/\rho$)는 비압축성 유동 분석에 유용하며, 또한 레이놀즈수(Reynolds number), $Re = \rho Vd/\mu = Vd/\nu$를 기술하는 데 편리하다.

액체의 점도는 온도가 상승함에 따라 감소하는데, White(2008)는 순수한 물에 대한 합리적인 추정값으로 다음을 제안하였다.

$$\ln\left(\frac{\mu}{\mu_0}\right) = -1.94 - 4.80\left(\frac{273.16}{T}\right) + 6.74\left(\frac{273.16}{T}\right)^2 \tag{1.1}$$

여기서 $\mu_0 = 0.001792$ kg/(m · s)이고, 온도는 캘빈(K) 단위를 가진다.

액체를 다루는 기계를 설계 및 선택할 때 중요하게 고려할 사항은 펌프 또는 터빈 유로 내에서의 '증기 캐비테이션 현상(vaporous cavitation)'을 예측하는 것이다. 캐비테이션에 영향을 미치는 중요한 유체 상태량은 작동 유체의 증기압이다. 우리에게 친숙한 물의 '비등점'(100℃~212°F)은 표준 대기압, 101.3 kPa 조건에서 물을 기화시키는 데 필요한 온도이다. 물(또는 다른 액체)의 증기압은 저압에서 더 낮아지므로 액체 압력이 감소하면 상온에서도 비등이나 캐비테이션이 발생할 수 있다. 펌프 입구(또는 흡입) 영역에서 유체 압력이 현저히 낮아져서 유체 압력이 유체의 증기압과 비슷해지는 경우 비등 현상이나 캐비테이션이 발생할 수 있다. 증기압은 온도 변화에 크게 영향을 받는다. 물의 증기압(p_v)은 0℃에서 0.611 kPa, 100℃에서 101.3 kPa의 범위를 가진다. 부록 A의 그림 A.3과 그림 A.4는 물과 일부 연료에 대한 T와 p_v의 관계를 보여 준다. 작동 유체가 물인 경우 이러한 연관성은 다음 식으로 나타낼 수 있다. $p_v \approx 0.61 + 10^{-4}T^3$ (p_v는 kPa, T는 ℃). 이러한 근사식(정확도는 6% 이내)은 액체에서는 전형적인 강한 비선형성을 나타낸다. 고온의 액체에서는 압력이 감소하면 비등이 쉽게 발생하고, 캐비테이션도 잘 발생한다.

대부분의 경우 캐비테이션의 시작과 관련된 유체의 절대 압력은 국소 대기압에 의존한다. 이러한 압력은 대기의 고도에 따라 크게 변하게 되는데, 유체정역학의 기초 개념을 이용하여 해수면에서 고도 z까지 적분하는 다음 식으로 모형화될 수 있음을 상기하자.

$$p_b = p_{SL}\exp\left[(-g/R)\int dT/T(z)\right]$$

위 식에서 함수 $T(z)$는 선형적인 기온 저하율 모형, $T = T_{SL} - Bz$로 정확하게 근사화할 수 있어 다음 식을 얻게 된다.

$$p_b = p_{SL}(1 - Bz/T_{SL}) \; (g/RB)$$

여기서 $B = 0.0065$ K/m, $p_{SL} = 101.3$ kPa, $g/RB = 5.26$ 및 $T_{SL} = 288$ K이다. 이 식을 이용하면 특정 고도의 개방된 탱크나 수조와 연결된 펌프의 캐비테이션 문제에서 펌프 입구에서의 절대 압력의 근삿값을 구할 수 있다.

1.5 가역 과정, 비가역 과정, 완전기체의 효율

터보기계 유동에서는 작동 유체의 상태뿐만 아니라 과정 중의 경로도 파악해야 한다. 터보기계 유동은 본질적으로 단열 상태이기 때문에 이상적인 과정은 등엔트로피(isentropic) 과정이다. 열역학 제1법칙과 제2법칙에서

$$T \, ds = dh - \frac{dp}{\rho} \tag{1.2}$$

그리고 완전기체 상태 방정식(c_p 및 c_v는 상수, $dh = c_p dT$, $du = c_v dT$, $R = c_p - c_v$ 및 $p = \rho RT$)을 적용하면 위 식은 다음과 같이 나타낼 수 있다.

$$ds = \frac{c_p dT}{T} - \frac{R \, dp}{p} \tag{1.3}$$

상태 1과 2 사이를 적분하면 엔트로피 변화를 다음과 같이 나타낼 수 있다.

$$s_2 - s_1 = c_p \ln\left(\frac{T_2}{T_1}\right) - R \ln\left(\frac{p_2}{p_1}\right) \tag{1.4}$$

만약 유동이 단열이고 가역인 경우(가열이나 마찰이 없는 경우임), 이 과정은 등엔트로피(isentropic) 과정이고 $s_2 - s_1 = 0$이다. 따라서

$$\left(\frac{p_2}{p_1}\right) = \left(\frac{T_2}{T_1}\right)^{\gamma/(\gamma-1)} = \left(\frac{\rho_2}{\rho_1}\right)^{\gamma} \tag{1.5}$$

유체 상태량 사이의 이러한 관계는 다음의 폴리트로픽(polytropic) 과정의 형태를 가지게 된다.

$$\left(\frac{p_2}{p_1}\right) = \left(\frac{T_2}{T_1}\right)^{n/(n-1)} = \left(\frac{\rho_2}{\rho_1}\right)^{n} \tag{1.6}$$

지수 n을 변경하여 많은 다른 과정을 설명할 수 있다. 예를 들어, $n = 1$은 등온 과정을, $n = 0$은 정압(일정한 압력) 과정을, $n = \gamma$는 등엔트로피 과정을, 그리고 $n = \infty$는 정적(일정한 체적) 과정을 나타낸다. $n \neq \gamma$의 가역 과정에서는 열전달을 수반한다.

모든 실제 과정은 유체의 마찰, 난류, 혼합 등으로 인해 비가역 과정인데, 효율(η)로 과정의 특성을 나타낸다. 즉, 다음과 같이 나타낼 수 있다.

압축(펌핑) 과정의 경우

$\eta \equiv$[이상적인(가역적) 과정에서 주어지는 일 / 실제 과정에서 주어지는 일].

팽창(터빈) 과정의 경우

$\eta \equiv$[실제 과정에서 행하여지는 일 / 이상적인(가역적) 과정에서 행하여지는 일]

당분간 압축 과정의 제한 조건에서 등엔트로피 효율은 다음과 같이 정의된다.

$$\eta_{s,\text{압축}} \equiv \frac{w_s}{w} = \frac{c_p T_1 [(p_2/p_1)^{(\gamma-1)/\gamma} - 1]}{c_p(T_2 - T_1)} = \frac{(p_2/p_1)^{(\gamma-1)/\gamma} - 1}{(T_2/T_1) - 1} \tag{1.7}$$

등엔트로피 효율은 실제(비가역적) 압축 경로를 따라 주어지는 일과 초기 압력에서 최종 압력 사이의 다른 열역학적 경로를 따르는 이상적인 압축 과정의 일을 비교한 것이다. 효율을 다르게 정의할 수도 있는데, 소위 폴리트로픽 효율은 실제(비가역 단열 과정) 압축 경로를 따라 실제 및 이상적으로 가해지는 일을 비교한 것이다. 이 효율은 압축 경로상의 특정 지점을 고려하여 다음과 같이 정의된다.

$$\eta_{p,\text{압축}} \equiv \frac{1}{\rho}\frac{dp}{dh} = \frac{\gamma-1}{\gamma}\frac{T}{p}\frac{dp}{dT}$$

압축 과정 종료 시의 η_p를 표현하기 위해 η_p가 일정하다고 가정하고, 위 식을 적분하면 다음 식을 얻는다.

$$\frac{p_2}{p_1} = \left(\frac{T_2}{T_1}\right)^{\eta_p \gamma/(\gamma-1)}$$

위 식은 다음 관계식을 대입하면 식 (1.5)와 동일하다.

$$\frac{n}{n-1} = \frac{\eta_p \gamma}{\gamma-1} \tag{1.8}$$

즉, 다음 식으로 표기할 수 있다.

$$\eta_p = \frac{n}{n-1}\frac{\gamma-1}{\gamma} \tag{1.9}$$

등엔트로피 효율과 폴리트로픽 효율은 다음 두 식으로 표기된다.

$$\eta_s = \frac{(p_2/p_1)^{(\gamma-1)/\gamma} - 1}{(p_2/p_1)^{(\gamma-1)/\eta_p \gamma} - 1} \tag{1.10a}$$

$$\eta_{\mathrm{p}} = \frac{\gamma - 1}{\gamma} \frac{\ln(p_2/p_1)}{\ln\{1 + [(p_2/p_1)^{(\gamma-1)/\gamma} - 1]/\eta_{\mathrm{s}}\}} \tag{1.10b}$$

팽창 과정(터빈)의 경우 관계식은 다음과 같다.

$$\eta_{\mathrm{s}} = \frac{(T_1/T_2) - 1}{1 - (p_2/p_1)^{(\gamma-1)/\gamma}} \tag{1.11a}$$

$$\eta_{\mathrm{p}} = \frac{n-1}{n} \frac{\gamma}{\gamma - 1} \tag{1.11b}$$

$$\eta_{\mathrm{s}} = \frac{1 - (p_2/p_1)^{\eta_{\mathrm{p}}(\gamma-1)/\gamma}}{1 - (p_2/p_1)^{(\gamma-1)/\gamma}} \tag{1.11c}$$

$$\eta_{\mathrm{p}} = \frac{\gamma}{\gamma - 1} \frac{\ln\{1 - \eta_{\mathrm{s}}[1 - (p_2/p_1)^{(\gamma-1)/\gamma}]\}}{\ln(p_2/p_1)} \tag{1.11d}$$

많은 경우(예: 액체 펌프 및 저압 홴), 유체의 밀도 변화가 없거나 무시할 정도로 작다. 이러한 경우 등엔트로피 효율과 폴리트로픽 효율 사이의 차이는 없어지게 된다. 이 경우 수력 효율 또는 공력 효율을 사용하는데, 펌핑 기계에서는 유체에 실제로 가해진 일과 압력 변화를 밀도로 나눈 값의 비[η_{a} (또는 η_{H}) $= (\Delta p/\rho)/w$]로 나타내고, 일을 생산하는 터빈과 같은 기계에서는 실제 일과 압력 변화를 밀도로 나눈 비로 나타낸다. 비록 밀도 변화가 작아도 중요한 경우에는 폴리트로픽 과정 모형을 사용할 수 있지만, 폴리트로픽 효율은 공력 효율로 근사화될 수 있다. 이에 대해서는 이장의 후반부에서 설명할 것이다.

1.6 유체역학 및 열역학 방정식

유체역학적 분석에는 뉴턴 물리학의 자연 법칙이 적용된다. 즉, 유동은 다음을 반드시 만족해야 한다. 즉, 질량 보존, $dm/dt = 0$이고, 뉴턴의 제2운동법칙, $\boldsymbol{F} = d(m\boldsymbol{V})/dt$(굵은 글씨체는 벡터를 의미)이며, 각운동량의 관점에서는 $\boldsymbol{M} = d\boldsymbol{H}/dt = d(\sum (\delta m) r \times \boldsymbol{V})/dt$ (δm은 합에 포함되는 각 항의 질량)이고, 에너지 보존식, $dQ'/dt - dW/dt - dE/dt = 0$이 만족되어야 한다. 에너지 방정식, 즉 열역학 제1법칙에서 Q'은 유체로 전달되는 열, W는 유체에 의해 수행된 일, 그리고 E는 유체의 에너지이다. 이러한 방정식은 위에서 언급한 열역학 제2법칙 및 상태 방정식과 함께 유체 유동에 대한 분석틀을 제공한다.

유체역학 연구에서 이러한 기본 형태는 레이놀즈 수송 정리(Reynolds transport theorem)를 사용하여 검사 체적 형태로 변환된다. 정상 상태 유동의 연속 방정식은 다음과 같다.

$$\iint_{cs} \rho(\boldsymbol{V} \cdot \boldsymbol{n}) dA = 0 \tag{1.12}$$

여기서 'cs'는 적분하는 이상기체의 전체 표면을 나타내며, $(\boldsymbol{V} \cdot \boldsymbol{n})$은 표면 단위 법선 벡터 $\boldsymbol{n}$과 함께 속도의 스칼라 곱(즉, '플럭스 항')을 나타낸다. 단일 표면에서의 질량 유량은 다음과 같다.

$$\dot{m} = \int \rho(\boldsymbol{V} \cdot \boldsymbol{n}) dA \tag{1.13}$$

소위 연속 방정식이라고 불리는 식 (1.12)는 질량 보존을 위해서는 검사 체적으로 들어오는 양만큼 동등한 양이 토출되어야 한다는 것을 말한다. 각 단순한 형태의 유입구와 유출구에서 유체의 물성이 균일(uniform)할 때, 연속 방정식은 다음 식으로 나타낼 수 있다.

$$\sum(\rho VA)_{out} - \sum(\rho VA)_{in} = 0 \tag{1.14}$$

비압축성 유동(ρ = 일정)의 경우 연속 방정식은 다음과 같다.

$$\sum(VA)_{out} = \sum Q_{out} = \sum(VA)_{in} = \sum Q_{in} \tag{1.15}$$

여기서 Q는 체적 유량 VA이고, $\dot{m} = \rho VA = \rho Q$이다.
정상 상태 유동에서 뉴턴의 제2운동법칙은 다음과 같다.

$$\sum F = \iint_{cs} V_{\rho}(\boldsymbol{V} \cdot \boldsymbol{n}) dA \tag{1.16}$$

위 식은 앞에서 나타낸 바와 같이 벡터 형식으로 표현된다. 다시 단순한 유입구 및 유출구에서 다음 식으로 표기할 수 있다.

$$\sum F = \sum \dot{m} V_{out} - \sum \dot{m} V_{in} \tag{1.17}$$

비압축성 유동에서 질량 유량은 $\dot{m} = \rho Q$로 쓸 수 있으므로

$$\sum F = \rho \sum(Q V_{out} - \sum Q V_{in}) \tag{1.18}$$

정상 상태, 압축성 유동의 경우 검사 체적에 대한 에너지 보존 방정식은 다음과 같다.

$$\dot{Q} - \dot{W}_{sh} = \iint_{cs} \rho \left(h + \frac{V^2}{2} + gz \right) (\boldsymbol{V} \cdot \boldsymbol{n}) \mathrm{d}A \tag{1.19}$$

여기서 $\dot{Q}$는 열전달율이고, $\dot{W}_{sh}$는 축일률을 나타낸다.

식 (1.2)와 열역학 제2법칙을 이용하여 다음과 같은 기계적 에너지 방정식을 유도할 수 있다.

$$-\dot{W}_{sh} - \dot{\Phi} = \dot{m} \left(\int_1^2 \frac{\mathrm{d}p}{\rho} + \frac{V_2^2 - V_1^2}{2} + gz_2 - gz_1 \right) \tag{1.20}$$

여기서 $\dot{\Phi}$는 점성에 의한 유용한 에너지의 소산이며, 적분은 입구와 출구 사이의 열역학적 과정 경로를 따라 수행된다.

축일이 없고 정상 상태, 비압축성, 무마찰 유동에 대한 베르누이(Bernoulli) 방정식은 복잡한 유동을 유용하게 근사화할 때 자주 사용되는데, 기계적 에너지 방정식에서 일과 손실이 없고 일정한 밀도를 가진다고 가정하고 다음과 같이 유도될 수 있다.

$$\frac{p_1}{\rho} + \frac{V_1^2}{2} + gz_1 = \frac{p_2}{\rho} + \frac{V_2^2}{2} + gz_2 = \text{정수} = \frac{p_T}{\rho} \tag{1.21}$$

여기서 p_T(때로는 p_0로 표시)는 작동 유체의 전압이다. 유동 과정 중 항상 일이 동반되는 터보기계 유동에서는 일의 입출입이 있고 전압의 변화가 있는 구간에서는 베르누이 방정식을 적용할 수 없다.

축일 또는 마찰 손실이 포함되는 경우 베르누이 방정식은 비압축성 에너지 방정식으로 대체되어야 한다.

$$\frac{p_1}{\rho} + \frac{V_1^2}{2} + gz_1 = \frac{p_2}{\rho} + \frac{V_2^2}{2} + gz_2 + \frac{w_{sh}}{\rho} + \frac{\phi_v}{\rho} \tag{1.22}$$

여기서 w_{sh}는 단위 질량당 축일(산출일은 양의 값)이고, φ_v는 단위 질량당 점성 소산항을 나타낸다. 위 식은 종종 '양정(head)' 형식으로 다음과 같이 표기되기도 한다.

$$\frac{p_1}{\rho g} + \frac{V_1^2}{2g} + z_1 = \frac{p_2}{\rho g} + \frac{V_2^2}{2g} + z_2 + h_{sh} + h_f \tag{1.23}$$

위 식의 각 항은 길이 단위를 가진다. h_{sh} 및 h_f는 각각 가감되는 축일과 마찰 손실의 양정값을 나타낸다.

식 (1.12)부터 식 (1.23)까지는 터보기계 유동을 분석하기 위한 물리적인 기본 관계식이며, 연결된 유동 시스템도 이 책에서 고려된다. 만약 이러한 기본 사항에 대한 추가적인 고찰 또는 실습이 필요한 경우 다음 문헌을 참고하기 바란다. White(2008), Fox 등(2004), Gerhart 등(1992), Schetz와 Fuhs(1996), Baumeister 등(1978)이다.

1.7 터보기계

본 교재의 범위는 터보기계의 유체역학 및 열역학에 대한 연구로 제한된다. 이를 위해서는 초기에 터보기계의 명확한 정의가 필요하다. 다른 연구자들(Balje, 1981, White, 2008)의 설명을 부연하면 터보기계는 다음과 같이 정의할 수 있다.

> 터보기계(turbomachine)는 움직이는 블레이드 열의 작용에 의해 에너지가 연속적으로 움직이는 유체로 또는 그로부터 전달되는 장치이다. 블레이드 열은 회전하면서 작동 유체에 일을 가하거나(펌프) 또는 작동 유체가 블레이드 열에 일을 가하면서(터빈) 작동 유체의 정체 압력을 변하게 한다.

이러한 정의에 의하면 용적형 기계로 불리는 기계의 종류는 터보기계에서 제외된다. 이 기계들은 유체에 힘을 가하거나 유체로부터 힘을 받을 때 이동하는 경계면이 있다. 이 기계의 예로는 피스톤 펌프 및 압축기, 피스톤 증기 엔진, 기어 및 스크루 장치, 슬라이딩 베인 기계, 회전 로브 펌프 및 연성(flexible) 튜브 장치 등이 있다. 이러한 장치 내부에서는 유동이 연속적으로 일어나지 않으므로 정의에 의해 이것을 터보기계라고 할 수 없으며, 더 이상 이 책에서는 고려하지 않는다. 이러한 유형의 기계에 대한 자세한 내용은 Balje(1981)를 참고하기 바란다. 또 본 교재에서는 회전체 동역학, 응력 해석, 진동, 베어링 및 윤활 또는 터보기계와 관련된 기타 중요한 기계적 주제를 다루지 않는다. 이러한 중요한 주제를 추가적으로 고찰하기 위해서는 다른 연구를 참고하기 바란다(Rao, 1990, Beranek와 Ver, 1992, Shigley와 Mischke, 1989). 터보기계의 소음 제어 및 음향도 터보기계의 선택 및 배치에서 중요한 고려 대상이기 때문에 이 주제도 터보기계의 성능과 유체역학적인 측면에서 다뤄질 것이다.

터보기계 구성 부품에는 다양한 이름이 사용된다. 회전 요소는 로터(rotor), 임펠러(impeller), 휠(wheel) 및 런너(runner) 등으로 다양하게 불린다. 그것이 무엇이든 간에 회전 요소는 많은 블레이드(blade)를 가지게 된다. 때로는 터빈 블레이드를 버킷(bucket)이라고 한다. 흐름을 직접 유도하거나 방향을 바꾸는 비회전 블레이드 열을 고정익(stator) 또는 베인(vane)이라고 한다. 터빈과 같이 유동이 가속되는 경우 이를 노즐(nozzle)이라 하며, 유동을 감속하는 고정 블레이드를 디퓨져(diffuser)라고 한다. 마지막으로 회전 요소는 축에 장착되고 기계의 작동 부품은 일반적으로 케이싱으로 둘러싸이게 된다.

1.8 분류

터보기계 분류에 대해 많은 논의가 있어 왔는데, 위에서 언급한 터보기계의 정의에 주요 세분류 범주가 내포되어 있다. 유체에 동력을 가하는지 또는 유체로부터 동력을 추출하는지로 구분하는 동력 분류 방법이 있다. 세계에서 가장 일반적인 터보기계인 펌프는 동력을 작동 유체에 가하는 기계이며, 액체 펌프, 팬, 블로워 및 압축기를 포함한다. 이들은 물, 연료, 폐기물 슬러리, 공기, 증기, 냉매 가스 및 기타 매우 다양한 유체를 이용하여 작동한다. 아마도 가장 오래된 터보기계 유형인 터빈은 동력 추출 장치이며 풍차, 수차, 현대 수력 터빈, 자동차 엔진 배기면의 터보차저 및 항공기 가스 터빈 엔진의 동력 생성단을 포함한다. 터빈 역시 슬러리, 기타 미립자를 함유한 유체뿐만 아니라 기체, 액체 및 이 둘의 혼합물을 포함하여 아주 다양한 유체들로 작동한다.

작동 유체가 기계를 통과하거나 기계 주위를 흐르는 방식은 또 다른 광범위한 분류 수단을 제공한다. 예를 들어, 일부 단순 시스템은 그림 1.1에 나타낸 것처럼 개방형 또는 개방형 유동으로 분류된다. 여기에는 회전하는 임펠러를 위한 케이싱 또는 덮개(enclosure)가 없으며, 임펠러 또한 유체 흐름(대부분 대기)과 자유롭게 상호 작용한다. 동력 분류에 따라 프로

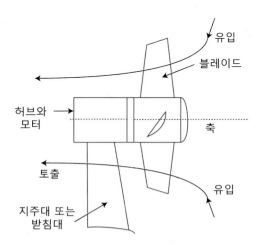

그림 1.1 개방형 터보기계의 예. 유동장의 경계를 나타내는 슈라우드나 케이싱이 없는 경우

펠러는 개방형 유동 펌핑 장치이며, 풍차는 개방형 유동 터빈이다. 그림 1.2는 유체와 장치 사이의 상호 작용이 케이싱 벽에 의해 조심스럽게 제어되고 제한되는 밀폐형 또는 매립형 터보기계의 예를 나타낸 것이다. 이러한 예는 다시 펌프, 팬 또는 압축기로 분류된다.

모든 터보기계에는 회전축이 있기 때문에 회전축에 대한 질량 유동의 주된 성분을 사용하여 터보기계 분류 작업을 더욱 세분화할 수 있다. 이러한 세분류를 유동경로 또는 관통유동 (throughflow) 분류라 하고, 질량 유량에 관련된 유선 방향을 직접적으로 표현한다. 축류형 기계(axial flow machines)(펌프, 팬, 블로워 또는 터빈에 모두 해당함)에서의 작동 유체는 임펠러 회전축과 개략적으로 평행한 유선 또는 표면을 통해 이동한다. 그림 1.3은 팬 회전축

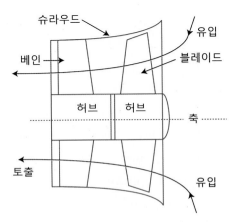

그림 1.2 바깥쪽 유선을 제어하는 슈라우드가 있는 밀폐형 터보기계의 예

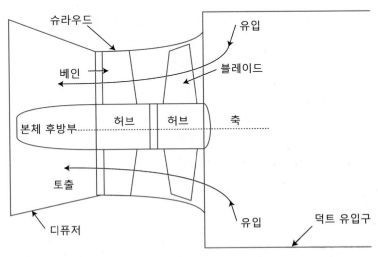

그림 1.3 주요 구성품을 포함하는 축류 팬의 배치

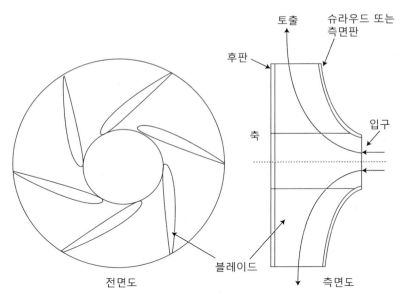

그림 1.4 반경류형 터보기계. 블레이드 열에서 유동은 주로 반경 방향으로 이동

에 평행한 유동을 특징으로 하는 축류(또는 축방향 유동) 홴을 나타낸다.

움직이는 블레이드 열 주변에서 주로 반경 방향으로 유동을 가지는 반경류 기계(radial flow machines)의 단면도를 그림 1.4에 나타내었다. 이 장치는 반경류(또는 '원심') 홴 또는 펌프이며, 이러한 기계의 전형적인 기하학적 특징을 보여 준다. 유동 방향이 반대로 바뀌면 반경류 유입 터빈의 일반적인 형상이 된다.

주유동 방향이 축류 또는 반경류로 명확하게 구분할 수 없는 기계도 존재하는데, 이러한 펌프, 홴, 터빈 및 압축기를 혼합류 기계(mixed flow machines)로 구분할 수 있다. 그림 1.5 는 그 예로 혼합류 압축기를 나타낸 것이다. 펌프 내 유체 흐름 방향은 일반적으로 축방향으로부터 약 $20°\sim65°$로 상향 이동하는 원추형 경로를 가진다. 또 유동 방향이 반대가 되면 혼합류 터빈의 전형적인 경로가 생성된다.

위에 나타낸 단순한 유동 경로는 2개 이상의 임펠러가 포함되도록 수정될 수 있다. 반경류 기계의 경우, 그림 1.6에 나타낸 것처럼 2개의 임펠러가 연속적으로 결합되어 유동이 양쪽에서 축방향으로 유입되고 반경 방향으로 토출되도록 구성할 수 있다. 이러한 기계를 양흡입 (액체용 펌프) 또는 이중 흡입구(double inlet)(홴 또는 블로워와 같은 기체 이송 장치용) 기계라고 한다. 유동 경로는 서로 평행하고 일반적으로 양쪽에서 동일한 유동이 발생하기 때문에 동일한 입력 에너지 증가가 발생한다.

이중 흐름(double-flow) 설계는 종종 대형(축류형) 증기 터빈에서 사용된다. 이들 장치에

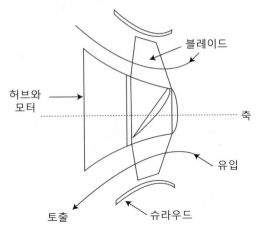

그림 1.5 혼합류형 터보기계. 그림과 같이 축방향으로 유입되고 반경 방향으로 토출되거나, 축방향과 특정 각도를 가지고 유출입될 수 있음.

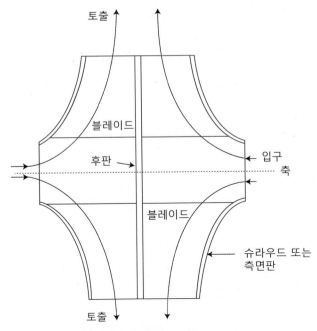

그림 1.6 이중 입구 및 이중 폭을 갖는 원심형 임펠러

서, 유체는 중심 방향으로 유입된 후 축방향으로 양단을 향해 흐르도록 분리된다. 또는 축류형, 반경류형 또는 혼합류형 구조 중 2개 이상의 임펠러로 기계를 구성할 수 있다. 이러한 기계에서 작동 유체는 하나의 임펠러에서 다음 임펠러로 순차적으로 흐르며, 각 단에서 에너

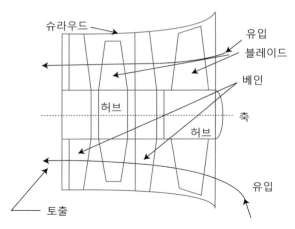

그림 1.7 2단 축류 팬의 구성

지가 추가된다. 이러한 다단 기계를 그림 1.7에 도시하였다.

유동 과정 중 유체의 압축성을 포함하면 기계를 좀 더 상세히 구분할 수 있다. 액체 펌프 및 터빈에서와 같이 전체 유동 과정에서 밀도가 실질적으로 일정하다면 비압축성 유동 (incompressible flow)이란 분류 표시를 추가할 수 있다. 기체 유동의 경우, 절대 압력의 변화가 크거나 고속 또는 큰 마하수로 인해 밀도 변화가 큰 경우, 기계는 압축성 유동 (compressible flow) 기계 또는 간단히 압축기로 표시될 수 있다. 본 교재에서는 터보기계의 명칭 범주를 가능한 일관성 있게 사용할 것이고, 필요에 따라 기체-액체 및 압축성-비압축성으로 명확히 구분할 것이다.

이 장의 끝부분에 일련의 터보기계 사진을 제시하였으며(그림 1.19~그림 1.26), 다양한 유동 경로를 실제 기계와 연관시키는 데 도움이 될 것이다.

1.9 터보기계의 성능 및 등급

일반적으로 터보기계의 성능 변수(performance parameter)에는 (1) 기계를 통한 유체 유량, (2) 유체의 비에너지 변화값(압력 상승 또는 강하, 양정 또는 압력비), (3) 축동력, 그리고 (4) 효율을 들 수 있다. 본 교재에서는 또한 기계에 의해 생성되는 음향(또는 소음)도 성능 변수로 취급한다. 이러한 성능 변수는 서로 관련이 있고 기계의 운전 변수(operating parameter)와도 관련되는데, 일반적으로 운전 변수에는 (1) 회전 속도, (2) 유체 밀도, 그리고(때로는) (3) 유체의 점도 등이 포함된다. 이러한 변수 간의 관계는 기계에서 아주 중요한

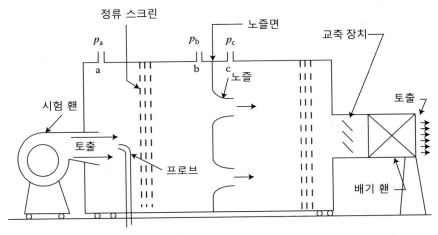

출처: AMCA, 공력성능 평가를 위한 실험실에서의 팬 시험 방법, ANSI/AMCA 210-99, ANSI/ASHRAE 51-99, 공기 이송 및 조화 협회(AMCA), 1999.

그림 1.8 AMCA 210에 기반한 팬 성능 시험 설비 개략도

정보인데, 이러한 관계를 기계의 '성능'이라고 한다.

터보기계 성능에 대한 공학적 정보는 성능 시험(performance test)이란 과정을 통해 대부분 실험적으로 결정된다. 성능 시험이 특히 제작사의 공장이나 실험실에서 수행되는 경우에는 때때로 '성능 등급 평가' 또는 단순히 '성능 평가'라고 부르기도 한다. 기계 등급을 평가하는 과정을 고려하면 기계 성능에 대한 귀중한 통찰력을 얻을 수 있다. 성능 평가 시설의 개략도를 그림 1.8에 도시하였다. 이 그림은 팬 등급을 평가하는 데 사용될 수 있는 몇 가지 가능한 배치도 중 하나를 보여 준다. 성능 측정은 일반적으로 시험 결과의 정확성, 수용성 및 재현성을 보장하기 위해 표준규격에서 정한 장비와 절차를 따라 수행된다. 팬의 경우 적합한 표준으로 '팬 성능 시험 실험실 방법'(AMCA, 1999)을 들 수 있다. 현장 시험이 필요한 경우 ASME-PTC 11 팬(ASME, 2008) 표준을 따를 수 있다.

그림 1.8을 살펴보면 왼쪽에 등급을 평가하고자 하는 원심 팬이 있다. 이 팬은 실내 공기를 흡입한 후 밀폐된 유동 상자, 즉 플레넘(plenum) 챔버로 토출시킨다. 플레넘 내의 유로를 따라 다수의 압력 탭('a', 'b' 및 'c'로 표시)이 설치되어 있다. 압축성이 중요한 경우 팬으로부터 배출 시 전압과 온도를 결정하기 위한 계측기로 국소 온도 측정용 열전대가 장착되어 있는 피토-정압 프로브를 사용할 수 있다. 점 'a'(또는 피토-정압 프로브)에서의 팬 토출 압력이 측정된다. 팬을 통과하는 공기에 일이 행해지기 때문에 압력(p_a)(전압 또는 정압)은 플레넘 외부 또는 흡입구 근처에서 측정한 실내 대기압 보다 높게 측정된다. 팬 토출 압력은

전압 변화($p_{02} - p_{01}$)를 계산하여 휀이 공기에 가한 압력 증가를 식별하는 데도 사용된다. 이러한 압력에는 휀으로부터 토출되는 공기 속도와 관련된 운동에너지 항이 포함된다. 기계 전체의 압력 변화가 충분히 작으면(대기압의 약 1% 미만), 정압 변화($\Delta p_s = p_a - p_{ambient}$)를 사용할 수 있는데, 이 값을 휀의 정압 상승(static pressure rise)이라고 한다. 휀에서의 전압 상승(total pressure rise)은 토출 제트의 속도에 의한 동압을 추가하여 $\Delta p_T = \Delta p_s + \rho V_j^2 / 2$로 산출할 수 있다. 여기서 ρ는 대기 밀도이다(전압과 정압 상승은 휀 고유의 성능 변수로 사용됨).

휀에 의해 토출되는 공기 제트는 플레넘 챔버의 첫 번째 방과 유동 정류용 스크린 열을 통과하면서 고르게 퍼져 나온다. 이들 스크린에 의해 야기되는 유동 저항값은 스크린 하류 측에서의 유동이 원활하게 분포될 수 있도록 시험 표준규격에 의해 정해진다. 단면적이 일정한 배관이나 덕트와 같은 다른 시험 장치에서는 겹쳐진 관다발(nested tubes), 허니컴, 연속 다공판 또는 미세 격자 스크린과 같은 유동 정류 장치를 이용하여 유동을 안정화할 수 있다. 어떤 구성이더라도 유량계로 근접할수록 거의 균일한 유속을 생성할 수 있어야 한다. 유량계는 그림에 나타낸 것처럼 플레넘 챔버의 중앙 평면에 장착된 정밀 제작 또는 교정된 유동 노즐(예: ASME 장 반경 노즐) 세트 등을 사용할 수 있다(ASME, 2004, Holman과 Gadja, 1989, Granger, 1988, 또는 이들 노즐 구성에 대한 상세한 내용은 Beckwith 등, 1993을 참조). 또 배관 또는 덕트에 설치되는 노즐이나 날카로운 모서리를 가지는 오리피스(Orifice) 판, 정밀 벤투리(Venturi) 미터 등을 유량계로 사용할 수 있다.

점 'b'의 압력 탭은 유동 노즐 상류에서의 압력값을 제공하고, 'c' 탭은 하류에서의 압력값을 제공한다. 압축성이 중요한 경우 질량 유량 계산에 필요한 정확한 정보를 제공하기 위해 유량계의 전압과 온도를 반드시 측정해야 한다. 유량계를 가로지르는 압력 차이는 전자식 압력계나 간단한 U 자관 압력계의 액주 높이차로부터 읽을 수 있는데, 이 값은 차압 또는 노즐을 통한 압력 강하값($\Delta p_{b-c} = p_b - p_c$)이다. 이 차압은 노즐에 의해 토출되는 공기 속도의 제곱에 비례한다. 유속과 노즐 단면적의 곱으로부터 휀의 체적 유량을 구할 수 있다.

또 다른 성능 데이터 항목으로는 시험 휀에 공급되는 전력 측정이 있다. 이는 휀 모터에 공급되는 전력을 와트 단위로 직접 측정하거나, 축 회전 속도와 함께 휀 임펠러에 대한 토크를 측정하여 제공될 수 있다. 여기서 토크와 속도의 곱은 구동 모터에 의해 휀 축에 공급되는 실제 동력이다. 이 실험에서 시험 데이터 수집을 완료하려면 공기 밀도를 정확하게 결정해야 하는 일이 남게 된다. 일반적으로 송풍기 입구 및 유량계에서의 밀도는 반드시 파악되어야 하는 값이다.

노즐을 통한 공기 토출 시 유속은 다음 식을 이용하여 구할 수 있다.

$$V_n = c_d \left(\frac{2\Delta p_{b-c}}{\rho(1-\beta^4)} \right)^{1/2} \tag{1.24}$$

여기서 c_d는 노즐 유동에서 점성 효과를 설명하는 데 사용되는 노즐에서의 토출 계수이고, β는 노즐 지름과 노즐 상류 덕트 지름의 비를 나타낸다(그림 1.8에 도시한 시스템의 경우 $\beta \approx 0$임). c_d는 노즐 지름 기반의 레이놀즈수의 함수인데, c_d에 대한 상관관계식의 예로 다음을 들 수 있다(Beckwith 등, 1993).

$$c_d = 0.9965 - 0.00653 \left(\frac{10^6}{Re_d} \right)^{1/2} \tag{1.25}$$

레이놀즈수 $Re_d = V_n d / \nu$이다(ν는 유체의 동점성 계수).

입구 밀도는 기압(p_{amb}), 주변 건구 온도(T_{amb}) 및 주변 습구 온도(T_{wb})로부터 정확하게 결정되어야 한다. 공기 밀도(ρ)에 대한 보정은 습공기 선도를 사용하여 수행할 수 있다(예: Moran과 Shapiro, 2008, AMCA, 1999 참조). AMCA 표준의 습공기 선도를 부록 A에 포함하였다. 유량계의 밀도는 입구 밀도값과 전압비를 이용하여 다음과 같이 구할 수 있다.

$$\rho_{meter} = \rho_{inlet} \left(\frac{p_{02}}{p_{01}} \right) \left(\frac{T_{01}}{T_{02}} \right) \tag{1.26}$$

여기서 압력과 온도는 절대 단위를 사용한다. '비압축성' 시험 조건의 경우 두 밀도는 본질적으로 동일하다.

또 다른 측정 변수는 테스트 팬의 소음이다. 테스트 팬에 의해 생성된 소음을 마이크로폰과 적절한 계측기를 사용하여 측정하고, dB 단위의 소음 출력 레벨 L_w 값을 제공해야 한다. 터보기계의 소음은 4장에서 상세히 다루게 되며, 이 성능 변수의 중요성이 자주 무시되기 때문에 여기에서 강조하기 위해 언급하였다.

팬 효율은 주요 성능 변수로부터 계산되는데, 출구 유체의 동력을 입력 축동력(P_{sh})으로 나누어서 구한다. 이것은 펌프, 팬 및 블로워, 또한 압축성 기계에 대해 전통적으로 사용되는 정의이다.

이 효율의 정의는 결국 총합 효율(overall efficiency)을 의미하는데, 여기에는 베어링과 씰(seal)에서의 기계적 손실, 임펠러를 통과하는 유동의 공력/수력 손실 등에 의한 유체 동력과 축동력의 차이(손실) 등이 고려된다. 기계적 손실은 기계적 효율, $\eta_M = P_{fluid}/P_{sh}$를 정의함으로써 따로 계산할 수 있다. (총합) 효율은 다음 식으로 표기된다.

$$\eta_{To} = \dot{m}\frac{([p_{02} - p_{01}]/\rho)}{P_{sh}} \tag{1.27}$$

비압축성 유동일 경우 위 식은 다음과 같다.

$$\eta_T = \frac{Q(\Delta p_T)}{P_{sh}} \tag{1.28}$$

η의 아래 첨자 'T'는 유체 동력 계산에서 전압 상승을 사용하는 것을 의미한다. Δp_s를 사용하면 일반적으로 정의되는 정적 효율 η_s을 산출할 수 있다.

유량, 압력 상승, 소음 출력 정도, 효율 및 입력 동력을 함께 이용하여 시험 기계의 특정 성능점을 정의하게 된다. 이러한 특정 운전점은 그림 1.8에 도시한 하류의 교축 장치 또는 보조 배기 송풍기 또는 두 가지 모두의 조정을 통해 얻을 수 있다. 두 장치 모두 휀에 가해지는 전체 저항을 증가 또는 감소시킴으로써 장치의 압력 상승량 및 유량을 변화시킬 수 있다. 감소된 저항(더 개방된 교축 장치 또는 더 낮은 배압)은 압력 상승량(Δp_T 또는 Δp_s)을 낮추게 되고, 유량(Q 또는 $\dot{m}$) 증가로 이어진다. 교축 장치 또는 배압(back pressure)을 연속적으로 조정하면 특정 작동 속도에서 특정 작동 유체에 대해 휀의 전체 성능 범위 내의 일련의 성능점들을 제시할 수 있다. 전통적으로 결과는 그림 1.9(a)~1.9(c)에 도시된 것처럼 일련의 곡선으로 그려진다. 펌핑 기계의 경우 유량 Q는 일반적으로 독립(x축) 변수로 취급된다. 이러한 곡선을 유체기계의 성능 곡선(performance curve)이라고 한다. 휀을 다른 속도로 운전한다면 모양은 비슷하지만 크기가 다른 곡선군이 생성된다.

이 휀의 성능 곡선에서 주목해야 할 몇 가지 중요한 사항이 있다. 먼저, η와 Q 곡선에서 효율이 최대가 되는 최고 효율점(BEP: best efficiency point)이 있다. BEP는 해당 점에서의 Q, Δp, P_{sh} 및 L_w의 값과 η의 최댓값으로 정의된다. BEP 오른쪽(더 높은 유량)에서는 유량이 증가함에 따라 Δp가 감소하여 휀이 안정적으로 작동 가능한 음의 기울기 영역을 형성한다. 이 휀의 경우 BEP 왼쪽(더 낮은 유량)에서 $\Delta p - Q$의 곡선은 기울기가 영인 조건을 통과한 다음 기울기가 양인 영역을 가진다(곡선 기울기는 과장하여 표시함). 이 양의 기울기 영역에서는 Δp가 떨어지고, η가 급격히 감소하며, L_w가 급격히 증가하고 휀은 불안정하게 작동한다. 간단히 말해서 모든 것이 나빠지는 영역인데, 이 영역은 사실상 사용할 수 없는 운전 영역을 나타낸다. 이 구간을 실속 영역이라고 하며, 기계 선정과 운전 시 반드시 피해야 하는 영역이다(실속 현상은 10장에서 추가적으로 다룰 것임). 곡선 맨 왼쪽에서 $Q=0$일 때, 휀은 유동이 없지만 여전히 약간의 압력 상승을 발생시킨다. 이 제한 조건을 '봉쇄' 또는 '차단' 점이라고 한다. $Q=0$이면 효율도 0이다. 다른 극단인 곡선의 오른쪽 끝에서는 $\Delta p=0$

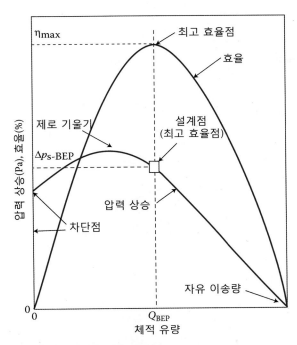

그림 1.9(a) 용어를 포함한 효율 및 압력 상승 곡선

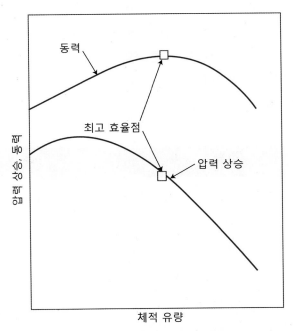

그림 1.9(b) 입력 동력 곡선(참조를 위해 압력 상승 곡선이 반복됨)

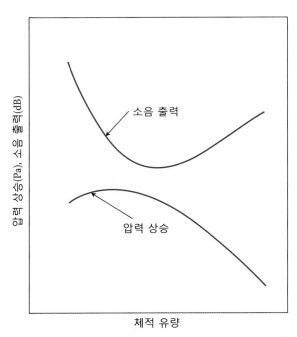

그림 1.9(c) 소음 출력 곡선(참조를 위해 압력 상승 곡선이 반복됨)

이다. 이 한계를 '자유 이송' 또는 '완전 개방'점이라고 하며, 주어진 운전 속도에서 횐의 최대 유량을 나타낸다. Δp가 0이기 때문에 자유 이송점에서도 효율이 0이다. 효율은 일반적으로 BEP에서 왼쪽으로 급격히 떨어지고, 오른쪽으로는 점진적으로 떨어짐을 알 수 있다. 소음 출력 레벨 L_w도 마찬가지로 BEP 오른쪽에서는 소음이 점차 증가하지만, 왼쪽에서는 급격히 증가함을 알 수 있다.

예제 1-1 ▌ 횐 성능 시험

위 절차에 따라 횐 성능 시험을 수행한다고 할 때 단일 성능점에 대해 수집된 플레넘 챔버 데이터는 다음과 같다.

$$p_a = 2.488 \text{ kPa}(=10 \text{ in. wg}), \quad p_b = 2.44 \text{ kPa}(=9.8 \text{ in. wg})$$

$$p_c = 995.4 \text{ Pa}(=4.0 \text{ in. wg}), \quad L_w = 85 \text{ dB}$$

$$P_m = 3488 \text{ W(모터 동력)}$$

$$\eta_e = 0.83 \text{(모터 효율)}$$

주변 공기 데이터는 다음과 같다.

$$T_{\text{amb}} = 22.22\,℃(=72°F),\ T_{\text{wb}} = 15.56\,℃(=60°F),\ p_{\text{amb}} = 99.9\ \text{kPa}(=29.50\ \text{in. Hg})$$

유량은 5개의 152.4 mm(=6 in) 지름 노즐로 측정하는데, 전체 유동 면적은 다음과 같다.

$$A_{\text{total}} = 5 \times \frac{\pi}{4} \times 0.1524^2 = 0.0912\ \text{m}^2\ (=0.9817\ \text{ft}^2)$$

주변 공기 밀도는 부록 A의 습공기 선도를 사용하여 계산한다. 습구 온도 강하값은 다음과 같다.

$$\Delta T_{\text{d-w}} = T_{\text{amb}} - T_{\text{wb}} = 6.66\,℃(=12°F).$$

습공기 선도 상단에서 6.66℃ 온도 강하값을 가지는 $T_{\text{dry bulb}} = 22.2\,℃(=72°F)$의 경우 하향 경사선에 수직으로 떨어뜨린 후, 왼쪽 방향 수평으로 가면 $p_{\text{amb}} = 99.9\ \text{kPa}(=29.50\ \text{in. Hg})$의 상향 경사선과 교차한다. 마지막으로 횡좌표 수직으로 내려가 비중량 $\rho g = 11.468\ \text{N/m}^3(=0.0731\ \text{lb}_\text{f}/\text{ft}^3)$을 읽어 질량 밀도가 다음과 같음을 알 수 있다.

$$\rho = \rho g / g = 11.468/9.81 = 1.169\ \text{kg/m}^3(=0.00227\ \text{slug/ft}^3)$$

대기온도 $T_{\text{amb}} = 22.2\,℃$에서의 일반 점성 계수는 $\mu = 1.760 \times 10^{-5}\ \text{Pa} \cdot \text{s}$이기 때문에 동점성 계수는 다음과 같다.

$$\nu = \mu/\rho = 1.506 \times 10^{-5}\ \text{m}^2/\text{s}$$

따라서 노즐에서의 압력 강하를 다음과 같이 계산할 수 있다.

$$\Delta p_{\text{b-c}} = p_\text{b} - p_\text{c} = 1.445\ \text{kPa}(=5.8\ \text{in. wg})$$

이제 데이터를 노즐 속도 방정식에 대입하게 되는데 c_d를 계산할 때 아직 레이놀즈수가 사용되지 않았다는 것을 속도를 알 수 없기 때문에 상기하자. $c_\text{d} \approx 1.0$부터 시작하여 반복 수정 작업을 수행한다. 첫 번째 추정값은 다음과 같다.

$$\begin{aligned}
V_\text{n} &= c_\text{d}\left[\frac{2\Delta p_{\text{b-c}}}{\rho(1-\beta^4)}\right]^{1/2} \\
&= 1.0 \times \{(2 \times 1.445\ \text{kg/m} \cdot \text{s}^2)/[1.169\ \text{kg/m}^3 \times (1-0^4)]\}^{1/2} \\
&= 49.71\ \text{m/s}
\end{aligned}$$

다음으로 레이놀즈수를 계산한다.

$$Re_\text{d} = \frac{V_\text{n}d}{\nu} = \frac{49.71 \times 0.1524}{1.506 \times 10^{-5}} = 5.09 \times 10^5$$

이 값을 이용하여 c_d 값을 산출한다.

$$c_d = 0.9965 - 0.00653 \left(\frac{10^6}{Re_d} \right)^{1/2}$$

$$= 0.9965 - 0.00653 \left(\frac{10^6}{5.09 \times 10^5} \right)^{1/2} = 0.9874$$

첫 번째 속도 추정값에 0.987을 곱하여 $c_d < 1.0$를 가지는 속도를 조정하면 $V_n = 49.063$ m/s를 얻는다. 새로운 레이놀즈수는 다음과 같이 계산된다.

$$Re_d = 0.987 \times 5.09 \times 10^5 = 5.02 \times 10^5$$

따라서 새로운 c_d 값으로 0.9873을 얻는다. 이 정도의 c_d 값 차이는 무시할 수 있으므로 $V_n = 49.063$ m/s의 값으로 한다. 체적 유량은 다음과 같다.

$$Q = V_n \times A$$

$$= 49.063 \text{ m/s} \times 0.01824 \text{ m}^2$$

$$= 0.895 \text{ m}^3/\text{s} (= 31.57 \text{ ft}^3/\text{s})$$

Q의 전통적인 단위는 m^3/min이다.

$$Q = 0.895 \text{ m}^3/\text{s} \times 60 \text{ s/min} = 53.7 \text{ m}^3/\text{min}$$

나머지 데이터 항목은 팬 구동 모터에서 측정된 전력이다. 팬 축동력은 주어진 모터 효율을 곱하여 얻는다.

$$P_{sh} = \eta_e \times P_m$$

따라서

$$P_{sh} = 0.83 \times 3448 \text{ W} = 2862 \text{ W} (= 3.84 \text{ hp})$$

마지막으로 팬 정압 상승 및 팬 정적 효율을 다음과 같이 구할 수 있다.

$$\Delta p_s = p_a - p_{amb} = 2.488 \text{ kPa} - 0 = 2.488 \text{ kPa}$$

$$\eta_s = \frac{Q \Delta p_s}{P_{sh}} = 0.895 \text{ m}^3/\text{s} \times \frac{2488 \, \text{Pa}}{2862 \, \text{W}} = 0.778$$

$$Q = 0.895 \text{ m}^3/\text{s}$$

$$\Delta p_s = 2.488 \text{ kPa}$$

$$P_{sh} = 2{,}862 \text{ W}$$

$$L_w = 85 \text{ dB}$$

$$\eta_s = 0.778$$

전효율(total efficiency) 또는 압축성에 대한 보정(3장에서 논의)이 필요한 경우, 토출 제트의 전압 및 전온도에 대한 측정이 추가로 필요하다. 이러한 데이터가 다음과 같다고 가정하자.

$$p_{02} = 2.86 \text{ kPa}, \quad T_{02} = 24.83\,\text{℃}$$

$$\Delta p_T = p_{02} - p_{01} = 2.86 \text{ kPa} - 0 = 2.86 \text{ kPa}$$

(비압축성) 전효율은 단순히 Δp_T 값을 사용하여 다음과 같이 구할 수 있다.

$$\eta_T = \frac{\Delta p_T Q}{P_{sh}} = 0.895$$

1.10 액체 펌프의 등급 및 성능

액체 펌프는 아마도 가장 일반적으로 사용되는 터보기계일 것이다. 펌프의 성능 곡선 및 등급 평가 방법은 홴의 경우와 유사하지만 몇 가지 중요한 차이점이 있다. 액체 펌프 시험에서 일반적인 성능 등급 평가 실험 장치를 그림 1.10에 도시하였다. 펌프 시험 및 등급에 관한 표준에는 ASME-PTC-8.2 원심 펌프(ASME, 1990) 또는 원심 펌프의 HI-1.6 시험 표준(HI, 1994)이 있다. 시험 펌프는 압력과 온도 제어가 가능한 저수조가 있는 폐쇄 루프로 구성된 배관 네트워크에 설치된다. 주요 성능 정보는 펌프 입출구 플랜지에서 측정된 압력값과 일반적으로 펌프 하류에 위치한 유량 노즐 또는 날카로운 모서리를 가지는 오리피스 판과 같은 유량 측정 장치의 전후단에서 측정된 압력값을 기반으로 한다. 또 펌프 토크와 속도 측정을 위한 전력 측정 장치가 필요한데, 대신 교정된 구동 모터의 입력 전력을 측정해서 필요한 정보를 얻을 수도 있다. 일반적으로 저수조 온도 및 압력과 펌프 흡입 플랜지에서의 온도 및 압력도 측정한다. 이러한 데이터는 펌프의 캐비테이션 특성을 결정하는 데 유용하다(3장에서 설명할 것임).

유동 루프에서 중요한 구성품은 펌프에 부과되는 시스템 저항을 제어하는데 사용되는 하

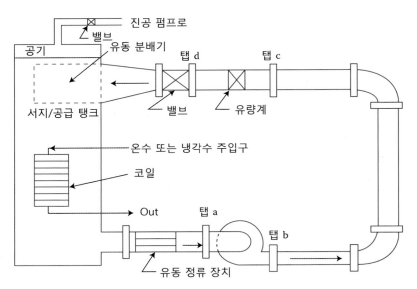

그림 1.10 액체 펌프의 성능 평가 설비

류 밸브이다. 이러한 밸브는 일반적으로 펌프 유동의 불안정성과 소음을 피하기 위해 '비캐비테이션(noncavitating)' 특성을 가지는 밸브를 설치한다.

그림 1.10에 나타낸 것처럼 압력은 탭 'a', 'b', 'c' 및 'd'에서 게이지, 전자식 압력계 또는 수은 압력계로 측정된다. 정확도를 높이려면 유량계 압력 강하는 차압계로 측정되어야 한다. 예를 들어, 모터에 공급되는 전력 P_m이 전력계로 측정되고, 모터 효율 η_m이 알려져 있다고 가정한다. 펌프의 압력 상승$(p_b - p_a)$은 유량과 면적과 함께 펌프 양정을 계산하는 데 사용된다.

$$H = \frac{p_b - p_a}{\rho g} + \frac{V_b^2 - V_a^2}{2g} + z_b - z_a \tag{1.29}$$

액체 밀도는 온도 T_a로부터 구할 수 있다.

유량계(여기서는 날카로운 모서리를 가지는 오리피스로 가정함) 전후단에서의 압력 차이는 휀 성능 시험 장치에서 공기 유량을 결정하기 위해 사용하는 유동 노즐과 같은 방식으로 체적 유량을 계산하는 데 사용된다. 오리피스로 유량을 측정하는 데 필요한 정보는 레이놀즈 수와 오리피스 판의 β 값이다. β는 오리피스의 개방 지름과 파이프 내부 지름의 비인 $\beta = d/D$로 정의된다. 오리피스의 토출 계수(discharge coefficient)는 다음과 같이 주어진다.

$$c_d = f(Re_D, \beta) \tag{1.30}$$

여기서 레이놀즈수는 다음과 같이 정의된다.

$$Re_{\mathrm{D}} = \frac{VD}{\nu} \tag{1.31}$$

여기서 V는 배관 내 유속, D는 배관 지름, ν는 액체의 동점성 계수이며, 유량은 다음 식을 이용하여 구할 수 있다.

$$Q = c_{\mathrm{d}} A_{\mathrm{t}} \left[\frac{2(p_{\mathrm{d}} - p_{\mathrm{c}})}{\rho(1 - \beta^4)} \right]^{1/2} \tag{1.32}$$

대표적인 표준 압력 탭에 관한 c_{d}에 대한 상관관계는 다음과 같다(ASME, 2004).

$$c_{\mathrm{d}} = f(\beta) + 91.71 \beta^{2.5} Re_{\mathrm{D}}^{-0.75} \tag{1.33}$$

$$f(\beta) = 0.5959 + 0.0312 \beta^{2.1} - 0.184 \beta^8 \tag{1.34}$$

$$A_{\mathrm{t}} = \left(\frac{\pi}{r} \right) d^2 \tag{1.35}$$

예제 1-2 ┃ 펌프 성능 평가

본 예제는 데이터 수집 및 분석 절차를 설명하는 데 도움이 된다. 펌프의 성능 특성 곡선에서 특정 작동점을 정의하는 데 필요한 샘플 데이터는 다음과 같다.

$$T_{\mathrm{a}} = 25\text{℃}, \quad p_{\mathrm{a}} = 2.5 \text{ kPa}, \quad P_{\mathrm{m}} = 894 \; watts$$

$$p_{\mathrm{d}} = 155.0 \text{ kPa}, \quad p_{\mathrm{c}} = 149.0 \; kPa, \quad \eta_{\mathrm{e}} = 0.890$$

$$D = 10 \text{ cm}, \quad d = 5 \text{ cm}$$

입구 온도 조건으로부터 물의 밀도 997 kg/m³와 동점성 계수 0.904×10^{-6} m²/s를 구할 수 있다. c_{d}를 구하기 위한 레이놀즈수를 미리 계산할 수 없으므로 c_{d}의 초깃값을 가정한 다음 최종 결과를 얻을 때까지 반복한다. 레이놀즈수가 매우 크다고 가정하면

$$c_{\mathrm{d}} \cong 0.5959 + 0.0312(0.5)^{2.1} - 0.184(0.5)^8 = 0.6025$$

체적 유량에 대한 첫 번째 추정값은 다음과 같다.

$$Q = c_{\mathrm{d}} A_{\mathrm{t}} \left[\frac{2(p_{\mathrm{d}} - p_{\mathrm{c}})}{\rho(1 - \beta^4)} \right]^{1/2}$$

$$= (0.6025)(0.001963 \text{ m}^2)\left[\frac{(6000 \text{ N/m}^2)}{(997 \text{ kg/m}^3)(1-0.5^4)}\right]^{1/2}$$

또는

$$Q = 0.004238 \text{ m}^3/\text{s}$$

따라서 $V_t = 2.16$ m/s를 얻게 되는데, 첫 번째 수정 작업의 일환으로 레이놀즈수를 구하면 다음과 같다.

$$Re_D = \beta \, Re_d = \beta \left(\frac{V_t d}{v}\right) = 0.5 = \left(\frac{2.16 \times 0.05}{0.904 \times 10^{-6}}\right) = 5.973 \times 10^4$$

c_d 값을 다시 계산하면 다음과 같다.

$$c_d = 0.6025 + \frac{91.7(0.5)^{2.5}}{(5.974 \times 10^4)^{0.75}}$$
$$= 0.6025 + 0.0042 = 0.6067$$

이러한 0.6% 변화는 작은 값이므로 Q를 다음과 같이 산출한다.

$$Q = 1.006 \times 0.00424 \text{ m}^3/\text{s} = 0.00426 \text{ m}^3/\text{s} (= 4.26 \ l/\text{s})$$

$l/$s 단위의 체적 유량은 기본 SI 단위가 아니지만 미터법에서 널리 사용되고 있다.

그림 1.10에서 펌프 전후단의 배관 크기(즉, 유속)와 중심선 높이가 변하지만, 이에 대한 데이터가 없다고 가정하면 펌프의 양정값은 펌프 전후단의 압력차로 추정할 수 있다.

$$H = \frac{p_b - p_a}{\rho g} + \frac{V_b^2 - V_a^2}{2g} + z_b - z_a \approx \frac{p_b - p_a}{\rho g}$$
$$= \frac{(155{,}000 - 2500)(\text{N/m}^2)}{997 \times 9.81 \text{ N/m}^3} = 15.59 \text{ m}$$

유체 동력은 다음과 같다.

$$P_{fl} = \rho g Q H = (9.807 \text{ m/s}^2)(997 \text{ kg/m}^3)(0.00426 \text{ m}^3/\text{s})(15.59 \text{ m})$$
$$P_{fl} = 649 \text{ W}$$

모터 동력 및 효율로부터 축동력은 다음과 같이 계산할 수 있다.

$$P_{sh} = P_m \eta_e = 796 \text{ W}$$

따라서 펌프 효율은 다음과 같다.

$$\eta = \frac{P_{fl}}{P_{sh}} = \frac{649 \text{ W}}{796 \text{ W}} = 0.815$$

앞에서 설명한 바와 같이 이것은 총합 효율이며 기계적 손실 및 수력(유로) 손실을 모두 포함한다. 총합 효율은 다음 식과 같이 기계 효율 η_M 및 수력 효율 η_H(1.5절에서 정의)로 표현된다.

$$\eta = \eta_M \times \eta_H \tag{1.36}$$

요약하면 펌프의 시험점은 다음과 같이 정의된다.

$$Q = 0.00426 \text{ m}^3/\text{s}$$
$$H = 15.59 \text{ m}$$
$$P_{sh} = 796 \text{ W}$$
$$\eta = 0.815$$

홴 성능 시험에서와 같이 펌프 하류에 위치한 밸브는 유동 저항을 감소 또는 증가시키기 위해 열리거나 닫힐 수 있으며, 펌프에 대한 성능 곡선(특성 곡선이라고도 함)을 생성하는 다양한 작동점을 생성한다. 펌프의 특성 곡선은 홴의 특성 곡선과 유사하지만[그림 1.9(a)~1.9(c) 참조], 몇 가지 차이가 있다. 유체 에너지 변수로는 일반적으로 압력 상승이 아닌 펌프 양정 H가 사용된다. 펌프 성능 매개변수로 소음 출력을 사용하는 것은 일반적이지 않다. 또 펌프의 경우 유량 Q의 단위로 m³/s이 사용된다.

1.11 압축성 유동 기계

액체 펌프와 수력 터빈은 본질적으로 비압축성 유동 기계이다. 물에서 1% 밀도 변화를 일으키려면 약 21 MPa(=3000 psi)의 압력 변화가 필요하다. 압축성이 높은 유체를 처리하는 홴에서는 종종 작은 밀도 변화를 일으키기 충분한 압력 변화가 발생한다(1400 Pa의 압력 변화는 1%의 공기 밀도 변화를 일으킴). 그러나 홴에서의 압축성 효과는 '수정 계수'(3장에서 설명)를 사용하여 고려할 수 있다. 압축기, 증기 및 가스 터빈과 같은 기계의 경우 유입구와 토출구 사이에 상당한 유체의 밀도 변화가 발생한다. 이러한 압축성 유동 기계의 성능 평가에는 비압축성 유동 기계의 경우와 몇 가지 차이점이 있다.

아마도 성능 변수에서 가장 큰 차이점은 체적 유량 대신 질량 유량 $\dot{m}$을 사용하는 것이다. 만약 체적 유량을 사용해야 한다면, 기계 유입구에서의 정체 밀도를 이용한 체적 유량($Q_{in} = \dot{m}/\rho_{01}$)을 기준으로 하는 것이 일반적이다. 또 다른 주요 성능 변수로 압축성 및 비압축성 유동 기계 모두에서 중요한 축동력(P_{sh})을 들 수 있다.

가장 큰 차이는 유체의 비에너지와 입력 동력 또는 출력 동력을 표현하는 방법에 있다. 먼저, 압력과 온도를 고려하자. 압축성 유동 기계를 다룰 때에는 정체(stagnation) 상태량[전체(total) 상태량이라고도 함]을 사용하여 유체 상태량과 유속/운동에너지를 결합하는 것이 일반적이다(White, 2008, Gerhart 등, 1992 참조).

$$T_0 = T + \frac{V^2}{2c_p} = T\left(1 + \frac{V^2}{2c_p T}\right) = T\left(1 + \frac{\gamma - 1}{2} Ma^2\right) \tag{1.37}$$

$$p_0 = p\left(\frac{T_0}{2}\right)^{\gamma/(\gamma-1)} = p\left(1 + \frac{V^2}{2c_p T}\right)^{\gamma/(\gamma-1)} = p\left(1 + \frac{\gamma - 1}{2} Ma^2\right)^{\gamma/(\gamma-1)} \tag{1.38}$$

$$\rho_0 = \frac{p_0}{RT_0} \tag{1.39}$$

여기서 V는 유속, Ma는 마하(Mach)수이며, 유체는 이상기체로 모형화될 수 있다고 가정한다. 정체 물성을 사용하면 에너지 보존 방정식[식 (1.19)]은 다음과 같이 표기할 수 있다.

$$\dot{Q} - P_{sh} = \dot{m} c_p (T_{02} - T_{01}) \tag{1.40}$$

또 역학적 에너지 방정식[식 (1.20)]은 다음 식으로 표기할 수 있다.

$$-P_{sh} - \dot{\Phi} = \dot{m}\left(\int_1^2 \frac{dp_0}{\rho_0}\right) \tag{1.41}$$

(참고: 위 방정식에서 일률 $\dot{W}$에 대한 '열역학적' 기호는 이 책에서 '동력' 기호로 사용된 P로 대체되었다.) 실제로 모든 터보기계는 단열 상태($\dot{Q} = 0$)라고 할 수 있으므로 식 (1.40)에서 유체로 또는 유체로부터 전달된 비에너지는 다음과 같다.

$$-w = c_p (T_{02} - T_{01}) \tag{1.42}$$

이상적인 과정은 단열이면서 마찰이 없는 과정인데, 식 (1.41)에 $\dot{\Phi} = 0$을 대입하고 등엔트로피 과정 방정식($\rho_0 = \text{constant} \times p_0^{1/\gamma}$)을 적용한 후 적분하면 다음과 같은 유체 동력 표현식을 얻을 수 있다.

$$-P_\mathrm{fl} = \dot{m}\left\{ \frac{\gamma}{\gamma-1} \frac{p_{01}}{\rho_{01}} \left[\left(\frac{p_{02}}{p_{01}} \right)^{(\gamma-1)/\gamma} - 1 \right] \right\} = \dot{m} c_\mathrm{p} T_{01} \left[\left(\frac{p_{02}}{p_{01}} \right)^{(\gamma-1)/\gamma} - 1 \right] \qquad (1.43)$$

여기에 1.4절의 이상기체 관계식이 적용되었다. 유체의 비에너지는 질량 유량으로 나누어 구할 수 있다.

$$-\frac{P_\mathrm{fl}}{\dot{m}} = c_\mathrm{p} T_{01} \left[\left(\frac{p_{02}}{p_{01}} \right)^{(\gamma-1)/\gamma} - 1 \right] \qquad (1.44)$$

이 변수는 펌프의 경우 gH, 홴의 경우 $\Delta p/\rho$에 해당한다. 압축성 유체의 비에너지는 유체의 초기 온도와 기계의 압력비에 따라 영향을 받는다. 다음과 같이 등엔트로피 양정(isentropic head) H_s를 정의하는 것이 편리하다.

$$gH_s \equiv c_\mathrm{p} T_{01} \left[\left(\frac{p_{02}}{p_{01}} \right)^{(\gamma-1)/\gamma} - 1 \right] \qquad (1.45)$$

압축기의 (등엔트로피) 효율은 유체가 가지는 비에너지와 유체에 가해진 일의 비로 나타낼 수 있다. 식 (1.42)와 식 (1.44)를 이용하여 다음 식으로 표기할 수 있다.

$$\eta_\mathrm{c} = \frac{(p_{02}/p_{01})^{(\gamma-1)/\gamma} - 1}{(T_{02}/T_{01}) - 1} \qquad (1.46)$$

위 식은 '전효율' 계산을 위해 정체 압력 및 정체 온도가 사용된 것을 제외한다면 식 (1.7)과 동일하다.

터빈의 경우 등엔트로피 효율은 실제 일과 이상적인 일의 비로 나타낸다.

$$\eta_\mathrm{t} = \frac{1 - (T_{02}/T_{01})}{1 - (p_{02}/p_{01})^{(\gamma-1)/\gamma}} \qquad (1.47)$$

정압을 정체압으로 대체하면 폴리트로픽 효율[식 (1.10)과 식 (1.11)]의 정의를 사용할 수도 있다. 압축기 및 터빈의 성능 곡선은 비압축성 유동 기계(펌프, 홴, 수력 터빈)의 성능 곡선과 정성적으로 유사하다. 그러나 성능 변수로는 질량 유량($\dot{m}$), 정체 압력비(p_{02}/p_{01}), 축동력(P_sh) 및 등엔트로피 효율이 사용된다. 그림 1.11은 다양한 축회전 속도에 대한 성능 곡선을 포함하는 압축기의 일반적인 성능 특성을 나타낸 것이며, 그림 1.12는 가스 터빈에 대

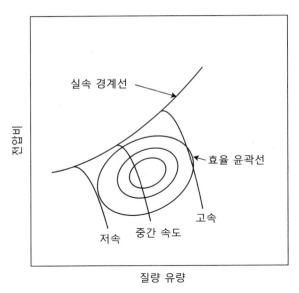

그림 1.11 압축기의 성능 곡선

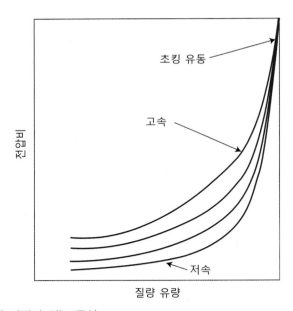

그림 1.12 압축성 유체 터빈의 성능 곡선

한 유사한 성능 곡선을 보여 주고 있다. 기술적으로 각 선도는 특정한 입구 온도값(T_{01})에만 적용된다. 이 그림들에서 볼 수 있는 특이한 점은 비압축성 유동 기계에서는 발생하지 않는 초킹(choking) 현상이다. 초킹은 고속 유동에서 발생하는데, 유체기계 내의 임의점에서 마하수가 1에 도달하고 질량 유량이 제한 최댓값이 될 때 발생한다(White, 2008, Gerhart 등, 1992). 이 그림에는 일정 효율을 나타내는 곡선들도 포함하고 있다.

예제 1-3 ▎ 압축성 유동 효율

압축기의 (등엔트로피) 효율 및 폴리트로픽 효율에 대한 압축성 유동 정의를 1.9절의 홴 시험 데이터에 적용한다. 해당 자료는 다음과 같다.

$$T_{01} = T_{amb} = 72°F, \quad p_{01} = p_{amb} = 29.5 \text{ in. Hg,}$$

$$p_{02} = 11.5 \text{ in. wg,} \quad T_{02} = 76.7°F$$

SI 절대단위계로 변환하면 위 자료는 다음과 같다.

$$T_{01} = 315K, \quad p_{01} = 99.91 \text{ kPa}, \quad p_{02} = 102.77 \text{ kPa}, \quad T_{02} = 318.8K$$

식 (1.46)에 대입하면 다음을 얻는다.

$$\eta_c = \frac{(p_{02}/p_{01})^{(\gamma-1)/\gamma} - 1}{(T_{02}/T_{01}) - 1} = \frac{(102.77/99.91)^{(1.4-1)/1.4} - 1}{(318.8/315.9) - 1}$$

$$= 0.8828$$

폴리트로픽 효율은 다음과 같다.

$$\eta_p = \frac{\gamma-1}{\gamma} \frac{\ln(p_{02}/p_{01})}{\ln\{1 + [(p_{02}/p_{01})^{(\gamma-1)/\gamma} - 1]/\eta_s\}}$$

$$= \frac{1.4-1}{1.4} \frac{\ln(102.77/99.91)}{\ln\{1 + [(102.77/99.91)^{(1.4-1)/1.4} - 1]/0.8828\}}$$

$$= 0.8824$$

이러한 저압비를 가지는 터보기계의 경우 등엔트로피 및 폴리트로픽 효율은 본질적으로 동일하고, 압력비가 증가함에 따라 이들의 차이가 증가하게 된다. 여기서 계산된 전효율은 주로 압축성 효과로 인해 1.9절에서 계산된 값과 약간 다르게 나타난다. 또 1.9절의 효율 계산에서는 축동력 사용으로 인해 기계 손실이 효율에 포함되었지만, 여기서는 기계 손실을 고려하지 않았기 때문에 결과값에 차이가 발생한다.

1.12 전형적인 성능 곡선

모든 터보기계는 크기, 회전 속도, 설계 세부 사항 및 작동 유체에 따라 결정되는 고유한 성능 곡선이 있다. 그러나 경험에 따르면 성능 곡선의 모양은 터보기계 유형에 대략적으로 유사한 형태로 표현될 수 있다. 이러한 성능 곡선은 각 변수를 기계의 BEP('설계점' 또는 '성능평가점'이라고도 함)에서의 각 변수값으로 나누어 속도 및 크기와 무관하게, 즉 성능 변수의 정확한 크기와 무관하게 표현된다. 그림 1.13(a) 및 그림 1.13(b)는 펌프의 전형적인

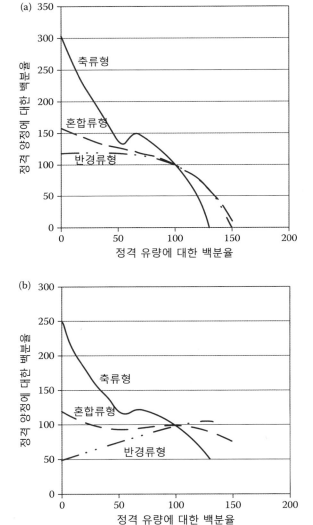

그림 1.13 펌프의 일반적인 성능 곡선, (a) 양정-유량 곡선, (b) 축동력-유량 곡선(설계점에 대한 백분율값)

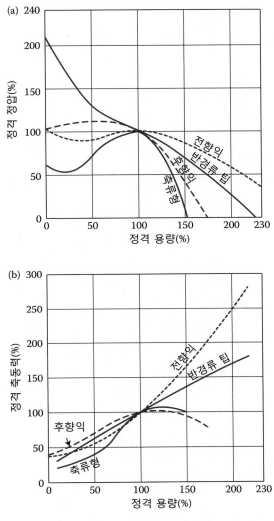

그림 1.14 팬의 일반적인 성능 곡선. (a) 압력-유량 곡선, (b) 축동력-유량 곡선(설계점에 대한 백분율값)

곡선 모양을 대략적으로 '축류형', '반경류형' 및 '혼합류형'으로 구분한 것이다. 그림 1.14(a)와 그림 1.14(b)는 팬에 대한 일반적인 성능 곡선을 나타내는데, '축류형', '후향익 (backward curved)', '반경류 팁(radial tip)' 및 '전향익(forward curved)'으로 구분한 것이다. 마지막 세 가지 유형은 반경류형 팬의 한 종류들이다. 그림 1.15(a)와 그림 1.15(b)는 반경류형('원심형')과 축류 압축기에 대한 성능 곡선을 나타낸 것이다. 압축기와 압축성 유체 터빈에 대해서는 무차원 형태일지라도 회전 속도의 영향을 명확히 포함시켜야 한다. 마지막으로 수력 터빈(반경류형)의 전형적인 성능 곡선을 그림 1.16에 나타내었다.

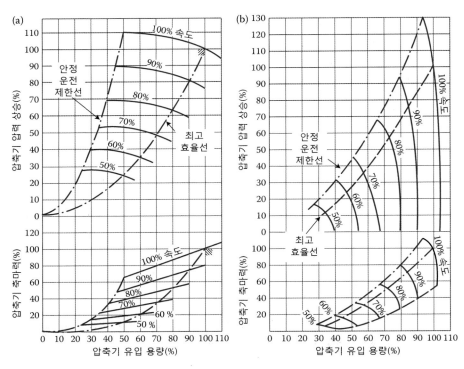

출처: 압축 공기 및 가스 연구소(CAGI) 제공.

그림 1.15 압축기의 일반적인 성능 곡선. (a) 원심형(반경류형), (b) 축류형(설계점에 대한 백분율값)

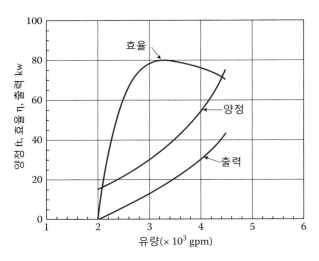

그림 1.16 반경류형 수력 터빈의 일반적인 성능 곡선

이 곡선들로부터 몇 가지 중요한 것을 추론할 수 있다. 축류 펌프 및 축류형, 후향익 및 반경류 팁을 가지는 휀의 압력/양정 대 유량 곡선은 모두 곡선이 양의 기울기를 가지는 정격점의 왼쪽 영역(낮은 유량 영역)을 보여 준다. 불안정 운전 가능성으로 인해 이 영역에서의 운전을 피해야 한다. 이러한 문제는 특히 압축기의 경우 심각하기 때문에 '안정적인 운전 한계'를 넘어서는 이 영역으로 성능 곡선을 그리지 않는다. 일부 반경류형 펌프도 이러한 특성을 가지는 경향이 있다. 유사한 이유로 '흔들림' 경향의 곡선(축류 펌프 및 축류 휀)을 가지는 영역에서의 운전을 피해야 한다.

다른 중요한 결론은 동력 곡선에서 얻을 수 있다. 가장 바람직한 동력 특성은 정격점 근처에서 최대 동력이 발생하는 것이다. 따라서 정격점에서 작동하기 위한 구동 모터는 고유량 또는 저유량 조건에서 과부하 상태가 되어서는 안 된다. 주어진 성능 곡선을 살펴보면 감소된 유량에서의 축류 펌프, 고유량 조건에서의 반경류형 팁 및 전향익 휀은 모두 고유량 조건에서의 원심 압축기와 같이 이러한 문제가 있음을 알 수 있다.

동력 곡선은 시동에도 영향을 미친다. 저유량 조건에서 급격히 상승하는 동력 특성을 가지는 기계는 연결 시스템이 '완전 개방(wide open)'된 상태에서 시동되어야 하며, 유량이 0인 점 부근에서 동력 요구량이 최소인 기계는 시스템이 차단(shut off)인 상태에서 시동되어야 한다.

이송 유량에도 몇 가지 문제가 있다. 축류형 장치는 실속(stall)과 자유 이송 유량 조건 사이에 상대적으로 작은 운전 범위를 가지는 반면, 다양한 반경류형 유체기계는 정격값의 거의 2배를 처리할 수 있다.

1.13 기계 및 시스템

현장에 적용할 때 휀 또는 펌프는 성능 평가에 사용되는 단순한 스로틀 장치 또는 밸브가 아닌 '유동 시스템'에 연결된다. 이러한 시스템은 일반적으로 엘보우, 그릴, 스크린, 밸브, 열교환기 및 기타 유동 저항 요소를 포함하는 일정 길이의 덕트 또는 배관으로 구성된다. 펌핑 기계는 유체에 에너지를 공급하고, 유동 시스템은 유체 마찰 손실뿐만 아니라 유체의 위치 에너지 증가와 같은 '연속적인(permanent)' 유체 에너지 증가를 통해 에너지를 소비한다. '저항 곡선' 또는 '시스템 곡선'은 사용된 에너지, 유량, 그리고 시스템 특성 사이의 관계를 나타내는데, 압력 손실 Δp_f(아래 첨자 f는 '마찰'을 의미함) 또는 양정 손실 h_f로 설명할 수 있다.

$$\frac{\Delta p_\mathrm{f}}{\rho} = gh_\mathrm{f} = \sum\left[\left(f\frac{L}{D}+K_\mathrm{m}\right)\frac{V^2}{2}\right] \tag{1.48}$$

이 식에서 f는 Darcy 마찰 계수이고, L/D는 특성 길이와 덕트 지름의 비이다. K_m은 덕트의 엘보우와 같이 주어진 시스템 요소 부품이 가지는 손실 계수이다. $V = Q/A_\mathrm{duct}$이므로 V^2는 Q에 의존하게 되고, 따라서 다음 식을 얻을 수 있다.

$$\frac{\Delta p_\mathrm{f}}{\rho} = gh_\mathrm{f} = \sum\left[\left(f\frac{L}{D}+K_\mathrm{m}\right)\frac{1}{A_\mathrm{duct}^2}\right]\left(\frac{Q^2}{2}\right) \approx \text{constant}\times Q^2 \tag{1.49}$$

여기서 '상수'는 레이놀즈수에 따라 약간 변할 수 있지만 시스템에 거의 고정되는 함수라고 할 수 있다. g 또는 ρ를 '상수' 항에 포함시키면 Δp_f 또는 h_f에 대한 유사한 방정식을 얻을 수 있다.

펌핑 기계를 시스템에 설치할 때 기계 유량과 시스템 유량은 동일해야 하고, 기계가 공급하는 에너지는 시스템이 사용하는 에너지와 같아야 한다. 따라서 (고유한) 운전점은 그림 1.17에 나타낸 것처럼 기계 성능 곡선과 시스템 곡선이 교차하는 점이 된다. 여러 시스템 곡선이 그림에 표시되어 있는데, 배관 길이 또는 마찰 계수를 증가시키는 거칠기값을 증가시키거나 밸브를 닫으면 C 값이 증가하고, 가파른 기울기의 포물선을 얻는다. 가파른 포물선과 기계의 특성 곡선의 교차점은 더 높은 Δp(또는 H) 값에서 발생하고, 이에 따라 Q 값은 감

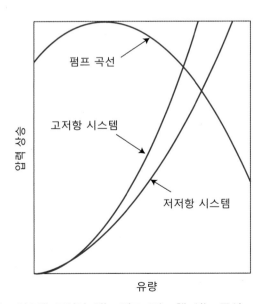

그림 1.17 저항이 증가하는 시스템 곡선이 있는 펌프 또는 홴 성능 곡선

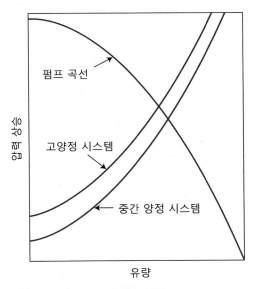

그림 1.18 고도 또는 순압력 변화가 운전점에 미치는 영향

소하게 된다. 마찬가지로 배관 길이나 거칠기값을 줄이고, 밸브 개방 또는 다른 저항값을 감소시키면 시스템 포물선의 기울기가 덜 가파르게 되고(작은 저항 상수값), 기계 곡선과의 교차는 낮은 압력/양정 및 높은 유량에서 발생한다.

식 (1.49) 및 그림 1.18에 설명된 시스템 곡선은 작동 유체에 전달된 순에너지 변화가 없다는 가정에서 얻어진 것이다. 액체 펌핑 시스템에서는 펌프 시스템에서의 상당한 고도(정수압 양정) 변화를 고려해야 할 수도 있다. 팬이 있는 공기 취급 시스템은 '클린 룸' 또는 가압로와 같이 양압으로 유지되는 영역으로 공기를 전달할 수 있다. 이 경우 시스템 곡선은 $h_{sys} = CQ^2 + \Delta z$ 또는 $\Delta p_{sys} = CQ^2 + \Delta p_{net}$으로 표현할 수 있다. 추가 항은 Q와 무관하지만 그림 1.18에 나타낸 것처럼 시스템 곡선을 수직 이동(offset)하게 한다. 배관 시스템의 형상 변화에 따른 Δz 또는 Δp_{net} 값의 변화뿐만 아니라 저항값 변화에도 동일한 설명이 적용된다. 정수압(Δz) 항은 공기/기체 시스템에서 거의 항상 무시할 수 있다는 것을 상기하자.

운전점은 그림 1.17 및 그림 1.18에 표시된 것처럼 도식적으로 결정될 수도 있고 분석적인 방법이 적용될 수도 있다. 대부분의 경우 기계 특성 곡선은 그래프로 제공되며 시스템 곡선은 방정식으로 제공된다. 또는 이러한 개별적 곡선 또는 두 곡선의 값이 표의 형태로 제공되기도 한다. 기계 곡선과 시스템 곡선을 동일 좌표상에서 도시하여 도식적 해를 구할 수 있는데, 이 도식적 방법은 운전점을 시각적으로 잘 보여 주지만 정밀도 측면에서는 한계가 있다.

운전점을 해석적으로 결정하기 위해서는 일반적으로 기계 특성 곡선을 방정식으로 나타내야 한다. 이들 곡선은 그림 1.13과 그림 1.14에 나타낸 것처럼 복잡할 수 있지만, 일반적으로 곡선의 안정적인 운전 영역만을 고려하게 된다. 펌프의 경우 이러한 영역은 일반적으로 $H \approx aQ^2 + bQ + c$인 2차 다항식으로 표현되는데, 여기서 계수 a, b 및 c는 '최소 자승법'을 이용하여 구할 수 있다. 그런 다음 $aQ^2 + bQ + c = CQ^2 + \Delta z$와 같은 2차 방정식의 해를 구하여 운전점을 결정할 수 있다.

1.14 요약

이 장에서는 유체기계의 기본 개념을 소개하였다. 유체역학 및 열역학의 기본 개념을 복습한 후 유체 유동의 보존 방정식에 대해 논의하였다.

터보기계의 정의 및 터보기계와 용적형 기계의 차이점을 다루었다. 터보기계의 광범위한 정의 중에 기계를 통과하는 작동 유체에 대한 일의 방향에 따른 분류 개념은 터빈 군(일을 추출하는 기계)과 펌프 군(일을 가하는 기계)을 구별하는 데 사용되었다. 다양한 종류의 터보기계에 대한 추가적인 하위 분류 작업은 기계 내부를 흐르는 유체의 경로를 기반으로 한다. 이것들은 축류형, 반경류형, 그리고 혼합류형 펌프와 터빈으로 설명되었다.

유체기계의 성능 평가 개념을 전개하였고, 성능 변수를 설명하기 위해 터보기계 성능 시험에 사용되는 기술을 소개하였다. 압축성 유체를 취급하는 기계에는 특별한 주의가 필요하다. 또 다양한 종류의 터보기계에 대한 전형적인 성능 곡선을 제시하였다. 마지막으로 홴(또는 펌프)과 작동하는 시스템 간의 상호 작용을 설명하였다.

이 책에서 주로 다루는 여러 종류의 장비를 설명하는 일련의 그림과 함께 이 장을 마치고자 한다. 그림 1.19는 액세서리가 있는 패키지 홴 어셈블리를 나타낸다. 그림 1.20은 전형적

출처: Process Barron 사.

그림 1.19 왼쪽에 구동 모터, 볼류트, 토출구, 그리고 오른쪽 끝에 흡입구가 있는 SWSI 원심 홴

인 압축기 임펠러를, 그림 1.21은 다양한 축류 휀 임펠러를 나타낸다. 그림 1.22는 발전소에 설치된 대형 휀을 보여 주고 있으며, 그림 1.23~그림 1.26은 다양한 펌프의 구성과 설치 및 배치를 보여 준다.

출처: Process Barron 사.

그림 1.20 블레이드의 상세한 배치를 보여 주는 원심 압축기 임펠러

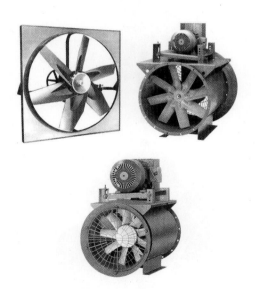

출처: New York Blower Company, Willowbrook, IL.

그림 1.21 여러 유형의 임펠러를 가지는 축류 휀

출처: Process Barron 사.

그림 1.22 발전소에 설치된 팬(DWDI 팬의 양쪽으로 흐름을 공급하기 위한 이중 입구 덕트)

출처: ITT Fluid Technology 사.

그림 1.23 단흡입 및 양흡입 유로 및 케이싱 배치를 가지는 원심 펌프

출처: ITT Fluid Technology 사.

그림 1.24 펌프의 유로, 임펠러 및 기계식 구동 부품의 단면도

출처: ITT Fluid Technology 사.

그림 1.25 2대의 펌프와 구동 모터의 배치

출처: ITT Fluid Technology 사.

그림 1.26 병렬 설치된 6대의 양흡입 펌프

1.1 그림 P1.1에 표시된 성능 곡선을 가진 펌프는 1750 rpm으로 작동하며, 안지름이 0.051 m, 길이가 53.3 m인 아연 도금 강관에 연결되어 있다. 유량 및 인입 동력을 구하시오.

1.2 그림 P1.1의 펌프는 그림 P1.2의 시스템에 설치된다. 유량, 동력 및 효율을 구하시오. (단, 모든 파이프는 안지름이 50.8 mm인 상업용 강관이다)

1.3 Allis-Chalmers 펌프는 그림 P1.1에 제시된 성능 데이터를 가지고 있다. 펌프의 BEP에서 Q, H, 동력(W)을 구하시오. 또 (자유 이송 유량) 최대 유량을 계산하시오.

1.4 그림 P1.1의 펌프는 안지름이 50.8 mm, 길이가 304.8인 강관으로 243.84 m 높이에 있는 언덕으로 물을 공급하는 데 사용된다. 이는 다수의 펌프를 직렬로 연결하여 수행할 수 있다. 펌프가 몇 대 필요한지 구하시오. (단, 각 펌프는 BEP 근처에서 작동해야 한다)

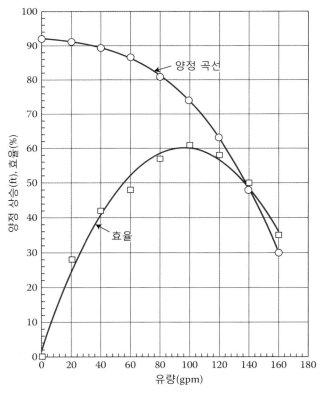

그림 P1.1 9-in 임펠러 및 회전수 1750 rpm을 가지는 펌프의 성능 곡선

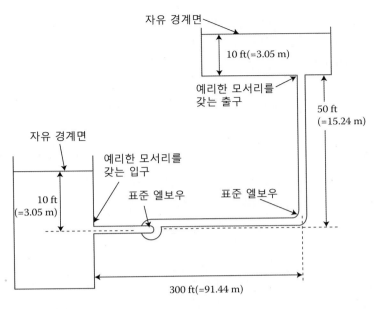

자유 경계면

10 ft(=3.05 m)

예리한 모서리를
갖는 출구

50 ft
(=15.24 m)

자유 경계면

예리한 모서리를
갖는 입구

표준 엘보우

표준 엘보우

10 ft
(=3.05 m)

300 ft(=91.44 m)

그림 P1.2 펌프 및 시스템 배치

1.5 그림 P1.1 유형의 펌프 2대를 사용하여 연직 방향으로 39.6 m인 곳에 물을 공급할 수 있다.

(a) 직렬로 해야 하는지, 병렬로 해야 하는지 쓰시오.

(b) BEP에서 두 펌프의 작동을 유지하기 위해 필요한 강관의 지름을 구하시오.

1.6 연료 공급 펌프는 20℃ 가솔린 90.85 m^3/h(=0.0252 m^3/s)를 공급한다. 이 펌프는 효율이 80%이며 14.91 kW(=20−bhp) 모터로 구동된다. 압력 상승과 양정 상승을 구하시오.

1.7 연습 문제 1.1의 펌프 및 배관 배열에 9.14 m의 고도 변화를 포함한다면 어떤 흐름이 발생할 것인지 쓰시오.

1.8 소형 원심형 홴이 덕트 시스템에 연결된다. 홴 특성 곡선은 $\Delta p_s \equiv a + bQ$로 근사화할 수 있다. 여기서 $a = 1.436$ kPa(=30 lbf/ft^2), $b = -676.35(Pa)/(m^3/s)[=-0.40(lbf/ft^2)/(ft^3/s)]$ 이다. 덕트 저항은 $L_f = \left(\dfrac{fL}{D} + \sum K_m\right)\left(\dfrac{V^2}{2g}\right)$로 주어지는데, 저항 계수는 $\left(\dfrac{fL}{D} + \sum K_m\right) = 10.0$이고, 덕트 단면적은 0.093 m^2이다.

(a) 홴-덕트 시스템의 체적 유량을 구하시오.

(b) 홴의 정압 상승은 얼마인지 구하시오.

(c) 홴을 구동하는 데 필요한 kW를 구하시오(홴의 정적 효율은 $\eta_s = 0.725$임).

1.9 슬러리 펌프는 밀도가 1200 kg/m³이고 동점성 계수가 $v = 5 \times 10^{-5}$ m²/s인 모래와 물의 혼합물로 작동한다. 펌프는 순수한 물에서 시험하였을 때 3 m³/s의 유량으로 15 m의 양정 상승을 발생시켰다. 유량이 3 m³/s인 모래 슬러리의 양정 상승을 계산하시오.

1.10 3단 축류 홴은 지름이 0.5 m이고 1485 rpm으로 작동한다. 길이가 300 m, 지름이 0.5 m인 덕트로 구성된 시스템에서 작동할 때 홴은 5.75 m³/s의 유량을 생성한다. 3단 각각에 필요한 정압 상승을 구하시오. 덕트의 마찰 계수는 $f = 0.04$를 사용한다.

1.11 85.17 m³/h(=0.0236 m³/s)를 공급하기 위해 그림 P1.1의 펌프와 동일한 펌프 그룹을 병렬로 운전한다. 각 펌프가 BEP에서 작동하려면 펌프가 몇 대 필요한지 쓰시오. 또 이 펌프 그룹의 복합 성능에 대한 그래프를 작도하시오.

1.12 이중 폭 원심형 블로워는 열교환기를 통한 압력 강하에 의한 저항이 지배적인 시스템으로 유량을 공급한다. 열교환기는 K 인자가 20이고 단면적은 1 m²이다. 블로워가 1 kPa의 압력 상승을 생성하는 경우 양면 임펠러의 각 측면에서의 체적 유량(m³/s)을 구하시오.

1.13 중형 펌프는 SAE 50 엔진 오일(SG=0.9351) 1.50 m³/s를 공급한다. 이 펌프는 전효율이 0.679이며, 25 kW의 축동력을 공급할 수 있는 모터에 직결된다. 이 유량과 동력에서 펌프가 발생시킬 수 있는 양정 상승을 계산하시오.

1.14 위 연습 문제 1.8에서 설명한 원심 홴은 반드시 미터법 단위에서의 유량−압력 상승 사양을 만족시키기 위해 사용해야 한다. 펌핑 성능 방정식을 SI 단위로 변환할 때
(a) 저항이 $K_{res} = (fL/D + \sum K_m) = 1.0$인 지름 15 cm의 덕트를 통해 얻을 수 있는 유량을 계산하시오.
(b) 15 cm < D < 45 cm, $K_{res} = 1.0$일 때 Q 대비 지름 D의 곡선을 작도하시오.
(c) 지름 10 cm와 1 < K_{res} < 5일 때 Q 대비 K_{res}의 곡선을 작도하시오.

1.15 그림 P1.1에 제시된 펌프 데이터에 대한 SI 단위계의 성능 곡선군을 작도하시오[Q (m³/h), H (m), P (kW)]. 이러한 펌프 중 2대가 $K_m = 50.0$의 저항 계수를 가지는 필터 시스템에 직렬로 연결될 경우 이 성능 곡선을 사용하여 유량, 양정 상승 및 필요한 동력을 예측한다. (단, 유량계통의 지름은 5 cm이고 다른 저항은 무시한다)

1.16 명시된 조건에서 위 연습 문제 1.9의 슬러리 펌프의 압력 상승을 구하시오. 또 이 결과를 작동 유체가 물일 때의 압력 상승값과 비교하시오.

1.17 SI 단위의 BEP 동력 및 효율을 구하기 위해 위 연습 문제 1.15에서 개발한 펌프 성능 곡

선을 사용하여 차단(shut off) 성능 및 자유 이송 유량(free-delivery) 전달 성능을 계산하시오.

1.18 팬이 단일 폭 버전일 경우 연습 문제 1.12의 팬에서 토출할 수 있는 유량을 구하시오.

1.19 지름이 5 cm, 길이가 100 m인 배관에서의 마찰 계수가 $f = 0.030$일 때 위 연습 문제 1.15의 펌프로부터 송출할 수 있는 유량을 구하시오.

1.20 위 연습 문제 1.10의 축류 팬을 3단으로 배열하여 평행한 배열로 작동하여, 각각의 흐름을 덕트에 연결된 플레넘으로 전달할 수 있다. 이 덕트의 길이가 110 m이고 $f = 0.04$인 경우 총유량이 17.25 m^3/s가 되기 위한 덕트의 크기를 구하시오. (단, 플레넘 손실은 무시한다)

1.21 공기 압축기는 $p_{01} = 100$ kPa, $\rho_{01} = 1.2$ kg/m^3, $T_{01} = 280$K와 같은 주위 조건에서 작동한다. 압축기 성능은 $Q = 1$ m^3/s, $\Delta p_T = 25$ kPa, $P_{sh} = 28$ kW, $\rho_{02} = 1.4$ kg/m^3이다. 등엔트로피 효율과 폴리트로픽 효율을 구하시오.

1.22 압축기는 3058.2 m^3/h의 흡입 유량에 28.3 kW가 필요한 천연가스($\gamma = 1.27$)를 32.2℃에서 95.8 kPa의 흡입 유량 조건으로 이송한다. 압력비가 1.25이고 토출구 온도가 57.2℃일 때, 등엔트로피 효율과 폴리트로픽 효율을 구하시오.

1.23 워터 펌프의 성능은 그림 1.10의 구성과 유사한 시험 장치에서 측정한다. 'a'에서 'b'로 상승하는 압력은 25 cm의 수은 액주계 편차 높이로부터 유추할 수 있다. 유량계는 $\beta = 0.6$, $d = 10$ cm의 예봉 오리피스이다. 측정 장치 'd'에서 'c'로의 압력 변화가 두 번째 수은 액주계에서 15 cm의 액주 높이 변화로 나타날 때, 펌프의 압력 상승 및 체적 유량을 kPa 및 m^3/s 단위로 구하시오.

1.24 위 연습 문제 1.23의 펌프는 효율 $\eta_m = 0.85$인 AC 유도 전동기에 의해 구동된다. 모터에 대한 전기 입력은 시험한 대로 1.20 kW이었다. 시험점에서의 펌프 효율을 구하시오. (단, 연습 문제 1.23의 결과는 0.0283 m^3/s 및 30.77 kPa이다)

1.25 지름 0.914 m인 축류형 블로워를 그림 1.8과 같은 유동 설비를 이용해서 시험하였는데, 4개의 지름 0.305 m 노즐을 사용하여 흐름을 측정하였다. 한 성능 지점에는 $\Delta p_s = 0.051$ m, $\Delta p_n = 0.051$ m, 5.67 kW가 블로워 축에 공급되었다. 블로워 시험점에서의 $Q(m^3/s)$, Δp_T(Pa), η_s 및 η_T 값을 구하시오.

1.26 그림 1.21(왼쪽 위)과 같은 패널 팬은 빈티지 스포츠카에 대한 경미한 정비 작업이 이루어지는 4베이 차고/정비소의 실내 환기를 위해 사용된다. '427 코브라' 엔진을 구동할 때 발생하는 대량의 배기가스는 배기 파이프에 연결된 배출 시스템으로 포집된다. 정비소 작업자의 안전을 위해 패널 팬은 정비소 내의 공기를 16,990 m³/h(= 4.72 m³/s)의 비율로 교환한다. 팬의 입구 및 출구 루버와 토출 속도 압력(동압)으로 인한 유량에 대한 저항은 지름 0.91 m인 팬의 출구 속도 압력의 약 5배이다. 패널 팬의 전효율은 $\eta_T = 0.76$이다. 필요한 축동력을 kW 단위로 구하시오.

1.27 그림 1.19에 표시된 것과 유사한 패키지형 팬 어셈블리는 BEP에서 18 m³/s의 체적 유량으로 1.5 kPa의 압력 상승을 제공할 수 있다. 팬의 지름은 1.07 m이고 1175 rpm에서 작동하며, 공기 밀도는 $\rho = 1.21$ kg/m³이다. 이 팬이 18 m³/s의 공기를 공급할 수 있는 지름 1 m인 덕트의 길이($f = 0.045$)를 구하시오.

1.28 위 연습 문제 1.27의 팬에 대한 성능 곡선은 BEP를 통해 직선으로 근사할 수 있다(제7장에 설명된 기법을 이용함). 곡선은 $\Delta p_T = 4488 - 166Q$이며, Δp_T의 단위는 Pa, Q의 단위는 m³/s이다. 이 팬이 길이가 66 m이고 지름이 1 m인 덕트($f = 0.045$)에 연결될 때 유량을 계산하시오.

1.29 그림 1.16에서 성능이 주어지는 수력 터빈은 기존 펌프 임펠러와 하우징에 기초하여 반경 방향으로 유입되도록 설계되었으며, 임펠러 지름은 0.426 m이다. 이 지름을 기준으로 '펌프'와 공급 및 배출 배관 연결 장치에서의 유입 및 토출 손실을 $h_f = 10 \, V_d^2/2 \, g$으로 계산할 수 있으며, 여기서 배출 속도는 $V_d = Q/A_{turb} = Q/[(\pi/4)D^2]$이다. 저장조로부터 총양정 18.3 m로 물을 공급할 수 있다고 가정한다.

(a) 터빈의 순양정(손실 후)을 계산하시오. (단, 총양정을 터빈의 양정 – 유량 곡선과 일치시켜 유량의 초깃값을 추정한다)

(b) 그림 1.16의 일치하는 체적 유량을 읽고 이상적인 동력을 계산하시오.

(c) 그림 1.16의 곡선에서 효율을 읽고 실제 출력 P_{sh}를 구하시오. 출력 대비 유량 곡선에서 읽은 값과 비교하시오. 차이가 소형 그래프상에서 정확하게 읽을 수 있는 범주 내에 있는지 쓰시오.

1.30 위 연습 문제 1.29의 터빈에 사용되는 유입구 및 토출구에서의 손실을 $h_f = 1.0 \, V_d^2/2 \, g$으로 줄일 수 있는 경우 그림 1.16의 양정 – 유량 곡선에 따라 일치하는 순양정 및 유량을 가지는 수력 터빈의 정미 출력을 구하고, 이 값을 연습 문제 1.29의 결과(30.7 kW)와 비교하시오. 또 일반 가정에서 필요한 전기 수요를 전력 차이에 맞춰 공급할 수 있는지 쓰시오.

1.31 발전소 내 강제 송풍 홴에 대한 시험을 수행한다. 홴은 이중 폭−이중 유입구를 가지는 형태이며, 대기에서 공기를 끌어온다(대기압 = 101 kPa, 온도 = 10℃, 상대습도 = 65%). 홴 토출 시 피토 정압 프로브를 사용하여 측정한다(3.05 m×3.05 m). 정압 및 동압은 100개의 세부 영역 중심에서 측정한다. 데이터는 아래 표에 나타나 있다.

(a) 체적 유량(m^3/s)과 평균 속도를 구하시오.

(b) 손실을 무시할 때(즉, η_T = 100%) 필요한 인입 동력을 구하시오. (단, 비균일 속도 영향은 무시하지 않는다)

(c) 이번에는 비균일 속도 영향을 무시할 때 위 (b) 문항을 반복 계산하시오. (단, 운동에너지 보정 계수는 α = 1.0으로 가정한다)

측정 동압(in. wg)											
		4.5	3.5	2.5	1.5	0.5	0.5	1.5	2.5	3.5	4.5	
Y 덕트 중심선으로부터 측정	4.5	0.642	0.821	0.811	1.538	2.986	1.860	0.597	1.395	0.192	0.621	4.5
	3.5	0.376	1.289	2.469	2.329	3.285	1.749	3.306	1.277	2.397	0.739	3.5
	2.5	0.564	3.277	2.573	3.890	3.724	2.937	2.632	3.432	3.190	1.457	2.5
	1.5	0.796	2.192	4.035	3.875	4.342	3.967	2.728	4.727	4.117	2.651	1.5
	0.5	1.352	1.636	4.665	3.921	4.184	4.605	4.464	2.694	3.555	2.832	0.5
	0.5	1.453	2.883	3.088	3.961	5.113	4.675	4.249	3.705	2.378	2.538	0.5
	1.5	1.544	3.475	4.168	3.753	4.151	4.051	3.829	2.363	1.669	4.080	1.5
	2.5	0.848	2.080	1.901	2.223	2.565	2.932	2.262	1.820	1.641	1.481	2.5
	3.5	1.079	1.708	1.771	1.387	2.719	3.755	3.910	2.620	0.712	0.630	3.5
	4.5	0.092	1.898	1.692	4.935	0.487	1.836	0.513	0.989	2.583	0.714	4.5
		4.5	3.5	2.5	1.5	0.5	0.5	1.5	2.5	3.5	4.5	
X 덕트 중심선으로부터 측정											

측정 정압(in. wg)											
		4.5	3.5	2.5	1.5	0.5	0.5	1.5	2.5	3.5	4.5	
Y 덕트 중심선으로부터 측정	4.5	12.594	12.936	12.637	12.764	12.787	12.603	12.969	12.648	12.502	12.762	4.5
	3.5	12.830	12.723	12.962	12.724	12.554	12.856	12.621	12.567	12.522	12.966	3.5
	2.5	12.804	12.966	12.575	12.807	12.973	12.811	12.933	12.609	12.972	12.692	2.5
	1.5	12.648	12.502	12.875	12.836	12.876	12.894	12.593	12.710	12.876	12.768	1.5
	0.5	12.960	12.569	12.886	12.809	12.591	12.562	12.978	12.715	12.577	12.802	0.5
	0.5	12.744	12.807	12.736	12.708	12.790	12.552	12.650	12.659	12.663	12.780	0.5
	1.5	12.868	12.589	12.575	12.977	12.753	12.624	12.724	12.840	12.828	12.928	1.5
	2.5	12.663	12.508	12.672	12.754	12.928	12.772	12.572	12.811	12.949	12.725	2.5
	3.5	12.606	12.794	12.941	12.843	12.636	12.609	12.679	12.659	12.733	12.648	3.5
	4.5	12.495	12.920	12.656	12.922	12.511	12.804	12.885	12.825	12.772	12.550	4.5
		4.5	3.5	2.5	1.5	0.5	0.5	1.5	2.5	3.5	4.5	
X 덕트 중심선으로부터 측정												

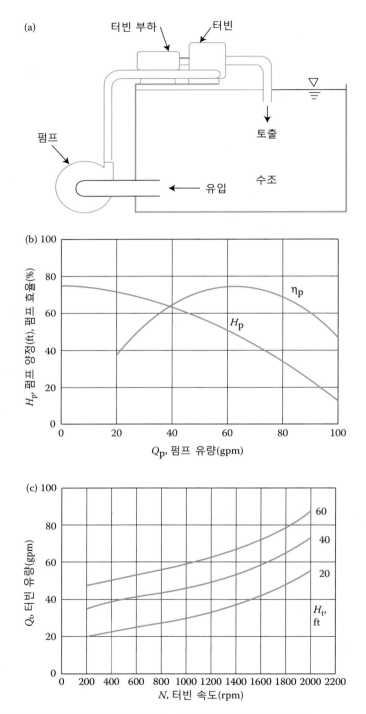

그림 P1.32 (a) 터빈 시험 구성도, (b) 펌프 성능 곡선, (c) 터빈 성능 곡선

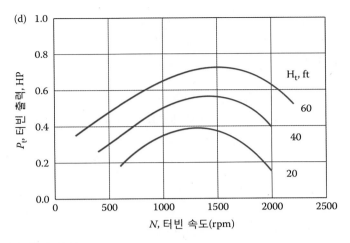

그림 P1.32 (d) 터빈 출력 곡선

1.32 그림 P1.32(a)는 교육용 수력 터빈 시험 장치를 나타낸다(수력 벤치에 펠튼 휠을 장착함). 정속 모터에 의해 구동되는 펌프는 터빈에 물을 공급한다. 펌프 성능 곡선은 그림 P1.32(b)에, 터빈 성능 곡선은 그림 P1.32(c)에 각각 나타나 있다. 터빈을 시험하는 동안 터빈 부하는 일정한 터빈 속도를 유지하도록 조정된다.

(a) 터빈이 1000 rpm의 (정적) 속도로 작동할 때 터빈의 양정 대비 유량을 작도하시오. 또 1500 rpm의 경우도 작도하시오.

(b) 터빈 속도가 1000 rpm인 경우 유량, 펌프 인입 동력 및 터빈 출력을 구하시오. 또 설치 효율을 계산하시오.

1.33 ASME Performance Test Code에 대해 최소한 다음 주제를 포함한 에세이를 작성하시오 (2~3쪽 타이핑 분량).

(a) 성능 시험 코드란 무엇인지 쓰시오.

(b) 그것들은 무엇에 쓰이는지 쓰시오.

(c) 그것들은 터보기계 공학 분야에서 어떻게 적용되고 있는지 쓰시오.

(d) 성능 시험 코드를 사용하였던 개인적 경험을 쓰시오.

1.34 공기 압축기의 배출 및 흡입 조건은 다음과 같다. $T_2 = 176.7\,°C$, $p_2 = 344.7$ kPa, $V_2 = 91.44$ m/s, $T_1 = -1.11\,°C$, $p_1 = 68.95$ kPa(a) (= 10 psia), $V_1 = 152.4$ m/s. 다음을 계산하시오(kg 공기당).

(a) 공기로 전달되는 실제 일

(b) 등엔트로피 압축을 가정하고 운동에너지 변화를 무시하는 이상적인 일

(c) 흡입구와 배출구 전체 상태 사이의 폴리트로픽 압축을 가정하는 이상적인 일

(d) 실제 운동에너지 변화가 포함된 유입구와 배출구 정적 상태 사이의 폴리트로픽 압축을 가정하는 이상적인 일

1.35 저압 증기 터빈은 증기를 입구 조건 48.3 kPa, 148℃에서 출구 조건 121 kPa, 79.4℃로 팽창한다. 증기는 $\gamma = 1.33$, $R = 359$ kJ/kg K, $c_p = 1.84$ kJ/kg K를 가지는 이상기체로 간주하고 다음을 구하시오.

(a) kg 증기 유량당 일

(b) 등엔트로피 효율

(c) 폴리트로픽 효율

(d) 동일한 압력비와 단효율을 가지는 3단에서 팽창이 이루어진다고 가정할 때 단효율

1.36 압력 블로워는 공기 압력을 101 kPa에서 125 kPa로 증가시킨다. 온도는 15℃이고 공기 속도는 블로워의 입구 및 출구에서 동일하다. 폴리트로픽 과정($n = 1.6$)의 압축일(공기에 추가된 유용한 에너지)을 평균 밀도[$\rho_m = (\rho_1 + \rho_2)/2$]를 사용하여 계산한 것을 밀도가 일정하고 입구값과 같다고 가정하여 계산한 결과값과 비교하시오. (단, '평균 밀도' 계산의 경우 유입구 및 배출구 상태가 $n = 1.6$의 폴리트로픽 과정과 관련이 있다고 가정한다)

1.37 실험실에서 소형 홴을 시험한다. 홴 입구 면적은 0.093 m²이고, 홴 토출 면적은 0.05 m²이며, 피토 정압관은 흡입구 평균 속도를 측정하고, 마노미터는 홴 전체에서 정압 차이(Δp)를 측정한다. 홴 속도가 1750 rpm이고, 홴 휠 지름이 0.457 m일 때, 홴 성능 시험을 통하여 다음과 같은 데이터가 수집된다. 시험 데이터로부터 전압 상승, Δp_T(Pa), 효율(η) 대비 유량, Q(m³/s)에 대한 홴 성능 곡선을 작도하시오.

평균 유입 속도(ft/min)	Δp(in. wg)	구동력(hp)
1000	19.2	4.8
2500	15.5	7.6
4000	6.4	6.8

1.38 원심 펌프 성능 시험은 그림 1.10에 개괄적으로 나타낸 설비에서 수행된다. 시험 액체는 15.56℃의 물이며 시험 펌프는 전기 모터에 의해 구동된다. '유량계'는 15.24 cm(공칭 지름), 스케줄 40 배관에 설치된 끝부분이 뾰족한(예봉) 오리피스 판이다. 오리피스 지름은 7.62 cm, 오리피스를 가로지르는 압력 강하는 31.7 kPa이다. 펌프 흡입관('a')도 15.24 cm 공칭 지름, 스케줄 40이다. 점 'a'의 압력 게이지는 33.86 kPa을 읽는다. 배출관('b')는 10.16 cm 공칭 지름, 스케줄 40이다. 점 'b'의 압력 게이지는 169.6 kPa을 읽는다. 점

'a'의 배관 중심선은 펌프 구동축과 동일한 고도를 가지며, 점 'b'의 배관 중심선 고도는 구동축 아래 15.24 cm에 위치한다.

(a) 유량을 m^3/s 단위로, 펌프 양정을 m 단위로 계산하시오.

(b) 펌프에 의해 송출되는 물의 kW 단위는 얼마인지 구하시오.

(c) 펌프 구동에 필요한 동력 및 구동 모터에 필요한 전력을 합리적으로 추정하시오.

(d) 펌프가 슬립 2%의 4극 AC 전기 모터에 의해 구동되는 경우 펌프 구동축의 토크를 구하시오.

(e) 펌프 시험액(물)이 탱크 내 코일에 의해 가열되는 경우 'a'의 물은 몇 도에서 증발하는지 구하시오.

1.39 직사각형(4 m×6 m) 덕트에서 흐르는 공기는 이상적인 속도 분포를 가진다.

$$V(x, y) = 35\left(1 - \frac{x}{2}\right)^{1/4}\left(1 - \frac{y}{3}\right)^{1/5}$$

여기서 x와 y는 덕트 중심에서 측정한 미터 단위 길이이며, V는 m/s 단위를 가진다. 평균 속도, 체적 유량, 운동에너지 보정 계수를 구하시오. (단, 수치적인 방법이나 해석적 방법 중 하나를 이용할 수 있다. 수치적 방법을 이용할 경우 이산화 오차 범주는 1% 이내이어야 한다)

1.40 홴 성능 시험을 통하여 아래 표에 제시된 데이터를 산출하였다. 이 홴에 대한 성능 곡선(전체 압력 상승, 동력 및 효율)을 작도하고 BEP를 식별하시오. 도식적 방법이나 최소자승 곡선접합 방법 모두 필요하다.

전압 상승		
유량 Q(cfm)	Δp_T(in. wg)	축동력 P(hp)
0	14.85	48.15
10,190	14.80	56.49
20,310	12.24	60.30
28,580	10.33	64.64
40,450	6.61	61.18
507,304	2.39	47.74

1.41 Taco 사는 그림 P1.41과 같은 성능 곡선을 가진 일련의 원심 펌프를 판매하고 있다. 이 펌프 중 다수는 0.102 m, 스케줄 40 강관을 통해 113.56 m^3/h(=0.0315 m^3/s)의 물을 91.4 m 언덕 상단으로 펌핑하기 위해 직렬로 사용한다. 배관의 등가 길이는 114.3 m이다. 필요한 펌프의 수와 크기를 지정하고 필요 동력을 구하시오. 또 이러한 펌프 작업을

위한 더 나은 계획을 제안해 보시오. (단, 유사한 펌프가 사용된다고 가정한다)

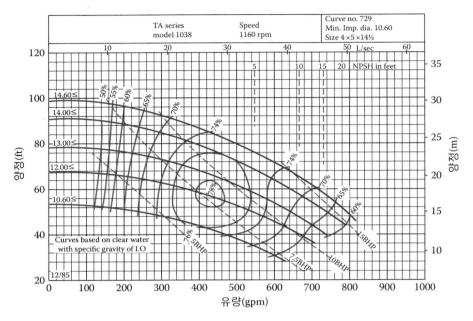

출처: Taco, Inc, Cranston RI.

그림 P1.41 원심 펌프의 성능 곡선

FLUID MACHINERY

제**2**장

터보기계의 차원 해석과 상사

2.1 차원(Dimensionality)

유체역학에서 배웠던 차원 해석의 개념을 상기해 보자. 차원 해석은 차원의 동차성(dimensional homogeneity)을 근거로 하여 올바른 실험 설계와 방대한 실험 결과로부터 최대한의 가용 정보를 추출할 수 있게 만드는 중요한 개념이다. 차원 해석을 터보기계에 적용하면 기계의 성능과 분류에 대해 심도 깊은 이해를 할 수 있고, 외삽(extrapolation)을 통해 다른 운전 조건에서의 성능을 예측할 수 있으며, 종류가 다른 터보기계의 기계 구조가 크게 차이가 나는 근본적인 이유를 명확히 이해하는 데 도움이 된다. 차원 동차성의 원리(principle of dimensional homogeneity)는 다음과 같다.

"만약 어떤 식이 특정 물리적 현상에서 변수들의 관계를 정확하게 나타내고 있다면, 모든 항의 차원은 동일할 것이다. 즉, 각 항의 차원이 같을 때만 서로 더할 수 있다."

이것은 물리적 현상을 나타내는 수학적인 관계식의 유효성을 검증하기 위한 기본적인 '진실성 시험'이다. 예를 들어, 마찰과 축일이 없는 정상, 비압축성 유동에 대한 기본적인 베르누이식을 고려하여 보자.

$$p + \frac{1}{2}\rho V^2 + \rho gz = p_0 \tag{2.1}$$

차원 동차성의 원리에 따르면 식의 각 항은 반드시 동일한 차원을 가져야 한다. 두 항(p와 p_0)은 압력이므로 다른 항 또한 다음과 같은 차원을 가져야 한다[force/length^2 (F/L^2) 또는 mass/(length×time^2) (M/LT^2)]. 실제로 베르누이식의 각 항은 압력의 단위를 가진다(SI 단위계: N/m^2 [Pa], BG 단위계: ib/ft^2). 각 항은 압력의 차원과 단위를 가지기 때문에 다음과 같이 압력을 의미하는 명칭으로 불린다.

"정압(static or thermodynamic pressure) + 동압(dynamic pressure) +
정수압(hydrostatic pressure) = 정체압 또는 전압(stagnation or total pressure)" (2.2)

그러나 두 번째 항은 실제로 단위 부피당 운동에너지, 세 번째 항은 단위 부피당 위치 에너지이며, 전압은 세 항의 합을 의미한다.

2.2 상사(Similitude)

상사 법칙 또는 상사 역시 차원의 동차성을 따르며, 변수를 무차원수라는 무차원 그룹으로 바꾸어 문제를 해석한다. 이를 베르누이식을 통해 이해해 보자. 기체 유동으로 고려한다면 밀도가 작기 때문에 정수압 항을 무시할 수 있다. 따라서 베르누이식을 다음과 같이 쓸 수 있다.

$$\frac{p_0 - p}{1/2 \rho V^2} = 1$$

좌항은 무차원 그룹이 되며 우리는 이것을 압력 계수(pressure coefficient)라고 한다. 이를 통해 베르누이식을 압력 계수가 일정하다는 단순한 설명으로 함축할 수 있다. 상사 법칙은 작은 크기의 모형을 실험하여 얻은 결과를 원형으로 불리는 실물 크기의 기기에 대한 정보와 연관시키는 데에 사용된다. 상사는 일반적으로 기하학적 상사(geometric similarity), 운동학적 상사(kinematic similarity), 그리고 역학적 상사(dynamic similarity)가 있으며, 완전한 상사는 세 가지 상사를 모두 만족하는 상사를 의미한다. 기하학적 상사는 다음과 같다.

"세 좌표축(직교 좌표계)에 대해서 모든 크기가 비례 관계를 가진다면 모형과 원형은 기하학적으로 상사하다."

이는 길이, 각도, 유동의 방향, 심지어 표면 거칠기까지 동일한 비율로 '축적'되어야 한다는 것을 의미한다. 간단히 말하면 모형과 원형은 닮은꼴이어야 한다. 운동학적 상사는 다음과 같다.

"상사되는 요소가 상사되는 시간에 상사되는 위치에 놓여져 있다면, 두 시스템의 운동은 운동학적으로 상사한다."

시간 상사가 포함됨에 따라 속도나 가속도와 같은 요소가 유동 문제에 포함되게 된다. 주목해야 할 점은 운동학적 상사는 기하학적 상사가 전제되어 있다는 것이다. 유체역학의 관점에서 운동학적 상사는 속도비(예를 들어, 유속과 블레이드의 속도의 비)와 시간 척도의 비(주파수 또는 회전 속도)가 동일해야 한다는 것을 의미한다. 마지막으로 역학적 상사는 다음과 같다.

"역학적 상사는 모형과 원형 사이의 힘, 질량, 에너지의 비가 같아야 하며, 기하학적 상사와 운동학적 상사가 전제되어 있어야 한다."

일반적으로 역학적 상사를 위해 레이놀즈수, 마하수, 프라우드수(Froude number)가 동일해야 하며, 때로는 동일한 웨버수(Weber number) 또는 캐비테이션수(cavitatin number)가 요구되는 경우도 있다. 상사의 궁극적인 목적은 유사한 형상을 다른 실험 조건(크기, 속도, 유체 등)에서 실험한 결과를 이용하여 관심을 가지는 대상의 운동, 성능 등을 정확히 예측하는 것이다. 이를 위해서는 완전한 상사가 이루어져야 한다. 실제로 완전한 상사는 불가능하지는 않지만 비현실적인 경우가 대부분이다. 예를 들어, 고속의 유속 조건을 상사할 경우 레이놀즈수와 마하수가 모두 일치되는 것은 일반적으로 가능하지 않다. 이러한 경우 유동의 '영역(regime)'을 유지할 수 있다면 추정값은 상당히 정확할 수 있다. 유동의 '영역'을 유지한다는 것은 일정 수준 이상의 레이놀즈수를 가지거나 표면 거칠기가 허용할 수 있을 정도로 작다는 것(아마도 '수력학적으로 매끄러운' 표면을 의미)을 의미한다. 그림 2.1(Emery, 1958)은 레이놀즈수에 따른 압축기 블레이드의 유체 회전 각도 θ_{fl}를 나타낸다. 레이놀즈수가 약 35×10^4보다 크다면 레이놀즈수와 회전 각도는 무관하며, 따라서 우리는 레이놀즈수가 10^6인 운전 조건에서의 회전 각도는 낮은 레이놀즈수(예를 들어, 5×10^5)인 운전 조건에서의 회전 각도와 동일하다는 합리적인 가정을 할 수 있다. 그러나 한계가 존재하며 데이터 범위를 넘어서는 이러한 가정은 신중히 접근해야 한다.

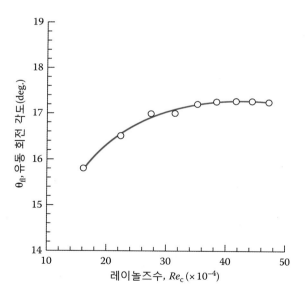

출처: Emery, J. C., et al, *Systematic Two-Dimensional Cascade Tests of NACA 65-Series Compressor Blades at Low Speed*, NACA-TR-1368, 1958.

그림 2.1 레이놀즈수에 따른 블레이드 열의 유동 회전 각도 변화

2.3 무차원수와 파이 정리

상사 해석은 문제의 변수로부터 유도되어 연구 대상의 물리 현상을 충분히 설명할 수 있는 무차원수의 그룹을 기반으로 한다. 무차원수는 차원 해석을 통해 결정되며, 결정하는 방법은 대표적으로 네 가지 방법이 있다.

(1) '대표적인' 무차원수(레이놀즈수, 마하수 등) 선정
(2) 직관
(3) 지배 방정식의 정규화
(4) 파이 정리

여기서 우리는 3번을 제외한 방법을 혼합하여 다룰 것이다.

먼저, 파이 정리에 대해 다시 살펴보자. 문제에 포함된 변수들을 조합하여 무차원 변수를 만들면 변수의 개수를 줄일 수 있으며, 그 과정은 다음과 같다.

(1) 변수를 나열한다(N_V).
(2) 기본 차원과 그 개수를 파악한다(N_U).
(3) '주요' 반복 변수를 결정한다(보통, 반복 변수의 개수는 기본 차원의 개수 N_U임).
(4) 반복 변수와 나머지의 변수를 조합하여 $(N_V - N_U)$개의 무차원 변수를 결정한다.

예를 들어, 압축기 또는 터빈의 블레이드의 형상을 나타내는 에어포일에 작용하는 양력을 고려하여 보자(그림 2.2 참조). 이 경우 차원 변수는 다음과 같다.

F_L: 양력(ML/T^2)
ρ: 공기의 밀도(M/L^3)
c: 코드(L)
μ: 공기의 점성(M/LT)
V: 유속(L/T)

파이 정리를 적용하여 변수를 결정하면 그 과정은 다음과 같다.

(1) 변수를 나열한다: F_L, ρ, c, μ, $V(N_V = 5)$
(2) 기본 차원과 그 개수를 파악한다: ML/T^2, M/L^3, L, M/LT, $L/T(N_U = 3)$
(3) N_U개의 반복 변수를 결정한다: 반복 변수끼리 조합하여 무차원 변수를 만들 수 없도

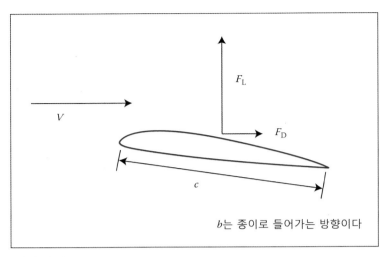

b는 종이로 들어가는 방향이다

그림 2.2 에어포일의 양력

록 반복 변수를 선정해야 한다. 따라서 이를 만족하는 V, c, 그리고 ρ를 선정한다(V 는 시간 차원을 가지지만 c는 그렇지 않음). 또 ρ는 질량 차원을 가지지만 V와 c는 그렇지 않다.

(4) $N_V - N_U (=2)$개의 변수를 결정한다.

$$\Pi_1 = F_L \rho^a V^b c^c, \quad \Pi_2 = \mu \rho^a V^b c^c$$

Π의 차원이 무차원임을 확인하기 위해 지수를 계산한다(우항은 반드시 무차원). 먼저, Π_1 에 대해 계산해 보자.

$$M^0 L^0 T^0 = \left(\frac{ML}{T^2}\right)\left(\frac{M}{L^3}\right)^a \left(\frac{L}{T}\right)^b (L)^c$$

각 차원을 분리하여 지수를 계산하면 다음과 같이 결정된다.

$$M: 0 = 1 + a, \ a = -1$$
$$T: 0 = -b - 2, \ b = -2$$
$$L: 0 = 1 - 3a + b + c, \ c = -2$$

따라서 Π_1은 다음과 같이 쓸 수 있다.

$$\Pi_1 = F_L \rho^{-1} V^{-2} c^{-2} = \frac{F_L}{\rho V^2 c^2} \tag{2.3}$$

이와 마찬가지로 Π_2의 지수를 계산하면 다음과 같이 쓸 수 있다.

$$M^0 L^0 T^0 = \left(\frac{M}{LT}\right)\left(\frac{M}{L^3}\right)^a \left(\frac{L}{T}\right)^b (L)^c$$

$$M:\ 0 = 1 + a,\ \ a = -1$$

$$T:\ 0 = -b - 1,\ \ b = -1$$

$$L:\ 0 = -1 - 3a + b + c,\ \ c = -1$$

따라서 Π_2는 다음과 같이 쓸 수 있다.

$$\Pi_2 = \frac{\mu}{\rho V c} \tag{2.4}$$

유체역학에 익숙하다면 위에서 유도한 Π_1과 Π_2는 그 형태 그대로 사용되지 않는다는 것을 알고 있다. 일반적으로 Π_1을 양력 계수 C_L로 정의한다.

$$C_L \equiv \frac{F_L}{1/2\rho V^2 c^2} \quad \text{또는} \quad C_L \equiv \frac{F_L}{1/2\rho V^2 cb}$$

여기서 b는 에어포일 또는 블레이드의 폭을 의미하며 cb는 투영 면적, '1/2'는 베르누이 식과 관계가 있다는 것을 의미한다. Π_2의 역수는 잘 알려진 레이놀즈수이다.

$$Re = \frac{\rho V c}{\mu} = \frac{V c}{\nu} \tag{2.5}$$

위의 예를 통해 무차원 매개변수를 결정하는 첫 번째 방법을 사용한다면 작업의 양을 줄일 수 있음을 보였다. 유체역학에 익숙한 독자는 점성이 차원 변수에 포함되어 있다면 레이놀즈수가 나타난다는 것을 알고 있을 것이다. 참고로 레이놀즈수와 양력 계수는 두 가지 모두 역학적 상사와 관련된 무차원 매개변수이다. 레이놀즈수는 '관성력'과 '점성력'에 대한 비, 양력 계수는 '양력'과 '관성력'에 대한 비를 의미한다.

2.4 터보기계의 무차원 성능 변수와 상사

이제 비압축성 터보기계로 한정하여 터보기계의 성능을 다루어 보자. 터보기계의 성능에 대한 변수를 선정하는 방법은 다양한 방법이 존재한다. 우선, 해석을 위해 선정한 변수는 다음과 같다.

- Q: 유량(L^3/T)
- gH: 양정(specific energy variable, L^2/T^2)($gH = \Delta p_T/\rho$)
- P: 동력(ML^2/T^3)
- N: 회전 속도($1/T$)
- D: 지름(L)
- ρ: 밀도(M/L^3)
- μ: 점성(M/LT)
- d/D: 지름비(무차원)

유량은 터보기계를 해석하는 데에 있어서 기본이 되는 성능 변수이다[그림 1.9(a)~1.9(c)를 참조]. d/D는 기하학적 상사를 의미하는 것으로 형상 변화 또는 비율에 대한 영향을 고려하기 위해 선정되었다. 상대 조도(ε/D) 또한 기하학적 상사를 의미하지만 그 영향은 매우 작기 때문에 이 절에서는 생략한다. 위 변수의 차원을 규정하는 기본 차원은 질량, 길이, 시간이다(M, L 및 T). 따라서 7개의 변수를 조합하여 4개의 무차원 성능 변수를 만들 수 있다. 위의 변수들 중에서 변수 ρ, N, 그리고 D를 반복 변수로 선정할 수 있으며, 그 이유는 다음과 같다. 첫 번째, 세 변수는 질량, 시간, 그리고 길이 차원을 직접적으로 나타낸다. 두 번째, 세 변수는 성능 변수가 아닌 작동 변수이다.

그렇다면 다음 순서는 무차원수를 결정하는 네 가지 방법 중에서 어느 방법을 적용할지를 결정하는 것이다. 변수에 점성이 포함되어 있다. 이는 성능 변수에 레이놀즈수가 포함된다는 것을 의미한다.

$$Re = \frac{\text{density} \times \text{size} \times \text{speed}}{\text{viscosity}}$$

밀도, 크기, 그리고 점성이 어떤 값이 사용되어야 하는지는 명백하지만 속도는 그렇지 않다. 터보기계의 속도는 유체의 속도와 로터의 속도 $ND/2$로 구분되며, 이는 터보기계의 중요한 특징 중의 하나이다. N과 D는 반복 변수에 포함되어 있으므로 속도를 ND로 결정하면 ('2'는 편의상 생략함) 레이놀즈수는 다음과 같이 유도되며, 이를 기계 레이놀즈수(machine reynolds number)라고 한다.

$$Re_D = \frac{\rho \times D \times ND}{\mu} = \frac{\rho ND^2}{\mu} = \frac{ND^2}{\nu} \tag{2.6}$$

유량은 유체의 속도와 관련이 있다. 두 가지의 속도와 관련된 변수가 반복 변수에 포함되어 있기 때문에 직관적으로 속도의 비율을 정의함으로써 운동학적 상사를 의미하는 무차원 매개변수를 다음과 같이 만들 수 있다.

$$\Pi_2 = \frac{\text{characteristic fuid speed}}{\text{characteristic rotor speed}} = \frac{Q/(\pi/4)D^2}{ND/2}$$

이때 모든 상수를 생략하면 Π_2는 유량 계수(flow coefficient) ϕ가 된다.

$$\phi = \frac{Q}{ND^3} \tag{2.7}$$

세 번째 무차원 매개변수는 유체의 비에너지와 관련이 있으며, 직관적으로 또는 파이 정리를 적용하여 결정할 수 있다. gH는 단위 질량당 (유체) 에너지이므로 유체의 운동에너지와 결합하여 무차원 매개변수를 다음과 같이 결정할 수 있다.

$$\Pi_3 = \frac{\text{fluid specifc energy}}{\text{kinetic energy per unit mass}} = \frac{gH}{1/2\,(\text{velocity})^2}$$

여기서 속도를 로터의 속도로 하고 모든 상수를 생략하면 Π_3은 양정 계수(head coefficient) Ψ가 된다.

$$\psi = \frac{gH}{N^2D^2} = \frac{\Delta p_{\text{T}}}{\rho N^2D^2} \tag{2.8}$$

파이 정리로부터 양정 계수를 유도하는 것을 독자들이 스스로 한 번 수행해 보기를 권장한다. 마지막 무차원 매개변수는 동력과 관련이 있으며, 파이 정리를 적용하여 결정할 수 있다.

$$\Pi_4 = P\rho^aN^bD^c$$

각 차원을 분리하여 지수를 계산하면 다음과 같이 결정된다.

$$M^0L^0T^0 = \left(\frac{ML^2}{T^3}\right)\left(\frac{M}{L^3}\right)^a\left(\frac{1^2}{T}\right)^b(L)^c$$

$$M: \ 0 = 1+a, \ \ a = -1$$
$$T: \ 0 = -3-b, \ \ b = -3$$
$$L: \ 0 = 2-3a+b+c, \ \ c = -5$$

따라서 Π_4는 동력 계수(power coefficient) ξ가 된다.

$$\xi = \frac{P}{\rho N^3 D^5} \tag{2.9}$$

직관으로 동력 계수를 유도하는 것 또한 독자들 스스로 한 번 수행해 보기를 권장한다.

1장에서 다루었던 성능 곡선의 내용을 참고한다면, 위 과정에서는 중요한 변수인 효율 η를 결정하지 않았다. 1장에서 다루었던 '$\eta = \rho Q g H / P$'를 상기하면서, 다음과 같이 세 가지 무차원 변수로 효율을 유도할 수 있다.

$$\Pi_5 = \frac{\psi \phi}{\xi} = \frac{(gH/N^2 D^2)(Q/ND^3)}{P/\rho N^3 D^5} = \frac{\rho Q g H}{P} \tag{2.10}$$

효율은 동력 계수를 대신하여 사용할 수 있는 무차원 매개변수이다.

위 과정에서 결정한 무차원 성능 변수들을 통해 기하학적으로 같은 범주에 속하는 터보기계에 대한 성능 식을 다음과 같은 함수 형태로 나타낼 수 있다. 여기서 d/D는 기하학적 상사를 의미한다는 것을 다시 한 번 기억하자.

$$\psi = f_1\left(\phi,\ Re_{\mathrm{D}},\ \frac{d}{D}\right)$$
$$\eta = f_2\left(\phi,\ Re_{\mathrm{D}},\ \frac{d}{D}\right) \tag{2.11}$$
$$\xi = f_3\left(\phi,\ Re_{\mathrm{D}},\ \frac{d}{D}\right)$$

만약 레이놀즈수가 충분히 크다면 성능 변수에 대한 레이놀즈수의 영향이 '미미'하다고 가정할 수 있다[예를 들어, Moody 선도(White, 2008)에서 상대 조도가 중간 이상인 영역에서의 레이놀즈수에 따른 마찰 계수를 보면 고레이놀즈수 영역에서는 마찰 계수가 일정함]. 또 완전한 기하학적 상사가 이루어졌다고 가정한다면 d/D가 생략될 수 있으므로 성능식들은 다음과 같이 근사화할 수 있다.

$$\psi = g_1(\phi)$$
$$\eta = g_2(\phi) \tag{2.12}$$
$$\xi = g_3(\phi)$$

주요 성능 변수가 아주 간단한 식으로 표현되었다. 이 관계식의 활용 예를 들어 보자. 1.9절에서 다루었던 ΔP_{T}, η, P를 Q에 대한 함수로 나타낸 홴의 특성 곡선[그림 1.9(a)~1.9(b)]을

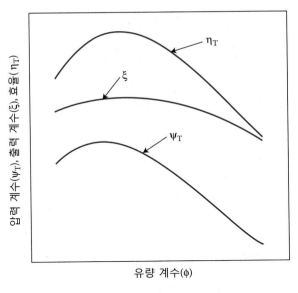

그림 2.3 무차원 성능 곡선

다시 고려하자. 실제 시험의 경우 ρ, N과 D의 값은 자명하며, ΔP_T, η, P, Q는 그래프를 통해 값을 결정한다. 그 후 구한 값들을 통해 ϕ, ψ, ξ와 η의 값을 계산할 수 있다. 만약 무차원 성능 변수를 그래프로 나타낸다면(예를 들어, ϕ에 대한 ψ 그래프) 이 그래프는 홴의 무차원 특성 곡선이 되며, 그림 2.3과 같은 형태를 가진다. $\psi-\phi$, $\xi-\phi$와 $\eta-\phi$ 특성 곡선은 ρ, N, D의 값을 변경하여 수많은 ΔP_T-Q, $\eta-Q$, $P-Q$ 특성 곡선을 도출하는 데 사용된다. 이를 위해서는 항상 기하학적 상사를 유지해야 하며 레이놀즈수 의존성에 대한 가정 또한 신중히 접근해야 한다(마하수 또한 마찬가지이며 이는 2.5절에서 다룰 것임).

예제 2-1 ┃ 무차원 성능 변수

$Q=80$ m³/s, $\Delta P_T=1000$ Pa, $P=90$ kW에서 설계점(또는 BEP)을 가지는 홴을 다음과 같은 범위에서 시험을 진행하였다.

$$0 \le Q \le 100 \text{ m}^3/\text{s}$$
$$0 \le \Delta p_T \le 1500 \text{ Pa}$$
$$0 \le P \le 100 \text{ kW}$$

홴의 지름은 1.2 m, 회전 속도는 103 s⁻¹(980 rpm), 공기 밀도는 1.2 kg/m³이다. 무차원

성능 변수를 도출하기 위해 사용되는 정규화 인자(normalizing factor)는 다음과 같다.

$$ND^3 = 177 \text{ m}^3/\text{s}$$

$$\rho N^2 D^2 = 18{,}181 \text{ kPa}$$

$$\rho N^3 D^5 = 3270 \text{ kW}$$

따라서 설계점에서의 ϕ, ψ, ξ, η_T는 다음과 같이 계산할 수 있다.

$$\phi = \frac{80}{177} = 0.452$$

$$\psi = \frac{1000}{18{,}181} = 0.055$$

$$\xi = \frac{90}{3270} = 0.0279$$

$$\eta_T = \frac{1000 \times 80}{90{,}000} = 0.890$$

세 변수를 통해 효율을 계산할 수 있으며, 이를 통해 계산을 검토한다.

$$\eta_T = \frac{\psi\phi}{\xi} = \frac{0.055 \times 0.452}{0.0279} = 0.890$$

그렇다면 이 팬에서 속도의 크기가 달라지면 BEP 성능은 어떻게 될까? 예를 들어, 다음과 같이 가정해 보자.

$$D = 30 \text{ inches} = 2.5 \text{ ft} = 0.762 \text{ m}$$

$$N = 1800 \text{ rpm} = 188.5 \text{ s}^{-1}$$

$$\rho g = 0.074 \text{ lb/ft}^3 = 1.185 \text{ kg/m}^3, \quad \rho = 0.0023 \text{ slug/ft}^3 = 515.379 \text{ kg/m}^3$$

여기서 주목해야 할 점은 단위계가 BG 단위계로 나타나 있는 것이다. 그러나 단위계가 문제가 될지 한 번 계산해 보자.

$$ND^3 = 2945 \text{ ft}^3/\text{s} = 83.393 \text{ m}^3/\text{s}$$

$$\rho N^2 D^2 = 510.8 \text{ lb/ft}^2 = 98.23 \text{ in. wg} = 24443.553 \text{ Pa}$$

$$\rho N^3 D^5 = 1.504 \times 10^6 \text{ ft} \cdot \text{lb/s} = 2.045 \text{ W}$$

이제 위에서 계산한 ϕ, ψ, ξ를 이용하여 ΔP_T, P, Q를 계산하면 다음과 같다.

$$Q = \phi(ND^3) = 0.452 \times 2945 = 1325 \text{ ft}^3/\text{s} = 79{,}250 \text{ cfm} = 37.402 \text{ m}^3/\text{s}$$

$$\Delta p_T = \psi(\rho N^2 D^2) = 0.055 \times 510.8 = 28.1 \ \text{lb/ft}^2 = 5.4 \ \text{in. wg} = 1343.74 \ \text{Pa}$$

$$P = \xi(\rho N^3 D^5) = 0.0279 \times 1.504 \times 10^6 = 41,950 \ \text{ft·lb/s} = 76.3 \ \text{hp} = 56 \ \text{kW}$$

이를 통해 효율을 계산하면 위 과정에서 계산한 값과 동일하다.

$$\eta_T = \frac{\Delta p_T Q}{P} = \frac{1325 \times 28.1}{41,950} = 0.890$$

상사 법칙에 따르면 효율은 리사이징(resizing) 과정에서 보존되어야 한다. 마지막 효율 계산은 사실상 검토하는 과정이다.

추가적으로 '모형'과 '원형'의 레이놀즈수 관계를 살펴보아야 한다. 표준 대기압 상태에서의 공기의 동점성 계수($\nu = 1.6 \times 10^{-4} \ \text{ft}^2/\text{s} = 1.486 \times 10^{-5} \ \text{m}^2/\text{s}$)를 적용하면 '모형' 휀의 레이놀즈수는 $0.73 \times 10^7 (= ND^2/\nu)$이다('원형' 휀의 레이놀즈수는 $Re_D = 1.0 \times 10^7$임). 레이놀즈수가 점성 효과를 무시할 수 있을 정도로 충분히 큰지를 판단해야 하며, 그 방법 중의 하나가 Darcy 마찰 계수를 계산하여 비교하는 것이다. 아래의 Colebrook 공식(White, 2008)과 조도가 아주 작다는 가정을 통해 Darcy 마찰 계수를 계산하면 원형 휀과 모형 크기의 휀의 마찰 계수는 각각 약 0.0085와 약 0.00813이다.

$$f = \frac{0.25}{\left\{ \log_{10}\left[(\varepsilon/D)/3.7 + 2.51/Re_D \sqrt{f} \right] \right\}^2} \tag{2.13}$$

만약 모든 손실이 마찰에 기인한다고 가정한다면, 수력학적으로 매끈한 경우 점성 마찰 손실은 원형에서 4% 정도 작고 효율은 약 0.005 증가할 것이다. 이 장 이후에 레이놀즈수와 조도의 영향에 대해 자세히 다루게 되겠지만, 일반적으로 10^7 이상의 레이놀즈수가 효율에 미치는 영향은 매우 작다. 거친 표면에서의 이 '임계' 레이놀즈수 값은 그보다 훨씬 작다.

변수들의 비를 이용하면 위의 복잡한 계산 과정을 거치지 않고도 주어진 크기와 작동 조건으로부터 성능 변수를 손쉽게 도출할 수 있다. 다음 식들은 임의의 두 대응 조건(corresponding points) 사이에서 적용될 수 있다.

$$\text{From} \ \phi: \ \frac{Q_2}{Q_1} = \left(\frac{N_2}{N_1} \right) \left(\frac{D_2}{D_1} \right)^3$$

$$\text{From} \ \psi: \ \frac{\Delta p_2}{\Delta p_1} = \left(\frac{\rho_2}{\rho_1} \right) \left(\frac{N_2}{N_1} \right)^2 \left(\frac{D_2}{D_1} \right)^2 \tag{2.14}$$

$$\text{From } \psi : \quad \frac{H_2}{H_1} = \left(\frac{N_2}{N_1}\right)^2 \left(\frac{D_2}{D_1}\right)^2 \tag{2.14}$$

$$\text{From } \xi : \quad \frac{P_2}{P_1} = \left(\frac{\rho_2}{\rho_1}\right)\left(\frac{N_2}{N_1}\right)^3 \left(\frac{D_2}{D_1}\right)^5$$

$$\text{From } \eta : \quad \frac{\eta_2}{\eta_1} = 1, \text{ 즉 } \eta_2 = \eta_1$$

앞의 예제에 대해 위 식을 적용하면 손쉽게 ΔP_T를 계산할 수 있다.

$$\Delta p_\mathrm{T} = 1000 \text{ Pa} \times \frac{0.0023\,(14.62 \text{ kg/slug})}{1.2} \times \left(\frac{188.5}{103}\right)^2 \times \left[\frac{2.5\,(0.3048 \text{ m/ft})}{1.2}\right]^2$$

$$= 1345 \text{ Pa} = 5.4 \text{ in. wg}$$

2.5 압축성 유동의 상사 법칙

터보기계에서 밀도의 급격한 변화가 발생하게 되면, 체적 유량, Q와 양정, H 또는 압력 상승, ΔP는 더 이상 변수로 적절하지 않다. 대신에 체적 유량은 질량 유량, $\dot{m}$(kg/s or slug/s)으로, 유체의 비에너지 변화('양정')는 정체 엔탈피 또는 1.11절에서 다뤘던 정체 온도 또는 정체압과 같은 관련된 변수의 등엔트로피 변화로 대체된다. 만약 유동을 이상기체 유동으로 가정한다면, $\Delta h_{0\mathrm{s}}$를 다음 식과 같이 정체 온도로 나타낼 수 있다.

$$\Delta h_{0\mathrm{s}} = c_\mathrm{p} \Delta T_{0\mathrm{s}} \tag{2.15}$$

여기서 다음 식에 따라 등엔트로피 양정(isentropic head) H_s를 정의할 수 있다.

$$g H_\mathrm{s} = \Delta h_{0\mathrm{s}} = c_\mathrm{p} \Delta T_{0\mathrm{s}} \tag{2.16}$$

압축성 유동의 차원 해석을 위해, 변수는 기체상수(R), 비열(c_p 또는 c_v) 또는 비열비, γ ($= c_\mathrm{p}/c_\mathrm{v}$) 중에서 적어도 두 가지 변수와 터보기계의 입구에서의 정체 온도를 반드시 포함하여야 한다. 이때 밀도와 점성은 적절한 기준 조건에서의 값을 사용하는데, 일반적으로 입구에서의 정체 상태(stagnation state)를 기준으로 한다. 성능 변수는 다음과 같은 '함수 형태'로 나타낼 수 있다.

$$\Delta h_{0s} = f_1\left(\dot{m}, \ N, \ D, \ \rho_{01}, \ T_{01}, \ \mu_{01}, \ R, \ \gamma, \ \frac{d}{D}\right)$$

$$P = f_2\left(\dot{m}, \ N, \ D, \ \rho_{01}, \ T_{01}, \ \mu_{01}, \ R, \ \gamma, \ \frac{d}{D}\right) \tag{2.17}$$

$$\eta = f_3\left(\dot{m}, \ N, \ D, \ \rho_{01}, \ T_{01}, \ \mu_{01}, \ R, \ \gamma, \ \frac{d}{D}\right)$$

앞에서와 같이 d/D는 기하학적 상사를 의미한다는 것을 다시 한 번 상기하자. 여기서 효율은 등엔트로피 효율(isentropic efficiency) 또는 폴리트로픽 효율(polytropic efficiency)이다. η, d/D와 γ는 이미 무차원수이므로 차원 해석에 포함될 필요가 없다. 당연히 이 변수들은 상사를 유지하기 위한 제한 조건이며, 차원 해석을 통해 결정된 무차원 매개변수와 결합하여 새로운 무차원 매개변수를 만들 때 사용된다. 압축성 유동 해석의 중요한 변수는 음속이다(Anderson, 1984, White, 2008). 일반적으로 정체 온도, T_{01}과 기체상수, R는 $a_{01} = (\gamma R T_{01})^{1/2}$로 정의되는 음속으로 대체가 가능하다. 최종적으로 변수는 다음과 같이 선정된다.

- Δh_{0s}: (L^2/T^2) 차원
- $\dot{m}$: (M/T) 차원
- N: $(1/T)$ 차원
- D: (L) 차원
- ρ_{01}: (M/L^3) 차원
- a_{01}: (L/T) 차원
- μ_{01}: (M/LT) 차원

일곱 가지의 변수를 규정하는 차원은 길이(L), 시간(T), 질량(M)이다. 따라서 3개의 반복 변수를 선택하여 총 네 가지의 변수를 결정한다. 이때 반복 변수는 2.4절과 같이 ρ_{01}, N, D를 선정한다. 세 가지의 무차원 변수는 (질량) 유량 계수, '양정' 계수와 레이놀즈수임을 직접적으로 유추할 수 있다. 네 번째 무차원 변수는 당연히 마하수가 될 것이다(Anderson, 1984, White, 2008).

$$\Pi_1 = \frac{\Delta h_{0s}}{N^2 D^2}: \text{양정 계수}$$

$$\Pi_2 = \frac{\dot{m}}{\rho_{01} N D^3}: \text{질량 유량 계수}$$

$$\Pi_3 = \frac{ND}{a_{01}} : \text{기계 마하수}$$

$$\Pi_4 = \frac{\rho_{01}ND^2}{\mu_{01}} : \text{기계 레이놀즈수}$$

또 다음과 같은 세 가지 무차원 변수를 추가로 도출할 수 있다.

$$\Pi_5 = \frac{P}{\rho_{01}N^3D^5} : \text{동력 계수}$$

$$\Pi_6 = \eta_s : \text{등엔트로픽 효율}$$

$$\Pi_7 = \eta_p : \text{폴리트로픽 효율}$$

이러한 변수는 그대로 사용될 수도 있지만, 등엔트로피 유동과 이상기체 관계식을 이용하여 고속 압축기와 터빈 해석에 일반적으로 사용되는 변수로 재구성해서 사용되기도 한다. 여기서 관계식이란 등엔트로피 유동의 '$p/\rho^\gamma = $상수'와, '$p = \rho RT$', '$h = c_p T$', '$a_0^2 = \gamma RT_0$'이다. 이러한 관계식으로 다음과 같은 추가적인 변수를 만들 수 있다.

$$\psi' = \Pi_1 \times \Pi_3^2 = \frac{\Delta h_{0s}}{a_{01}^2} = \frac{c_p(T_{02s} - T_{01})}{\gamma RT_{01}} = \frac{\gamma}{\gamma - 1}\left(\frac{T_{02s}}{T_{01}} - 1\right) \tag{2.18}$$

무차원인 $\gamma/(\gamma - 1)$와 '1'을 생략하면 다음과 같은 변수를 만들 수 있다.

$$\psi' = \frac{T_{02s}}{T_{01}} \tag{2.19}$$

또 등엔트로피 유동에서 '$T_{02s}/T_{01} = (p_{02}/p_{01})^{\gamma - 1/\gamma}$'이기 때문에 양정 계수는 다음과 같이 표현할 수 있다.

$$\psi = \frac{p_{02}}{p_{01}} \tag{2.20}$$

정체압비(stagnation pressure ratio)는 고속 압축기와 터빈에서 일반적으로 사용되는 '양정 계수'를 의미한다.

유량 계수의 경우 다음과 같이 변수들을 조합하여 새로운 변수를 유도한다.

$$\phi' = \Pi_2 \times \Pi_3 = \frac{\dot{m}}{\rho_{01}ND^3} \times \frac{ND}{a_{01}} = \frac{\dot{m}}{\rho_{01}a_{01}D^2}$$

이때 $a_{01} = (\gamma RT_{01})^{1/2}$과 $\rho_{01} = p_{01}/RT_{01}$을 적용하면 다음과 같이 수정될 수 있다.

$$\phi' = \frac{\dot{m}}{\rho_{01}(\gamma RT_{01})^{1/2}D^2} = \frac{\dot{m}RT_{01}}{p_{01}D^2(\gamma RT_{01})^{1/2}}$$

또는 비열비를 생략함으로써 고속 압축기와 터빈에서 일반적으로 사용되는 질량 유량 계수(mass flow coefficient)를 얻을 수 있다.

$$\phi = \frac{\dot{m}(RT_{01})^{1/2}}{p_{01}D^2} \tag{2.21}$$

결과적으로 고속 압축기와 터빈의 무차원 성능 관계식의 일반적인 함수 형태는 다음과 같다.

$$\frac{p_{02}}{p_{01}} = f\left(\frac{\dot{m}(RT_{01})^{1/2}}{p_{01}D^2}, \frac{ND}{(RT_{01})^{1/2}}, \frac{\rho_{01}ND^2}{\mu_{01}}, \gamma\right) \tag{2.22}$$

그리고

$$\eta_s = g\left(\frac{\dot{m}(RT_{01})^{1/2}}{p_{01}D^2}, \frac{ND}{(RT_{01})^{1/2}}, \frac{\rho_{01}ND^2}{\mu_{01}}, \gamma\right) \tag{2.23}$$

위 식을 적용할 때 일반적으로 세 가지 가정을 전제하여 단순화한다. (1) 레이놀즈수의 영향을 무시할 수 있다. (2) 임펠러의 지름은 일정하다. (3) 작동 유체는 동일하다(예를 들면, 이상기체 상태인 공기). 이러한 가정을 통해 R, γ, Re, D를 생략하여 단순화할 수 있으며 그 형태는 다음과 같은 유차원 상사 매개변수로 표현된다.

$$\frac{p_{02}}{p_{01}} = f\left(\frac{\dot{m}(T_{01})^{1/2}}{p_{01}}, \frac{N}{(T_{01})^{1/2}}\right) \tag{2.24}$$

$$\eta_s = g\left(\frac{\dot{m}(T_{01})^{1/2}}{p_{01}}, \frac{N}{(T_{01})^{1/2}}\right) \tag{2.25}$$

때로는 더 나아가 환산 압력(reduced pressure)과 환산 온도(reduced temperature)를 각각 $\delta \equiv p_{01}/p_{\text{standard sea level}}$과 $\theta \equiv T_{01}/T_{\text{standard sea level}}$로 정의함으로써 성능 관계식을 다음과 같이 표현하기도 한다.

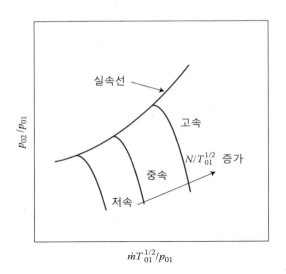

그림 2.4 압축기 특성 곡선

$$\frac{p_{02}}{p_{01}} = f\left(\frac{\dot{m}(\theta)^{1/2}}{\delta}, \ \frac{N}{(\theta)^{1/2}}\right) \tag{2.26}$$

그리고

$$\eta_s = g\left(\frac{\dot{m}(\theta)^{1/2}}{\delta}, \ \frac{N}{(\theta)^{1/2}}\right) \tag{2.27}$$

매개변수 $\dot{m}(\theta)^{1/2}/\delta$와 $N/(\theta)^{1/2}$는 각각 질량 유량과 회전 속도의 단위를 가지며, 우리는 각각을 환산 유량(reduced flow), 환산 속도(reduced speed)라고 한다. 압축성 유동에 대한 특성 곡선의 형태는 저속, 저압의 터보기계의 특성 곡선과 매우 유사하다. 그림 2.4와 그림 2.5는 마하수를 도입하여 속도의 영향을 고려한 Ψ와 ϕ 관계를 나타낸 압축기와 터빈의 특성 곡선이다. 두 특성 곡선의 가장 큰 차이점은 터빈의 경우 높은 유량에서 특성 곡선이 매우 가파르게 상승한다는 것이다. 압축성 유동은 이 영역에서 국소적으로 음속에 도달하게 되어 초킹(chocked flow)이 발생하게 된다(Anderson, 1984).

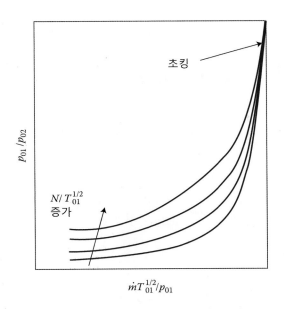

그림 2.5 터빈 특성 곡선

2.6 비속도와 비지름

위에서 상사 법칙은 저속 유동(비압축성)과 압축성 유동 모두에 대해 크기 변화와 속도 변화가 기계 성능에 미치는 영향을 평가하는 데에 이용되었다. 이 절에서는 주어진 양정과 유량에 적합한 특정한 속도와 크기를 도출할 수 있는 체계적인 방법을 다룰 것이다. 이를 예제를 통해 알아보자.

예제 2-2 ┃ 터보기계의 크기와 속도 선정

어떠한 팬은 BEP에서 $\phi = 0.455$와 $\psi = 0.05$의 값을 가진다. 그렇다면 전압(total pressure), 1 in. wg(248.84 Pa) 조건에서 20,000 cfm(9.439 m³/s)을 이송하기 위해 필요한 팬의 지름(D)과 속도(N)의 값을 구하시오. ϕ와 ψ의 정의로부터

$$Q = \phi \times ND^3 \text{과} \quad \Delta p_\mathrm{T} = \psi \times \rho N^2 D^2$$

정리하면

$$ND^3 = \frac{Q}{\phi} \text{와} \ \ N^2D^2 = \frac{\Delta p_\mathrm{T}}{\rho \psi}$$

각각의 식을 N에 대해서 정리하면 다음과 같은 결과를 얻을 수 있다.

$$N = \frac{Q}{D^3 \phi} = N = \left(\frac{\Delta p_\mathrm{T}}{\rho \psi} \right)^{1/2} \frac{1}{D}$$

D에 대해서 정리하면

$$D = \frac{Q^{1/2}}{(\Delta p_\mathrm{T}/\rho)^{1/4}} \frac{\psi^{1/4}}{\phi^{1/2}} \tag{2.28}$$

이 식을 대입하면

$$N = \frac{Q}{\phi D^3} = \frac{Q}{\phi} \left(\frac{\Delta p_\mathrm{T}/\rho}{Q^{1/2}} \frac{\phi^{1/2}}{\psi^{1/4}} \right)^3 = \frac{(\Delta p_\mathrm{T}/\rho)^{3/4}}{Q^{1/2}} \frac{\phi^{1/2}}{\psi^{3/4}} \tag{2.29}$$

숫자를 대입하면 결과는 다음과 같다.

$$D = \left[\frac{(20,000/60)^{1/2}}{(1 \times 5.204/0.00223)^{1/4}} \right] \frac{0.055^{1/4}}{0.455^{1/2}} = 1.91 \ \mathrm{ft} = 0.582 \ \mathrm{m}$$

$$N = \frac{(1.0 \times 5.204/0.0223)^{3/4}}{(20,000/60)^{1/2}} \frac{0.455^{1/2}}{0.055^{3/4}} \times \frac{60}{2\pi} = 1045 \ \mathrm{rpm}$$

우리는 위 과정을 통해 새로운 무차원수를 도출하였다.

$$\text{비속도} \ \ N_\mathrm{s} = \frac{NQ^{1/2}}{(gH)^{3/4}} = \frac{\phi^{1/2}}{\psi^{3/4}} \tag{2.30}$$

$$\text{비지름} \ \ D_\mathrm{s} = \frac{D(gH)^{1/4}}{Q^{1/2}} = \frac{\phi^{1/4}}{\psi^{1/2}} \tag{2.31}$$

예제를 통해 알 수 있듯이 비속도(N_s)와 비지름(D_s)은 주어진 유량과 압력 요구 조건을 만족하기 위한 기계의 크기와 속도를 결정하는 데에 사용된다. 그러나 N_s와 D_s의 중요성은 이에 국한되지 않는다. N_s와 D_s는 터보기계의 많은 변수를 특징짓기 위해 사용된다. N_s와 D_s에 대한 중요한 사실은 다음과 같다.

- N_S와 D_S는 독립적인 무차원 변수가 아니다. 두 무차원 변수는 ψ와 ϕ로부터 유도된다. 차원 해석에서 Q와 gH를 반복 변수로 선정한다면 N_S와 D_S는 Π_1과 Π_2에 나타날 것이다.

- 식 (2.30)과 식 (2.31)에서 정의한 것처럼 N_S와 D_S의 값은 0(차단 조건에서 N_S, 자유 이송 조건에서 D_S)부터 무한대(차단 조건에서 D_S, 자유 이송 조건에서 N_S)까지 변화한다.

- 일반적으로 N_S와 D_S는 BEP의 값으로 계산한다. 따라서 특별한 언급이 없는 한 '비속도'와 '비지름'은 '최고 효율점에서의 비속도와 비지름'을 의미한다.

- 두 무차원 변수의 실제 값의 범위는 약 0.2부터 10까지 다양하다[용적식 기계(positive-displacement machine)의 경우 $N_S < 0.2$이고 $D_S > 10$].

- 일반적으로 N_S와 D_S는 압축성 유동 터보기계에서 많이 사용되며, 등엔트로피 양정 gH_S와 입구 정체 유량 $Q(= \dot{m}/\rho_{01})$를 이용하여 계산된다.

- BEP에서의 값으로 제한하면, 터보기계 유형별로 고유의 N_S와 D_S 값을 정할 수 있다.

실제로 엔지니어가 비속도, 비지름을 계산할 때 단위와 차원을 고려하지 않는 경우가 종종 있다. 미국의 경우 펌프의 비속도를 다음 식을 통해 계산한다.

$$n_s(\text{pump}) = \frac{N(\text{rpm})\sqrt{Q(\text{gpm})}}{[H \ (\text{ft})]^{3/4}} \tag{2.32}$$

또 홴의 비속도 식은 다음과 같다.

$$n_s(\text{fan}) = \frac{N(\text{rpm})\sqrt{Q(\text{cfm})}}{[\Delta p_T \ (\text{in. wg})]^{3/4}} \tag{2.33}$$

비록 이러한 비속도는 무차원이 아니지만, 계산이 편리하고 실제 속도(rpm)를 표현하는 수치를 제공한다는 장점이 있다.

예제 2-3 ▌ 비속도와 비지름

앞의 예제에서 홴의 비속도와 비지름의 값을 구하시오. 예제에서 $Q = 20{,}000$ cfm($= 9.439$ m^3/s)과 $\Delta P_T = 1$ in. wg(248.84 Pa) 조건에서 D와 N은 각각 1.91 ft($= 0.582$ m), 1045 rpm으로 계산되었다.

$$N_s = \frac{NQ^{1/2}}{(\Delta p_T/\rho)^{3/4}} = \frac{1045 \times 2\pi/60 \times (20{,}000/60)^{1/2}}{(1.0 \times 5.204/0.00223)^{3/4}} = 5.95$$

$$D_s = \frac{D(\Delta p_T/\rho)^{1/4}}{Q^{1/2}} = \frac{1.91(1.0 \times 5.204/0.00223)^{1/4}}{(20{,}000/60)^{1/2}} = 0.73$$

이 경우 다음과 같이 손쉽게 이들을 계산할 수 있고, 반올림 오차(round off error)를 고려하면 아래 값과 동일하다.

$$N_s = \frac{\phi^{1/2}}{\psi^{3/4}} = \frac{0.455^{1/2}}{0.055^{3/4}} = 5.94$$

$$D_s = \frac{\psi^{1/4}}{\phi^{1/2}} = \frac{0.055^{1/4}}{0.455^{1/2}} = 0.72$$

실제로 이러한 방법이 ψ와 ϕ를 계산하여 값을 도출하는 방법보다 쉽게 계산을 할 수 있어 더욱 일반적으로 사용되는 방법이다.

2.7 터보기계와 Cordier 선도의 상관관계

앞에서 언급하였듯이 터보기계 유형별로 BEP에서의 고유한 N_S와 D_S를 정할 수 있다. 따라서 실제 속도, 크기 또는 유량, 양정과 상관없이 N_S와 D_S를 계산하여 목적에 부합하는 최적의 기계 유형을 파악할 수 있다. 예를 들어, 임펠러 지름에 비해 상대적으로 작은 입구 아이(eye)와 좁은 블레이드 통로를 가지는 반경류형 기계는 상대적으로 작은 유량과 고압에 적합하다. 반면, 축류형 기계의 경우 '원심력'이 작기 때문에 높은 유량과 저압에 적합하다. 반경류 기계는 낮은 N_S (약 0.5)의 값, 높은 D_S (약 5)의 값을 가지며, 축류형 기계는 그 반대이다(축류형 기계의 N_S와 D_S 값은 각각 약 6, 약 1.5임). 실제로 기계는 매우 좁은 반경류 임펠러부터 넓은 축류형 임펠러까지 다양하기 때문에 N_S와 D_S의 값도 다양하다. 그림 2.6은 터보기계 유형을 비속도와 비지름 값으로 분류한 그래프이며, 그림 2.7은 펌프의 임펠러 형상과 비속도의 관계를 나타낸 것이다.

비속도와 비지름은 서로 밀접한 관계를 가진다. 1950년대 Cordier(1955)는 그 당시 좋은 성능의 터보기계에 대한 방대한 양의 실험 데이터를 분석하였다. 그는 전압, 전양정을 사용하여 터보기계의 설계, 성능과 N_S, D_S와 η_T의 상관성을 찾고자 연구를 수행하였으며, 각 유

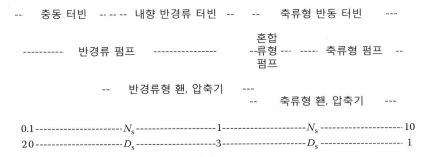

그림 2.6 터보기계 종류에 따른 비속도와 비지름 범위

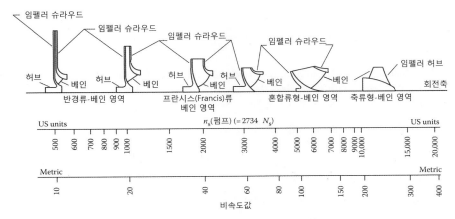

출처: 미국 유압협회(Hydraulic Institute), 파시패니(Parsippany), NJ. http://www.pumps.org

그림 2.7 펌프 임펠러 형상과 비속도, 비지름과의 상관관계

형별로 효율이 우수한 터보기계의 N_S를 D_S에 대한 그래프로 나타내면 특정한 곡선에 따라 회귀한다는 경향을 발견하였다. 반면, 그렇지 않은 터보기계는 곡선과 멀리 떨어져 분포하였다. Cordier는 수십 년에 걸친 터보기계 시장의 치열한 경쟁이 실제 설계 과정에서 일종의 '규칙'을 만들었다고 판단하였다. 결과적으로 그의 곡선은 초기 설계의 구도를 정하고 주어진 목적에 맞는 최적의 터보기계를 선정하는 데 지침이 되었다. 당연히 '주어진 목적'이라는 것은 ΔP_T(또는 gH, gH_s), Q(또는 $\dot{m}$)와 ρ(또는 T_{01}과 p_{01})로 규정된다.

그 후 'Cordier 개념'은 Balje(1981)에 의해 확장되었다. 그중에서도 Balje는 Csanady (1964)와 마찬가지로 Cordier의 기계 유형별 선도를 하나의 선도로 통합하였다. 그림 2.8은 수정된 Cordier 선도의 일부를 나타내며, 점들은 Cordier의 데이터를 의미한다. '효율이 좋지 않은' 기계는 곡선으로부터 멀리 떨어져 분포된다는 것을 상기하자. 이제 선도의 log-log 척도에 대해 살펴보자.

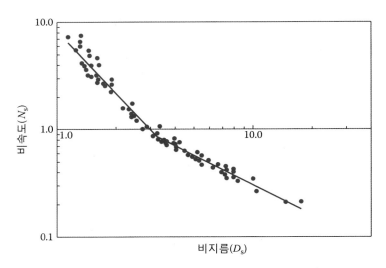

출처: Cordier, O. *Similarity Considerations in Turbomachines*, Vol. 3, VDI Reports, 1955.
Csanady, G. T., *Theory of Turbomachines*, McGraw-Hill, New York, 1964.
and Balje, O. E., *Turbomachines*, Wiley & Sons, New York, 1981.

그림 2.8 다양한 종류의 터보기계에 대한 코디어 선도

그림 2.8에서 나타나듯이 $N_s - D_s$ 선도는 log-log 척도 좌표에 대해서 2개의 직선으로 근사화할 수 있다. 직선의 대수 형태는 다음과 같다.

$$\ln(N_s) = a\ln(D_s) + b$$

결국 비속도와 비지름의 관계식은 다음과 같이 나타낼 수 있다.

$$N_s = C(D_s)^a$$

Balje(1981)에 의해 주어진 Cordier 데이터에 선형 회귀법을 적용하면 다음과 같은 식을 얻을 수 있다.

$$N_s \approx 8.26 D_s^{-1.936}, \ \text{for} \ D_s < 3.23 \tag{2.34}$$

$$N_s \approx 2.5 D_s^{-0.916}, \ \text{for} \ D_s > 3.23 \tag{2.35}$$

또 이 식들의 역수는 다음과 같다.

$$D_s \approx \left(\frac{8.26}{N_s}\right)^{0.517}, \ \text{for} \ N_s > 0.85 \tag{2.36}$$

그리고

$$D_{s} \approx \left(\frac{2.5}{N_{s}} \right)^{1.092}, \text{ for } N_{s} > 0.85 \qquad (2.37)$$

이러한 근사식은 약 수 퍼센트 정도의 불확실성을 가진다.

Cordier와 Balje와 같은 그 밖의 이 분야를 연구한 사람들은 '경쟁력이 있는' 터보기계의 전효율(total efficiency) 또한 N_{s}에 대한 함수로 나타내었을 때 특정 곡선으로 회귀한다는 것을 발견하였다. 그림 2.9는 펌프와 터빈의 'Cordier 효율 곡선'을 나타낸다. 압축성 유동의

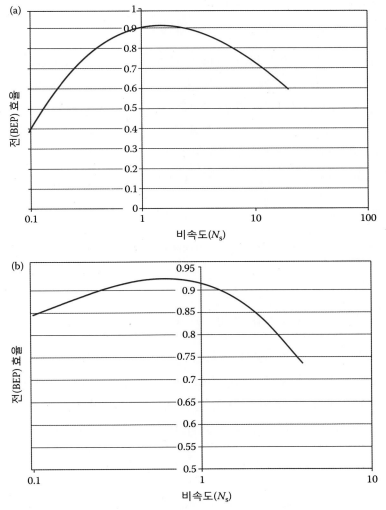

출처: Balje, O. E., *Turbomachines*, Wiley & Sons, New York, 1981.

그림 2.9 전효율에 대한 '코디어 곡선'. (a) 펌핑 기계, (b) 터빈

고속 터보기계의 경우 그림에서 얻어진 효율은 폴리트로픽 효율이다.

효율 곡선에 대한 몇 가지 강조할 점들은 다음과 같다.

- 효율 곡선으로부터 도출한 효율은 합리적으로 예상할 수 있는 '가장 높은' 효율을 의미한다.
- 효율 곡선은 일반적인 의미의 '성능 곡선'이 아니며, 오직 BEP 값을 나타낸다. 따라서 $N_S = 2$인 펌프는 본질적으로 $N_S = 6$인 펌프보다 효율적이다.
- 곡선 위의 점들은 각각 다른 형태의 터보기계를 대표한다. 즉, $N_S = 2$인 터보기계의 형상은 $N_S = 2.2$인 터보기계와 다르다.
- 효율 곡선은 근삿값을 나타낸 것이며 수 퍼센트 이상의 오차를 가지고 있다.

Cordier 상관관계는 오직 일단(single-stage), 단일 흡입(single-suction/width) 터보기계에 대해서만 다룬다. 이는 $N_S - D_S$와 효율 곡선도 마찬가지이다. 다단(multistage), 이중 흡입 (double-suction/width) 터보기계에 대한 정보는 양정과 유량을 적절히 나누어서 구한다.

효율 곡선을 수식화한 상관식은 상당한 불확실성을 가지기 때문에 곡선에서 읽은 값은 간단한 계산에 사용하기에는 충분한 정확도를 가지고 있다. 컴퓨터를 이용하여 계산할 경우 다음의 커브피팅(curve fitting) 식은 더욱 정확한 곡선을 만들 수 있다.

- 펌핑 기계에 대해

$$\eta_T \approx 0.898 + 0.0511 \left[\ln\left(N_s\right)\right] - 0.0645 \left[\ln\left(N_s\right)\right]^2 + 0.0046 \left[\ln\left(N_s\right)\right]^3 \tag{2.38}$$

- 터빈에 대해

$$\eta_T \approx 0.913 + 0.0422 \left[\ln\left(N_s\right)\right] - 0.0501 \left[\ln\left(N_s\right)\right]^2 - 0.0078 \left[\ln\left(N_s\right)\right]^3 \tag{2.39}$$

효율 곡선으로부터 정밀하게 도출한 값을 높은 정확성을 가지는 값으로 해석해서는 안 된다. 'Cordier 효율'은 특정 유형의 터보기계에 대한 최댓값을 의미한다. 만약 실제 효율에 대해서 알고 싶다면 크기, 공차, 표면 거칠기, 임펠러 팁 간극 등에 의한 효과를 고려하기 위해 '성능 저하 요소'들이 반영되어야 한다. 이러한 내용은 이후에 다루게 될 것이다.

2.8 요약

이 장에서 차원의 개념을 소개하였다. 또 차원 동차성의 원리, 상사 법칙과 무차원 변수 결정 방법에 대해 다시 한 번 복습하였으며, 기하학적, 운동학적, 역학적 상사의 필요성을 다루었다. 다양한 방법을 사용하여 터보기계의 기본적인 무차원 기하학적 변수와 성능 변수를 유도하였으며, 기하학적 상사와 레이놀즈수에 대한 의존성 제한 조건을 통해 터보기계의 상사에 대한 일련의 규칙에 대해 다루었다. 상사 법칙은 다음과 같다.

비압축성 유동을 알아보면

$$\psi = f_2(\phi)$$
$$\xi = f_3(\phi)$$
$$\eta = f_4(\phi)$$

여기서

$$\phi = \frac{Q}{ND^3}, \quad \psi = \frac{\Delta p/\rho}{N^2D^2} = \frac{gH}{N^2D^2}, \quad \xi = \frac{P}{\rho N^3 D^5}$$

$$\eta = \frac{Q\Delta p}{P} = \frac{\rho g Q H}{P} = \frac{\phi\psi}{\xi}, \quad Re = \frac{\rho ND^2}{\mu} = \frac{ND^2}{\nu}$$

압축성 유동을 알아보면

$$\frac{p_{02}}{p_{01}} = f_1\left(\frac{\dot{m}(RT_{01})^{1/2}}{p_{01}D^2}, \frac{ND}{(RT_{01})^{1/2}}\right)$$

$$\xi = f_2\left(\frac{\dot{m}(RT_{01})^{1/2}}{p_{01}D^2}, \frac{ND}{(RT_{01})^{1/2}}\right)$$

$$\eta = f_3\left(\frac{\dot{m}(RT_{01})^{1/2}}{p_{01}D^2}, \frac{ND}{(RT_{01})^{1/2}}\right)$$

기계 성능의 제한적인 상사를 통해 비속도, $N_s[= NQ^{1/2}/(gH)^{3/4}]$와 비지름, $D_s[= D(gH)^{1/4}/Q^{1/2}]$의 개념과 정의를 다루었으며, N_s와 D_s는 목적에 부합하는 가장 효율적인 기계 형식을 결정하는 지표라는 것을 보였다. 마지막으로 N_s, D_s와 전효율, η_T 사이의 Cordier 상관관계를 소개하였다.

2.1 앞 연습 문제 1.1에서 펌프의 운전 조건을 1200 rpm로 하여 BEP에서의 비속도와 비지름을 구하시오.

2.2 그림 P1.1의 펌프 데이터를 사용하여 360 ft 체절양정(shutoff head)에서의 속도를 구하시오. 또 BEP에서의 동력이 0.55 hp일 때의 속도를 구하고, 최대 효율(peak efficiency)에서 150 gpm의 유량이 출력되는 속도를 구하시오.

2.3 앞 연습 문제 1.1과 연습 문제 2.1의 펌프와 기하학적으로 유사한 펌프의 임펠러 지름은 24 in.이다. 이때 BEP에서의 유량, 양정, 동력을 구하시오.

2.4 가변속 풍동 홴은 1500 rpm에서의 운전 조건에서의 압력은 200 lbf/ft^{2}이며 150,000 cfm의 유량을 이송한다. 2000 rpm과 3000 rpm에서 운전할 때 각각의 유량과 압력 상승을 구하시오.

2.5 공기원심 압축기는 32,850 cfm의 공기를 4 psi의 차압으로 이송한다. 압축기는 3550 rpm에서 800 hp로 구동한다.
(a) 효율을 구하시오.
(b) 3000 rpm에서의 압력 상승과 유량을 구하시오.
(c) 임펠러의 지름을 추정하시오.

2.6 홴은 유량과 압력 상승과 효율이 각각 350 ft^3/s, 100 lbf/ft^2, 0.86에서 BEP 성능을 가진다. 밀도는 0.00233 slug/ft^{3}이며 속도와 크기는 각각 485 s^{-1}과 2.25 ft이다.
(a) BEP에서 20 lbf/ft^{2}를 발생시키기 위한 속도를 구하시오.
(b) 위 (a)의 속도에서의 유량을 구하시오.
(c) 위 (a)의 속도에서의 효율을 추정하시오.
(d) 필요한 모터의 마력을 계산하시오.

2.7 지름이 D인 비행기의 프로펠러는 회전 속도와 공기 밀도가 각각 N과 e일 때, F_T의 추력을 발생시킨다. 이때 비행기는 V만큼의 속도로 비행하고 있다. 이러한 변수들과 관련된 무차원 매개변수를 구하시오.

2.8 만약 축류형 홴의 전압 상승이 밀도(e), 속도(N)와 지름(D)의 함수일 때, 파이 정리를 사용하여 압력 상승 계수(pressure rise coefficient), Ψ_T가 다음과 같은 식으로 유도될 수 있음을 보이시오.

$$\psi_T = \frac{\Delta p_T}{\rho N^2 D^2}$$

2.9 지름 6 ft의 축류형 팬이 1400 rpm에서의 입구 속도는 40 ft/s이다. 만약 1/4 축소 모형이 4200 rpm으로 회전한다면 상사 법칙을 만족하는 입구 속도를 구하시오. (단, 레이놀즈 수의 영향은 무시한다)

2.10 파이 정리를 사용하여 구심가속도를 분석한다. 속도, V로 반경이 R인 경로를 따라 한 입자가 움직일 때 가속도 a가 V^2/R의 함수임을 보이시오.

2.11 앞 연습 문제 2.10에서의 속도, V를 회전 속도, N(radians/s)으로 대체하여 가속도를 유도하시오.

2.12 간단한 상사 법칙을 통해 성능 곡선이 그림 P2.12와 같은 지름 12.1, 7.0 inch의 임펠러의 성능을 연관시키시오. 무엇이 잘못되었는지, 두 임펠러를 연관시키기 위한 지름의 적절한 지수를 구할 수 있는지 쓰시오. (단, 성능 곡선에서의 임의의 점을 선택하고 지름의 지수에 맞는 3이 아닌 정수를 찾는다)

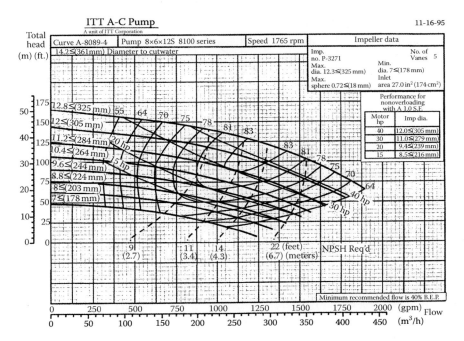

출처: ITT Fluid Technology.

그림 P2.12 Allis-Chalmers 이중 흡입 펌프군에 대한 성능 곡선

2.13 위 연습 문제 2.12의 결과를 설명하고, 그에 대해 논의하시오. 이때 차원 해석을 논의의 근거로 사용하시오. 이를 통해 서로 다른 크기의 임펠러 모두 같은 크기의 케이싱을 사용한다는 것을 이해할 수 있을 것이다.

2.14 펌프가 1750 rpm과 1185 rpm의 회전 속도를 가지는 이단 모터로 운전하고 있다. 1750 rpm에서 유량은 45 gpm, 양정은 90 ft이며 전효율은 0.6이다. 펌프 임펠러의 지름은 10 inch이다.
   (a) 1185 rpm으로 운전할 때 유량, 양정 및 전효율을 각각 계산하시오.
   (b) 1750 rpm에서의 비속도와 비지름을 구하시오.

2.15 그림 P2.15는 펌프와 시스템의 곡선을 나타낸다. 펌프는 3550 rpm에서 운전하고 있다. 만약 펌프의 속도를 서서히 감소시킨다면, 유량이 0이 되는 펌프의 속도를 구하시오.

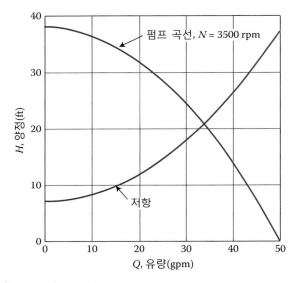

그림 P2.15 펌프 속도에 따른 성능 곡선

2.16 이단 모터에 의해 동작하는 펌프는 1750 rpm, 10 hp에서 250 gpm의 유량을 이송하며 이때의 양정은 14 ft이다. 이단 모터의 저속 모드는 1150 rpm이다. 저속 모드에서의 유량, 양정 상승, 동력을 각각 계산하시오.

2.17 그림 P2.17을 사용하여 지름, 회전 속도, 공기 밀도가 각각 2.5 m, 870 rpm, 1.20 kg/m^{3}일 때의 베인형 축류 홴의 성능 곡선을 도출하시오.
   (a) 만약 홴의 정면 면적(face area)이 10 m^2, 손실 계수 K가 12인 증기 응축 열교환기 (steam condenser heat exchanger)에 공기를 공급할 때 홴의 운전점을 찾으시오.

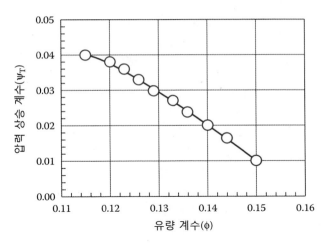

그림 P2.17(a) 베인 축류형 홴의 무차원 성능, 홴 특성

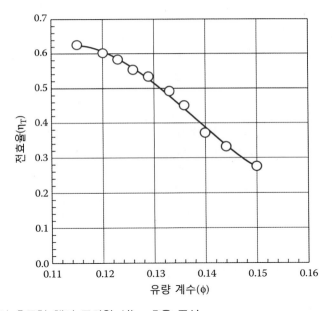

그림 P2.17(b) 베인 축류형 홴의 무차원 성능, 효율 곡선

(b) 이 홴은 2개의 직렬 열교환기에 사용될 수 있는가? 그렇다면 3개의 직렬 열교환기에는 사용될 수 있는지 쓰시오.

2.18 그림 P2.17 유형의 홴을 개인용 컴퓨터의 냉각 홴으로 사용하고자 한다. 공간상의 제약으로 15 cm 이하의 홴을 사용해야 한다. $\eta_T \geq 0.55$의 조건에서 0.15 m³/s를 공급하기 위한 15 cm의 홴의 적절한 속도를 결정하시오.

2.19 지름이 0.325 m인 그림 P2.17 유형의 홴은 600~3600 rpm 사이에서 동작하는 가변 주파수 컨트롤 모터로 동작한다. 만약 0.4~0.6 정도의 범위가 허용할 수 있는 전효율의 범위일 때, 해당 범위의 유동압 성능을 $\Delta P_T - Q$ 그래프 내의 영역으로 나타내시오. 이때 필요한 모터의 최대 출력을 구하시오.

2.20 함정환기홴(ship-board ventilation fan)은 150 kg/s의 공기(1.22 kg/m³)를 엔진룸으로 공급해야 한다. 이때 요구되는 정압 상승은 1 kPa이다. 225 kW보다 적은 동력을 소모하는 가장 작은 홴의 크기를 결정하고 설계 매개변수로 이 홴에 대해 설명하시오.

2.21 최고 속도가 3550 rpm인 삼단 베인형 축류 홴은 5000 cfm으로 공급하며 이때의 밀도와 전압은 각각 0.00233 slug/ft³, 30 lbf/ft²이다. 이 홴의 저속 모드는 1775 rpm, 1175 rpm이다.
    (a) 3550 rpm에서의 홴의 크기와 효율을 추정하시오.
    (b) 1175 rpm에서의 유량과 압력 상승을 추정하시오.

2.22 축류형 홴에 대해 '$\Psi_s = \Psi_T - (8/\pi^2)\varphi^2$'임을 보이시오. 또 유도 과정에서 적용한 가정을 명시하시오.

2.23 정압과 정적 효율에 대한 베인형 축류 홴의 새로운 무차원 성능 곡선을 만들기 위해 그림 P2.17의 무차원 성능 곡선을 사용하시오. 정적 효율이 최대가 되는 운전점을 결정하고, 이때의 자유 유량 계수(free delivery flow coefficient)를 추정하시오.

2.24 500 Pa의 정압 상승으로 10 m³/s의 유량($\rho = 1.01$ kg/m³)을 공급하기 위한 홴을 결정하기 위해 그림 P2.17을 사용하시오. 이러한 운전 조건에서 소요 동력과 전압 상승을 추정하시오.

2.25 앞 연습 문제 1.1(그림 P1.1)의 펌프를 다른 동일한 펌프와 나란히 배치하면(적절한 배관과 함께) 더 높은 비속도를 가지는 하나의 펌프와 동일한 성능을 얻을 수 있다.
    (a) 병렬로 설치된 5개의 펌프에 대한 H, P와의 표를 만들고, 동일한 성능을 발휘하는 펌프의 비속도와 비지름을 계산하시오.
    (b) 배관 배열을 스케치하시오.

2.26 위 연습 문제 2.17의 홴을 고려하시오. 응축기는 3 m×5 m인 직사각형 면을 가지고 있고, 손실 계수는 20이다. 응축기를 냉각시키기 위한 병렬로 설치된 두 홴의 크기를 결정하시오. 또 속도, 압력 상승, 홴당 유량과 전체 동력을 구하시오.

2.27 물과 회전 속도 2875 rpm인 작동 조건에서 원심 펌프를 시험한다. BEP에서의 양정은 42 m이며, 이때의 유량은 0.15 m^3/s이다.

(a) 펌프의 비속도를 결정하시오.

(b) 필요한 동력을 계산하시오.

(c) 임펠러의 지름을 추정하시오.

(d) 레이놀즈수를 계산하고, Cordier에 따라 효율을 추정하시오.

2.28 펌프의 작동 유체는 물과 모래가 섞인 슬러리(slurry)이며 슬러리의 밀도와 동점성 계수는 각각 1250 kg/m^3, 4.85×10^{-5} m^2/s이다. 펌프는 물에서 시험하였으며 실험 결과 BEP에서의 압력 상승, 유량, 효율은 각각 150 kPa, 2.8 m^3/s, 0.75이다. 슬러리 유체가 2.8 m^3/s의 유량으로 이송될 때 압력 상승과 효율을 추정하시오.

2.29 이단 모터로 동작되는 펌프는 1485 rpm, 8.0 kW에서의 양정은 35 m이며, 이때의 유량은 60 m^3/hr이다. 최고 속도에서의 펌프 효율은 0.72이다. 저속 모드는 960 rpm이다. 저속 모드에서의 유량, 양정 상승, 동력을 추정하시오.

2.30 BEP에서의 원심송풍기 성능은 $Q = 10$ m^3/s, $\Delta P_S = 5$ kPa, $\eta_s = 0.875$이다. 공기의 밀도는 1.21 kg/m^3이며, 크기와 속도는 각각 0.7 m, 475 s^{-1}이다.

(a) BEP에서의 1 kPa의 압력 상승을 위한 속도를 구하시오.

(b) 이때의 유량을 구하시오.

(c) 위 (a)에서의 축동력을 계산하시오.

2.31 앞 연습 문제 1.29의 수력 터빈은(성능 곡선은 그림 1.16에 주어져 있음) 4극 발전기(4-pole generator)와 작동하여 60 Hz의 교류 전류를 생산한다. 이때 1800 rpm으로 회전한다(회전 응력은 최고 속도에서 허용 한계치 내에서 유지된다고 가정한다). 1800 rpm에서 요구되는 양정, 유량 및 설계점에서의 출력을 계산하시오.

2.32 그림 1.16과 같은 성능을 가지는 터빈은 1800 rpm으로 회전하며 이때의 유량은 $Q = 6000$ gpm이다. 터빈의 요구 조건을 만족시키기 위해 필요한 양정을 결정하고 터빈의 출력과 효율을 계산하시오.

2.33 그림 P5.31에 나타낸 하이브리드 홴(hybrid fan)은 뒤 연습 문제 5.31에서 다루게 될 것이다. 하이브리드 홴은 지름 13.5 in.부터 80.7 in.까지 사용 가능하다. 구조적 강도와 진동을 고려하였을 때 이 홴은 속도를 조정해야 한다. Class I의 홴의 경우 임펠러 팁에서의 속도는 $U = 200$ ft/s를 넘어서는 안 되며, Class II의 홴은 (대략적으로) $U \leq 250$ ft/s

의 속도를 가져야 한다. 당연히 Class II의 홴이 더 견고하다.

(a) 60 in.인 Class II 홴의 한계 회전 속도를 계산하시오.

(b) 그림 P5.32의 성능 곡선을 위 (a)에서의 크기와 속도에 맞게 조정하시오.

2.34 유인 통풍(induced draft, ID) 홴은 보일러로부터 배기가스를 빨아들일 때 사용된다. 일반적인 운전 조건에서 홴은 N_1의 속도로 회전하여 Q_1의 유량을 이송하며, 이때의 전압 상승과 효율은 각각 ΔP_{T1}, η_{T1}이다. 만약 공급 전력이 끊기게 되면, 관성으로 회전하다 멈출 것이다. 공학자는 멈출 때까지 걸리는 시간을 알고자 한다. 홴의 속도가 다음과 같은 시간의 함수임을 보이시오.

$$N = \frac{N_1}{1 + Q_1 \Delta p_{T1} t / \eta_{T1} I N_1^2}$$

여기서 I는 홴 로터/축 어셈블리의 질량 모멘트이다. 유동의 저항은 포물선 형식으로 가정한다($\Delta p_T = KQ^2$).

2.35 펌프는 $N = 1750$ rpm, $\Delta P_T = 43$ psi, $P = 14$ hp 운전 조건에서 작동하고 있다. 펌프의 효율과 유량을 추정하시오. 펌프의 타입은 무엇인가? (단, 펌프는 BEP에서 작동한다고 가정한다)

2.36 대형 원심 홴은 화석연료발전소의 연소 시스템의 필수 요소이다. 이러한 홴은 연소와 정화 과정을 보조한다. 강제 통풍(FD: forced draft) 홴은 증기 발생기에 신선한 공기를 주입하기 위해 사용되며, ID 홴은 연소에 의한 배기가스를 배출, 집진기와 스크러버와 같은 정화 장치로 배기가스를 흐르게 하기 위해 사용된다. 어떠한 증기 발생기도 항상 같은 조건에서 운전되지 않기 때문에 홴은 유량과 압력을 다양하게 공급할 능력을 갖추어야 한다. 한 가지 방법은 가변 입구 베인(variable inlet vane)을 사용하는 것이다(그림 5.16 참조). 가변 입구 베인은 다양한 각도를 통해 유동을 '예선회(preswirl)'하게 하여 홴의 성능을 제어한다. 그림 P2.36(a)와 P2.36(b)는(90°는 완전 개방이다) 일정한 속도, 다양한 베인 위치에서의 효율과 압력 곡선을 나타낸다. 문제를 위해 홴의 저항은 포물선 형식($\Delta p_T = KQ^2$)이며 손실 계수는 3.67×10^{-11} in. wg/cfm²로 가정한다. 홴은 FD 홴이며 작동 유체의 밀도는 0.075 lbm/ft³이다.

(a) 베인이 완전 개방 상태(90°)일 때 유량, 압력 및 동력을 각각 구하시오.

(b) 500,000 cfm의 유량을 발생시키기 위한 베인의 조건을 추정하고, 이때의 동력을 구하시오.

(c) 상사 법칙을 사용하여 90°에서의 성능으로 60°에서의 성능을 예측할 수 있는지 설명하시오.

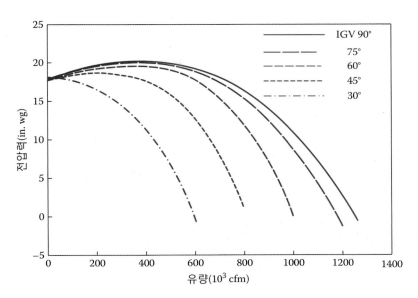

그림 P2.36(a) 원심 홴 입구 베인(inlet vane)에 따른 성능(710 rpm)

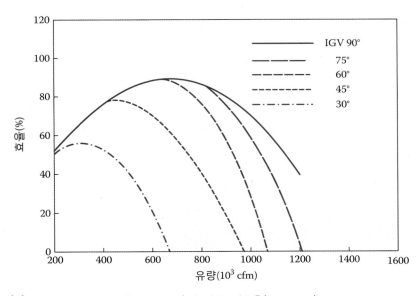

그림 P2.36(b) 원심 홴 입구 베인(inlet vane)에 따른 전효율(710 rpm)

(d) 홴의 성능을 제어하는 두 번째 방법은 베인을 완전 개방한 상태에서 홴의 속도를 제어하는 것이다. 홴을 가변 모터에 의해 동작한다고 가정하고 베인을 완전 개방하였을 때(또는 베인이 없다고 가정하였을 때), 50,000 cfm의 유량을 발생시키기 위한 속도를 구하고, 이때의 동력을 구하시오.

(e) 실제로는 가변 속도 제어보다 가변 입구 베인을 선호한다. 그 이유를 설명하고, 가변 속도 제어의 가장 큰 장점은 무엇인지 쓰시오.

2.37 ID 홴은 가변 입구 베인을 통해 유량을 제어한다. 이 홴은 709 rpm(10-pole motor with 1.5% slip) 운전 조건과 밀도가 0.060 lb/ft^{3}인 작동 유체 조건에서 17.0 in. wg의 전압 상승으로 750,000 cfm의 유량을 공급하고 소요 동력이 2375 hp인 것을 보증한다. 이를 검증하기 위해 일련의 현장 테스트를 진행하여 홴의 성능을 측정하였다(가변 입구 베인은 보증점에 맞게 조정되었음). 시험 결과는 모두 보증점에 가깝지만 일치하지 않았으며, 3회의 결과는 다음과 같다.

시험 샘플	속도 (rpm)	밀도 (lb/ft^3)	압력 상승 (in. H$_2$O)	유량 (cfm)	출력 (hp)
1	701	0.057	16.25	722,000	2174
2	701	0.059	15.76	702,000	2050
3	701	0.062	16.87	771,000	2419

(a) 각 시험에서의 유량, 압력 및 동력을 속도와 밀도를 보증 조건으로 수정하여 보증점과 비교할 수 있게 조정하시오.

(b) 3개의 결과점과 보증점을 평면에 대해 나타내시오.

(c) 3개의 결과를 통해 보증점에서의 동력을 결정할 수 있는 방법을 제안하시오($\Delta p = 17$, $Q = 750,000$, $P = ?$).

2.38 원심 압축기는 14.7 psia, 59°F의 공기를 40 psia, 260°F로 압축한다. 등엔트로피 효율을 계산하시오. 같은 설계의 압축기를 사용하여 14.7 psia, 59°F에서 80 psia까지 공기를 압축할 때, 공기의 토출 온도와 등엔트로피 효율을 계산하시오.

2.39 다양한 속도에서 홴을 시험하여 다음과 같이 데이터를 얻을 수 있었다.

속도 (rpm)	유량 (cfm)	전압력 상승 (in. H$_2$O)	출력 (hp)
1745	0	14.85	48.2
1720	10,040	14.38	54.1
1700	19,790	11.62	55.8
1660	27,190	9.35	55.7
1620	37,550	5.70	48.9
1620	47,100	2.06	38.2

(a) 1750 rpm에서의 성능 곡선을 결정하시오(전압 상승, 동력 및 효율에 대해).

(b) 1750 rpm에서의 'BEP'를 결정하시오.

(c) 비속도를 계산하고, 임펠러의 지름을 추정하시오. 홴은 인 시스템에서 1750 rpm으로

회전하고 있다. 유량, 압력 상승, 동력을 각각 구하시오.

(d) 이 시스템에서 25,000 cfm의 유량을 이송하기 위한 홴의 속도를 계산하시오.

2.40 2450 rpm에서 그림 P2.40과 같은 성능 곡선을 가지는 펌프가 있다. 펌프는 길이가 12.5 cm인 파이프, 밸브와 연결되어 있다. 밸브를 완전 개방 상태로 놓았을 때 시스템 곡선은 $H_{sys} = 10 + 28\ V^2/2\ g$이다. 시스템에서의 유량은 밸브의 개폐와 펌프의 속도로 제어할 수 있다. 밸브의 특성은 다음과 같다.

밸브 개폐	완전 개방	1/4	1/2	3/4
손실 계수	7	11	17	40

(a) 밸브가 완전 개방일 때 2450 rpm에서의 펌프 유량과 동력을 구하시오.

(b) 밸브가 부분 개방일 때(1/2) 2450 rpm에서의 펌프 유량과 동력을 구하시오.

(c) 밸브가 완전 개방일 때 2000 rpm에서의 펌프 유량과 동력을 구하시오.

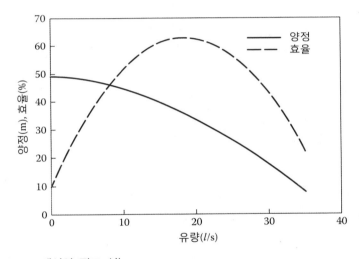

그림 P2.40 2450 rpm에서의 펌프 성능

제**3**장

상사법, 한계, 공동현상

3.1 성능의 상사

지금까지의 설명과 예제에서는 속도, 지름 또는 밀도의 변화로 인한 주어진 기계의 성능수준 변화를 계산하기 위해 φ, ψ, ξ 및 η를 사용하는 방법을 보여 주었다. 상사를 위한 일반적인 절차는 무차원 변수를 차원이 있는 물리적 변수의 비로 재조정하는 과정이 수반되며, 이러한 과정에서 기하학적 상사성은 유지되며 φ, ψ, ξ, η은 변하지 않는다(Re와 Ma의 변화와 관계가 있으며, 이는 곧 간단하게 설명될 것임). 예를 들어, 치수가 알려진 펌프 모형을 시험할 경우 ρ_m, N_m, D_m, Q_m, P_m, H_m, 그리고 η_m과 같은 펌프의 변수를 활용하여 주어진 유체에서의 성능 곡선을 완벽히 얻을 수 있다(아래 첨자 'm'은 펌프 모형의 변수임). 모형 시험 결과를 이용하여 크기가 상당히 다른 경우나 다른 유체 또는 다른 속도로 작동하는 펌프의 성능을 예측할 수 있다. 원형의 작동 및 성능 변수를 ρ_p, N_p, D_p, 그리고 H_p, Q_p, P_p이라 하자. 모형과 원형이 기하학적으로 유사한 경우 각자 다음과 같은 성능점을 가진다.

$$\phi_m = \frac{Q_m}{N_m D_m^3} = \phi_p = \frac{Q_p}{N_p D_p^3} \tag{3.1}$$

이 식은 다음과 같이 바뀔 수 있다.

$$\frac{Q_p}{P_m} = \frac{N_p D_p^3}{N_m D_m^3} = \left(\frac{N_p}{N_m}\right)\left(\frac{D_p}{D_m}\right)^3 \tag{3.2}$$

또는

$$Q_p = Q_m \left(\frac{N_p}{N_m}\right)\left(\frac{N_p}{N_m}\right)^3 \tag{3.3}$$

위 식은 Q가 속도와 크기(지름)의 세제곱에 따라 선형적으로 변화한다는 것을 의미한다. 이러한 관계는 상사 법칙(scaling rule) 또는 홴 법칙(fan law), 펌프 법칙(pump law)이라고 불리며, 성능에 관한 상사를 직접적으로 신속하게 계산하는 데 사용된다. 예를 들어, 속도를 2배로 늘리면 유량은 2배가 되며, 만약 속도를 반으로 줄인다면 유량은 절반으로 줄어들 것이다. 지름을 2배로 늘린다면 결과적으로 유량이 8배 늘어나게 될 것이며, 지름을 절반으로 줄인다면 유량이 8분의 1로 줄어들게 될 것이다.

압력이나 양정에 대한 상사 법칙은 ψ에서 유도될 수 있으며, ψ 역시 기하학적 유사성이 유지될 때에는 일정한 값을 가지게 된다.

$$\psi_{\mathrm{m}} = \frac{\varDelta p_{\mathrm{Tm}}}{\rho_{\mathrm{m}} N_{\mathrm{m}}^2 D_{\mathrm{m}}^2} = \psi_{\mathrm{p}} = \frac{\varDelta p_{\mathrm{Tp}}}{\rho_{\mathrm{p}} N_{\mathrm{p}}^2 D_{\mathrm{p}}^2} \tag{3.4}$$

또는

$$\frac{\varDelta p_{\mathrm{Tp}}}{\varDelta p_{\mathrm{Tm}}} = \frac{\rho_{\mathrm{p}} N_{\mathrm{p}}^2 D_{\mathrm{p}}^2}{\rho_{\mathrm{m}} N_{\mathrm{m}}^2 D_{\mathrm{m}}^2} \tag{3.5}$$

그리고

$$\varDelta p_{\mathrm{Tp}} = \varDelta p_{\mathrm{Tm}} \frac{\rho_{\mathrm{p}} N_{\mathrm{p}}^2 D_{\mathrm{p}}^2}{\rho_{\mathrm{m}} N_{\mathrm{m}}^2 D_{\mathrm{m}}^2} \tag{3.6}$$

위 식은 압력 상승이 밀도에 따라 선형적으로 변화하며, 속도와 지름에 따라서는 포물선형으로 변화한다는 것을 시사한다. 양정의 경우에는(g는 일정하다 가정함)

$$H_{\mathrm{p}} = H_{\mathrm{m}} \left(\frac{N_{\mathrm{p}}}{N_{\mathrm{m}}} \right)^2 \left(\frac{D_{\mathrm{p}}}{D_{\mathrm{m}}} \right)^2 \tag{3.7}$$

동력의 경우에는 $\xi_{\mathrm{p}} = \xi_{\mathrm{m}}$으로부터

$$P_{\mathrm{p}} = P_{\mathrm{m}} \left(\frac{\rho_{\mathrm{p}}}{\rho_{\mathrm{m}}} \right) \left(\frac{N_{\mathrm{p}}}{N_{\mathrm{m}}} \right)^3 \left(\frac{D_{\mathrm{p}}}{D_{\mathrm{m}}} \right)^5 \tag{3.8}$$

마지막으로 효율은 일정해야 하므로

$$\eta_{\mathrm{Tp}} = \eta_{\mathrm{Tm}} \tag{3.9}$$

그리고

$$\eta_{\mathrm{sp}} = \eta_{\mathrm{sm}} \tag{3.10}$$

식 (3.3), 그리고 식 (3.6)에서 식 (3.10)까지는 저속 홴, 액체 펌프, 그리고 수력 터빈을 위한 간단한 상사 법칙(simple scaling laws)이다. 엄밀히 말하여 이러한 법칙들은 레이놀즈 수와 마하수 변화에 따른 영향이 없다는 가정이 포함되어 있다는 점에 유의해야 한다.

1.5 m의 양정 강하, 0.696의 효율, 55 m³/s의 유량을 가지는 실제 크기의 터빈을 고려하자. 이 터빈은 플로리다 남쪽의 멕시코 만류를 사용하며, 따뜻한 바닷물($\rho = 1030$ kg/m³)에서 작동되도록 설계되어 있다. 터빈은 98 rpm으로 회전하며, 지름은 4 m이다. 10 kW의 출력과 민물($\rho = 998$ kg/m³)에서 1000 rpm로 작동되는 상사 모형을 고안하자. 상사성을 유지하기 위해 적절한 모형 지름과 필요한 양정 및 유량을 결정하시오.

터빈의 출력에 대한 상사 법칙을 사용하여 모형 크기가 상사될 수 있다[식 (3.8)].

$$P_{\mathrm{p}} = P_{\mathrm{m}} \left(\frac{\rho_{\mathrm{p}}}{\rho_{\mathrm{m}}} \right) \left(\frac{N_{\mathrm{p}}}{N_{\mathrm{m}}} \right)^3 \left(\frac{D_{\mathrm{p}}}{D_{\mathrm{m}}} \right)^5$$

지름비로 풀면

$$\frac{D_{\mathrm{m}}}{D_{\mathrm{p}}} = \left[\left(\frac{\rho_{\mathrm{p}}}{\rho_{\mathrm{m}}} \right) \left(\frac{P_{\mathrm{m}}}{P_{\mathrm{p}}} \right) \left(\frac{N_{\mathrm{p}}}{N_{\mathrm{m}}} \right)^3 \right]^{1/5}$$

원형의 출력 P_{p}는 다음과 같이 주어진다.

$$P_{\mathrm{p}} = \eta_{\mathrm{T}} \, \rho g H Q = 0.696 \times 1030 \times 9.807 \times 55 \times 1.5 = 580012 \, W = 580 \text{ kW}$$

그러면 모형에 대한 지름비는

$$\frac{D_{\mathrm{m}}}{D_{\mathrm{p}}} = \left[\left(\frac{1030}{998} \right) \left(\frac{98}{1000} \right)^3 \left(\frac{10}{580} \right) \right]^{1/5} = 0.111$$

그러므로 적절한 지름은 다음과 같다.

$$D_{\mathrm{m}} = 0.111 \times 4 = 0.444 \text{ m}$$

두 경우 모두 레이놀즈수는 $Re_{\mathrm{p}} \approx 1 \times 10^9$과 $Re_{\mathrm{m}} \approx 1 \times 10^8$으로 매우 크다는 점에 유의해야 한다. 레이놀즈수 효과를 무시한 가정은 이 예제의 경우 매우 타당하다.

모형의 필요 양정과 유량 조건을 계산하는 과정이 남아 있다. 이는 다음과 같은 단순한 상사법을 통하여 결정된다.

$$H_{\mathrm{m}} = H_{\mathrm{p}} \left(\frac{N_{\mathrm{m}}}{N_{\mathrm{p}}} \right)^2 \left(\frac{D_{\mathrm{m}}}{D_{\mathrm{p}}} \right)^2 = 1.5 \text{ m} \times \left(\frac{1000}{98} \right)^2 \times \left(\frac{0.444}{4.0} \right)^2 = 1.92 \text{ m}$$

그리고

$$Q_{\mathrm{m}} = Q_{\mathrm{p}}\left(\frac{N_{\mathrm{m}}}{N_{\mathrm{p}}}\right)\left(\frac{D_{\mathrm{m}}}{D_{\mathrm{p}}}\right)^3 = 55 \ \mathrm{m}^3/\mathrm{s} \times \left(\frac{1000}{98}\right) \times \left(\frac{0.444}{4.0}\right)^3 = 0.768 \ \mathrm{m}^3/\mathrm{s}$$

3.2 레이놀즈수와 표면 거칠기에 대한 한계와 보정

상사 법칙의 적용은 매우 유용하지만 중요한 제한이 있다. 이 과정에서는 레이놀즈수 효과와 마하수 효과(압축성)는 없으며, 기하학적으로 완벽히 상사하다고 가정한다. 일반적으로 크기, 속도 또는 작동 유체의 물성치가 바뀌면 레이놀즈수와 마하수의 변화 역시 수반된다. 다행히도 만약 레이놀즈수가 충분히 크거나 마하수가 충분히 작다면, 이러한 값들의 변화 효과는 무시될 수 있다. 또 기하학적 상사는 기본적으로 충족시키고자 하는데, 예를 들어, 작은 축류 홴의 정보를 사용하여 큰 원심형 홴의 성능을 예측하는 일은 시도하지 않는다. 보다 어려운 효과는 일반적으로 기계의 크기에 따라 상사되지 않는 표면 거칠기이다(실제로 절대 표면 거칠기 ε는 기계 크기가 변하여도 일정하게 유지되어 상대 거칠기 ε/D의 변화를 유발함). 이 절에서는 레이놀즈수와 거칠기 효과가 고려될 것이며, 마하수와 압축성 효과에 대한 것은 다음 절에서 고려될 것이다.

레이놀즈수와 거칠기 효과를 다루는 방법에는 세 가지 접근법이 있다. (1) 무시, (2) 금지, (3) 보정 계수 적용이다. 일반적으로 말해서 터보기계를 시험하기 위한 코드나 표준들은 보정을 금지하는 경향이 있다. 홴의 경우 국제공조기기협회(AMCA)와 미국 냉난방공조협회(ASHRAE)가 공동으로 발행한 실험실 시험 표준(AMCA, 1999)에서 레이놀즈수의 영향은 무시한다고 명시되어 있다. 이것은 모형 시험에 관한 AMCA의 보고서(AMCA, 2002)에서도 거듭 반복된다. '홴 상사 법칙'[상사 법칙 식 (3.3), 그리고 식 (3.6)에서 식 (3.10)까지]은 다음 조건에서 수정 없이 사용된다. 모형의 레이놀즈수 $[Re_{\mathrm{D}} = (ND^2)/v]$는 $> 3 \times 10^6$이고, 모형이 최소 35 in.(0.900 m) 이상의 지름을 가지거나 모형이 원형 크기의 1/5 이상이어야 한다는 조건 중 큰 조건을 만족시켜야 한다. 소형 크기의 장치의 경우 모형은 원형(예를 들어, 실제 크기의 홴이 시험 대상임)이 된다. 비슷하게 미국 기계학회(ASME)의 홴(ASME, 2008)과 원심 펌프(ASME, 1990)를 위한 성능 시험 기준은 레이놀즈수 변화에 대한 보정 사항을 제공하지 않는다. 이 기준들은 실제 크기의 원형 시험을 위해 작성되었으며, 이전 장에서 논의되었던 회전 속도와 밀도의 변화에 대한 단순한 상사법의 사용법을 명시하고 있다.

다음으로 보정 계수의 활용을 보자. 레이놀즈수의 영향에 따른 전형적인 '상사법'은 다음의 일반적인 형태를 가진다(Kittredge, 1967).

$$\frac{1-\eta_p}{1-\eta_m}\left(\frac{\eta_m}{\eta_p}\right) = a + (1-a)\left(\frac{Re_m}{Re_p}\right)^n \quad (0 \le a \le 1) \tag{3.11}$$

첫 번째 항 $1-\eta$은 (무차원) 수력 손실이며, 레이놀즈수에 영향을 받는다고 예상할 수 있다. 가장 오래되고 단순한 상사법 중 하나는 Moody(1925)의 법칙이다.

$$\frac{1-\eta_p}{1-\eta_m} = \left(\frac{D_m}{D_p}\right)^n \tag{3.12}$$

이는 속도와 점성이 모형과 원형 간에 변화하지 않는다고 가정한 식 (3.11)의 단순화된 형태이다. Moody의 '법칙'은 본래 수력 터빈을 위해 제안되었으며, 펌프에도 종종 사용된다. 펌프에 적용되는 보다 일반적인 형태는 다음과 같다.

$$\frac{1-\eta_p}{1-\eta_m} = \left(\frac{Re_m}{Re_p}\right)^n \tag{3.13}$$

지수 n의 권장되는 값은 0.1과 0.5 사이이다.

레이놀즈수가 원심형 펌프에 미치는 영향을 추정하는 모형은 Csanady(1964)에 의해 제안되었다. 이 모형은 다음과 같이 레이놀즈수 계수(Reynolds number factor)를 사용한다.

$$\frac{\eta_p}{\eta_m} = \frac{f_\eta(Re_p)}{f_\eta(Re_m)} \tag{3.14}$$

그리고

$$\frac{\psi_p}{\psi_m} = \frac{f_H(Re_p)}{f_H(Re_m)} \tag{3.15}$$

Csanady는 f_η과 f_H를 나타내는 그래프를 제시하였다. $Re > 10^3$의 조건에서 그래프는 다음과 같이 근사화된다.

$$f_\eta \approx 0.20 + 0.80 \tanh\left[0.10 \log_{10}^2(Re) - 0.30 \log_{10}(Re)\right] \tag{3.16}$$

$$f_H \approx 0.55 + 0.45 \tanh\left[0.75 \log_{10}(Re)\right] \tag{3.17}$$

Csanady의 그래프와 이러한 식들은 $Re = 10^6$ 이상일 때는 양정에 대한 $Re = 10^7$ 이상일 때는 효율에 대한 레이놀즈수의 효과를 무시할 수 있다고 시사한다.

압축기 및 휀 효율 상사에 대한 검토 및 분석은 Wright(1989)에 의해 이루어졌다. 이 연구에서는 다음과 같이 효율 상사법을 제시하였다.

$$\frac{1 - \eta_p}{1 - \eta_m} = 0.3 + 0.7\left(\frac{f_p}{f_m}\right) \tag{3.18}$$

여기서 f는 Darcy 마찰 계수이며, Moody 차트 또는 다음의 Colebrook 공식에서 구할 수 있다.

$$f = \frac{0.25}{\{\log_{10}[(\varepsilon/D)/3.7] + (2.51/Re_b\sqrt{f})\}^2} \tag{3.19}$$

손실 추정에는 레이놀즈수와 상대적 표면 거칠기(ε/D)의 영향이 모두 포함되어 있다. 레이놀즈수 Re_b는 원심형 기계에 대해서 수력지름(블레이드 팁 폭 b의 약 2배)과 블레이드 팁 속도($ND/2$)를 기반으로 이루어진다[$Re_b = (NDb)/v$]. 이와 같은 방법은 원심 압축기와 휀에 대해서는 시험 데이터와 비교를 통해 검증되었지만, 축류형 기계에 대해서는 검증되지 않았다. 그렇지만 축류형 기계에서도 블레이드 팁 근처의 코드 길이와 블레이드 속도로 레이놀즈수를 정의할 경우, 이 방법은 상당히 정확해야 할 것이다. 마찬가지로 이 방법이 펌프에는 잘 적용되지 않을 것이라고 여길만한 특별한 이유가 없다.

압축기 및 배기 장치를 위한 ASME 성능 시험 기준(ASME, 1997)은 축류형 압축기의 레이놀즈수 효과와 원심 압축기에서의 레이놀즈수, 그리고 거칠기 영향에 대한 효율은 보정 가능하다고 명시하였다. 축류형 압축기를 위한 ASME PTC 10 공식은 다음 'Moody–Kitterdge' 형태로 표현된다.

$$\frac{1 - \eta_p}{1 - \eta_b} = \left(\frac{Re_{bm}}{Re_{bp}}\right)^{0.2}, \quad \text{축류형 압축기,}$$

$$Re_b = \frac{NDb}{V_{01}}, \quad Re \geq 9 \times 10^4 \tag{3.20}$$

원심 압축기에 적용되는 PTC 10 상사 법칙은 Wright[식 (3.14)]의 방법과 유사하다. PTC 10 압축기 상사 법칙에는 폴리트로픽 효율이 사용된다. φ나 ξ에 대한 보정은 권장되지 않으며, ψ에 대한 상사법 또한 존재하지 않는다.

Wright 방식과 유사한 다른 방법으로는 유럽 ICAAMC(국제 압축공기 및 관련 기계위원회) 방법(Casey, 1985)이 있으며, 이 방식은 다음과 같이 효율 보정을 한다.

$$\frac{1-\eta_\mathrm{p}}{1-\eta_\mathrm{m}} = \frac{0.3 + (0.7 f_\mathrm{p})/f_\mathrm{fr}}{0.3 + (0.7 f_\mathrm{m})/f_\mathrm{fr}} \tag{3.21}$$

첨자 'fr'은 높은 레이놀즈수 상태에서 주어진 상대적 거칠기에 대한 조건이 '완전히 거친' 조건임을 가리킨다. ICAAMC 방법은, 특히 f_fr의 사용에 있어서는 유동의 물리 현상과의 관계가 명확하게 설명되어 있지 않다. 또 ICAAMS는 다음과 같이 φ와 ψ의 조정을 권장한다.

$$\frac{\psi_\mathrm{p}}{\psi_\mathrm{m}} = 0.5 + 0.5\left(\frac{\eta_\mathrm{p}}{\eta_\mathrm{m}}\right) \tag{3.22}$$

$$\frac{\phi_\mathrm{p}}{\phi_\mathrm{m}} = \left(\frac{\psi_\mathrm{p}}{\psi_\mathrm{m}}\right)^{1/2} \tag{3.23}$$

이 관계식들은 압축기 시험 데이터를 이용하여 많이 검증되었다(Strub 등, 1984, Casey, 1985). 또 ICAAMC 방법은 원심 기계에서 사용하도록 제한되어 있지만, 적절한 형태의 레이놀즈수 선정을 통하여 원심 홴이나 펌프뿐만 아니라 축류 홴, 압축기 및 펌프에서도 사용할 수 있도록 일반화할 수 있는 가능성을 지니고 있다.

지금껏 소개된 레이놀즈수 및 거칠기에 대한 상사 법칙은 오랜 기간 제안된 것 중의 일부에 불과하다. 1967년에 작성된 Kittredge 방법은 1909년까지 거슬러 올라가 제각기 다른 17개의 상사 법칙을 인용하였다. 터보기계를 설계, 제조하는 회사들은 일반적으로 고유한 '내부' 규정을 지니고 있다. 보통 여기에 소개한 규칙들을 조금씩 변형한 것이다. 레이놀즈수와 거칠기에 대한 성능 상사법은 현재 논쟁의 대상이며, 현재도 국제 터보기계 업계에서 완전히 합의되지 않은 상태이다.

성능 상사의 예를 통해 논쟁의 주제를 이해하는 데 도움을 얻을 수 있을 것이다. 10^5의 레이놀즈수를 가지는 펌프 모형을 시험한다고 가정해 보자. 실제 원형은 10^6의 레이놀즈수 상태에서 작동하며, 효율 $\eta_\mathrm{m} = 0.80$인 모형을 통해 원형 기계의 효율을 추정하고자 한다. Moody의 법칙을 사용하면

$$\frac{1-\eta_\mathrm{p}}{1-\eta_\mathrm{m}} = \left(\frac{Re_\mathrm{m}}{Re_\mathrm{p}}\right)^n$$

만약 $n = 0.25$라면 $\eta_\mathrm{p} = 0.887$이며, 이 정도의 효율 상승은 상당한 것이다. 만약 상사 지수를 보수적으로 $n = 0.1$로 사용할 경우 효율은 $\eta_\mathrm{p} = 0.841$로 예측된다. 만약 $n = 0.45$를 이용한다면 효율은 $\eta_\mathrm{p} = 0.929$로 예측된다. 결과적으로 성능 상사를 통한 효율은 약 4%에서

13%까지 증가할 수 있다. 더 큰 지수들을 사용하여 우수한 성능을 예측하고, 상업적인 이익을 취할 유혹이 존재하기 때문에 이러한 광범위한 예측 결과의 변화는 용납될 수 없다. 성능 상사 또는 '크기 효과'에 대한 상업적 속임의 긴 역사는 레이놀즈수와 거칠기 상사에 회의론을 퍼뜨렸으며, 그 결과 AMCA 선언을 포함하여 상사를 전혀 사용하지 않는 엄격한 제한 규정이 채택되었다.

3.3 압축성(마하수) 한계와 보정

터보기계가 취급하는 유체가 가스이거나 증기일 경우, 유체가 기계를 통과할 때 밀도가 변화하여 성능에 압축성 효과라고 하는 영향을 미칠 수 있다. 만약 기계가 고속 압축기 또는 터빈일 경우, 모형과 원형 간의 마하수를 일치시켜 압축성 효과를 분명하게 설명할 필요가 있다. 즉, $Ma_m = Ma_p$이며, $Ma = ND/(\gamma RT_{01})^{1/2}$이다. 시험 표준에서는 이러한 요구 사항에 약간의 여지가 허용된다. 예를 들어, 압축기 및 배기 장치를 위한 ASME PTC 10 성능 시험 기준(ASME, 1997)은 공칭 작동 마하수에 대해 허용 가능한 마하수 '편차'$(Ma_p - Ma_m)$를 나타내는 차트를 제공한다. 0.2의 마하수 상태에서 최대 약 0.2부터, 0.6 이상의 마하수 상태에서 최소 0.03까지 마하수 편차가 허용된다.

공기와 같이 압축 가능한 유체를 팬과 같은 저속 장치로 다루면 어떤 일이 발생하겠는가? 전통적으로 시험 데이터와 상사된 성능은 $\Delta p_T \leq 4$ in. wg(약 21 lb/ft², 1 kPa)이면 비압축성으로 고려된다. 이 압력 조건은 대기압의 약 1%이며, 등온 또는 등엔트로피 과정에서 이 정도의 압력 변화는 무시할 수 있는 정도의 밀도 변화(0.7~1.0%)를 보인다. 초기 ASME와 AMCA 표준에서는 이러한 제한을 명시하였지만, 최신 판에서는 상한과 하한 조건이 명시되어 있지는 않다.

4 in. wg(약 1 kPa) 이상에서는 밀도 변화가 Q, Δp_T, P에 상당한 영향을 미치기 시작한다. 압력비를 약 1.2 이상(약 80 in. wg, 420 lb/ft², 20 kPa의 Δp)으로 올렸을 경우 압축성 효과에 대한 보정 계수를 적용하는 것이 관례이다. 이 표준은 시험 데이터를 대응되는 비압축성 모형의 성능으로 보정하고, 비압축성 데이터에서 원형 성능을 예측하는 '입증된' 방법을 제공한다(AMCA, 1999, ASME, 2008). 이 절차는 1.5절에서 설명되었던 폴리트로픽 압축 모델을 사용한다. 유도에 대한 세부 사항은 AMCA/ASHRAE 표준(AMCA, 1999)에 제시되어 있다. 일반적으로 압축성 계수 K_p를 계산하고, 시험 데이터를 '대응되는' 비압축성

데이터로 다음과 같이 변환 가능하다.

$$Q_i = K_p Q \tag{3.24}$$

$$\Delta p_{Ti} = K_p \Delta p_T \tag{3.25}$$

여기에서 'i' 첨자는 대등한 비압축성 데이터를 나타내며, K_p는 다음과 같은 식으로 주어진다.

$$K_p = \left(\frac{n}{n-1}\right)\frac{[(p_b + p_2)/(p_b + p_1)]^{(n-1)/n} - 1}{[(p_b + p_2)/(p_b + p_1)] - 1} \tag{3.26}$$

여기서 p_b는 대기압으로 $p_b + p_2$와 $p_b + p_1$은 절대 압력이고, $p_2 - p_1 = \Delta p_T$이며, n은 폴리트로픽 지수이다. $\eta_p \approx \eta_s \approx \eta_T$의 결과를 나타낼 수 있는 작은 압력 변화가 일어났다고 가정하면, 식 (1.8)에서 계산된 폴리트로픽 지수는 다음과 같다.

$$\frac{n}{n-1} = \eta_T \left(\frac{\gamma}{\gamma - 1}\right) \tag{3.27}$$

시험 데이터의 모형 성능을 원형의 조건으로 직접적으로 상사하고자 할 때, 모형 조건과 원형 조건 모두에 대한 압축성 계수가 계산되어야 한다. 아래 첨자 'm'은 모형을, 아래 첨자 'p'는(실제 크기의) 원형의 수치임을 나타낸다. 그러면

$$Q_p = Q_m \left(\frac{N_p}{N_m}\right)\left(\frac{D_p}{D_m}\right)^3\left(\frac{K_{pm}}{K_{pp}}\right) \tag{3.28}$$

$$\Delta p_{Tp} = \Delta p_{Tm} \left(\frac{\rho_p}{\rho_m}\right)\left(\frac{N_p}{N_m}\right)^2\left(\frac{D_p}{D_m}\right)^2\left(\frac{K_{pm}}{K_{pp}}\right) \tag{3.29}$$

$$p_p = P_m \left(\frac{\rho_p}{\rho_m}\right)\left(\frac{N_p}{N_m}\right)^3\left(\frac{D_p}{D_m}\right)^5\left(\frac{K_{pm}}{K_{pp}}\right) \tag{3.30}$$

전효율은 변하지 않는다(압축성의 영향이 없음).

$$\eta_{Tp} = \eta_{Tm} \tag{3.31}$$

모형 유동이 $K_{pm} = 1.0$일 때와 같이 본질적으로 비압축성인 경우, 압축성 상사 관계에서 Q_p, Δp_{Tp}, P_p가 모두 1보다 큰 $(1/K_{pp})$에 비례함을 유의해야 한다. 만약 원형이 충분히 높은 마하수/압력/속도로 작동할 경우에는 기계 성능 변수 $(Q_p, \Delta p_{Tp})$는 간단한 비압축성 상사 법칙을 통해 예측한 것보다 높게 나올 것이다. 즉, 예상한 것보다 작은 용량의 홴도 주어

진 임무에 적합한 것일 수도 있다.

공기($\gamma = 1.4$)에서 시험되는 다음과 같은 모형을 고려하자.

$$\rho_{\mathrm{m}} = 0.0023 \ \mathrm{slug/ft^3}(= 1.185 \ \mathrm{kg/m^3}), \quad P_m = 37.1 \ \mathrm{hp}(= 27.666 \ \mathrm{W})$$

$$Q_{\mathrm{m}} = 10{,}000 \ \mathrm{cfm}(= 4.719 \ \mathrm{m^3/s}), \qquad \eta_{\mathrm{Tm}} = 0.85$$

$$\Delta p_{\mathrm{Tm}} = 20 \ \mathrm{in. \ wg}(= 4976.8 \ \mathrm{Pa}), \qquad P_{\mathrm{b}} = 2116 \ \mathrm{lbf/ft^2}(= 101.314 \ \mathrm{kPa})$$

다음과 같은 원형의 성능을 추정하시오.

$$\rho_{\mathrm{p}} = 0.0023 \ \mathrm{slug/ft^3} = 1.185 \ \mathrm{kg/m^3}, \quad \frac{D_{\mathrm{m}}}{D_{\mathrm{p}}} = 2$$

$$P_{\mathrm{b}} = 2116 \ \mathrm{lbf/ft^2} = 101.314 \ \mathrm{kPa}, \quad \frac{N_{\mathrm{p}}}{N_{\mathrm{m}}} = 0.75$$

$\Delta p_{\mathrm{Tm}} > 4 \ \mathrm{in. \ wg}(= 995.36 \ \mathrm{Pa})$이므로 모형의 성능은 압축성의 영향을 받는다. $p_1 = 0$(게이지)이라고 가정하자. 그러면

$$\frac{n_{\mathrm{m}}}{n_{\mathrm{m}} - 1} = 0.85\left(\frac{1.4}{1.4 - 1}\right) = 2.975, \quad \frac{n_{\mathrm{m}} - 1}{n_{\mathrm{m}}} = 0.3361$$

$$K_{\mathrm{P_m}} = 2.975 \frac{[(2116 + 20 \times 5.204)/2116]^{0.3361} - 1}{[(2116 + 20 \times 5.204)/2116] - 1} = 0.9840$$

또는 SI 단위로는

$$K_{\mathrm{pm}} = 2.975 \frac{[(101.315 + 4.9768)/101.315]^{0.3361} - 1}{[(101.315 + 4.9768)/101.315] - 1} = 0.9840$$

그리고 '비압축성' 모형의 성능은 다음과 같이 계산될 수 있다.

$$Q_{\mathrm{i}} = 0.9840 \times 10000 \ \mathrm{cfm} = 9840 \ \mathrm{cfm}(= 4.644 \ \mathrm{m^3/s})$$

$$\Delta p_{\mathrm{Ti}} = 0.9840 \times 20 \ \mathrm{in. \ wg} = 19.68 \ \mathrm{in. \ wg}(= 4897.171 \ \mathrm{Pa})$$

$$p_{\mathrm{i}} = 0.9840 \times 37.1 \ \mathrm{hp} = 36.5 \ \mathrm{hp}(= 27.218 \ \mathrm{kW})$$

원형의 성능을 계산하려면, 원형의 K_{p}에 대한 새로운 값인 K_{pp}가 필요하다.

식 (3.26)에 따르면 p_{2p} 값은 K_{pp}의 계산이 필요하고, 원칙적으로는 반복 계산을 수행해야 한다. 우선, 비압축성 상사를 사용하여 Δp_{Tp}를 추정한다.

$$\Delta p_{Tp} = \Delta p_{Tm}\left(\frac{\rho_p}{\rho_m}\right)\left(\frac{D_p}{D_m}\right)^2\left(\frac{N_p}{N_m}\right)^2$$

$$\Delta p_{Tp} = 20 \text{ in. wg}\times(1)\times(2)^2(0.75)^2 = 4.5 \text{ in. wg}$$

$p_{1p}=0$이라고 가정하면 $p_{2p}=0+\Delta p_{Tp}$이다.

$$p_b + p_2 = (2116 + 45\times5.204)\text{lb/ft}^2 = 2350.2 \text{ lb/ft}^2(= 112.528 \text{ kPa})$$

$$p_b + p_1 = 2116 \text{ lbf/ft}^2(= 101.315 \text{ kPa})$$

따라서 $\eta_{Tp} = \eta_{Tm}$, $n_p = n_m$임을 상기하면

$$K_{pp} = 2.975\frac{[(2350.2)/(2116)]^{0.3361} - 1}{[(2350.2)/(2116)] - 1} = 0.9653$$

또는 SI 단위로는

$$K_{pp} = 2.975\frac{[(112.528)/(101.315)]^{0.3361} - 1}{[(112.528)/(101.315)] - 1} = 0.9653$$

그러면

$$Q_p = 10,000 \text{ cfm}\times(0.75)(2)^3\left(\frac{0.9840}{0.9653}\right) = 61,803 \text{ cfm}(= 29.168 \text{ m}^3/\text{s})$$

$$\Delta p_{Tp} = 20 \text{ in. wg}\times(1)(0.75)^2(2)^2\left(\frac{0.9840}{0.9653}\right) = 45.87 \text{ in. wg}(= 11.414 \text{ kPa})$$

$$p_p = 37.1 \text{ hp}\times(1)(0.75)^3(2)^5\left(\frac{0.9840}{0.9653}\right) = 510.7 \text{ hp}(= 380.829 \text{ kW})$$

그리고 당연히

$$\eta_{Tp} = 0.85$$

원칙적으로는 새로운 값인 Δp_{Tp}로 계산을 진행하여 수렴하도록 반복해야 한다. 독자들은 이것이 근소한 차이를 만든다는 것을 예제를 통해 알 수 있을 것이다.

압축성 보정이 이루어지지 않았을 경우 예측되는 값(그리고 오차율)은 다음과 같다.

예측값(value)	오차율(error)
$Q = 60{,}000$ cfm$(= 28.317$ m$^3/$s$)$	2%
$\Delta p_T = 45.0$ in. wg$(= 11.198$ kPa$)$	2%
$P_p = 501$ hp$(= 373.596$ kW$)$	2%
$\eta_T = 0.85$	0%

이러한 차이는 미미해 보일 수 있지만 보통 장비의 구매 계약에서 허용되는 성능 허용 오차보다 큰 값이다. 연습으로 $\rho_p/\rho_m = 0.75$, $D_p/D_m = 1.5$, $N_p/N_m = 1.5$인 다른 원형에 대한 오차를 계산해 보이시오.

3.4 펌프(그리고 터빈)에서 공동현상의 회피

작동 유체가 액체인 터보기계의 경우 마하수 효과나 유체의 압축성이 성능에 미치는 영향은 신경 쓸 필요가 없다. 하지만 공동현상이라고 불리는 중대한 문제가 발생한다. 터보기계에서 공동현상은 국소 영역에서의 액체가 증발된 이후 다시 재응축되는 현상을 의미하며, 주로 임펠러의 유로 안에서 발생한다.

보통 난로 위의 주전자와 같이 액체의 온도가 상승하여 비등이 일어난다고 생각하지만, 액체의 압력이 낮아지는 것 또한 기화의 원인이 될 수 있다. 기화는 액체의 압력이 액체의 증기압보다 작거나 같을 때 발생하며, 증기압은 주로 유체 온도에 따라 달라진다. 예를 들어, 물은 32°F $(=0℃)$에서 12.49 lb/ft$^2(=598.024$ Pa$)$, 100°F$(=37.778℃)$에서 100.5 lb/ft$^2(=4811.966$ Pa$)$, 212°F$(=100℃)$에서 2116 lb/ft$^2(=101.314$ kPa$)$(표준 해수면 대기압과 동일)의 증기압을 가진다. 다르게 표현하면 212°F의 물은 압력이 2116 lb/ft$^2(=101.314$ kPa$)$일 때 끓는다. 저온에서 유체의 국부 압력이 특정 온도에서의 증기 압력보다 낮아진다면 유체는 끓기 시작할 것이다. 물의 증기 압력과 온도 사이의 관계는 부록 A의 그림 A.3에 나타나 있으며, 이러한 관계는 각 유체별로 다른 값을 가진다. 석유 추출물에 대한 $p_v = f(T)$ 관계는 그림 A.4와 같다.

예를 들어, 펌프가 6 m의 흡입(즉, 입구 플랜지의 압력이 대기압보다 수주로 6 m 만큼 낮은 상태임)으로 양정이 30 m 발생된다고 가정하자. 입구(흡입) 플랜지에서의 절대 압력은 다음과 같다.

$$p_{inlet} = p_{atm} + p_{gage} = 101.3 \text{ kPa} + [9.810 \text{ kN/m}^3 \times (-6 \text{ m})] = 42.4 \text{ kPa}$$

그림 A.3에 의하면 이러한 압력에서 물의 증발 온도는 78.3℃이다. 즉, 수온이 78.3℃일 때 입구 플랜지에서 기화가 일어날 것이다. 이제 물이 '실온' 25℃의 상태라고 가정하자. 이러한 상태에서 증기압은 3.17 kPa이며, 입구 플랜지에서 양정은 기화가 발생하기 전인 (101.33~3.17)/9.81, 즉 10.0 m까지 증가시킬 수 있다.

펌프의 입구 플랜지에서 대량의 비등이 일어나는 것을 '대규모 흡입단 공동현상(massive suction line cavitation)'이라고 한다. 이러한 현상은 펌프에 '증기 폐쇄(vapor lock)' 현상을 야기하여, 임펠러가 의도된 액체 밀도보다 수십 배 낮은 상태로 작동되도록 한다. 그 결과 양정 생성의 완전한 손실이 발생하여 펌프의 파괴를 야기할 수 있는 역류로 이어진다. 분명히 이러한 상황은 피해야 한다.

공동현상은 보통 펌프나 터빈 임펠러 내부의 작은 영역에서 발생하는데, 일반적으로 펌프 슈라우드의 입구 테두리 부분, 블레이드의 앞전(leading edge) 부근(가끔은 허브와 블레이드 또는 슈라우드와 블레이드 사이의 연결부를 따라)과 같은 펌프 입구 부분이거나 터빈의 출구 부근에서 발생한다.

일반적으로 공동현상은 세 가지 유형의 문제를 일으킨다. 첫 번째, 성능의 하락이다. 로터의 유로가 액체가 아닌 증기로 채워지면 유량(액체의 부피)이 감소하고, 이는 곧 성능의 하락으로 이어진다. 두 번째, 임펠러 내 증기 영역의 불규칙한 생성과 파괴로 인해 소음과 진동이 발생하는 것이다. 이러한 현상은 유량의 맥동을 야기할 수 있다.

세 번째이자 가장 심각한 문제는 공동현상으로 인하여 펌프의 경우 로터(또는 케이싱도 포함) 부분, 터빈의 경우 출구 쪽 파이프에 침식과 부식이 발생하는 것이다. 이러한 문제는 압력이 낮은 영역에서 기화된 액체가 다시 재응축되기 때문에 일어난다. 증기 기포가 붕괴되면서 국부적으로 강력한 수격 현상(water hammer)과 비슷한 현상이 높은 주기로 반복적으로 발생한다. 일반적으로 주파수는 25 kHz에 이르며, 충격파로 인해 500~800℃의 온도 상승과 4000 atm의 압력 상승이 유도된다. 기포 붕괴 영역에서 발생되는 기계 표면으로의 해머링 효과는 국부적인 파괴와 표면 구조의 붕괴를 야기하고, 이로 인해 움푹 패임과 침식이 발생된다. 매우 제한적인 공동현상이라도 장기간 노출될 경우 기계의 구조적 결함을 초래할 수 있으며, 이로 인해 효율과 성능은 점진적으로 저하된다. 그림 3.1은 장기간 공동현상에 노출된 펌프 임펠러를 나타낸 사진이다. 손상부가 압력이 상승하기 시작하여 기포가 재응축되는 부분(블레이드의 앞전과 충격면)에 집중된 것에 주목하자.

분명히 펌프나 터빈을 위한 좋은 설계 또는 선택 및 설치는 기계가 공동현상이 발생할 수

그림 3.1 공동현상으로 인해 손상된 펌프 임펠러. 블레이드의 앞전과 충격면에 침식이 일어난 것에 주목할 필요가 있음.

있는 조건과 멀리 떨어진 상태에서 작동되는 것이다. 간단히 말해서 기계 내의 최저 압력이 작동 유체의 증기 압력보다 충분히 크다는 것을 확인하면 된다. 실제 환경에서 이것을 확인하는 것은 보기보다 복잡하다. 펌프를 설계, 선택 또는 운영할 때는 유로 시스템과 펌프 자체의 접촉 부분인 흡입 플랜지의 압력값을 이용한다. 최소 압력이 발생하는 지점은 앞에서 언급한 흡입 플랜지 부분이 아니라(그림 3.1에서 볼 수 있듯이) 임펠러 입구 근처 내의 어느 부분이며, 이 위치는 입구 노즐에서의 압력 강하 정도와 임펠러에 대한 유동의 회전에 따라 달라진다. 이에 펌프 내부(inside the pump)에 공동현상이 일어날 가능성을 나타내는 펌프 입구(at the pump inlet)의 변수가 필요하다. 이러한 변수가 유효흡입양정(net positive suction head, 일반적으로 NPSH라고 불림)이다. 간단히 말하면 NPSH는 펌프 입구에서 액체의 사용 가능한 총에너지와 액체의 증기 압력에 관련된 에너지 사이의 차이다. 수학적으로는

$$\text{NPSH} \equiv h_{\text{T}1} - h_{\text{v}1} = \frac{p_1}{\rho_{\text{g}}} + \frac{V_1^2}{2g} + z_1 - \frac{p_{\text{v}1}}{\rho g} \tag{3.32}$$

이 정의에서 '1'은 펌프의 입구를 나타내며, 압력은 절대 압력이다. z_1은 최소 압력이 일어날 것 같은 위치를 기준으로 한 높이이며, 항상 그런 것은 아니나 일반적으로 임펠러 입구 눈이 기준이 된다. 만약 펌프의 입구가 임펠러 눈보다 낮게 위치한다면, z_1은 음수이다.

NPSH를 압력 또는 에너지 예산으로 설명할 수 있다. 총양정은 유체가 펌프로 들어갈 때 유체가 가지고 있는 에너지를 나타낸다. 유체가 입구에서 최소 압력이 일어날 위치로 이동하며 손실로 인하여 약간의 에너지를 '소모'할 것이다. 또 압력은 베르누이(가속) 효과와 유체

정역학(고도) 효과로 인해 변화(보통 감소함)될 것이다. 그 결과로 발생하는 최소 압력의 수치가 유체의 증기압보다 높아야 공동현상을 방지할 수 있다. 어떤 의미에서 증기압은 에너지 예산이 파산되지 않기 위해 필요한 '최소 잔액'을 의미한다.

펌프 내에서 공동현상이 발생되는 NPSH 값은 시험을 통해 결정된다. 이러한 시험은 표준(양정 대비 유량) 성능 시험과 동일한 설비를 사용하여 수행이 가능하다. 그림 1.10을 참조하면, 가열/냉각 코일을 사용하여 액체의 온도를 변화시킴으로써 액체의 증기압을 제어할 수 있다. 펌프 입구에서의 총양정은 교축 밸브(표시되지 않음)를 사용하여 공기 압력을 조절하거나 액체의 수위를 조절함으로써 변경할 수 있다. 시험은 높은 NPSH 값을 설정한 후 특정 Q 값을 설정하여 H와 η를 조정하는 방식으로 수행된다. 그 후 NPSH를 줄이고 시스템(배출 라인 밸브)을 조작하여 앞선 Q와 동일하게 Q를 재설정한다. 그러면 양정과 효율이 다시 결정될 것이다. 이 과정은 양정과 효율이 떨어질 때까지 반복된다. 관례상 양정과 효율 저하(일반적으로 2~3%)가 공동현상의 시작점으로 해석된다. 공동현상이 시작되는 NPSH를 '필요 유효흡입양정'이라 하며, 일반적으로 NPSHR라고 표기한다. 특정 펌프의 경우 NPSHR 값은 속도와 유량에 따라 달라진다.

$$\text{NPSHR} = f(Q, N)$$

펌프 성능 곡선은 일반적으로 NPSHR에 대한 정보도 포함하며, 그림 3.2는 펌프 성능 곡선의 예이다(그림 P1.41 참조).

실제하는 또는 제안된 장치에 대해 펌프 입구에서의 실제 NPSH 값은 흡입 장치에 따라 달라진다. 이 실제하는 값을 '가용 유효흡입양정'이라고 하며, NPSHA라고 표기한다. 공동현상을 방지하기 위해서는 다음과 같은 조건을 만족해야만 한다.

$$\text{NPSHA} \geq \text{NPSHR} \tag{3.33}$$

NPSHR는 펌프에 대한 수치이고, NPSHA는 (흡입) 장치 시스템에 대한 수치이기 때문에 펌프–시스템 간의 조합이 잘 설계되어 있는지 평가해야 한다.

NPSHA는 어떻게 결정되는지 결정하는 식은 기본적으로 식 (3.32)와 동일하다.

$$\text{NPSHA} = \frac{p_1}{\rho g} + \frac{V_1^2}{2g} + z_1 - \frac{p_{v1}}{\rho g} \tag{3.34}$$

만약 펌프가 이미 설치되어 작동 중인 상태라면, 적절한 계측기와 연결이 가능할 경우 NPSHA는 입구 압력, 온도(p_v를 결정하기 위해), 그리고 유량(V를 결정하기 위해)의 측정

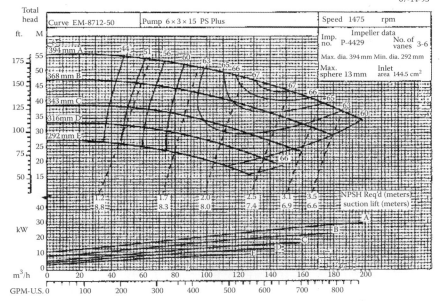

출처: ITT Fluid Technology.

그림 3.2 단일 흡입 펌프의 성능 곡선(NPSHR 정보를 보이고 있음)

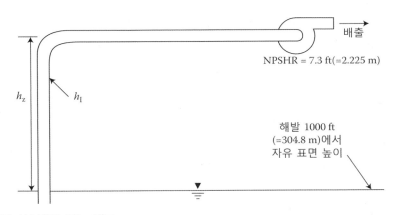

그림 3.3 흡입 시스템이 있는 펌프

을 통해 판단할 수 있다. p_1과 p_v는 절대압이라는 것에 유의해야 한다.

　보통 NPSHA는 흡입 시스템을 분석하여 결정되어야만 한다. 그림 3.3에는 다소 단순한 흡입 시스템을 통해 저수조에서 물을 끌어오는 펌프가 표시되어 있다. 이 설비에 대한 NPSHA를 평가하기 위해서는 저수조의 자유 표면에서 펌프 입구까지 흐르는 유선에 기계적 에너지 방정식을 적용해야 한다.

$$\frac{p_{atm}}{\rho g}+z_0 = \frac{p_1}{\rho g}+\frac{V_1^2}{2g}+z_1+h_L$$

p_{atm}은 자유 표면에서의 대기의 절대 압력이고, z_0는 펌프 임펠러 입구에서 자유 표면까지의 높이이다. 그리고 h_L은 파이프 마찰 및 부손실(minor loss)로 인한 흡기 시스템의 총양정 손실을 나타낸다. 그러면

$$\text{NPSHA} = \frac{p_{atm}}{\rho g} - h_z - h_L - \frac{p_v}{\rho g} \tag{3.35}$$

여기서 $h_z = z_1 - z_0$이다. 이 식은 공동현상이 문제가 될 가능성이 존재할 경우 NPSHA를 제어하기 위한 네 가지 주요 방법을 보여 준다.

- 저수조 압력 증가
- 흡입 높이를 최소화(또는 탱크의 아래쪽 바닥에 펌프 설치)
- 흡기 시스템의 양정 손실 최소화
- 증기압 증가(일반적으로 유체의 온도를 낮추어서)

그림 3.4는 밀폐된 저수조에서 펌프가 휘발성의 액체를 다루는 또 다른 설비를 나타낸다. 기계적 에너지 방정식을 같은 방식으로 적용하면 다음과 같은 결과가 나타난다.

$$\text{NPSHA} = \frac{p_v}{\rho g} + h_z - h_L - \frac{p_v}{\rho g} = h_z - h_L$$

이 경우 액체의 표면과 표면 위에 있는 증기는 평형 상태이기 때문에 증기압 항은 상쇄된

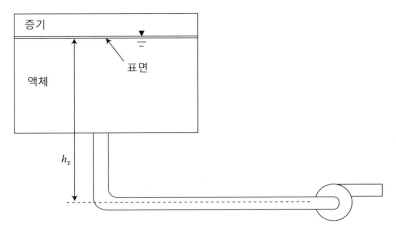

그림 3.4 상부에 위치한 밀폐된 탱크로부터 휘발성 액체를 끌어오는 펌프

다. 여기서 $h_z = z_1 - z_0$이다.

예제 3-3 ▌ 공동현상 및 흡입 높이

그림 3.3에 나타낸 펌프의 임펠러 지름은 343 mm이다(그림 3.2의 커브 C로 표시된 성능 데이터를 가짐). 저수조의 표면은 1000 ft(=304.8 m)의 고도[p_{atm}=14.17 psia(=97.699 kPa)]에 위치해 있으며, 물은 85°F(=29.444℃)[그림 A.3에서 p_v=0.60 psia(=4.136 kPa)]이다. 500 gpm(=0.0314 m³/s)의 유량에 대하여 최대 흡입 높이(h_z)를 계산하시오. [단, 마찰 손실이 $h_L = 5(V^2/2g)$에 의해 주어지고 파이프의 지름은 5.0 in(0.127 m)이라고 가정한다]

그림 3.2에서 NPSHR=2.0 m=6.56 ft이고, 물의 속도는

$$V = \frac{Q}{A} = \frac{4Q}{\pi D^2} = \frac{4 \times 500/449}{\pi (5/12)^2} = 8.17 \text{ ft/s}(=2.49 \text{ m/s})$$

공동현상을 방지하기 위해 NPSHA=NPSHR라고 하면

$$\text{NPSHA} = \frac{p_{atm}}{\rho g} - h_L - h_z - \frac{p_v}{\rho g} = \text{NPSHR} = 6.56 \text{ ft}(=2 \text{ m})$$

이를 풀면

$$h_z = \frac{p_{atm} - p_v}{\rho g} - (5)\frac{V^2}{2g} - 6.56 \text{ ft}$$

$$= \frac{(14.17 - 0.60) \times 144}{62} - 5 \times \frac{8.17^2}{2 \times 32.2} - 6.56 = 18.74 \text{ ft}(=5.712 \text{ m})$$

실제로는 '안전 여유'의 10%가 권장되므로 약 {1.10×6.56 ft=7.22 ft[약 7.5 ft(=2.286 m)]}의 NPSHA를 사용하고, 흡입 리프트는 약 17.9 ft(=5.456 m)보다 커서는 안 된다.

공동현상에 관련된 변수는 상사성과 차원 해석을 통해 무차원 그룹으로 형성될 수 있다. 가장 일반적인 두 가지 무차원 그룹은 Thoma 공동현상 변수(cavitation parameter) $\sigma_v \equiv$ (NPSHR/H) (Thoma와 Fischer, 1932)와 흡입 비속도(suction specific speed) $S \equiv N\sqrt{Q}/(g \times \text{NPSHR})^{3/4}$이다. 일부 전문가들은 펌프 내의 공동현상은 입구 주변의 상태에 영향을 많이 받기 때문에 펌프의 출구 주변의 상태에 영향을 많이 받는 H를 사용한 σ_v보다는 S가 더 선호되어야 한다고 주장한다. 하지만 어느 경우이든 두 변수는 결코 독립적인 변수가 아니

다. 두 변수는 $S = Ns/\sigma_v^{3/4}$의 관계를 지니고 있다.

시험 결과(Thoma와 Fischer, 1932, Shepherd, 1956, Stepanoff, 1948)를 바탕으로 한 BEP에서의 전형적인 σ_v는 곡선 맞춤 결과로 다음과 같이 제시되었다.

$$\sigma_{v,\,\mathrm{BEP}} \approx 0.241 \; Ns^{4/3} \quad \text{(단일 흡입 펌프)} \tag{3.36}$$

$$\sigma_{v,\,\mathrm{BEP}} \approx 0.153 \; Ns^{4/3} \quad \text{(이중 흡입 펌프)} \tag{3.37}$$

더 단순하지만 유사한 정확도를 가지는 관계식은 다음과 같다[독자들이 아래 식과 식 (3.36) 및 식 (3.37)이 동등함을 입증해 보기를 바란다].

$$S_{\mathrm{BEP}} \approx 2.9\,(\text{단일 흡입}) \;\; \text{및} \;\; S_{\mathrm{BEP}} \approx 3.7\,(\text{이중 흡입}) \tag{3.38}$$

수력 터빈의 경우(공동현상이 출구 근처에서 발생하는 경우)

$$S_{\mathrm{BEP}} \approx 4.4 \tag{3.39}$$

예제 3-4 ▌공동현상 보정

그림 3.2에 표시된 성능의 지름 394 mm 펌프에 대해 식 (3.36)과 식 (3.38)의 정확도를 조사해 보시오. 해당 펌프의 경우 BEP는 $Q = 140 \text{ m}^3/\text{h}\,(= 0.0389 \text{ m}^3/\text{s})$, $H = 47$ m이며 $\eta_T = 0.68$이 다. 또 $N = 1475 \text{ rpm} = 153.8 \text{ s}^{-1}$이다. 따라서 $N_s = (153.8 \times \sqrt{0.0389}\,)/(9.81 \times 47)^{3/4} = 0.305$ 이다. 펌프가 단일 흡입 방식이므로

$$\sigma_{v,\,\mathrm{BEP}} \approx 0.241\,(0.305)^{4/3} = 0.0495$$

$$\mathrm{NPSHR} = \sigma_v H = 0.0495 \times 47 \text{ m} = 2.33 \text{ m}$$

곡선은 약 2.3 m를 나타내기 때문에 두 결과는 잘 일치한다.

식 (3.38)로 돌아가서

$$S_{\mathrm{BEP}} = \frac{N\sqrt{Q}}{(g \times \mathrm{NPSHR})^{3/4}} \approx 2.9 \, \text{에서}$$

$$\mathrm{NPSHR} \approx \left(\frac{153.8 \times \sqrt{0.0389}}{2.9} \right)^{4/3} \times \frac{1}{9.81} = 2.34 \text{ m}$$

이것은 앞의 결과와 유사한 값이다.

3.5 요약

특정 법칙에 따라 터보기계 성능을 상사하는 개념이 도입되었다. 앞에서 유도되었던 상사 법칙이 홴이나 펌프와 같이 본질적으로 비압축성 유동을 가지는 기계에 대한 법칙으로 재구성되었으며, 이를 설명하기 위한 예제들이 제시되었다.

속도, 크기, 유체의 상태량이 변하는 조건에서 성능을 상사할 때 주요 제약 조건은 원형과 모형의 레이놀즈수와 마하수를 일치시키는 것임을 확인하였다. 또 레이놀즈수와 마하수가 정확히 일치하지 않아도 상사의 적용이 가능한 경우도 설명하였다. 레이놀드수와 표면 거칠기가 홴, 펌프 및 압축기의 효율과 성능에 미치는 영향을 설명하기 위해 단순한 상사법을 확장할 수 있는 몇 가지 알고리즘이 제시되었다. 성능 상사의 정확도를 명확히 제한하는 요소와 함께, 홴과 압축기에 대한 마하수의 영향, 모형과 원형 사이의 허용 가능한 마하수 차이가 검토되었다. 모형과 원형 사이의 상사에 대한 압축성 효과 보정이 언급되었으며, 예제를 통해 설명되었다.

액체 펌프와 터빈에 대해 유동의 압력과 온도에 의해 변하는 유체의 증기압을 이용하여 공동현상을 설명하였다. 펌프의 흡입부나 입구 부근, 터빈의 토출구 부근 등에 발생하는 국소적인 저압 영역이 공동현상 또는 유체의 국부적인 비등 및 재응축을 일으키는 데 유리한 조건임이 설명되었다. 펌프 임펠러 입구에서의 중요 변수인 NPSH와 NPSHA를 설명하였고, 공동현상의 발생을 억제하는 데 필요한 NPSH의 값(NPSHR)을 제시하였다. 펌프의 NPSHR에 대한 반경험적 예측 기법이 펌프의 비속도의 항으로 제시되었고, 예제를 통해 공동현상 문제 분석에 대한 일관성 있는 접근법이 설명되었다.

3.1 그림 P1.1의 펌프는 BEP에서 기하학적 상사성을 가져야 한다. 이 펌프는 300 gpm의 유량에서 850 rpm의 속도로 작동한다. 지름이 16.7 in.이고 양정은 58.8 ft임을 보이시오.

3.2 위 연습 문제 3.1의 펌프에 대한 특정 속도와 특정 지름을 계산하고, 그 결과를 Cordier 선도와 비교하시오. 또 Cordier 추정값과 비교하고 평가하시오.

3.3 전방 곡률형 블레이드 퍼니스 홴(그림 P3.3)의 특성은 다음 곡선으로 대략적인 설명이 가능하다.

$$\Delta p_s = \frac{\Delta p_{s,\,\mathrm{BEP}}\left[1 - (Q^2/Q_{\max}^2)\right]}{1 - (Q_{\mathrm{BEP}}^2/Q_{\max}^2)}$$

(a) $\Delta p_s = a + bQ^2$의 형태를 가지는 포물선형 곡선이라 가정하여 방정식을 유도하시오.

(b) 특정 홴이 $\Delta p_{s,\mathrm{BEP}} = 1$ in. wg, $Q_{\mathrm{BEP}} = 2000$ cfm, $Q_{\max} = 3500$ cfm으로 작동한다. 홴은 $D = 1$ ft, $L = 100$ ft, $f = 0.025$의 덕트 시스템에 공기($\rho g = 0.075$ lbf/ft^3)를 공급한다. 홴이 공급하는 유량이 어느 정도인지 구하시오.

(c) 위 (b)에서 덕트의 지름이 $D = 1.5$ ft라면 유량이 어느 정도 발생하는지 구하시오.

3.4 위 연습 문제 3.3의 홴이 250°F, 2116 lbf/ft^{2}의 흡입 조건으로 공기를 펌핑하는 경우, 지름이 1 ft인 덕트를 통해 어느 정도의 유량과 정적 압력 상승이 발생하는지 구하시오.

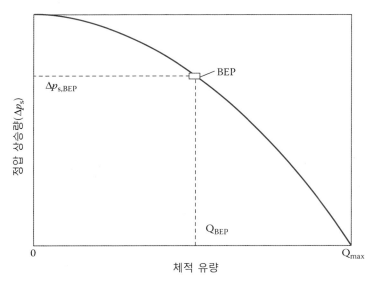

그림 P3.3 전방 곡률형 블레이드 화로용 홴의 특성 곡선

3.5 모형 홴이 AMCA 등급 표준을 충족하기 위해 지름 36.5 in.의 크기로 1200 rpm에서 시험된다. 이 홴은 13,223 cfm을 2.67 in. wg의 총압력 상승에서 이송하며, 표준 공기에서 실험하였을 때 전체 효율은 89%이다.

(a) 이 홴은 어떤 타입의 홴인지 쓰시오.

(b) 모형을 각각 600 rpm과 지름 110 in.로 상사하면, 그 원형에는 어느 정도의 유량과 압력 상승이 발생하는지 구하시오.

(c) 모형과 원형을 모두 표준 공기에서 작동시킬 경우 시제품 홴의 추정 효율을 구하시오.

3.6 위 연습 문제 3.5에 설명된 홴 디자인을 수정하여 저소음, 저비용으로 활용하려고 한다. 지름은 40 in.까지 약간 늘려야 하고, 속도는 885 rpm으로 줄여야 한다. 이 경우 성능을 다시 계산하시오. (단, 레이놀즈수가 성능과 필요 출력에 미치는 영향을 고려한다)

3.7 대형 용수로 시스템에서 총 450 ft의 양정으로 200 ft³/s의 물을 이송하는 개별적인 펌프가 필요하다. 임펠러가 450 rpm으로 작동할 때 필요한 펌프 유형을 결정하시오. 또 필요한 임펠러의 지름을 결정하고, 필요한 모터 출력을 추정하시오.

3.8 Cordier $N_s - D_s$ 및 효율성 관계에 사용된 곡선을 자세히 증명하시오.

3.9 원심형 펌프는 350 rpm에서 410 ft의 수도로 250 ft³/s를 이송해야 한다. 실험실 모형은 5 ft³/s와 300 hp로 제한된다. 테스트 용액은 $\rho g = 62.4$ lbf/ft²의 물이다. 모형과 풀-스케일 장치의 효율이 동일하다 가정할 때 모형의 속도와 크기 비율을 결정하시오.

3.10 수력 터빈이 125 ft의 양정을 공급하려면 80 rpm에서 30,000 hp의 출력을 내야 한다. 실험은 20 ft의 양정에서 50 hp의 출력을 내는 모형을 사용할 수 있다. 모형의 속도, 크기 비, 유량을 결정하시오.

3.11 농업 용수용으로 설계된 펌프를 애완용 물고기를 위한 작은 수족관의 재순환에 사용될 수 있도록 축소되었다. 용수용 펌프는 100 ft의 양정에서 600 gpm을 공급하며, 1200 rpm에서 75%의 효율을 가진다. 수족관용 펌프는 6 gpm을 공급하며 5 ft의 양정에서 작동되어야 한다.

(a) 수족관용 펌프에 적합한 속도와 지름을 구하시오.

(b) 수족관용 펌프의 효율을 추정하시오.

(c) 수족관용 펌프가 간단한 상사법에서 어떤 방식으로 벗어날 것으로 예측하는지 쓰시오.

3.12 위 연습 문제 3.5의 홴을 1800 rpm과 72.0 in.의 속도와 지름으로 상사할 경우 유량과 총압력은 어떻게 될 것인지 예측하시오. 또 η_T를 추정하시오.

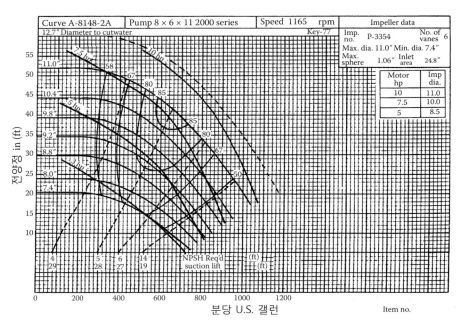

출처: ITT Fluid Technology.

그림 P3.13 Allis-Chalmers 단일 흡입 펌프의 성능 곡선

3.13 그림 P3.13에 표시된 것은 Alis-Chalmers 단일 흡입 펌프의 성능 곡선이다.

    (a) 임펠러의 지름이 10 in.일 때 양정-유량 곡선을 추정하여 곡선에 표시하시오.

    (b) 9, 9.6, 10 in. 곡선의 BEP에서 N_s, D_s의 값을 계산하시오. 또 시험을 통해 얻은 효율을 Cordier 값과 비교하시오.

    (c) 5 hp 모터가 장착된 10 in.의 임펠러를 사용할 수 있는지 계산을 통해 답변하시오.

3.14 소형 원심형 펌프가 물에서 $N = 2875$ rpm으로 작동된다. BEP($\eta = 0.76$) 지점에서 138 ft 총양정을 유지하며 252 gpm의 유량을 가진다.

    (a) 펌프의 비속도를 결정하시오.

    (b) 요구되는 출력을 계산하시오.

    (c) 임펠러의 지름을 추정하시오.

    (d) 임펠러 형상을 2개의 뷰로 스케치하시오.

3.15 2개의 저속 혼류형 블로워가 포도로 가득찬 플라스틱 상자를 이송하는 트레일러에 평행하게 설치되어 냉각 공기(5℃)를 펌핑하고 있다. 상당히 빽빽하기 때문에 면적이 5 m²인 150.0의 K-factor 저항 계수를 가진다.

    (a) 초기 냉각에 필요한 유량이 10.0 m³/s일 때 필요한 압력 상승량을 계산하시오.

(b) 최초 냉각 후 두 홴 중의 하나를 통해서만 유량을 공급할 수 있다. 새로운 유량과 압력 상승을 추정하시오.

(c) $N = 650$ rpm일 때 적합한 홴의 크기를 선택하시오.

3.16 앞 연습 문제 2.16에 사용된 펌프를 제트 엔진 연료를 퍼내기 위해 사용할 경우 높은 점도로 인해 효율성이 낮아질 것을 예측할 수 있다. 25°F에서 JP-4에 대한 비중이 0.78이고, 물과 비교하여 동점성 계수가 14배라고 가정할 때 10 hp의 모터가 15%의 과부하 계수 안쪽에서 1750 rpm과 250 gpm의 조건에서 펌프를 구동하기에 적합한지 여부를 결정하시오.

3.17 폐쇄된 가변 압력 시험 덕트에서 앞 연습 문제 2.9의 모형 시험을 실행할 수 있다면, 완벽한 동적 상사를 달성하기 위해 같은 온도로 유지되어야 하는 압력은 어느 정도인지 구하시오.

3.18 모형 펌프가 60°F의 물에서 40 ft의 양정으로 3600 rpm으로 작동할 때 20 gpm만큼의 유량을 이송시킨다. 펌프가 1800 rpm에서 작동될 경우 동적 유사성을 유지하기 위한 적절한 수온을 결정하시오. 또 이 조건에서의 유량과 양정을 구하시오.

3.19 덮개형 풍력 터빈은 표준 공기 밀도로 30 mph의 바람에서 작동한다. 이 장막은 지름 30 ft 터빈이 자유 유선 속도 V_{fs}의 부피 유량을 2배로 유지할 수 있도록 도와준다. 'Betz limit' (Dixon, 1998)에 따르면, 터빈에 의해 회복되는 최적 양정은 자유 유선 압력의 59%이여야 한다.

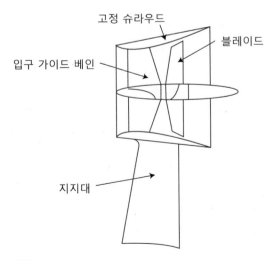

그림 P3.19 덮개형 풍력 터빈

(a) 터빈에 대해 포착된 유체의 출력을 kW 단위로 계산하시오.

(b) 터빈이 90 rpm으로 작동될 때 터빈의 효율과 출력량을 추정하시오.

3.20 위 연습 문제 3.5의 모형 및 원형 홴에 대하여 ASME, ICAAMC, Wright 방법을 사용하여 풀-스케일 홴의 효율을 추정하시오. 모형 홴의 효율은 $\eta_T = 0.89$이다. 풀-스케일 원형 홴에 대한 다양한 결과를 비교하시오. (단, 수력학적으로 표면은 매끄럽다고 가정한다)

3.21 지름 40 in.의 축류 홴이 965 rpm에서 작동한다. 2.0 in. wg의 조건 하에서 홴은 15,000 cfm을 이송한다. 상대 표면 거칠기 ε/D가 0.001~0.01 범위를 가지고 있을 때 총효율을 추정하시오. 또 ε/D에 대한 η_T, η_s의 그래프를 작성하시오. $\eta_T = 0.80$의 효율을 달성할 수 있는지 효율을 달성하기 위한 매개변수 조합을 선택하고, 설계 결정에 따라 그 선택을 변호하시오. (단, Cordier 효율을 기반으로 효율성 추정을 시작하고, 초기 거칠기가 무시할 수 있을 만큼 작다고 가정될 때 레이놀즈수를 사용하여 수정한다)

3.22 위 연습 문제 3.7에 기술된 대형 펌프 제조사의 성능 청구를 검증하기 위해 공기 중에서 시험되어야 한다. 정압 상승량(in. wg)과 유량(cfm)을 예측하시오. 또 표준 공기에서 작동되는 정적 효율을 예측하시오.

3.23 85°F의 물에서 98 ft의 헤드로 223 gpm을 이송시키도록 설계된 펌프가 있다. 9.7 in.의 임펠러는 1750 rpm으로 작동한다. 흡입 시스템에서 손실이 없다고 가정할 때 NPSHR와 최대 흡입 리프트를 추정하시오.

3.24 위 연습 문제 3.23에 등장하는 펌프의 이중 흡입 버전이 95 ft의 양정에서 450 gpm을 이송한다. 흡입 시스템에서 5 ft의 양정 손실이 발생한다. NPSHR와 85°F 물에서의 최대 흡입 리프트를 추정하고 185°F의 물에서도 반복하시오.

3.26 펌프의 공동현상에 대한 수온의 영향은 증기 압력 양정인 h_{vp}의 거동과 연관이 있다. 펌프에 대한 NPSHR는 제조업체가 명시한 온도에서 평가되어야 한다. 예를 들어, 그림 P2.12의 Allis-Chalmers 펌프는 85°F라고 명시되어 있다. 다른 온도에서 이러한 NPSHR는 보정되어야 한다. 35°F < T < 160°F의 온도 범위에서 다음과 같이 보정된다. NPSHR = NPSHR$_{85}$ + Δh_{vpT}, NPSHR$_{85}$는 명시된 값이고 Δh_{vpT}는 85°F와 특정 온도 T에서의 증기압이며 다음과 같이 고려된다. [$\Delta h_{vpT} = h_{vp}(T) + h_{vp}(85°)$]. (물에서) 앞에서 언급된 식은 다음과 같이 근사된다. $\Delta h_{vp} = 5(T/100)^2 - 3.6$ (ft). Allis-Chalmers 펌프를 위한 NPSHR$_{85}$ 수치는 당연하게 유량에 따라 바뀌며 지름 12.1 in. 임펠러에 대해 다음 식으

로 근사가 가능하다. $NPSHR_{85} = 1.125 + 6.875(Q/1000)^2$, Q는 gpm 단위이다.

(a) Δh_{vpT}에 대한 방정식을 증명하시오.

(b) $NPSHR_{85}$에 대한 방정식을 증명하시오.

(c) 지름 7.0 in.에 대한 $NPSHR_{85}$ 방정식을 만드시오.

3.27 위 연습 문제 3.26의 정보를 활용하여 다음 문제를 해결하시오.

(a) NPSHA가 34, 24, 14 ft일 경우 지름 12.1 in.인 임펠러에 대해 최대 허용 유량에 대한 온도 함수를 만드시오.

(b) 이러한 조건에서 허용 가능한 흡입 리프트에 대해 설명하시오.

3.28 위 연습 문제 3.27의 정보에 대해서 $T < 85°F$의 물이 (a)의 결과에 미치는 영향을 논의하고 $T > 85°F$의 물의 영향과도 비교하시오.

3.29 위 연습 문제 3.26의 펌프에 대해 주어진 유량에서의 NPSHR 값은 대형 펌프(지름 12.1 in.의 임펠러)보다 소형 펌프(지름 7 in.의 임펠러)가 훨씬 높다. NPSHR에 대한 Thoma 관계식 측면에서 이를 설명하시오. 양 임펠러에 대해 NPSHR의 변동이 타당한지 설명하시오.

3.30 압축성을 고려하여 앞 연습 문제 2.4를 다시 계산해 보시오.

3.31 3600 rpm으로 작동되는 소형 이중 흡입 펌프가 $Q = 75$ gpm에서 $H = 60$ ft의 설계값을 가진다. 이 펌프가 용수로에 차가운 물을 퍼올리기 위해 어느 높이의 열린 연못 위에 설치될 것이다. 대기 양정은 33 ft이며, 증기압 양정은 1.4 ft, 흡입 라인 양정 손실량은 4 ft이다. 연못 위 펌프의 최대 안전 높이를 추정하시오.

3.32 등엔트로피와 폴리트로픽 압력-밀도 법칙을 사용하여 앞 연습 문제 2.5의 압축성을 해결하고자 한다. 이 결과들을 비압축 상태일 때의 결과와 비교하시오. 또 비압축성 결과를 사용하여 얻을 수 있는 실리적인 영향은 무엇인지 쓰시오.

3.33 고압 송풍기는 42 in.의 압력 상승과 동시에 2000 cfm의 공기를 이송시킨다. 상류의 압력 강하가 32 in. wg인 여과 시스템을 통해 주변 공기를 흡입한다. 즉, 홴의 방출 압력은 10 in. wg이다. 대기 조건에서 입구 쪽 밀도를 추정하기 위해서 상류 쪽 압력 강하는 등온 과정이라고 가정하고, 대기 공기의 특성은 $T = 80°F$ 및 $p_{amb} = 30$ in. Hg이다. 이 용도에 맞는 단일의 폭이 좁은 원심형 홴을 선정하고, 지름, 속도, 효율을 추정하시오. (단, 흡입 밀도를 사용하여 홴의 크기를 조정하고 압축성에 필요한 유량과 압력을 보정한다)

3.34 앞 연습 문제 1.1의 펌프에 대해 Q에 대응되는 NPSHR 곡선을 만드시오.

(a) 단일 흡입 펌프

(b) 이중 흡입 펌프

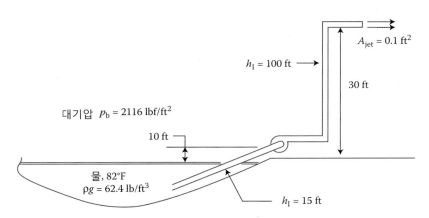

그림 P3.35 펌프와 시스템의 개략도

3.35 펌프는 그림 P3.35에 표시된 시스템에 1 ft³/s의 물을 공급해야 한다. 이 펌프는 단일 흡입 타입이며, AC 유도 모터(N = 600, 900, 1200, 1800, or 3600 rpm)와 연결되었다.

(a) 펌프에 공동현상이 일어나지 않는 회전 속도를 구하시오. Thoma의 기준을 사용하여 NPSHR = $1.1\sigma_v H$의 크기를 조정하시오. 1.1은 '안전 계수'이다.

(b) Cordier로부터 펌프의 지름, 유형 및 예상되는 효율을 결정하시오.

3.36 물속에 잠긴 원심형 펌프를 사용해서 지하 탱크로부터 따뜻한 휘발유를 펌핑해야 한다. 탱크는 효율적으로 대기압으로 배출된다(환경 보호를 위해 탄소 필터가 통풍구에 설치되었음) 펌프의 NPSHR이 8 m이고, 가솔린의 증기압은 40.0 kPa, 흡입면 양정 손실이 0.8 m일 경우 공동현상을 방지하기 위한 펌프의 수중 깊이를 추정하시오. (단, 휘발유의 비중은 0.841이고, 대기압은 100 kPa이다)

3.37 대형 원심형 홴이 지름 60 in.의 임펠러와 600 rpm에서 작동 되도록 설계되었다. 홴은 3.0 in. wg의 정적 압력 상승, 60,000 cfm의 유량, 40 hp의 출력으로 작동된다. 이 홴은 600~7200 rpm의 가변 모터에 의해 구동된다.

(a) 1200 rpm에서 요구되는 유령, 정적 압력 상승, 출력을 추정하시오.

(b) 600 rpm의 수치와 비교하여 1200 rpm에서 예상되는 효율 변화를 추정하시오.

(c) 성능 상사를 할 경우 압축성 효과에 대한 보정이 필요하기 시작되는 속도를 구하시오.

3.38 지름이 1.25 m인 모형 팬이 성능 인증 시험을 진행한다. 모형은 985 rpm으로 작동된다. 팬의 BEP는 700 Pa에서 6.0 m³/s로 작동될 때 총효율 0.875로 얻어진다.

   (a) 모형을 프로토 타입 속도 600 rpm과 지름 2.5 m로 상사할 때 표준 밀도에서 유량과 압력을 구하시오.

   (b) 원형의 효율성을 추정하시오.

3.39 속도가 3단으로 작동되는 팬이 가장 높은 속도인 3550 rpm으로 작동될 때 5999 cfm의 유량과 총 30 lb/ft²의 압력 상승 수치를 가진다. $\rho = 0.00233$ slug/ft³이다. 이 팬은 1750, 1175 rpm으로도 작동이 가능하다.

   (a) 3550 rpm에서 팬의 크기와 효율을 추정하시오.

   (b) 1175 rpm의 저속으로 운용될 때 유속과 압력 상승량을 추정하시오.

   (c) 1750 rpm과 1175 rpm의 팬에서의 레이놀즈수를 사용하여 앞의 저속에서의 팬의 효율을 추정하시오.

3.40 증기 터빈의 저압 부분은 아홉 단으로 이루어져 있다. 증기는 380 lbm/s(=173 kg/s), 160 psia(=1.30 MPa), 755°F(=401℃)로 흡입된다. 터빈은 3600 rpm으로 회전한다. 증기는 아홉 단을 거쳐 저압 부분을 통과한 후 4 psia(=27.5 kPa)로 나온다.

   (a) 아홉 개의 각 단의 압력비가 동일하다고 가정하고, 첫 번째 단의 압력비를 구하시오.

   (b) 첫 번째 단의 체적 유량을 구하시오(첫 번째 단의 평균 밀도 사용).

   (c) 첫 번째 단의 예상되는 지름을 결정하시오.

   (d) 첫 번째 단에서의 효율을 추정하시오.

   (e) 아홉 개의 단의 효율이 모두 동일하다고 가정할 때 전체에 대한 효율을 계산하시오.

   (f) 첫 번째 단에 대한 비출력을 계산하시오.

3.41 가스 터빈 엔진에는 여덟 단의 축류 압축기가 있다. 각 단은 1.24의 압력비와 87.2%의 폴리트로픽 효율을 가진다. 압축기의 정격 공기 유량은 30 lb/s이다.

   (a) 압축기 전체의 압력비와 등엔트로피 효율을 계산하시오.

   (b) 엔진의 59°F, 14.696 psia의 공기를 흡입한다. 정격 조건에서의 소비되는 출력을 계산하시오.

   (c) 압축기는 흡입 공기의 상태가 90°F와 13.8 psia일 때 작동된다. 필요한 질량 유량과 출력을 계산하시오.

3.42 터보차저는 공기/연료 혼합물이 엔진으로 들어가기 전에 이를 압축시켜 왕복 기관의 엔진의 출력을 증가시키기 위해 사용된다. 압축기를 작동시키기 위한 동력은 배기 장치의 가

스 흐름으로 얻어진다. 압축기와 터빈은 공통된 축을 사용하므로 동일한 속도로 회전한다. 다음 사양의 터보차저를 고려하시오. 압축기 흡입 공기는 14.0 psia, 70°F, $c_p = 0.24$ Btu/lbm° R, $\gamma = 1.4$, $\dot{m} = 0.5$ lbm/s, 압축기 배기 압력은 28 psia., 터빈 배기 공기 1100°F, $c_p = 0.27$ Btu/lbm° R, $\gamma = 1.3$, 터빈의 배기가스는 대기압이다. 압축기와 터빈 사이 연료가 추가되는 과정은 무시한다.

(a) 압축기가 최적화되었다고 가정하고, 압축기의 속도와 크기를 추정하시오.

(b) 압축기를 작동시키려면 터빈에 필요한 출력은 어느 정도인지 구하시오.

(c) 터빈은 본래 압축기보다 효율이 높으므로 $\eta_{t,s} = \eta_{c,s} + 0.05$라고 가정하고, 터빈 입구에서의 압력을 추정하시오.

(d) 어떤 종류의 터빈이 높은 효율성을 도출할 것으로 예상되는지 쓰시오. 또 그 터빈의 크기는 어느 정도일지 추정하시오.

3.43 원심형 압축기가 고온의 공기($T_{inlet} = 800°F$, $p_{inlet} = 14.7$ psia)를 다루기 위해 설계되었다. 설계 압력비는 5:1, 설계 속도는 25,000 rpm, 그리고 설계 질량 유량은 25 lbm/s이다.

(a) 압축기의 크기를 추정하고 임펠러를 스케치하시오.

(b) 등급 시험은 찬 공기(59°F)로 진행된다. 어느 속도와 압력비 및 유량에서 시험이 실시되어야 하는지 구하시오.

(c) 시험에서 84.2%의 등엔트로피 효율을 얻었다고 할 때 레이놀즈수의 효과가 포함되는 설계 조건에서의 효율을 결정하시오.

3.44 앞 연습 문제 2.3의 펌프가 1200 rpm으로 작동하고 있다. 펌프의 NPSHR가 다음과 같이 주어질 때

$$NPSHR = 5 + 20\left(\frac{Q}{100}\right)^{1.8}$$

펌프가 안전하게 작동하려면, 펌프 입구의 위치가 장치의 하류로부터 어느 정도의 거리에 있어야 하는지를 계산하시오. (단, 물은 90°F인 것으로 가정한다)

3.45 그림 P1.41에 나와 있는 Taco Model 4013 펌프 제품군을 다시 한 번 고려하시오.

(a) 지름 13.0 in.의 임펠러를 사용할 때 이 펌프의 비속도를 추정하시오.

(b) 이 펌프의 실제 효율과 그림 2.9의 $\eta - N_s$ 관계식을 통해 예상되는 효율을 비교하시오.

(c) 이 펌프의 성능 곡선 형태와 동일한 속도를 가진 펌프의 곡선을 비교하시오.

(d) 임펠러의 예상되는 모양을 스케치하시오.

(e) 지름 10.6 in.의 임펠러를 사용하여 비속도를 계산하시오. 위 (a)의 답과 비교하고, 차이점에 대해 논의하시오.

3.46 다수의(그림 P1.41) Taco 펌프를 사용하여 500 gpm의 물을 300 ft의 양정 상승 및 약 50 ft의 양정 손실을 가지는 시스템으로 이송하려고 한다. 비용을 절약하기 위해 단일 13.0 in. 펌프를 사용하거나 1750 rpm(4극), 3550 rpm(2극) 모터를 사용하는 것을 고려한다. 유량 조건은 여전히 500 gpm이며, 필요할 경우 밸브를 닫아 양정 손실을 증가시킬 수 있다.

(a) 500 gpm의 유량을 1750 rpm의 단일 펌프를 사용하여 달성할 수 있겠는가? 3550 rpm의 경우에도 달성할 수 있겠는가? 각각 어떤 속도가 추천되는지를 그 이유를 들어 설명하시오. (힌트: 두 속도에 대한 성능 곡선)

(b) 공동현상을 피하도록 펌프가 배치될 수 있는 하부 탱크에서의 최대 거리를 구하시오. 파이프의 길이는 흡입 시스템의 1.10배이며, 수온은 80°F라고 가정한다. 파이프는 4 in schedule 40이며, $f = 0.018$이다.

(c) 가장 저렴한 펌프-모터 조합은 2극 모터를 가지고 3550 rpm으로 구동될 것이다. 펌프 작업을 수행하는 데 필요한 크기와 출력을 추정하고, 단일 펌프(Taco Model 4013 제품군이 아닌 것임)를 선택하시오.

3.47 특정 펌프군에 대한 무차원 성능 곡선은 다음과 같이 나타낼 수 있다.
$$\psi = 0.15 - 79.0\phi^2, \quad \eta = \eta_{\text{BEP}}(59.6\phi - 3.1 \times 10^4 \phi^3)$$

여기서 η_{BEP}는 얻을 수 있는 최대한의 효율이다.

(a) 이 펌프 제품군의 비속도를 구하시오. η_{BEP}의 값으로 유력한 수치를 구하시오.

(b) 임펠러의 형상을 스케치하시오(2개의 뷰).

(c) 이 제품군의 펌프는 60 ft의 양정과 1000 gpm의 차가운 물을 펌핑한다. NPSHR와 필요한 크기, 속도, 출력을 추정하시오.

(d) 위 (c)의 펌프가 1.0×10^{-4} ft^2/s의 동점성 계수를 가지는 기름을 이송시키기 위해 사용되어야 한다. (BEP) 양정, 유량, 효율을 추정하시오.

FLUID MACHINERY

제**4**장

터보기계의 소음

4.1 서문

최근 들어 터보기계의 설계자와 사용자들은 터보기계의 공력 성능뿐만 아니라 터보기계의 음향에 대한 이해와 예측도 필요하게 되었다. 이 장에서는 터보기계의 음향을 포함한 음향학 전반에 걸친 내용을 다룬다. 음향학에 대한 몇 가지 일반적인 개념을 소개한 후 터보기계에서의 소음 발생과 소음 예측에 대해 검토할 것이다. 본 교재에서는 홴과 블로워의 음향을 중점적으로 설명하지만, 다른 유형의 터보기계에서 발생하는 음향 현상도 유사한 원리가 적용 가능하다. 관심 있는 독자는 본 교재의 마지막에 언급된 터보기계 음향학에 관한 권장 도서와 논문들을 참조하기 바란다.

4.2 소리와 소음

물리적인 의미에서 소리는 기체, 고체 또는 액체의 입자가 작은 진폭으로 진동하는 것이다 (Broch, 1971). 불쾌한 소리를 보통 소음이라고 하며, 소리 진동은 공기의 입자 간 운동량이 전달되는 것으로 생각할 수 있다. 공기 분자들 사이의 유한한 간격 때문에 음파 역시 유한한 전파 속도로 이동한다. 20℃의 공기에서 전파 속도, 즉 '음속'은 343 m/s(＝1126 ft/s)이다. 진동의 전파는 종방향 파형의 밀도/압력 변화, 즉 종방향 파동으로 발생된다. 이러한 변동은 사인(sine) 함수의 형태이고, 주기적이고 일정한 진폭을 가진다. 이 사인파와 관련된 '주파수 스펙트럼'은 음향 분석에 유용한 데이터를 제공한다. 스펙트럼은 신호를 구성하는 주파수와 그 주파수에 상응하는 수준을 나타낸다. 스펙트럼 분석은 이산(discrete) 주파수 현상의 영향과 배경 소음의 대역폭을 이해하는 데 유용하다.

음향학에서 발견되는 일반적인 유형의 파형은 구면파(spherical wave)이다. 이러한 유형의 파동은 음원점에서 방사되는 구(sphere)형의 펄스로 생각할 수 있으며, 음원에서 방사된 소리와 음원점에서 거리 x만큼 멀리 떨어져 있는 위치에서의 음압(sound pressure) 사이의 관계를 표현하는 데 사용될 수 있다. 음향 출력 E의 소리가 음원점으로부터 방사된다고 가정하자. 그 출력은 구면파의 형태로 방사될 것이고, 그 출력 강도(power intensity) I는 다음과 같다.

$$I = \frac{E}{4\pi x^2} = \frac{출력}{면적} \tag{4.1}$$

음원에서 충분히 멀리 떨어졌을 때, I는 x 지점에서의 음압 p의 제곱에 비례하게 된다. 그러므로

$$p \sim \frac{1}{x} \tag{4.2}$$

이러한 관계식은 원거리 음장(acoustic field)에서 자유음(free sound)에 대한 '역거리(inverse-distance)' 법칙으로 알려져 있다.

음향학 문헌에서는 보통 근거리 음장인지 원거리 음장인지를 구분하여 설명한다(Beranek과 Ver, 1992). 음장의 성질(즉, 가깝거나 멀거나)은 음향 측정에 있어서 중요한 요소이다. 음원이 먼 음장에 위치하고 있다고 가정할 경우 음원은 점으로 취급할 수 있다. 음원으로부터 감지되거나 측정된 방사량은 전적으로 음원으로부터의 거리에 의해 결정된다. 반면, 근거리에서 측정된 방사량은 음원에 대한 측정기의 3차원 위치에 영향을 받게 된다. 측정이 원거리 음장에서 수행되는 것을 확실히 하기 위해서는 특성 지름의 2~5배 거리에서 측정이 수행되어야 한다.

음향을 다룰 때는 파장의 반사도 반드시 고려해야 한다. 음파는 표면에서 반사되어 음압 수준에 영향을 미친다. 음장의 특정 지점에서의 음압은 원래 파장에 의한 압력뿐만 아니라 반사파의 효과 또한 추가되어 결정된다.

음압은 약 1~1,000,000의 음폭(dynamic range)을 가진다. 따라서 수 파스칼에 해당하는 작은 크기의 압력 변동에도 불구하고, 상대적인 압력 변동 범위는 크게 나타난다. 그러므로 데시벨(decible) 척도를 사용하여 음압을 기록하거나 특성화하는 것이 편리하다. 데시벨 척도는 출력비를 기준으로 한 상대적 척도이다. 음압 표현에 사용되는 대표적인 관계식은 다음과 같다.

$$L_w = 10 \log_{10}\left(\frac{p^2}{p_0^2}\right) = 20 \log_{10}\left(\frac{p}{p_0}\right) \tag{4.3}$$

비록 이 식은 압력비로 나타나 있지만, 원거리 음장에서 음향 출력은 음압의 제곱에 비례하기 때문에 이 식의 사용이 가능하다. 여기서 p_0은 기준 압력으로 2×10^{-5} Pa 값을 가진다.

데시벨 관계식은 음향 출력 수준에 대해서도 사용 가능하며, 그 관계는 다음과 같이 주어진다.

$$L_w = 10 \log_{10}\left(\frac{P}{P_0}\right) \tag{4.4}$$

표 4.1A 소음 종류, 상황별 수준

소음 종류, 허용 한계	읍압 수준(Pa)	소음 수준(dBA)
청각 임계값	2×10^{-5}	0
녹음실	10^{-4}	20
취침	10^{-3}	$30 - 35$
거실	10^{-3}	40
대화, 4 ft(1.219 m)	10^{-2}	65
주거지 제한	10^{-2}	68
상업 지구 제한	10^{-1}	72
공기 압축기, 50 ft(15.24 m)	10^{-1}	$75 - 85$
OSHA 8-h 제한	1	90
공압 해머(가동 시)	3	100
항공기(보잉 707)	8	112
콩코드 SST	40	123
통증 임계값	110	140

출처: Thumann, A., *Fundamentals of Noise Control Engineering*, 2nd ed., Fairmont Press, Atlanta, 1990.

표 4.1B OSHA 제한

하루 시간(h)	소리 수준(dBA)
8	90
6	92
4	95
3	97
2	100
1.5	102
1	105
0.5	110
0.25 이하	115

출처: Beranek, L. L. and Ver, I., *Noise and Vibration Control Engineering Principles and Applications*, Wiley, New York, 1992.

이 식에서 P_0은 10^{-12} W(1 피코와트)인 기준 출력값이다. 특정 값에 대해 상대적으로 표현되는 특징으로 인해 음향 출력의 수준은 음압 수준과 본질적으로 동일한 관계를 가진다 (근거리 음장이 아닐 경우). 표 4.1A는 흔히 발생하는 현상에 대한 음압과 음압(소음) 수준 간의 관계를 나타낸 것이고, 표 4.1B는 인간이 특정 음향 수준에 노출될 때 허용 한계를 나타낸 것이다.

20 dB의 변화는 음압 수준의 10배 변화에 해당하는 것을 고려하여 데시벨 척도에 익숙해

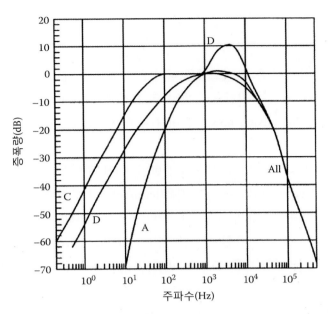

출처: 브라흐(Broch), J., *Acoustic Noise Measurement*, *The Application of Bruel & Kjaer Measuring Systems*, 2nd ed., Bruel & Kjaer, 덴마크, 1971.

그림 4.1 주파수 가중치를 위한 일반적인 '필터' 척도

질 필요가 있다. 음압 수준을 2배로 증가시키면 6 dB이 변화되는 점에 주의해야 한다. 따라서 6 dB을 줄이면 소리는 1/2 정도 감소한다.

특정 주파수에 대한 음압 레벨을 측정한 정보도 유용하기는 하지만, 방사되는 소리 전체의 주파수 분포를 알기 위해서는 추가 측정이 필요하다(Broch, 1971, Crocker). 음향 측정을 보다 실용적으로 사용하기 위해 음색(tone)별 가중치 곡선이 사용되는 주파수 가중 시스템이 개발되었다. 이 곡선은 소음의 수준뿐만 아니라 주파수의 영향도 고려하여 모든 주파수에서 대등한 소음 수준 개념(소음 수준은 특정 음향 조건에 대해 보통 사람의 생리적 반응을 기반으로 정의됨)을 이용하여 만들어졌다. 'A 척도' 가중치는 음압의 음향 측정 표준이 되었으며, 그 결과 음압은 dB(A) 단위가 되었다. 일반적으로 음향 측정 기법에서 스펙트럼 분석 기법이 사용되지만, 가중치 시스템은 서로 독립적인 음장을 하나의 척도로 비교할 수 있게 한다. 그림 4.1에 A 척도와 그에 따른 변형값의 분포가 나타나 있으며, 비슷하게 C, D 척도도 함께 표기되어 있다.

4.3 휀 소음

축류형 휀은 광범위한 소음 스펙트럼을 나타내기 때문에 터보기계의 소음을 연구하기에 좋은 예이다. 휀과 관련된 일반적인 소음에는 두 가지 유형이 있는데, 그림 4.2의 주파수 스펙트럼에 광대역 소음(broadband noise)과 이산 주파수 소음(discrete frequency noise)이 나타나 있다.

광대역 소음은 매끄러운 곡선으로 표현되는 반면, 이산 주파수 소음은 블레이드 통과 주파수(bpf: blade pass frequency)와 이것의 배음(harmonic)의 중심에 스파이크 형태로 나타난다. 각 소음 유형의 기여도는 휀의 성능과도 관련이 있다. 광대역 소음은 본질적으로 무작위하게 발생하며, 두 가지 유형의 음원에서 발생된다(Wright, 1976). 첫 번째 음원은 블레이드에 가해지는 공기역학적 힘의 변동이고, 두 번째 음원은 블레이드 후류의 난류 유동이다. 일반적으로 공기역학적 힘의 변동이 이 스펙트럼에서 주요한 원인이 된다.

공기역학적 힘의 변동에는 두 가지 원인이 있다. 첫 번째 원인은 블레이드 뒷전에서 와류 흘림(vorticity shedding)에 의해 발생하는데, 이에 의해 블레이드의 표면 압력에 변동이 발생한다. 두 번째 원인은 블레이드가 난류 유동 내에서 이동하기 때문이다. 난류는 블레이드에 대한 유동의 입사각에 무작위적인 변화를 일으키며, 이는 곧 무작위적인 압력 부하와 힘의 변동을 발생시킨다. 만약 물체가 난류가 아닌 유동에서 작동한다면, 와류 흘림은 주기적

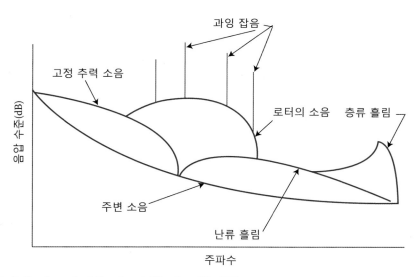

출처: Wright, S. E., *Journal of Sound and Vibration*, 85, 1976.

그림 4.2 축류형 터보기계의 음향 스펙트럼

으로 발생하고(잘 알려진 Karman 와류임), 양력이 주기적으로 변동하게 한다. 레이놀즈수가 증가함에 따라 흐름이 난류로 바뀌면서 변동은 더욱 무작위성을 가지게 된다. 또 난류 유입 유동의 영향은 코드 길이에 대한 상대적인 난류 크기(turbulence scale)에 영향을 받는다.

광대역 소음은 블레이드 압력 분포의 영향을 받기 때문에 블레이드의 부하나 압력 분포에 영향을 끼치는 입사각의 변화는 소음 수준에 영향을 미칠 것이다. 이러한 관점에서 팬이 설계점 근처에서 작동될 때 팬의 소음은 최소화되는 성향을 가진다. 일반적으로 실속점 또는 자유 이송점 부근에서 작동되는 팬의 경우 보통 5~10 dB의 소음 증가가 유발된다. 역사적으로 초기 연구자들은 팬의 전반적인 성능 변수를 기반으로 소음 모형을 만들려고 시도하였다. 이러한 방식들도 유용하게 활용되었지만 현재는 공기역학적이나 기하학적 변수와 관련된 방식들로 대체되고 있다.

다양한 상황에서 소음을 예측하기 위한 다수의 관계식이 개발되었다. 경험적인 관계식들은 로터에서 발생되는 음향 출력을 로터의 물리적인 수치와 작동 특성을 가능한 한 간단히 연관시켰는데, 대부분의 관계식들은 특정 상황에만 한정된 것이었다.

팬(원심과 축류형)의 소음을 예측하는 전형적인 방법은 1970년대 초기에 J. B. Graham에 의해 개발되었다(Graham, 1972, 1991). 이 방법은 성능 변수를 기반으로 설계점 또는 그 근처에서 작동되는 팬을 위해 고안되었는데, Graham은 옥타브 대역 중심 주파수에서 다양한 유형의 팬에 대한 음향 출력 수준비를 표로 작성하였다(표 4.2 참조). 음향 출력 수준비는 1 cfm(=0.000472 m³/s) 및 1 in. wg(=248.84 Pa)의 정적 압력 상승에서 작동하는 팬을 기준으로 정의되었으며, 다른 유형의 팬과 비교 가능하도록 개발되었다. 표 4.2는 다음과 같은 관계식과 함께 사용된다.

표 4.2 음향 출력비 데이터

팬 종류	63	125	250	500	1000	2000	4000	8000	bpi
원심 익형 블레이드형	35	35	34	32	31	26	18	10	3
원심 후향곡형 블레이드형	35	35	34	32	31	26	18	10	3
원심 전향곡형 블레이드형	40	38	38	34	28	24	21	15	2
원심 반경류 블레이드형	48	45	43	43	38	33	30	29	5—8
원통 원심형	46	43	43	38	37	32	28	25	4—6
베인 축류형	42	39	41	42	40	37	35	25	6—8
튜브 축류형	44	42	46	44	42	40	37	30	6—8
프로펠러형	51	48	49	47	45	45	43	31	5—7

출처: Graham, J. B.에 의한 팬 및 송풍기에 대한 음향 출력 수준비 자료, ASHRAE 핸드북: *HVAC Applications*, 미국 냉난방공조협회.
주: 옥타브 대역 중심 주파수, Hz

$$L_\text{w} = K_\text{w} + 10 \log_{10} Q + 20 \log_{10} \Delta p_\text{s} \qquad (4.5)$$

여기서 L_w는 추정되는 음향 출력 수준(10^{-12} W에 상대적인 dB)이며, K_w는 음향 출력비, Q는 체적 유량(cfm), 그리고 Δp_s는 정적 압력 상승(in. wg)이다. 또 '블레이드 주파수 증분'이 블레이드 통과 주파수(bpf)에 해당하는 옥타브 대역에 더해지는데, 그 주파수는 다음과 같다.

$$\text{bpf} = \frac{N_\text{B} \times \text{rpm}}{60} \qquad (4.6)$$

따라서 절차는 다음과 같다.

(1) 표 4.2에서 구체적인 K_w 값을 찾는다.

(2) $10 \log_{10} Q + 20 \log_{10} \Delta p_\text{s}$ 값을 계산하여 K_w 값에 더한다.

(3) bpf와 bpi를 계산하여 적절한 대역폭에 더한다.

이 방법은 매우 일반적이며 소음 레벨을 선정하고 비교하는 데 좋은 방법이다. 또 스펙트럼 분포의 추정값을 제공한다.

음향 출력을 예측하는 방법은 역사적으로 이론적, 반이론적, 경험적 접근 방식을 모두 광범위하게 포괄하나, 이러한 방법들 대부분은 일반적인 분석을 위해서는 너무 복잡한 과정이라고 여겨질 수 있다(Baade, 1982, 1986). Baade의 지적을 참고한다면, 음향 출력 예측에서 비교적 단순하고 잘 알려진 Graham 관계식의 사용을 다시 고려할 수 있을 것이다. K_w는 다양한 휀 유형(원심형, 전향익형, 반경류 블레이드형, 반경류팁형, 베인 축류형, 튜브 축류형, 프로펠러형) 사이의 본질적인 차이를 나타내는 수단이다. 이러한 휀의 그룹에 대해 Graham은 유형별로 예상되는 비소음 K_w를 규정하였다. 공교롭게도 이러한 유형의 휀들은 앞에서 언급된 바와 같이 Cordier $N_\text{s} - D_\text{s}$ 선도에서 적절한 '구역'으로 그룹화될 수 있다. Graham의 데이터를 직접 사용하려면 Graham에 의해 기술된 방법대로 휀 그룹들에 D_s 값을 할당할 필요가 있다. 휀 유형과 적절한 비지름을 산정하여 분류하는 Graham 분류법을 사용하면 전반적인 K_w 값도 추정할 수 있다. 더 나아가 Wright(1982)에 의해 기술된 대규모 축류형 휀 그룹과 원심 휀(Beranek과 Ver, 1992), 산업 카탈로그에서 추가된 데이터들(Zurn, 1981, Chicago Blower Company, 1998, Industrial Air, 1986)은 정압, 유량, 음향 출력 수준에 대해 분석되었고, 전체 범위에 걸친 D_s에 대한 추가적인 K_w를 도출하는 데 사용되었다. 이러한 연구의 결과는 그림 4.3에 K_w와 D_s의 관계로 나타나 있다. 함께 표시되는 것은 $(\log K_\text{w}) = a + b \log D_\text{s}$

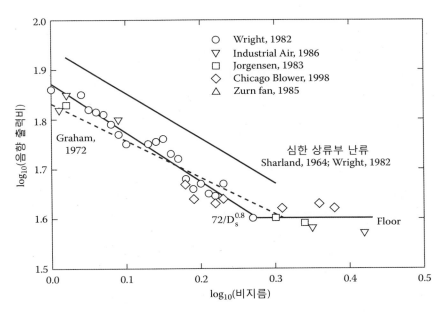

그림 4.3 축류형과 원심 휀에 대한 K_w 결과

의 형식에 맞춘 선형 회귀 곡선이다. 그 결과는 다음과 같다.

$$K_w \approx \frac{72}{D_s^{0.8}} \tag{4.7}$$

이 식의 보정 계수(correction coefficient)는 −0.90이고, 흩어진 데이터 분포를 반영하고 있다. 이 결과는 일관성 있게 합리적인 결과를 보이며, 단순한 휀 선택과 예비 설계에서 요구되는 정확도를 만족시킨다. 또 큰 비지름 영역에서는 평준화된 값의 사용이 가능함을 볼 수 있다. 그림 4.3에 표시된 'floor level'에 참고하면 $D_s \approx 2.0$ 이상에 대한 K_w 값 추정값은 식 (4.8)과 같다. 그림 4.3에서 흩어진 데이터 분포에서 볼 수 있듯이 추정값에는 ±4 dB의 오차가 있을 수 있음에 유의해야 한다.

$$K_w \approx 40 \tag{4.8}$$

입구 가이드 베인(IGVs: inlet guide vanes)이나 다른 형태의 유입 방해물이 있는 휀의 경우는 관계식을 위한 이러한 데이터베이스에 포함되어 있지 않다. 그러한 휀들은 동일한 Q와 Δp_s에서 훨씬 높은 수준의 소음 수준을 보이며, 따라서 다른 데이터보다 더 높은 K_w 값을 가지게 된다. 입구 가이드 베인이나 강력한 상류 난류 또는 교란이 있는 휀에 대해서는 K_w에 대한 식을 다음과 같이 수정할 수 있다.

$$K_w \approx \frac{84}{D_s^{0.8}}$$ (4.9)

그 결과 12 dB이 추가된다(Wright, 1982). 이것은 가혹한 결과이지만 예선회 베인, 복잡한 장애물 또는 복잡한 유입 유동을 처리하는 디자인을 선택하거나 설계하는 경우에는 적절한 방법이다.

4.4 음향 출력과 음압

소음이나 소리에 대한 안전 및 법적 제약 사항은 음향 출력보다는 음압에 관련되어 작성되는 경우가 많다. 예를 들어, 직업 안전 건강 관리청(OSHA)의 보건 및 안전 기준은 근로자의 작업 장소에 존재하는 음압 수준으로 규정되어 있다. 공장이나 시설마다 내부 또는 경계에서 허용 가능한 최대 음압 수준이 정해질 수도 있다. 허용되는 소음 노출 시간은 하루당 특정 음압 수준에 작업자가 노출되는 시간으로 정해져 있다. 표 4.1B는 이러한 허용 가능한 노출값을 보여 준다.

핸과 블로워의 소음 추정을 위해 음향 출력 레벨 L_w를 예측하는 몇 가지 알고리즘이 설명되었다. 작업 공간에서 소음 노출의 수준을 통제하기 위한 설계 또는 선택 기준을 정하기 위해서는 핸이나 블로워 주변의 음압 수준(L_p)을 추정할 필요가 있다. 이 추정값은 음원으로부터 거리에 따라 신호나 파동의 강도가 감소하는 현상을 기반으로 한다.

4.5 실외 전파

근처의 표면에서 반사가 일어나지 않는 '자유장(free field)'에서의 감쇠율은 다음과 같다(Moreland, 1989).

$$L_p = L_w + 10 \log_{10}\left(\frac{1}{4\pi x^2}\right) + c$$ (4.10)

여기서 x가 미터 단위일 때 $c=0.1$, 피트 단위일 때 $c=10.4$이다. 거리 x는 음원으로부터의 거리이며, 음원 특성 길이의 최소 3배 이상이어야 한다. 이 이론에서는 음원을 한 점이라고 가정하지만, 터보기계의 경우에는 임펠러 지름, 기계 길이, 케이싱 크기나 이와 유사한 기계의 물리적 크기를 특성 길이로 사용할 수 있다. 이러한 자유장 방정식을 터보기계에서 쓰기 위해서는 압력이 예측되는 지점까지의 거리가 특성 길이의 최소 3배에서 4배 이상인지 확인해야 한다.

예를 들어, 85 dB 음향 출력 수준의 지름 1 m 휀을 생각해 보자. 휀에서 5 m 떨어진 자유장에서 음압 수준을 추정하기 위해 계산하면 다음과 같다.

$$L_{\text{p}} = 85 + 10 \log_{10}\left(\frac{1}{4\pi 5^2}\right) + 0.1 = 60.1 \text{ dB}$$

여기서 dB은 $p_{\text{ref}} = 2 \times 10^{-5}$ Pa을 참조하는 음압 수준이다. 휀에서 10 m 떨어진 거리에서 동일한 계산으로 L_{p} 값은 54.1 dB이 된다. 20 m 거리에서의 음압 수준은 48.1 dB이 된다. 음원으로부터의 거리가 2배 증가할 때마다 음압 수준이 6 dB씩 감소한다는 점에 유의해야 한다. 이는 일반적인 결과이며, 자유장 소음 감쇄의 '경험의 법칙(rule of thumb)'이다.

기계는 대부분 주변 표면에 의한 음파 반사의 영향이 있는 곳에 설치되기 때문에 정확한 추정을 위해서는 자유장 환경에서의 음압 감소율을 보정해야 한다. 이러한 환경에서는 두 가지 요소가 지배적이다. 첫째, 반사면이나 음원에 가까운 바닥이 존재한다면, 음파가 집중되어 압력이 상승할 수 있다. 이러한 집중은 지향성 계수(directivity factor)인 Λ로 특징지어지며, 여기서 Λ는 인접 벽(반사면)의 수를 기초로 정해진다.

예를 들어, 만약 음원인 휀이 단단한 재질의 반사면(예를 들어, 크고 매끄러운 콘크리트판)에 놓여져 있다면, 그 면은 위에서 내려오는 모든 음파들을 위로, 즉 자유장으로 반사시켜 올려 보낼 것이다. 즉, 에너지가 본래 공간의 절반으로 집중되어 평면(반사면) 위의 음압이 2배가 될 것이다. 이것은 $\Lambda = 2$로 표현된다. 잔디나 풀밭, 카펫과 같이 매우 부드러운 평면은 아래로 향한 에너지를 일정 부분 흡수할 수 있기 때문에, 결과적으로 단단한 반사면일 때보다 자유장에 더 비슷한 적은 수치의 음압 결과를 얻을 수 있다(이것은 4.6절에서 설명할 것임).

만약 음원이 단단한 수직 벽과 바닥 주변에 위치한 것처럼 두 벽이나 면 근처에 위치해 있다면, 압력파는 반사될 뿐만 아니라 왼쪽이나 오른쪽으로 이동할 수 없는 제한이 생기게 된다. 그 대신에 왼쪽으로(오른쪽으로) 퍼져 나갈 음파가 오른쪽으로(왼쪽으로) 반사되어 음장에서의 음압 수준이 2배가 될 것이다. 따라서 방향성 계수 Λ는 4.0이 된다. 수직 벽 2개의 코너 사이에 위치하면서 바닥면이 있는 경우 3개의 벽은 압력 수준을 다시 2배로 증가시켜 $\Lambda = 8.0$이 된다.

이러한 Λ 값을 이용하면 자유장 감쇄 방정식은 다음과 같이 수정된다.

$$L_p = L_w + 10 \log_{10}\left(\frac{A}{4\pi x^2}\right) + c \qquad (4.11)$$

만약 $D = 1$ m와 $L_w = 85$ dB인 홴이 완전히 반사되는 단단한 면에 놓여져 있다면, 5 m 떨어진 곳에서의 음압은 다음과 같을 것이다.

$$L_p = 85 + 10 \log_{10}\left(\frac{2}{4\pi 5^2}\right) + 0.1 = 63.1 \text{ dB}$$

자유장 결과와의 차이는 간단히 $10 \log_{10} 2 \approx 3$임에 주의해야 한다. 2개의 벽이 놓여진 상황의 경우 증분값은 $10 \log_{10} 4 \approx 6$, 3개의 벽 배치의 경우 $10 \log_{10} 8 \approx 9$로 얻어진다. 이러한 결과에서 단단하고 완전히 반사되는 벽은 국부적인 음압 수준과 소음을 유발함을 알 수 있으며, 이는 건강, 안전 위험, 심리적 불쾌함에 상당한 영향을 미칠 것이다.

만약 주변의 벽이 단단하지 않으면(즉, 음파가 완전히 반사되지 않을 경우) 표면에 부딪히는 음압 에너지의 일부가 흡수되고, 지향성 계수항은 $\Lambda/(4\pi x^2)$와 같은 형태로 수정되어야 한다. α를 흡수되는 에너지의 비라고 하면, 완벽히 흡수하는 벽은 음장의 반사가 일어나지 않기 때문에 벽의 총흡수율이 $\alpha = 1.0$인 조건에서는 $\Lambda = 1.0$이 된다. 마찬가지로 총반사값 $\alpha = 0.0$일 때는 2, 4, 8의 Λ 값을 사용한다. α가 '중간값'일 경우 Λ 값은 수정된 형태로 축소되어야 한다. 부분 흡수에 대한 Λ 값은 $(2 - \alpha)$로 표기할 수 있다. 2개의 벽 구성의 경우 $\Lambda = (2 - \alpha_1)(2 - \alpha_2)$가 되며, 여기서 첨자는 각 벽의 속성을 가리킨다. 3개의 벽 배치의 경우 3개의 α 값이 서로 다르다면 $\Lambda = (2 - \alpha_1)(2 - \alpha_2)(2 - \alpha_3)$이다. 흡수 계수가 서로 동일한 벽의 경우 더 단순하게 표현될 수 있다. 표 4.3에 유사한 벽의 예가 수록되어 있다.

예를 들어, 3개의 벽의 α 값이 각각 0.2, 0.4, 0.6인 경우에 지향성 계수는 $\Lambda = (2 - 0.2)(2 - 0.4)(2 - 0.6) = 4.03$이 될 것이다. α 값은 벽면 특성과 표면에 부딪히는 음파의 주파수 수준에 따라 달라진다. 특정 표면에서는 낮은 주파수의 음파와 높은 주파수의 음파 흡수율이 다를 수 있다. 따라서 흡수 또는 반사에 대한 계산에서는 L_w 값뿐만 아니라 스펙트럼 분포의 세부 사항과 α의 상세한 주파수 의존값을 알아야 한다. 자세한 내용은 Fundamentals of

표 4.3 유사한 벽에 대한 수정된 방향성 계수

벽의 개수	$\alpha = 0$	$\alpha = 0.5$	$\alpha = 1.0$
0	1	1.0	1
1	2	1.5	1
2	4	2.5	1
3	8	4.5	1

표 4.4 옥타브 대역 중심 주파수에서의 간단한 α 값

주파수	125	250	500	1000	2000	4000
벽돌, α	0.03	0.03	0.03	0.04	0.05	0.07
카펫, α	0.02	0.06	0.14	0.37	0.60	0.65

출처: Thumann, A., *Fundamentals of Noise Control Engineering*, 2nd ed., Fairmont Press, 아틀란타, 1990.

표 4.5 α 근삿값

재료	총 α 값
벽돌	0.04
매끄러운 콘크리트	0.07
거친 콘크리트	0.30
아스팔트	0.03
목재	0.10
두꺼운 카펫	0.37
고무 폼 패드 위의 카펫	0.69
합판	0.10
석고	0.04

Noise Control(Thumann, 1990)이나 Noise and Vibration Control Engineering(Beranek과 Ver, 1992)이라는 책을 참조한다.

본 교재에서는 흡수의 추세와 전반적인 영향을 근사적으로 파악하기 위해 대략적인 추정 방법을 설명할 것이다. Thumann은 다양한 표면에 대한 α의 범위를 나타내었다. 예를 들어, 유약 벽돌 및 카펫 바닥에 대한 값을 표 4.4에 나타내었다.

재료의 특성을 나타내기 위해 평균값이나 중간 주파수 범위인 1000 Hz에서의 값을 사용할 수 있다. 따라서 벽돌에 $\alpha = 0.04$ 값을 할당하거나 카펫에 $\alpha = 0.37$ 값을 할당할 수 있다. 표 4.5에 여러 재료에 대한 α 값이 제시되어 있다.

보다 복잡한 예로 베인 축류형 홴으로부터 50 ft(= 15.24 m) 떨어진 점에서의 소음 수준을 고려해 보자. 홴은 거칠고 커다란 콘크리트 패드 위에 놓여 있다. 홴의 지름은 7 ft(= 2.1336 m), 속도는 875 rpm, 유량은 100,000 cfm(= 47.195 m³/s), 정압 상승은 3.6 in. wg(= 900 Pa) [전압 상승은 4.0 in. wg(= 1000 Pa)]이며, 홴은 11개의 블레이드를 가지고 있다. 간단한 방법을 사용하여 음원의 음향 출력과 50 ft(= 15.24 m)에서 감쇠된 음압 수준을 추정할 수 있다. 음향 출력은 다음과 같이 주어진다.

표 4.6 대역폭 계산

주파수(Hz)	63	125	250	500	1000	2000	4000	8000
α	0.25	0.36	0.44	0.31	0.29	0.39	0.25	0.12
K_w	42	39	41	42	40	37	35	25
$L_w - K_w$	61	61	61	61	61	61	61	61
bpf	0	6	0	0	0	0	0	0
Λ_{mod}	1.75	1.64	1.56	1.69	1.71	1.61	1.79	1.88
L_p − oct	60.3	63.0	59.3	59.3	58.4	55.1	53.6	43.8

$$L_w = \frac{72}{Ds^{0.8}} + 10\log_{10}Q + 20\log_{10}(\Delta p_s) \tag{4.12}$$

베인 축류형 휀의 경우 D_s는 약 1.7이다. 그 결과 발생하는 휀의 음향 출력 수준은 108 dB 이다. 거친 콘크리트의 경우 α는 약 0.3이고, 그 결과 $\Lambda_{mod} = 1.7$이다. 따라서 휀으로부터 50 ft(= 15.24 m) 떨어진 부분에서 $L_p = 76$ dB의 근삿값을 계산할 수 있다.

Thumann은 거친 콘크리트의 α 값에 대한 옥타브 대역폭값을 제시하였으며, 완전한 Graham 방법을 사용하여 휀의 옥타브 대역폭 출력 수준을 추정할 수 있다. 표 4.6은 계산의 세부 사항을 요약한 것이다. $L_w - K_w$는 간단히 $10\log_{10}Q + 20\log_{10}\Delta p_s$이며, bpf는 주파수 NB × rpm/60이 포함된 옥타브에서의 블레이드 통과 주파수 추가분이다.

옥타브 증가는 $L_p = 10\log_{10}(= \sum 10^{L_p - oct/10})$에 따라 합산되어 $L_p = 78$ dB이다. 이러한 상세한 계산 결과는 위에서 근사적으로 계산한 값인 76 dB보다 큰 값을 보여 준다.

4.6 실내 전파

실내의 소음 전파나 감쇠를 고려할 때 수많은 파동 반사나 반향에 의한 영향이 발생하는데, 반사 '실상수(room constant)' 계수 R를 사용하면 이러한 효과를 고려할 수 있다['벽계수(wall factor)'라고도 부를 수 있지만 실상수 또한 통용됨]. R는 벽의 총표면적 S와 앞에서 고려한 흡수 계수를 기반으로 한다. 주파수에 의존하는 복잡성은 이전과 동일하며, 다른 재료로 만들어지면 다른 특성을 가지는 것 역시 동일하다. 문제를 단순화하기 위해 표면이 매우 유사하다고 가정하면 R는 다음과 같이 정의된다.

$$R = \frac{S\alpha}{1 - \alpha} \tag{4.13}$$

따라서 압력 수준 식도 다음과 같이 수정된다.

$$L_p = L_w + 10 \log_{10}\left(\frac{1}{4\pi x^2} + \frac{4}{R}\right) + c \tag{4.14}$$

예를 들어, 벽이 완전히 음파를 완전히 흡수하는 경우, R는 무한대에 접근하고 '보정항'은 예상대로 식에서 사라진다. 전파 또는 감쇠는 자유장에서 $\Lambda = 1$의 수치로 계산된다. 완벽히 반사되는 벽의 경우 α 값은 0.0이고 R는 0이 된다. 이는 음압이 방 안에서 무한히 쌓일 것임을 의미한다. 다행히도 어떠한 물질도 완벽히 반사시키지는 못하기 때문에 이러한 현상은 실제로는 존재할 수 없다.

$50 \times 100 \times 300$ ft($= 15.24 \times 30.48 \times 91.44$ m) 크기의 방에 지름 6 ft($= 1.829$ m) 홴이 50×100 ft($= 15.24 \times 30.48$ m)의 벽 중의 한 곳에 설치되어 있는 문제를 생각해 보자. 이 홴의 음향 출력 수준은 $L_w = 105$ dB이다. 이때 작업대가 위치한 방 바닥의 중심에서 음압을 추정해 보자. 벽과 바닥은 나무로 만들어져 있으며, 합판의 평균값인 $\alpha = 0.10$을 사용할 수 있다. 표면적 S는 $S = 100,000$ ft^2($= 9290.304$ m^2)로 계산하여 다음과 같이 식을 전개할 수 있다.

$$R = \frac{S\alpha}{1 - \alpha} = 11,111 \text{ ft}^2 = 1032.246 \text{ m}^2$$

홴을 인접한 벽에서 멀리 떨어진 벽의 끝단에 장착한 상태이므로 앞에서 설명한 것과 같이 $\Lambda = 2 - \alpha = 1.9$이다. 그런 다음 L_p를 계산하면

$$L_p = 105 + 10 \log_{10}\left(\frac{1.9}{4\pi \times 152^2} + \frac{4}{11,111}\right) + 10.4 = 81 \text{ dB}$$

$\alpha = 0.04$인 콘크리트 위에 석고로 마감된 좀 더 단단한 벽이라면 $R = 4167$과 $L_p = 85$ dB의 값을 얻게 된다. 만약 완전 흡수 표면이었다면 $L_p = 61$ dB이 된다. $30 \times 20 \times 10$ ft($= 9.144 \times 6.096 \times 3.048$ m)의 보다 작은 방에서 같은 홴을 설치할 경우, 합판 방의 경우 $L_p = 101$ dB, 석고 마감 콘크리트 벽의 경우 $L_p = 108$ dB을 얻게 될 것이다. 이 예제는 반향 효과가 주어진 홴이나 블로워에 의한 음압 결과에 큰 영향을 미침을 명확히 보여 준다.

일반적으로 실내의 크기와 실내 표면의 특성들이 주어지면 간단한 계산을 통해 홴 또는 블로워 설치의 영향을 알 수 있다. 그림 4.4는 Thumann(1990)에 의해 발표된 것이며, ft^2 단

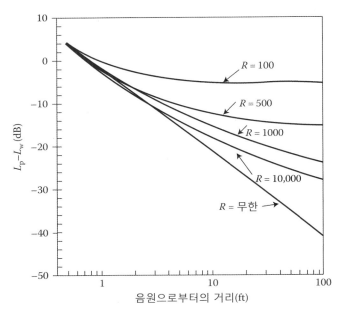

출처: Thumann, A., *Fundamentals of Noise Control Engineering*, 2nd ed., Fairmont Press, 아틀란타, 1990.

그림 4.4 원거리 음장, 자유장 영역

위의 매개변수 R를 사용하는데, $L_p - L_w$와 x(ft)의 비교를 통해 L_p의 감쇠율을 빠르게 추정할 수 있다. 그림 4.4에서 보듯이 R가 작은 값을 가지는 경우 방은 큰 반향을 일으키며 감쇠가 많이 일어나지 않는다. 즉, 음향 결과는 실내 표면의 높은 반사율(낮은 흡수성)에 의해 좌우된다. 예를 들어, $R = 100$ ft²(= 9.29 m²)의 경우 음원에서 약 10 ft(= 3.048 m) 이상 떨어진 위치에서는 거리가 증가하더라도 아주 작은 양의 음량이 감쇠되는 것을 볼 수 있다. $R = 500$ ft²(= 46.45 m²)인 경우 $x = 100$ ft(= 30.48 m)까지 감쇠가 점진적으로 일어나 약 15 dB만큼 감소한다. 이와 같은 방법은 L_w와 방의 크기가 알려진 경우 주어진 제약인 L_p를 만족시키기 위해 필요한 방의 특성을 계산하는 데 사용될 수 있다.

총표면적 $S = 10,200$ ft²(= 947.611 m²)가 되는 $10 \times 30 \times 120$ ft(= 3.048 × 9.144 × 36.576 m) 크기 방의 예를 고려하자. 천장 중앙에 $L_w = 86$ dB인 음원(배기 홴)이 설치되고, 벽 끝에서 $L_p = 60$ dB이라는 제약 조건이 주어진다. 이 제약 조건은 3 ft(= 0.9144 m)에서 일반적으로 사람들이 말하는 수준의 소리이다. 홴은 입구 쪽만 방 안으로 노출되어 있기 때문에 전체 음향 출력의 절반만 방 안으로 전파되어 $L_w = 83$ dB이 되고, 필요조건은 $L_p - L_w = -23$ dB이 된다고 가정한다. $S = 10,200$ ft²(= 947.611 m²)이고 음원으로부터의 거리가 약 60 ft(= 18.288 m)인 정보로 유용한 정보를 점검해 볼 수 있다. 자유장이라고 가정하면, 60 ft 위치에서의 최대 감쇄량은 $L_p = 83 + 10 \log_{10} [1/(4\pi \times 3600)] + 10.4 = 46$ dB로 계산된다. 이 값은 제약 조건인 60 dB 미만으로 실내의 경우에도 달성이 불가능한 수치가 아님을 보여 준다. 만약 97 dB을 초과하는 강한 음원이 설치된다면 무반향실($\alpha = 1.0$)에서도 60 dB의 조건을 달성시키지 못할 것이다. 이 경우에는 97 dB 미만인 홴을 선택하거나 홴에 소음기 또는 머플러를 설치해야 한다.

83 dB 홴의 경우($L_p - L_w$) 요구 사항은 $x = 60$ ft($= 18.288$ m)에서 -23 dB이다. 그림 4.4는 실상수가 약 10,000 ft²($= 929.03$ m²) 이상이어야 한다는 것을 보여 준다. $\alpha = (R/S)/(1 + R/S)$이므로 방 표면 특성이 거의 $\alpha = 0.5$이어야 한다. 이것은 모든 방 표면에 대해 광범위한 '음향 처리'가 필요함을 암시하나 어느 정도 비용을 투자한다면 목표를 달성할 수 있다. 정리하면 이 예제에서는 실내의 구조가 제공된다면 설치될 홴의 허용 가능한 음향 출력을 산정할 수 있다는 것을 알 수 있다. 거친 콘크리트 벽($\alpha = 0.3$), 패널로 된 천장($\alpha = 0.1$), 카펫이 깔린 바닥($\alpha = 0.37$)의 경우 다음과 같이 가중 흡수값을 추정할 수 있다.

$$\alpha = \sum \frac{\alpha_{surf} S_{surf}}{S} \tag{4.15}$$

여기서 'surf' 첨자는 방의 6개 표면 각각에 대한 값을 합산하는 것을 의미한다.

$$\alpha = \frac{0.3(2 \times 10 \times 30) + (2 \times 10 \times 120) + 0.37(30 \times 120) + 0.1(30 \times 120)}{10,200}$$

$$= 0.375$$

실상수는 $R = 0.375 \times 10,200/0.625 = 6120$이 된다. 그림 4.4에서 홴으로부터 60 ft($= 18.288$ m)에서의 감쇄가 약 24 dB이 될 것임을 알 수 있다. 따라서 실내에서 허용되는 홴의 음원 소음은 약 84 dB로 제한된다. 그러기 위해서는 $L_w = 84$ dB이거나 더 낮은 홴을 선택해야 한다.

음향 출력 수준이 84 dB을 초과하는 홴을 다룰 경우, 앞에서 언급한 바와 같이 음원 자체, 즉 홴에서 음향 출력의 일부를 흡수하거나 감쇄시켜야 한다. 그림 4.5에 고압 블로워를 위한 입구/출구 소음기의 예를 나타내었다. 표 4.7은 소음기에 의한 각 옥타브 대역의 감쇄값을 나타낸 것이다. 홴 소음의 원래 음향 대역에서 소음기의 각 옥타브 대역별 음압 감쇄의 추정값을 빼면 음원의 음향 출력 수준에 대한 새로운 추정값을 얻을 수 있다. 표 4.8에는 표 4.7의 소음기를 사용하여 56 in. wg($= 14,000$ Pa) 압력 상승으로 3450 cfm($= 1.628$ m³/s) (흡입구 밀도 기준)을 제공하는 압력 블로워에 대한 소음 감소를 추정하는 계산이 요약되어 있다. 비지름은 약 3으로 추정할 수 있으며, 비속도는 0.7이므로 Cordier 선도에서 이에 해

출처: New York Blower, *Catalog on Fans*, New York Blower Co., 1986.

그림 4.5 압력 블로워와 소음기

표 4.7 다양한 크기의 소음기에 의한 소음 감쇠값

Size	63 Hz	125 Hz	250 Hz	500 Hz	1000 Hz	2000 Hz	4000 Hz	8000 Hz
4	4	18	26	34	37	30	23	21
6	2	14	23	32	34	29	25	23
8	1	11	21	30	31	29	26	25
10	2	14	23	32	31	28	25	24
12	1	11	24	33	32	28	25	24

출처: New York Blower, *Catalog on Fans*, New York Blower Co., 1986.

당 효율은 0.90이다. 특정 음향 출력 수준을 예측하기 위해 그림 4.3의 높은 비지름에 대한 바닥(floor)값을 사용한다면 $K_w \approx 40$ dB이 된다. 유량과 압력 상승은 70 dB을 상승시켜 $L_w \approx 110$ dB이 된다. 하지만 소음기 감쇠값을 사용하려면 음향 출력에 대한 옥타브 밴드 분해가 필요하다. 이것들은 표 4.8에 Size-10의 소음기값과 함께 나와 있다(주어진 비지름에서 $d/D = 0.4$일 때 팁 지름은 약 26 in.($=0.6604$ m)로 추정 가능하고, 입구 지름은 약 10 in. ($=0.254$ m) 또는 공칭 Size-10이 됨). 전체 홴 음향 출력은 $L_w = 111$ dB로 추정된다(표 4.8 네 번째 열). 순(net) L_w 값에서 전체 음향 출력 수준은 103 dB로 약 8 dB이 줄어든다. 추가 Size-10 소음기를 첫 번째 소음기와 직렬로 연결하여 이 감소량을 2배로 만들 수 있고,

표 4.8 고압 블러워에 대한 소음기 계산

주파수(Hz)	63	125	250	500	1000	2000	4000	8000
K_w	35	35	34	32	31	26	18	10
$L_w - K_w$	70	70	70	70	70	70	70	70
bpf	0	0	0	0	3	0	0	0
$L_w - oct$	105	105	104	102	104	96	88	80
$I. L.$	2	14	23	32	31	28	25	24
L_w net	103	91	81	70	73	68	63	56

그 결과 음원 소음을 95 dB로 줄일 수 있다. 소음기를 더 추가하는 과정은 크기, 부피, 비용, 추가되는 유동 저항성, 소음기 자체의 소음으로 오히려 안 좋은 결과를 얻을 수도 있다. 그림 4.5는 이 예에서 사용된 압력 블로워와 소음기를 나타낸다.

4.7 펌프 소음 관련 참고 사항

펌프 소음은 몇 가지 범주로 구분된다(Karassik 등, 2008). 첫 번째는 펌프 주변으로 전파되는 유체로 인한 소음으로, 주로 앞부분에서 언급한 홴 소음의 전파와 유사한 문제로 간주된다. 주어진 펌프에 대한 적절한 추정값 또는 제조자가 제공하는 성능 등급을 고려할 때, 이 소음은 홴의 경우와 같이 취급할 수 있다. 액체에서 소음을 발생하는 잠재적인 원인은 유동 박리, 난류 및 볼류트에서의 물가름(curwater)과 임펠러와의 상호 작용, 공동현상 등이다. 펌프의 광대역 소음은 볼류트 표면과 블레이드에서 발생되는 난류 유동에서 발생되며, 높은 속도에서 소음이 더 커지게 된다. 이산 주파수 소음은 일반적으로 블레이드 통과 주파수 및 물가름과의 상호 작용과 관련이 있으며, 이는 높은 수두 요구 조건에서 가장 좋지 않은 결과를 초래한다. 임펠러 또는 흡입구 부분의 공동현상과 관련된 소음은 상대적으로 높은 주파수에서 고강도 소음으로 인식된다. 일반적으로 '스냅핑(snapping)' 또는 '크래킹(crackling)' 소음으로 들린다. 펌프에서 이러한 현상의 발생은 유동 조건과 펌프 임펠러의 유해한 손상 유무, 잠재적 성능 손실 또는 펌프 자체를 모니터링하는 수단으로도 사용될 수 있다.

전형적인 펌프 소음 스펙트럼은 그림 4.6에 나와 있으며, 주파수별 스파이크를 명확히 확인할 수 있다. 모든 터보기계에 해당되는 것이지만, 음향 출력은 임펠러 속도와 설계 성능에 대한 적절한 펌프 선정 여부에 크게 영향을 받는다. Karassik 등(2008)에 의해 설명된 소음 저감 기법에는 격리, 전파 또는 전송 경로의 차단, 공명 조건을 피하기 위한 속도 감소 또는

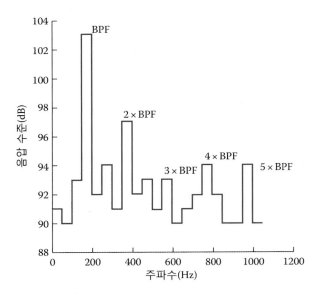

출처: Karassik, I. J. et al., *Pump Handbook*, 4th ed., McGraw-Hill, New York, 2008.

그림 4.6 펌프 소음 스펙트럼

속도 변경, 공동현상 회피 등이 포함된다. 이러한 저감 기법은 배압(back pressure)을 증가시키거나 가능한 경우, 펌프 흡입부 눈에 공기나 아르곤 등의 다른 가스를 주입하는 방법으로 실행될 수 있다. 물가름과 블레이드의 유체역학적 상호 작용이 주요 소음원인 경우, 물가름의 형태나 위치를 수정하여 펌프의 소음 발생 수준을 낮출 수 있다(Karassik 등, 2008). 블레이드 팁과 물가름 사이의 거리를 늘리거나, 물가름을 둥글게 만들거나 형상을 변경시켜 물가름과 블레이드 뒷전(trailing edge)이 평행하지 않도록 할 수 있다. 이러한 변화로 소음 문제가 완화될 수 있지만 펌프의 성능 또한 하락될 수 있다.

4.8 압축기와 터빈 소음

고속 축류 압축기의 구성 요소에 중점을 둔 가스 터빈 엔진의 소음에 대한 연구 결과들은 Richards and Mead(1968)를 포함한 많은 AIAA와 ASME 논문에서 찾을 수 있다. 이러한 기계들의 기본적인 음향 특성은 높은 회전 속도와 많은 수의 회전 날개 때문에 앞에서 언급하였던 팬이나 블로워보다 더 높은 블레이드 통과 주파수와 높은 주파수의 음색을 가진다. 오래된 터보제트 엔진은 압축기 입구에서 방사되는 강력한 소음과 엔진 배출구 쪽의 매우

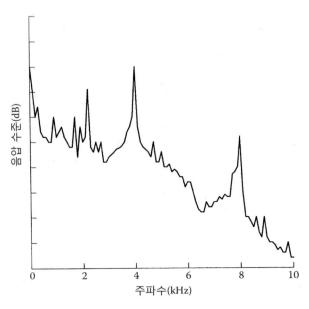

출처: Cumpsty, N. A., *ASME Journal of Fluids Engineering*, 1977.

그림 4.7 터보제트 엔진의 소음 스펙트럼

강력한 난류 제트 소음의 특징을 가진다. 그림 4.7은 전형적인 구형 터보제트 엔진의 주파수 스펙트럼을 나타낸 것이다(Cumpsty, 1977). 블레이드 통과와 관련된 큰 크기의 소음과 압축기와 관련된 높은 조화(harmonic) 스파이크에 주목해야 한다. 이 절은 Cumpsty(1977)나 Verdon(1933)과 같은 좋은 리뷰 논문을 바탕으로 간략하게 설명되었다.

엔진의 기본 형태가 계속 진화함에 따라 1960년대와 1970년대에는 소음 수준을 낮추고 제어하는 연구가 주로 이루어졌다. 엔진의 압축기 로터가 더 높은 천음속의 회전 속도로 회전함에 따라 블레이드 통과 주파수나 압축기 회전 속도보다 낮은 다중 순음(mpt: multiple pure tone)을 포함하는 특징을 띠게 되었다. 압축기 로터에서 발생하는 충격파의 형성과 전파와 관련된 이러한 현상은 이전의 가스 터빈 엔진과는 확연하게 차이가 나는 것이다. 그림 4.8은 현대적인 가스 터빈 엔진에 대한 스펙트럼을 나타낸 것이다. 'buzz-saw' 소음이라고도 불리는 이 mpt는 엔진 흡입구 내의 덕트 라이닝 처리에 의해 해결될 수 있다(Morfey와 Fisher, 1970).

압축기와 관련된 광대역 소음 구성 요소는 이 장의 앞부분에서 다루었듯이 팬 및 블로워 소음과 더 밀접하게 관련되어 있다. Cumpsty는 블레이드 열에서의 확산 수준(6장과 8장 참조)과 그림 4.9(Burdsall과 Urban, 1973)와 같은 광대역 소음 요소의 크기 사이의 관계를 확인시켜 주었다. 압축기의 '자체 소음(self-noise)'은 블레이드 표면의 국부적인 비정상 유동

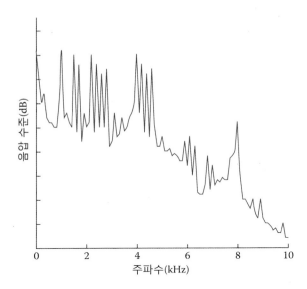

출처: Cumpsty, N. A., *ASME Journal of Fluids Engineering*, 1977.

그림 4.8 다중 순음을 보이는 높은 마하수 영역에서의 소음 스펙트럼

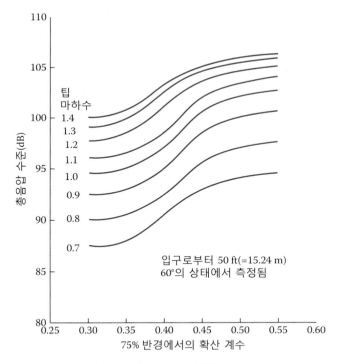

출처: Cumpsty, N. A., *ASME Journal of Fluids Engineering*, 1977.

그림 4.9 광대역 소음과 블레이드 열의 확산 수준

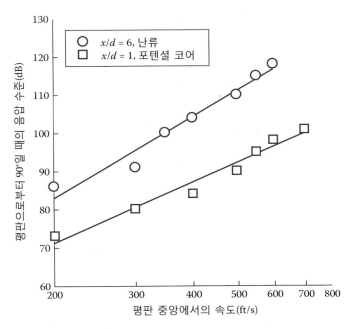

출처: Sharland, C. J., *Journal of Sound and Vibration*, 1(3), 1964.

그림 4.10 난류 유입이 압축기 소음에 미치는 영향

에 영향을 받는 것으로 여겨지지만(Wright, 1976, Cumpsty, 1977), 움직이는 블레이드 열에 난류가 유입되는 것도 강한 영향을 미치는 것으로도 볼 수 있다(Sharland, 1964, Hanson, 1974). 이러한 영향이 그림 4.10에 나타나 있는데, 이 실험에서는 난류가 압축기 블레이드 열에 체계적으로 유입될 수 있도록 상류에 평판 교란판을 사용하였다(Sharland, 1964). 그림 4.10의 결과는 난류의 유입이 소음의 급격한 증가를 일으킴을 보여 준다.

엔진의 터빈 부분에서 발생하는 소음의 기여도는 압축기나 제트의 소음에 대한 연구만큼 이루어지지 않거나 이해되지 못하고 있다. 터빈에서 상대적으로 낮은 블레이드 상대 속도와 관련된 소음은 일반적으로 강력한 제트 소음(구형 터보제트 엔진의 경우)과 높은 바이패스 비를 가진 엔진의 홴 및 압축기의 소음 전파에 의해 가려진다. 또 하류의 난류와 유동 차폐는 폭을 넓히려는 터빈의 순음 스파이크를 덜 인지되는 반광대역(semibroadband) 소음으로 만든다.

고 바이패스 터보홴 엔진의 발달로 인해 야기된 엔진의 소음 특성 개선과 더불어, 고속 제트에 의한 소음을 줄이려는 집중적인 연구로 인해 하류로 전파되는 소음을 효과적으로 줄일 수 있었다. 소음 억제 노즐의 설계 성능에 대한 예가 아래 그림 4.11에 나타나 있으며, 기존 노즐과 비교하였을 때 소음이 10 dB 이상 감소되는 것을 볼 수 있다.

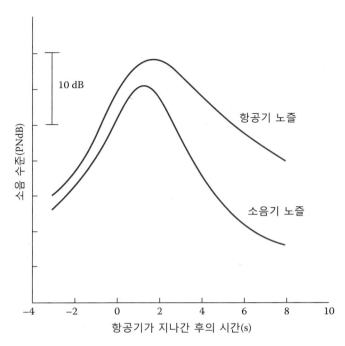

출처: Richards, E. J. and Mead, D. J., *Noise and Acoustic Fatigue in Aeronautics*, Wiley, New York, 1968.

그림 4.11 노즐 소음의 억제 성능

1980년대와 1990년대의 터보기계 소음 연구는 수치 계산과 터보기계의 공력 소음에 대한 이론적 예측 기법과 더불어 발전하는 경향을 보였다. 이러한 기법들(Verdon, 1993)은 다양한 기하학적 형상과 작동 조건에 대해 정확한 값을 얻는 것을 추구하는데, 이는 광범위하고 아주 어려운 작업으로 이어지고, 요구되는 컴퓨터 저장 공간을 최소화하려는 노력과 시간 효율이 아주 높은 해석 알고리즘을 필요로 하게 된다. 실험적 정보와 1970년대, 80년대의 초기 해석적 기법들에 의존하는 실제 설계와 더불어, Verdon은 소음에 대한 당시(1993년)의 연구들은 발전 가능성이 높은 분야로 분류하였다.

공력과 공력 소음에 대한 완전 점성, 비정상 수치해석 기법은 비정상 상태의 현상을 수렴된 주기적인 결과로 도출하는 것을 목표로 하는데, 이것은 아주 정확한 정보를 제공하기는 하지만 역시 엄청나게 많은 계산 자원을 필요로 한다. 비점성 선형 또는 선형화된 해석 기법이 여전히 발전 중이고, 이러한 방법들도 보다 엄밀한 해석 방법과 가까운 결과를 도출할 수 있다. 물론 더 간단한 방법은 적용 가능성에 다소 제한되어 있다(Verdon, 1993).

터보기계 음향 문제에 대한 현대 수치해석 방법의 지속적인 개발과 적용에 대해서는 현실적인 문제는 없는 것으로 보인다. 하지만 측정 기법의 진보는 수치 예측 능력의 발전을 위해 필요한 실험 데이터의 개선으로 이어질 것이다.

4.9 요약

터보기계와 관련된 소음 주제는 상당히 기본적이고 개념적인 형태로 소개되었다. 음파 전파에 대한 가장 기본적인 개념과 소리 또는 소음의 스펙트럼과 주파수 분포에 대한 개념이 설명되었다. 이러한 개념은 자유장 전파와 소음원으로부터 멀어지는 거리에서의 음압 수준 또는 소리 강도의 감소까지 확장되었다. 자유장 전파는 소음원 근처의 반사 표면의 영향을 포함하도록 개념적으로 확장되었다.

음향 출력과 음압의 양적 물리적 척도는 기준이 되는 양에 대한 상대적인 값을 이용하여 데시벨 척도로 도입되었다. 주어진 소음 수준의 느낌 또는 시끄러운 정도를 설명하기 위해 친숙한 환경에 대한 데시벨 척도의 예를 설명하였다.

터보기계의 소음 특성을 논의하고 정량화하기 위해 홴과 블로워의 소음을 먼저 설명하였다. 광대역(넓은 스펙트럼)과 순음(좁은 스펙트럼 또는 스파이크) 소음의 요소에 대한 개념이 물리적 현상과 기계의 특성 측면에서 설명되었다. Graham 방법은 홴과 블로워의 음향 출력 수준을 추정하기 위한 반경험적 방법으로 소개되었으며, 음향 출력의 스펙트럼 분포를 추정하는 수단으로도 설명되었다. 잘 정립된 이 방법은 계산을 단순화하고 기계의 비음향 출력 개념을 비지름의 단순 함수로 통일하기 위해 수정되었다. 이 '수정 Gramham 방법'은 태생적으로 낮은 정확도와 완벽하지 못하다는 한계는 있지만, 낮은 소음을 위한 설계 과정을 설명하기 위한 예제를 통해 설명되었다.

이 장에서는 터보기계 소음에 대한 설명을 펌프, 압축기와 터빈에 대해 적용하는 짧은 절들이 포함되었다. 이 절들에 소개된 참고 문헌은 해당 주제에 대해 보다 깊은 연구가 필요한 독자에게 시작점을 제공할 수 있을 것이다. 마지막으로 터보기계의 유체역학 및 음향학의 수치해석 주제가 간략히 언급되었으며, 이 주제는 몇몇 참고 문헌과 함께 10장에서 다시 언급될 것이다.

4.1 앞 연습 문제 3.5에서 언급된 모형과 프로토타입 홴에 대한 음향 출력 수준을 추정하시오. 두 가지에 대한 옥타브 대역폭 데이터 또한 수집하시오.

4.2 앞 연습 문제 3.3에서 언급된 홴의 L_w를 수정 및 단순화된 Graham 방법을 이용하여 추정하시오. Cordier 접근법을 통하여 이 홴의 크기를 정하고, $L_w = 55 \log_{10} U_t - 24$의 팁 속도 모형을 사용하여 소음을 재추정하시오. 이를 Graham 방법을 사용한 결과와 비교하시오.

4.3 앞 연습 문제 2.4에 제시된 정보로부터 풍동의 소음 수준(L_w)을 계산하시오. 이 결과와 표 4.2에 나타난 음압 수준을 비교하시오. 적절한 방법을 사용하여 홴 입구로부터 60 ft 거리 지점에서의 L_p를 최소화하시오. (단, 자유장이라고 가정한다)

4.4 앞 연습 문제 2.5의 결과를 사용하여 압축기의 소음 수준을 추정하시오. 전체 L_w에 대한 단순화된 Graham 방법을 사용하시오.

4.5 앞 연습 문제 2.6의 답으로부터 원 속도에서의 L_w 값을 추정하시오. 홴으로부터 30 ft 떨어진 위치에서의 L_p 값을 추정하기 위해 연습 문제 4.2의 팁 속도 알고리즘을 사용하시오 ($\Lambda = 4$로 가정함). 표 4.2의 결과와 비교하고, 홴과의 거리가 30 ft 이상의 환경에서 작업하는 사람들에 대해 어떤 조치를 취해야 하는지 논의하시오.

4.6 덕트 축형 홴이 1750 rpm에서 시험되며 6000 cfm의 공기를 4 in. wg(정적압력)으로 이송하고 있다.

(a) 홴의 예상 크기와 효율을 계산하시오.

(b) 홴 모터에 필요한 출력을 추정하시오.

(c) $K_w = 72/D_s^{0.8}$을 이용하여 Graham 방법을 통해 홴의 음향 출력 수준을 계산하시오. 이 결과와 Onset 속도 방법을 통해 얻은 결과를 비교하시오. $L_w = 55 \log 10 W_{1t} - 32$이며, $W_{1t} = [U_t^2 + (Q/A)^2]^{1/2}$이다. L_w는 블레이드 팁에서의 유입 상대 속도이다. 또 홴 축동력, P_{sh}(마력)를 기반으로 음향 출력 수준을 계산하고 비교하시오. P_{sh}는 다음과 같은 관계를 가진다. $L_w = 20 \log_{10} P_{sh} + 81$, 그리고 $L_w = 20 \log_{10} P_{sh} + 81 + 4 \log 10 (U_t/800)$ (U_t는 팁의 속도이며 ft/s 단위임)의 '속도 보정' 방법을 사용해서 계산하여 비교하시오. 적용된 모든 가정과 단순화된 항목을 기술하시오.

4.7 $16 \times 10 \times 8$ ft의 실험실은 분당 2회씩 실내 공기를 환기시켜야 한다. 유동에 대한 저항은 환기구 위에 설치된 짧은 배기 덕트($K = 1$)이다. 음향 출력 수준이 낮은 음성 간섭 수준인 70 dB 미만이 되도록 환을 선정하시오.

4.8 위 연습 문제 4.7의 실험실에는 천장, 벽, 카펫이 있다. 환이 벽 끝에 있는 경우의 실내 중심부($x = 8$ ft)에서의 음압 수준을 추정하시오. 그 결과를 표 4.2의 음성 간섭 기준과 비교하시오.

4.9 대형 강제 통풍 환($D = 10$ ft)이 정유소의 증기 콘덴서에 냉각 공기를 공급한다. 환의 입구는 열려 있으며, 음압 수준이 55 dB을 초과할 수 없는 발전소를 향한다. 환은 8 in. wg 정압 상승 시 100,000 cfm을 공급하며, 매끄러운 콘크리트 패드와 벽에 부딪힌다. 환의 입구는 이러한 벽으로부터 250 ft 떨어져 있다. 환의 입구에 소음기가 필요한지 쓰시오.

4.10 대형 기계식 통풍 환은 교외의 배전 1차 변압기에 냉각 공기를 공급한다. 환의 입구는 열려 있으며, 시설을 향해 설치되어 있다. 환은 이중의 원심 환으로 이루어져 있다. 환의 음압 수준은 58 dB을 초과해서는 안 된다. 환은 21 in. wg의 정압 상승 시 400,000 cfm의 공기를 공급한다. 입구와 65 ft 떨어진 위치에 매끄러운 콘크리트 벽과 부드러운 토양이 위치한다. 환의 입구에 소음기가 필요한지 추정하시오. 그렇다면 어느 정도의 감쇠가 필요한지 구하고, 방음벽 또는 방음 장치를 사용할 수 있는지 쓰시오. (단, 벽의 경우 $\alpha = 0$, $\alpha = 1.0$을 가정하고, 이중 환의 크기를 절반인 환으로 가정하여 D_s를 설정하며, 이럴 경우 K_w는 log 스케일에서 2배로 설정한다)

4.11 환과 송풍기의 음향 출력을 추정하기 위한 많은 반경험적 상사 규칙이 존재하며, 그중 많은 규칙은 임펠러의 동익 팁 속도를 기반으로 한다. 그것들은 보통 다음과 같은 형태를 가진다.

$$L_w = C_1 \log_{10} U_t + C_2$$

만약 속도(rpm)가 증가한다면, 음향 출력 수준의 변화는 다음과 같이 주어진다.

$$L_w = L_{w2} - L_{w1} = C_1 \log_{10}\left(\frac{U_{t2}}{U_{t1}}\right)$$

Graham 방법을 사용하여 C_1 값이 N-상사의 경우 $C_1 = 50$임을 보이시오. 즉, 상수 D를 제한한 상태에서 N의 변화값을 탐구하시오.

4.12 위 연습 문제 4.11에서 제안된 것과 동일한 풀이를 하되, 고정 속도(rpm)에 대한 지름 변화의 영향을 검토하시오. Graham의 방법이라는 맥락에서 어떤 값이 C_1에 지배적인지 쓰시오. 앞의 결과와 연습 문제 4.11의 결과를 비교하시오. $50 < C_1 < 60$ 범위일 때 C_1의 경

험적 값에 대해 어떻게 수용할 것인지 쓰시오.

4.13 다음 사항에 따라 공기를 이송할 수 있는 홴을 선정하시오. $Q = 6 \ \text{m}^3/\text{s}$, $\Delta p_s = 1 \ \text{kPa}$, $\rho = 1.21 \ \text{kg/m}^3$이며, $L_w \leq 95 \ \text{dB}$이다. 음향 출력 수준의 제한 조건과 사양을 충족시킬 수 있는 가장 작은 홴을 선정하시오. (단, 카탈로그 검색이 아닌 Cordier 분석을 사용한다)

4.14 대형 기관차는 축류형 홴을 사용하여 냉각 공기를 열교환기 저장소에 공급한다. 이 홴 중 2개의 홴은 측면 패널에 있는 루버를 통해 외부 공기를 끌어들인다. 각 홴은 28℃, 98.0 kPa에서 5.75 m^3/s의 공기를 끌어들이며, 총압력비 $p_{02}/p_{01} = 1.050 (\Delta p_T = 5 \ \text{kPa})$의 조건으로 공급해야 한다.

    (a) 기관차의 설계 요건에 따라 $D = 0.6$의 홴 지름 한계가 있을 경우 필요한 최소 속도를 계산하고, 음향 출력 수준(L_w)을 추정하시오.

    (b) 허용 가능한 음압 수준(L_p)이 기관차의 측면 부분에서 15 m 떨어진 부분에서 55 dB일 경우 소음 감쇠 처리가 필요한가? 필요하다면 얼마나 감쇠시켜야 하는지 구하시오.

    (c) 홴 설계 및 선정에서 압축성 영향을 포함시켜야 하는지 평가하시오.

4.15 위 연습 문제 4.14의 기관차 홴의 크기 제한이 완화될 수 있을 경우의 허용 가능한 소음 감소 수준을 계산하시오. 또 명시된 성능 요구 사항에 대해 지름 1 m에서 2 m까지의 범위를 검사하고, 명시된 조건에 대한 L_w와 L_p 곡선을 만드시오.

4.16 소형 축류 홴이 1480 rpm에서 1.21 kg/m^3 밀도의 공기를 100 mm의 정압 상승과 함께 3 m^3/s의 유량만큼 공급한다.

    (a) 적절한 홴 크기, 효율, 필요 출력을 결정하고, 레이놀즈수에 대해 Cordier 효율 추정 값을 조정하시오.

    (b) 수정된 Graham 방법을 통해 L_w 값을 추정하시오.

    (c) 개방된 흡입구 배치에서 물로 퍼져 나가는 음압 수준 L_p를 추정하고, 최대 100 m까지의 $L_p - x$ 곡선을 만드시오.

4.17 축류 냉각탑 홴의 지름은 32 ft이고 튜브 축류형이다. 그것은 0.075 lbf/ft^3의 공기를 총압력 상승 1.0 in. wg에서 1,250,000 cfm만큼 이송한다.

    (a) 위 연습 문제 4.1과 연습 문제 4.11을 보고, 수정된 Graham 방법과 팁 속도 방법을 사용하여 홴의 음향 출력 수준 L_w를 추정하시오.

    (b) 홴 흡입구로부터 110 ft 떨어진 위치에서의 음압 수준 L_p를 추정하시오. (단, 자유장 전파라고 가정한다)

4.18 대형 냉각탑 홴의 지름은 10 m이고, 튜브 축류형이다. 이것은 600 m³/s의 유량으로 10.0 N/m³의 밀도를 가지는 공기를 총압력 상승 500 Pa 상태에서 이송한다.

(a) 수정된 Graham 방법과 팁 속도 방법을 사용하여 홴의 음향 출력 수준 L_w를 추정하시오.

(b) 홴 입구에서 50 m 떨어진 위치에서의 음압 수준 L_p를 추정하시오. (단, 자유장 전파라고 가정한다)

4.19 철도 기관차는 동력을 공급하는 디젤 엔진의 냉각수의 열 교환을 지원하기 위해 공기 송풍기를 필요로 한다. 이러한 블로워(엔진마다 2개씩 존재함)의 일반적인 작동 조건은 $Q = 3$ m³/s, $\Delta p_s = 15$ kPa, $\rho = 1.2$ kg/m³이다.

(a) 이러한 조건의 블로워 중 1개의 감쇠되지 않은 음향 출력 수준을 추정하시오. [단, 상당히 높은 지름의 원심 단일폭 송풍기라고 가정한다($D_s = 2.4$)]

(b) 4개의 블로워의 총음향 출력 수준을 추정하시오.

(c) 방열 블로워가 2개만 작동할 경우 기관차의 측면으로부터 15 m 떨어진 곳에서의 음압 수준을 계산하시오. (단, 그 지점에는 부드러운 풀밭이 위치하며, 음압 수준에 대해 2개의 방열 블로워가 지배적인 음원이라고 가정한다)

4.20 위 연습 문제 4.19에 언급된 기관차용 냉각 시스템을 위한 홴의 공간 요건을 줄이기 위해 소형 3단 축류형 홴이 이전의 원심 블로워를 대체한다.

(a) 축류형 홴의 고속 범위 부근에서의 비속도를 사용하여 $N_s = 3$임을 말하고, 필요한 속도와 지름을 결정하시오.

(b) 1단 축류형 홴의 음향 출력 수준을 추정하시오.

(c) 멀티 스테이지 홴의 총음향 출력 수준을 추정하시오.

(d) 마지막으로 연습 문제 4.19의 15 m의 평가 거리에서 홴 4개의 멀티스테이지 전체 음압 수준을 추정하여 연습 문제 4.14의 최대 음압 수준과 비교하시오(55 dB).

4.21 위 연습 문제 4.18에서 언급되었던 냉각탑의 홴은 때때로 병렬로 작동하는 여러 홴-타워 단위의 'Cell'로서 사용된다. 지름이 3 m인 홴이 5개, 10개, 20개 또는 더 많은 그룹의 타워의 홴으로 사용된다. 20개 홴이 일직선을 이루는 것을 고려하자. 각 홴은 정압 상승이 150 Pa의 조건으로 $\rho = 1.02$ kg/m³의 공기를 25 m³/s의 유량으로 공급한다.

(a) 홴의 음향 출력 수준을 추정하시오.

(b) 모든 20개 홴의 총음향 출력 수준을 추정하시오.

4.22 위 연습 문제 4.21에 기술된 홴의 경우 4 m의 중앙-중앙 정렬이 이루어졌다.

(a) 홴의 집합선의 10번째 홴으로부터 수직으로 20 m 떨어진 위치에서의 음압 수준을 추정하시오.

(b) 홴의 배열에 따른 선음원 이론에 근거하여 음압 수준을 추정하시오. (단, Thumann 1990, Beranek과 Ver, 1992와 같은 소음 확산에 대한 이론을 참조한다)

(c) 선음원으로부터 10 m 떨어진 지점에서 선원 근삿값을 이용할 때와 20개 홴의 그룹을 이용할 때는 어느 정도의 오차가 발생하는지 구하시오.

4.23 SI 단위(m^3/s 및 Pa)로 홴이나 블로워의 성능을 규정할 때 음향 출력 수준을 위한 Graham 방정식이 다음과 같이 수정될 수 있음을 보이시오.

$$L_w = K_w + 10 \log_{10} Q + 20 \log_{10} \Delta p_s - 14.6$$

$K_w = f(D_s)$이다.

4.24 축방향 냉각탑의 홴의 지름은 18 m이고 축방향 튜브형이다. 이 홴은 350 Pa의 총압 상승을 통해 1.10 kg/m^3의 공기를 4000 m^3/s의 유량으로 이송시킨다. Graham 방법과 Onset 속도 방법(연습 문제 4.6)을 사용하여 홴의 음향 출력 수준을 추정하시오. 또 지면 흡수 계수를 0.25라고 가정하여 홴으로부터 120 m 떨어진 지점의 음압 수준을 추정하시오.

4.25 작은 목공소에는 m 넓이의 바닥과 3 m 높이의 천장이 있다. 재순환 홴과 필터 시스템이 휘발성 증기와 먼지를 제거하기 위해 목공소의 끝 쪽에 설치되어 있다. 작업 영역의 음압 수준을 제어하기 위해서는 방의 파동 반사 특성이 고려되어야 한다. 방 중앙에서의 홴 소음 수준의 감소량을 구하시오. 즉, 다음 조건에 대하여 $L_p - L_w$를 구하시오.

(a) 바닥은 매끄러운 콘크리트이며 벽과 천장은 합판 패널로 이루어져 있다.

(b) 바닥은 매끄러운 콘크리트이며 천장은 $\alpha = 0.4$의 감쇄판이 설치되어 있다. 벽은 합판 패널로 이루어져 있다.

(c) 바닥은 매끄러운 콘크리트이며 천장은 $\alpha = 0.4$의 감쇄판이 설치되어 있다. 벽은 두꺼운 카펫으로 덮여 있다.

(d) 콘크리트 바닥이 두꺼운 카펫으로 덮여 있고 천장은 $\alpha = 0.4$의 감쇄판이 설치되어 있다. 벽은 두꺼운 카펫과 고무 폼 패드로 덮여 있다.

4.26 위 연습 문제 4.25의 홴과 필터 시스템은 필터에서의 2 kPa의 압력 강하와 함께 목공소 안의 모든 공기를 5분 안에 환기하고 정화할 수 있어야 한다.

(a) 이러한 성능을 내는데 적절한 원심 홴($2 < D_s < 3$)을 선정하고, 연습 문제 4.25의 다양한 조건에서 방 중앙에서의 음압 수준을 추정하시오.

(b) 위 (a) 연습 문제를 축류형 홴에 대해 반복하시오($1.5 < D_s < 2$).

(c) 두 유형의 횐에 대해 표 4.1에 표시된 OSHA 8 h 제약, 상업용 제약의 4 ft 음성 간섭 기준에 대해 결과를 비교하시오.

4.27 낮은 비속도 횐은 3차 연소 공기를 석탄 보일러의 산화 질소를 제어하기 위하여 공급한다. 강제 통풍 횐을 위한 전형적인 성능 요구 사항은 $Q = 25 \text{ m}^3/\text{s}$, $\Delta p_s = 10 \text{ kPa}$, $\rho = 0.57 \text{ kg/m}^3 (T = 265 \text{℃})$이다. 횐은 1500 rpm으로 회전한다. 간단화된 Graham 방법을 이용하여 각 횐에서의 음향 출력 수준을 추정하시오. (단, D_s 값은 그림 4.3의 보정을 잘 적용해야 한다. L_w를 추정할 때, $K_w = 40 \text{ dB}$일 때의 '바닥값'을 사용한다)

4.28 위 연습 문제 4.27의 횐에 대해 옥타브 대역 음향 출력 분포를 표 4.6에 표시된 Graham의 자료인 비소음을 사용하여 그리시오. 횐은 16개의 뒤쪽으로 기울어진 비공기(nonairfoil) 블레이드로 설치되어 있다고 가정한다. 이 분배치를 이용하여 횐에 대한 총 L_w 값을 계산하고, 이 결과를 위 연습 문제 4.27의 결과와 비교하시오.

4.29 통풍 횐이 시멘트 플랜트의 석회가마에서 나오는 뜨겁고 불순물이 많은 공기의 필터로 사용된다. 이러한 횐의 흡입 부분에서 뜨겁고 낮은 밀도를 가진 공기가 횐으로 320°F의 특정 기압($\rho = 0.048 \text{ lbm/ft}^3 = 0.0015 \text{ slug/ft}^3$) 상태로 흡입된다. 필요한 유량은 $Q = 250,000$ cfm이며, 하류의 집진 장치 저항을 극복하기 위한 $\Delta p_s = 25 \text{ in. wg}$의 조건이 필요로 한다. 가혹한 작동 조건으로 인하여 횐의 속도는 880 rpm $= 92.1 \text{ s}^{-1}$로 제한되어 있다. 수정된 Graham 방법을 사용하여 횐의 음향 출력 수준 L_w를 추정하시오.

4.30 위 연습 문제 4.29의 통풍 횐은 59 dB(음압 수준)의 경계 소음 제약 조건을 맞추어야 한다. 횐의 흡입구가 가마로부터 공기를 흡입함에도 불구하고 가마로 인한 소음 감쇠는 없다고 가정한다. 지면과 가마, 시설 경계 사이는 풀로 덮인 잔디로 이루어져 있으며, 평균 감쇠율은 $\alpha = 0.75$이다. 소음 제약을 만족시키기 위해서는 시설 경계와 횐 및 가마의 거리를 구하시오.

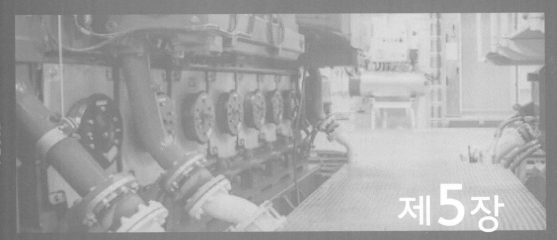

제**5**장

성능 추정, 기계 선정 및 예비 설계

5.1 예비적 고찰

지금까지는 성능 곡선을 이용하거나 크기, 속도 또는 유체 물성 변화에 대한 정보를 활용하여 성능 정보를 외삽(상사)하는 방법으로 기존 기계의 성능을 추정하는 데 중점을 두었다. 이제 특정 분야에 적용하기 위한 일련의 성능 요구 조건을 알고 있다고 가정해 보자. 예를 들어, 2271.24 m³/h(=0.631 m³/s)의 유량과 손실을 극복하기 위한 2.4384 m의 가용 양정이 요구되는 열교환기나 95 dB 이하의 소음 수준으로 50 m³/s의 공기를 공급하기 위한 팬이 필요하다고 하자. 이 경우 필요한 작업을 수행할 기계를 선택해야 하는데, 일반적으로 하나 이상의 제약 조건(일반적으로 경제성)이 적용된다. 또는 공급업체로부터 기계를 구매하는 대신 기계를 직접 설계하는 상황도 있을 수 있을 것이다.

적당한 터보기계를 선정 또는 설계하는 시작점은 작업에 가장 적합한 기계 유형을 결정하고 속도와 크기 및 기타 성능 특성(예: 소음 및 캐비테이션 특성)을 사전에 추정하는 것이다. 거의 모든 경우에 경제적인 선택이 이루어질 수 있도록 효율(또는 동력)의 추정이 요구된다. 터보기계의 설계 및 제조는 숙성된 기술이기 때문에 대부분의 이러한 추정들은 지난 수십 년 동안 축적된 데이터의 활용으로부터 시작할 수 있다.

5.2 Cordier 선도 및 기계 유형

Cordier(1955) 및 다른 많은 연구자들(예: Balje, 1981)은 기존의 데이터를 정리하면서 서로 다른 유형(축류형, 혼합류형 또는 반경류형)의 기계가 $N_s - D_s$ 선도상에서 자연스럽게 각기 다른 영역으로 분류된다는 것을 발견하였다. 즉, 왼쪽(낮은 D_s, 높은 N_s)에는 양정 상승이 작고 고유량을 가지는 기계로 분류되는데, 이들은 주로 다양한 유형의 축류형 기계들이다. 선도의 중간 영역에는 중간 정도의 양정과 혼합 유동을 가지는 기계로 분류된다. 유량이 적고 양정 상승이 큰 기계는 낮은 비속도와 높은 비지름으로 선도 오른쪽에 위치한다. 그림 5.1은 Cordier 선도의 6개 영역을 표시하기 위해 원래의 선도를 더욱 세분화한 것으로, 각 영역은 개략적으로 특정 유형의 기계에 해당한다. 실제로 각 영역의 경계는 불분명하며 자연스럽게 겹치는 경향이 있다. 그럼에도 불구하고 이러한 분류는 펌프, 팬, 블로워, 압축기 또는 터빈 등 다른 유형의 기계가 가지는 유량과 압력의 적용 범위를 식별하는 데 도움이 된다.

대략적으로 $6 < N_s < 10$ 및 $0.95 < D_s < 1.25$로 정의된 범위의 영역 A에서는 비에너지 변

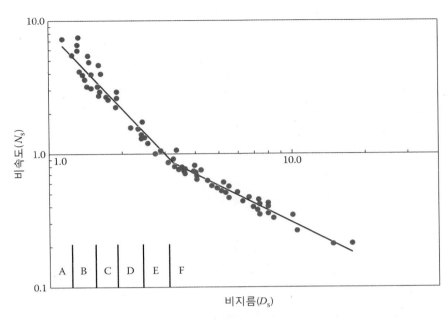

그림 5.1 다양한 기계 유형 영역을 나타내는 Cordier 선도

화가 거의 없이 대량의 유체를 전송시키는 데에 프로펠러형 기계를 사용할 수 있다. 선박 및 항공기 프로펠러, 수평축 풍력 터빈, 그리고 바닥과 책상 및 천장용 홴과 같은 간단한 환기 장비가 이 범주에 속한다. 이들은 일반적으로 개방형 또는 슈라우드가 없는 형태를 가지는데, 그림 5.2는 이러한 유형의 기계를 나타낸다. 효율 곡선(그림 2.9 참조)에서 '영역 A' 기계는 $0.50 < \eta_T < 0.70$의 펌핑 기계로 낮은 효율을 가지는 범주에 속한다.

영역 B의 범주는 대략 $3 < N_s < 6$ 및 $1.25 < D_s < 1.65$이다. 여기에는 튜브형 축류 홴, 작

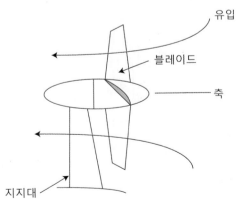

그림 5.2 개방형 축류 홴, 펌프 또는 풍력 터빈(영역 A, $6 < N_s < 10$ 및 $0.95 < D_s < 1.25$)

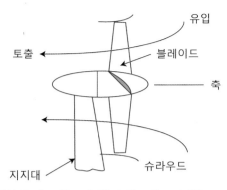

그림 5.3 덕트형 축류 기계(영역 B, $3 < N_s < 6$ 및 $1.25 < D_s < 1.65$)

은 허브가 있는 베인 축류 홴, 축류형 펌프 또는 '인듀서'(캐비테이션을 방지하는 데 사용됨) 및 주어진 지름과 속도 조건에서 다소 큰 비에너지 변경이 가능한 슈라우드형 수평축 풍력 터빈과 같은 덕트형 축류 기계를 들 수 있다. 다락방 홴, 창문형 홴 및 에어컨 응축기 홴과 같은 환기 분야에 응용되는 기계가 일반적으로 이 범주에 속한다. 축류 펌프 및 슈라우드형 프로펠러(공기 또는 물)도 이 범주에 속한다. 그림 5.3은 이러한 유형의 기계를 나타낸다.

영역 C의 범주는 대략 $1.8 < N_s < 3$ 및 $1.65 < D_s < 2.2$인데, 그림 5.4에 도시한 '완전한 단(full-stage)'을 가지는 축류형 기계가 여기에 속한다. 블레이드 열은 덕트나 슈라우드로 둘러싸여 작동한다. 일반적으로 펌프, 홴 또는 압축기에서는 출구부에 디퓨져 베인을 설치하여 배출되는 유동의 선회 성분을 없애고 선회 유동에 의한 에너지를 복원한다. 터빈은 흐름을 가속하고 예선회(preswirl) 유동을 발생시키기 위해 로터 상류에 일련의 노즐 베인을 장착할 수 있다. 이러한 범주의 터보기계로는 상당히 큰 허브가 있는 베인형 축류 홴, 벌브형

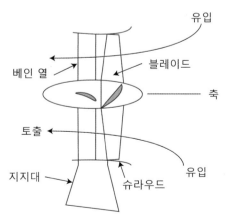

그림 5.4 완전한 단을 가지는 축류형 기계(영역 C, $1.8 < N_s < 3$, $1.65 < D_s < 2.2$). 고정 베인 열을 가짐.

수력 터빈, 단단 또는 다단 축류 압축기, 펌프, 그리고 증기 또는 가스 터빈 등이 포함된다.

영역 D의 범주는 $1.0 < N_s < 1.8$ 및 $2.2 < D_s < 2.80$로 '혼합류(mixed flow)' 기계 영역이다. 그림 5.5(a)는 주로 '영역 D'에 속하는 축류형 기계를, 그림 5.5(b)는 주로 '영역 D'에 속하는 반경류형 기계를 나타낸다. 이 영역에는 다단 준축류형(quasi-axial) 터보기계, 혼합류형 펌프 및 블로워, 프란시스(Francis) 유형 혼합류형 수력 터빈 및 펌프뿐만 아니라, 임펠러 출구에서 블레이드 사이의 간격이 아주 넓은 원심형/반경류형 펌프, 압축기 또는 블로워가 포함된다. 이러한 터보기계는 고유량에서 더 높은 압력 상승이 필요할 때 사용된다. HVAC 장비의 열교환기용, 중간 정도의 낮은 양정을 가지는 액체 펌핑용, 그리고 연소 공정용 기계적 통풍 장치가 전형적인 예라고 할 수 있다.

영역 D와 영역 E의 중간인 $0.7 < N_s < 2.0$ 및 $2.2 < D_s < 4.0$가 본질적으로 가장 높은 효율을 가지는 영역이다.

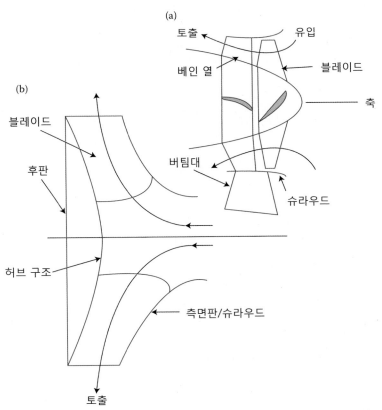

그림 5.5 (a) 혼합류형(준축류형) 기계(영역 D, $1.0 < N_s < 1.8$ 및 $2.2 < D_s < 2.80$), (b) 혼합류형(준반경류형) 기계(영역 D, $1.0 < N_s < 1.8$ 및 $2.2 < D_s < 2.80$)

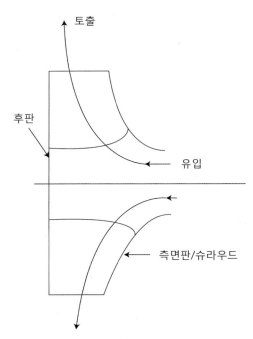

그림 5.6 반경 방향으로 토출하는 원심형 터보기계(영역 E, $0.70 < N_s < 1.0$ 및 $2.80 < D_s < 4$)

영역 E의 범주는 $0.70 < N_s < 1.0$ 및 $2.80 < D_s < 4$인데, 반경류형 기계가 주를 이룬다. 중간 너비를 가지는 원심 휀과 원심 액체 펌프가 이 범주에 속한다. 고부하 블로워, 압축기, 그리고 상당히 높은 rpm으로 작동하는 고양정을 가지는 터빈 등도 전형적으로 이 범주에 속한다. 블레이드는 전형적으로 후향 경사형 또는 후향 곡선형을 가지는데, 그림 5.6은 이 영역에 속하는 기계를 보여 준다.

영역 F의 범주는 $N_s < 0.70$이고 $D_s > 4$인데, 상당히 좁은 원심형 또는 반경류형 기계가 이 영역에 포함된다(그림 5.7 참조). 고압 블로워, 원심 압축기 및 고양정을 가지는 액체 펌프가 전형적인 예이다. 소유량과 매우 높은 양정을 가지는 경우 폭이 좁은 반경 방향 블레이드나 심지어 전향 곡선형 블레이드 형태를 고려할 수 있다. $N_s < 0.20$, $D_s > 10$ 영역의 기계 효율은 매우 낮기 때문에 이 이상의 영역에서는 일반적으로 용적형 기계를 적용하는 것이 유리하다.

'$N_s - D_s$ 선도'에 의해 터보기계를 분류하는 것이 절대적인 것은 아니다. 특수 목적으로 사용되는 상용 '하이브리드' 기계를 고려하면 문제가 더욱 복잡해진다. 여기에는 가열로의 휀 또는 에어컨 증발기 휀으로 사용되는 '다람쥐 쳇바퀴 모양의 블로워(squirrel-cage blower)'라고 하는 전향 블레이드 구조를 가지는 광폭의 원심형 블로워가 포함된다. 반경 방

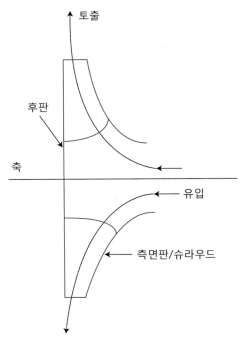

그림 5.7 폭이 좁은 원심형/반경류형 기계(영역 F, $N_s < 0.70$ 및 $D_s > 4$)

향으로 토출하는 원심형 기계가 원통형 덕트에서 설치되어 본질적으로는 축방향 유동 경로를 가지는 경우도 있다. 이러한 홴을 종종 인라인(in-line) 또는 플러그 홴이라고 한다. 허브 대비 팁 지름 비율이 큰 축류형 기계($d/D = 75 \sim 90\%$)는 선도상에서 상대적으로 적은 유량과 높은 압력을 나타내므로 '원심형 기계 범주'에 속할 수 있다.

여기서 제공된 Cordier 유형 정보는 단단 및 단일 너비 구성에만 적용된다는 점에 유의해야 한다. 많은 원심형 기계는 소위 이중-흡입구, 이중-너비 또는 양흡입 구조를 가지는데, 전체('양면') 유량을 N_s와 D_s를 정의하는 데 사용하면 Cordier 선도에서 명목상 축류형 범위에 속하게 된다. 유사하게 주어진 유량 조건에서 임의의 높은 비에너지 변화를 달성하기 위해 다수의 축류단이 직렬로 배열될 수 있다[예를 들어, 다단(20단 이상) 증기 터빈 또는 제트 엔진용 축류 압축기(15단 이상)].

유량 및 비에너지(예: 압력) 변화와 같은 특정 요구 조건에 부합한 기계를 선택하거나 설계해야 하는 경우, 어떤 기계가 가장 효율적인지 Cordier 선도를 통해 전반적인 경향을 예측할 수 있다. 초기 회전 속도 가정값과 주어진 유체 밀도로부터 비속도를 구할 수 있다. $N_s - D_s$ 선도(그림 2.8 또는 그림 5.1 참조)를 사용하여 'Cordier 곡선'상 또는 근처에서의 D_s 값을 선택할 수 있다. 주어진 유량 및 비에너지와 함께 D_s 값을 사용하여 적당한 기계의 지름값을 결정할 수 있다. 이러한 절차를 통해 후보 기계의 유형과 크기를 알 수 있고, 예상할 수 있는 최대 효율값을 추정할 수 있다. 필요하다면 3장과 4장에 제시된 관계식을 이용하여 소음이나 캐비테이션수를 추정할 수 있다. 이러한 모든 추정값은 BEP에 대한 것임을 유의해야 한다.

예를 들어, $\rho = 1.20$ kg/m³의 공기를 $\Delta p_T = 1250$ Pa에서 $Q = 5$ m³/s로 공급하는 휀이 필요하다고 가정해 보자. 계산 과정을 용이하게 하기 위해 다음을 계산한다.

$$\frac{Q^{1/2}}{(\Delta p_T/\rho)^{3/4}} = \frac{5^{1/2}}{(1250/1.20)^{3/4}} = 0.0122 \, \text{s}$$

그리고

$$\frac{Q^{1/2}}{(\Delta p_T/\rho)^{1/4}} = \frac{5^{1/2}}{(1250/1.20)^{1/4}} = 0.394 \, \text{m}$$

이 시점에서 임의로 $N = 1800$ rpm $= 188.5$ s^{-1}을 선택하면 $N_s = 0.0122 \times 188.5 = 2.30$이다. Cordier 선도 또는 식 (2.36)으로부터 $D_s \approx 1.94$를 얻을 수 있다.

$$D = D_s \left[\frac{Q^{1/2}}{(\Delta p_T/\rho)^{1/4}} \right] \approx 1.94 \times 0.394 = 0.763 \, \text{m}$$

그림 2.9로부터 최대 효율은 0.89 또는 0.90보다 크지 않음을 알 수 있다. 이러한 N_s와 D_s의 조합은 영역 D(왼쪽 가장자리)에 있으며, 혼합류형 또는 베인형 축류 휀이어야 함을 나타낸다.

더 낮은 속도를 선택하면 어떻게 될까? $N = 900$ rpm을 고려하면, $N_s = 1.15$이며 D_s는 약 2.77이다. 이는 영역 E에 있는 휀으로 지름이 약 1.1 m($= 2.77 \times 0.394$)인 반경류형 또는 중간 부하의 원심 휀이며, 효율은 최고 0.90 또는 0.91을 가진다. 이 휀이 약간 더 효율적이지만 지름이 상당히 크며 제작 비용이 값비싸다. 3600 rpm과 같은 고속 기계를 선택할 경우 어떻게 될까?

요약하면, Cordier 선도를 참고하면 성능 요구 조건에 부합하는 기계 유형, 크기 및 효율에 대한 후보들을 매우 빠르게 검토할 수 있고, 작업을 수행할 기계를 선정하거나 또는 관련 기계를 설계하는 데 필요한 결정을 신속하게 내릴 수 있다.

5.3 효율 추정

제작업체/공급업체의 기계를 실제로 선택하거나 어떤 형식의 기계를 생산할지 결정할 때에는 성능 요구 조건을 만족시키는 기계의 성능뿐만 아니라 다른 다양한 인자도 고려해야 한다. 대부분의 상황에서 구입 비용, 운전 및 유지 보수 비용, 그리고 기계를 작동하지 못할 경우 유발되는 생산 손실과 관련된 비용 등을 포함하는 경제적 고려 사항을 기반으로 하여 기계를 선정한다. 상황에 따라서는 무게(항공/우주선 응용 분야) 또는 소음과 같은 사항을 고려하는 것도 중요하다. 비록 제조 또는 구매 비용이 더 비쌀 수도 있지만, 효율이 좋은 기계가 운용비가 낮고 좀 더 가벼우며 조용할 것이므로 신뢰성 있는 효율값을 추정하는 것이 중요하다. 기계 선정 또는 설계 결정 단계 이전에도 유체역학적 설계 계산을 위한 정확한 효율 추정이 필요한데, 이는 추후 다루게 된다.

터보기계의 기대 효율(BEP)은 오랫동안 비속도(또는 비지름)를 이용하여 다양한 방법으로 표기되어 왔다. Cordier 효율 선도(그림 2.9 참조)는 '양호한', 즉 크고 잘 만들어진 기계에 적용되는 상관관계를 제공한다. 이 선도는 합리적으로 추정할 수 있는 기대 효율의 상한치를 제공한다.

현실적으로 실제 효율은 비속도/비지름 외에 다른 많은 것들에 영향을 받는다. 효율에 영향을 미치는 것으로 알려진 다른 인자는 대략적으로 다음과 같다.

- 크기(종종 유량으로 측정)
- 비용(제작 품질 수준과 관련이 있음)
- 유체 물성(주로 점도)
- 일의 전달 방향(터빈 또는 펌핑 기계인가?)

추가 요인의 영향을 보여 주는 널리 알려진 효율 상관관계식으로, 비속도와 크기(유량) 함수로 원심 펌프의 기대 효율을 나타내는 그림 5.8과 같은 도표가 있다. 비속도는 '미국 관습(U.S. Customary)'(준 차원) 용어를 이용하여 다음과 같이 표기된다.

$$n_s = \frac{N(\text{rpm})\sqrt{Q(\text{gpm})}}{[H\,(\text{ft})]^{3/4}} \left(= 51.55\frac{N(\text{rpm})\sqrt{Q(\text{m}^3/\text{s})}}{[H\,(\text{m})]^{3/4}} \right)$$

손실을 야기하는 상세 원리를 고려하면 효율에 영향을 미치는 '기술적'인 요인들로 다음을 고려할 수 있다.

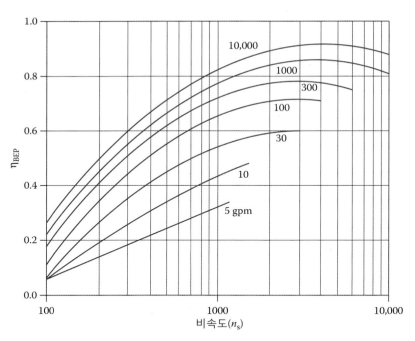

출처: White, F. M., Fluid Mechanics, 6판, New York McGraw-Hill, 2008.
Karassik 등, Pump Handbook, 4판, McGraw-Hill, New York, 2008.

그림 5.8 비속도와 크기 함수를 이용한 원심 펌프의 기대(BEP) 효율

- 레이놀즈수(크기, 속도 및 점도 포함)
- 표면 조도(비용/제작 품질 관련)
- 운전 시 로터와 케이싱 사이의 간극(비용/제작)
- 제작 공차(로터 대칭, 블레이드 균질성)
- 유체 확산과 유체 가속

불행하게도 이러한 요인들의 정량적 효과에 대한 정보는 제한적이고, 정보의 수준도 고르지 않다. 가능한 접근법 중의 하나는 다음 식처럼 Cordier 효율 곡선의 추정값을 일련의 성능 저하 인자와 결합하여 효율을 추정하는 것이다.

$$(1 - \eta_T) = (1 - \eta_{T, C}) \times F_{\eta, 1} \times F_{\eta, 2} \times F_{\eta, 3} \times \cdots \tag{5.1}$$

여기서 $\eta_{T, C}$는 'Cordier 효율'[그림 2.9 또는 식 (2.38) 및 식 (2.39)]이고 F_η는 성능 저하 인자이다. 일반적으로 실제 효율은 Cordier 값보다 작을 것, 즉 손실이 더 클 것으로 예상되기 때문에 $F_{\eta, i} \geq 1$이다. 그러나 매우 잘 설계되고 잘 구성된 기계는 좀 더 높은 효율 달성이

가능하다.

물론 문제는 F_η에 무엇을 사용할지 결정하는 것이다. 선택 가능한 매우 제한된 목록은 다음과 같다.

- 레이놀즈수에 대한 성능 저하 인자

$$F_\eta \approx \left(\frac{10^7}{Re_D}\right)^{0.17}, \ Re_D \leq 10^7 \ (\text{Koch와 Smith, 1976}) \tag{5.2}$$

이것은 기본적으로 'Moody 형태'의 상사법이다. 기존 자료에 의하면 $Re_D = 10^7$ 이상에서는 레이놀즈수 영향을 무시할 수 있으므로 여기서 F_η은 1.0으로 간주된다.

- 레이놀즈수와 표면 조도 조합에 대한 성능 저하 인자

$$F_\eta \approx 0.3 + 0.7\frac{f(Re_b, \ \varepsilon/2b)}{f_{\text{Cordier}}} \tag{5.3}$$

여기서 b는 블레이드 팁 너비이고 f는 Darcy 마찰 계수이다. 이러한 성능 저하 인자는 식 (3.18)로부터 얻을 수 있는데, 'Cordier 기계'가 모형이고 효율을 추정할 기계가 원형이라고 가정하여 구할 수 있다. f_{Cordier}에 어떤 값을 사용할지 결정하는 것은 매우 어려운 일이다.

- 홴 반경 방향 틈새 간극에 대한 성능 저하 인자

$$F_\eta \approx 1 + 2.5 \tanh\{0.3\,[((c/D)/0.001) - 1]\} \ (\text{Wright, 1974, 1984c}) \tag{5.4}$$

여기서 틈새 간극 c는 축류 홴과 반경류 홴에 대해 각각 그림 5.9(a) 및 그림 5.9(b)에서 정의된다. 이러한 성능 저하 인자는 홴에 대해서만 검증되었다.

위 접근 방법을 적용할 때는 상당한 주의가 필요하다. 식 (5.1)의 형태는 그럴 듯하지만 위에서 설명된 성능 저하 인자에 대한 추정은 세심한 주의를 기울여야 한다. 본질적으로 넓은 의미에서 동일한 효과를 나타내는 인자를 혼합해서 사용해서는 안 된다. 예를 들어, 펌프의 경우 레이놀즈수 인자나 그림 5.8에서 크기(유량) 효과를 추정해서 사용할 수 있지만, 두 가지를 모두 동시에 사용해서는 안 된다. 이 인자들의 목록은 완벽한 것이 아니며, 제한된 데이터에 대해서만 검증되었다. 일반적으로 이러한 인자는 더 나은 정보가 없는 경우에만 사용해야 한다. 이와 유사한 접근 방식으로 경험적으로 선택한 값(예: 저렴한 홴의 경우 $\eta_T \approx \eta_{T,c} - 0.20$)을 이용하여 단순하게 Cordier 효율 추정값을 낮추는 방법이 있다. 또는 수치에

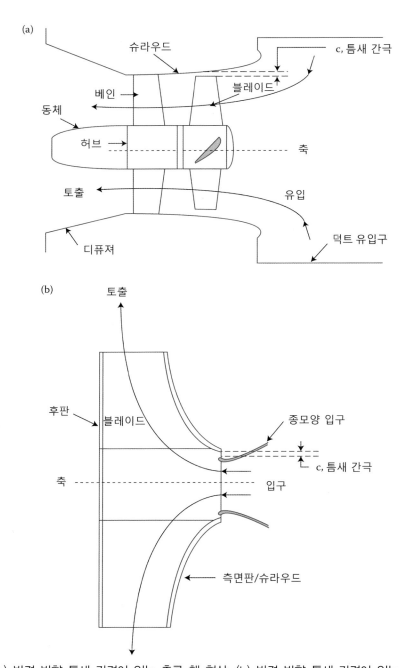

그림 5.9 (a) 반경 방향 틈새 간격이 있는 축류 홴 형상, (b) 반경 방향 틈새 간격이 있는 원심 홴 형상

대해 크게 신뢰하지 않으면서, Cordier 효율이 가진 상대적인 장점을 바탕으로 기계 선택이나 예비 설계에 대한 결정을 할 수 있다.

그림 3.2의 곡선 A로 성능이 주어진 지름이 394 mm인 펌프의 다양한 효율 추정값을 비교하자.

해당 펌프의 경우 $Q = 140$ m³/h($= 0.0389$ m³/s)와 $H = 47$ m에서 BEP를 가진다. 또 $N = 1475$ rpm $= 153.8$ s⁻¹이다. 따라서 $N_s = 153.8 \times (0.0389)^{(1/2)} / (9.81 \times 47)^{3/4} = 0.305$이고, $D_s = 0.394 \times (9.81 \times 47)^{(1/4)} / \sqrt{0.0389} = 9.25$이다. 이 값들은 정확하지 않지만 Cordier 곡선[$D_s(N_s) = (2.5/0.305)^{1.092} = 9.95$ 및 $N_s(D_s) = 2.5 \times 9.25^{-0.916} = 0.326$]에 가까운 점으로 정의된다. Cordier 효율은 다음과 같이 추산된다.

$$\eta_{T,C} = 0.898 + 0.0511\,[\ln(0.305)] - 0.0645\,[\ln(0.305)^2 + 0.0046\,[\ln(0.305)]^3$$
$$= 0.739$$

식 (5.2)를 적용하려면 레이놀즈수를 추정해야 한다. 펌프가 실온의 물을 전송하는 경우 $\nu = 9 \times 10^{-7}$ m²/s 및 $Re_D = ND^2/\nu = 2.6 \times 10^7$이기 때문에 $Re_D > 10^7$이므로 레이놀즈수로 인한 성능 저하가 없다.

식 (5.3)을 적용하려면 팁의 너비와 표면 조도를 추정해야 한다. 팁 너비 b는 지름의 약 1/10인 것으로 가정한다면(이것은 '영역 F' 펌프임), 팁 너비 레이놀즈수($= NDb/\nu$)가 약 2.6×10^6이 된다. 표면 조도를 약 0.05 mm로 가정한다면(임펠러 재질은 주강 또는 청동임), 상대 조도는 $\varepsilon/2b = 0.05/79 = 0.0006$임을 알 수 있다. 이 레이놀즈수 및 표면 조도에 대한 마찰 계수(f)는 약 0.018이다. Cordier 마찰 계수($f_{Cordier}$)가 약 0.015라고 가정한다면(레이놀즈수는 약 10^6이고 상대 조도가 약 0.0002일 때), 다음을 얻을 수 있다.

$$1 - \eta_T \approx (1 - 0.739)\left(0.3 + 0.7 \times \frac{0.018}{0.015}\right) \quad \text{giving } \eta_T = 0.702$$

마지막으로 기계는 펌프이므로 $N_s = 51.55 \times 1435$ rpm $\times (0.0389)^{1/2} / (47)^{3/4} = 817$[$= 1435$ rpm $\times (620$ gpm$)^{1/2} / (154$ ft$)^{3/4} = 817$] 및 $Q = 140$ m³/h($= 0.0389$ m³/s)를 사용하여 그림 5.8로부터 직접적으로 $\eta \approx 0.70$을 읽을 수 있다.

추정값은 0.74에서 0.70까지 다양하게 변한다. 가장 좋은 추정은 그림 5.8을 이용하는 것인데 이는 액체 펌프에만 적용되고 크기(유량) 영향을 명시적으로 처리할 수 있기 때문이다. 더 중요한 것은 정확한 효율은 얼마인지에 대한 질문이다. 물론 펌프 자체의 성능 곡선으로부터 $\eta \approx 0.68$임을 알 수 있다. 실제 성능 데이터를 사용할 수 없는 경우에만 효율(또는 기타 성능 변수) 추정 방법을 사용해야 한다.

5.4 예비 기계 선정

이 절에서는 Cordier 관계를 사용하여 주어진 성능 사양을 충족하기 위한 터보기계를 예비 선정하는 방법에 대해 설명한다. 선정 절차는 다음과 같다. 성능 요구 조건 및 작동 유체 유형을 알아야 한다. 즉, ρ(그리고 필요시 μ, γ 및 p_v와 같은 다른 유체 상태량), Δp_T(또는 H), 그리고 Q가 주어져야 한다. Cordier 분석에서는 전압 변화를 사용해야 한다는 것을 유념해야 한다. 그러나 특히 팬의 압력 요구 조건은 종종 정압으로 표시된다('팬 정압 상승'은 실제로 토출 정압에서 입구 전압을 뺀 값임). 이 경우 정압을 전압으로 변환해야 하고, 필요한 경우 일정한 질량 유량 또는 체적 유량 조건에서 기계의 크기 변경에 따라 동압 계산을 반복해야 한다. 예를 들어 설명하면 다음과 같다.

권장되는 기계의 유형을 결정하기 위해 Cordier 선도(그림 2.8 참조)에 표시된 $N_s - D_s$ 선 상이나 그 근처의 크기(D)와 속도(N)의 조합을 고려한다. ρ, Δp_T(H) 및 Q가 주어지면, N과 D의 정의를 사용하여 D를 선택하고 N을 찾거나 또는 N을 선택하며 D를 계산할 수 있다. 얻어진 $N_s - D_s$ 선도에서의 위치로 사용할 기계 유형을 유추할 수 있으며, 효율은 위에서 설명한 방법에 따라 추정될 수 있다. 필요한 경우 4장의 방법을 이용하여 소음을 추정할 수 있고, 3.4절의 상관관계를 이용하여 요구되는 NPSH를 추정할 수 있다.

N이나 D의 선택에서 시작해야 하는데 대부분의 상황에서 두 값은 완전히 임의로 결정되는 것이 아니다. 기존 또는 제작될 덕트 크기에 근접하도록 팬 지름을 선택해야 할 수도 있다. 이 경우 D는 지정값이 되고, N은 선정 과정에서 결정된다. 일반적으로 속도는 제한된 범위에서 선정된다. 대부분의 터보기계는 AC 전기 모터로 구동되는데, 이러한 모터의 이상적인 또는 '무부하' 속도는 다음과 같이 주어진다.

$$N_{\text{no load}} = \frac{120 \times \text{line frequency}}{\text{number of poles}(n_p)} \tag{5.5}$$

전력망의 주파수로 미국에서는 60 Hz(60 사이클 AC 전류)를, 유럽에서는 50 Hz를 사용한다. 모터는 $n_p = 2, 4, 6, 8$ 등 짝수의 극수를 사용하며, 동기 모터의 실제 속도는 무부하값에 가깝다. 구매 비용이 저렴한 유도 전동기는 모터가 완전 부하 토크를 발생시킬 때 무부하 속도보다 약간 느린 속도를 가진다(Nasar, 1987). 유도 전동기의 전체 부하 또는 설계 조건은 일반적으로 모터 품질과 정격 출력에 따라 15~150 rpm 범위의 '슬립(slip)'이 발생한다. 고품질 및 대용량 출력(수백 마력) 모터일수록 슬립값이 작아진다. 일반적으로 슬립값이 높은 경우는 저가의 분수 마력(fractional horsepower) 모터에서 볼 수 있다.

AC 모터에 직결된 터보기계는 정해진 경우의 수의 모터 속도로 작동한다. 다른 속도를 얻으려면 모터와 기계 사이에 변속기 또는 벨트 구동 시스템을 배치해야 한다. 이로 인해 비용이 추가되며, 구동 시스템에서는 약간의 에너지 손실이 발생한다. 때로는 모터 비용을 절약하거나 탈설계점(off-design) 유량에서 보다 효율적으로 작동하도록 기계 속도를 조정하기 위해 이러한 추가 비용을 투자하기도 한다.

발전소와 정유소 및 화학 처리 시설에 이용되는 것과 같은 대형 기계(대량의 전력을 전달하는 기계)는 때때로 3600 rpm 이상의 속도를 달성하거나 효율적인 유동 제어를 위한 변속 능력을 확보하기 위해 증기 터빈 또는 고가의 주파수-변조 전기 모터 구동 장치를 사용하기도 한다.

예제 5-2 ▎ 예비 펌프 선정

유원지의 워터 슬라이드에는 50 m의 양정에 0.5 m³/s의 물을 공급하는 펌프가 필요하다. 최상의 경제성을 위해 2극 또는 4극의 AC 유도 전동기가 펌프에 직결된다. 사용할 모터와 필요한 펌프 유형을 지정하고 펌프 크기, 요구 동력, 그리고 요구 NPSH를 추정해 보시오.

모터 슬립을 50 rpm로 가정하면 N이 2극 모터의 경우에는 3550 rpm, 4극 모터의 경우에는 1750 rpm이므로 비속도는 다음과 같이 계산된다.

$$N_{\text{s2p}} = \frac{3550 \times (2\pi/60) \times (0.5)^{1/2}}{(9.81 \times 50)^{3/4}} = 2.52$$

$$N_{\text{s4p}} = \frac{1750 \times (2\pi/60) \times (0.5)^{1/2}}{(9.81 \times 50)^{3/4}} = 1.24$$

그림 5.1에 따르면 '2p' 펌프는 영역 C(완전한 단을 가지는 축류형)에 속하고, '4p' 펌프는 영역 D(혼합류형)에 속한다. 실제에서는 두 가지 모두 선택될 가능성이 낮다. 이러한 응용 분야에서는 상당히 큰 유량이 필요하다는 점을 감안할 때 양흡입 펌프가 후보가 될 가능성이 크다. Cordier 상관관계는 단단, 단흡입 기계에 적용된다는 것을 상기하면, 유량의 절반(0.25 m³/s)이 비속도를 다시 계산하는 데 사용된다.

$$N_{\text{s2p}} = \frac{3550 \times (2\pi/60) \times (0.25)^{1/2}}{(9.81 \times 50)^{3/4}} = 1.78$$

$$N_{\text{s4p}} = \frac{1750 \times (2\pi/60) \times (0.25)^{1/2}}{(9.81 \times 50)^{3/4}} = 0.88$$

'2p' 양흡입 펌프는 혼합류 영역 D에 있고, '4p' 양흡입 펌프는 영역 E에 있는데, 반경 방향으로 토출하는 원심형 기계를 의미한다.

비지름은 다음과 같이 계산된다.

$$D_{s2p} = \left(\frac{8.26}{1.78}\right)^{0.517} = 2.21, \quad D_{s4p} = \left(\frac{8.26}{0.88}\right)^{0.517} = 3.18$$

해당 펌프 지름을 계산하면 다음과 같다.

$$D_{2p} = D_s \frac{Q^{1/2}}{(gH)^{1/4}} = 2.21 \times \frac{0.25^{1/2}}{(9.81 \times 50)^{1/4}} = 0.235 \text{ m}$$

$$D_{4p} = 318 \times \frac{0.25^{1/2}}{(9.81 \times 50)^{1/4}} = 0.338 \text{ m}$$

효율을 추정하는 데 사용할 수 있는 두 가지 도구가 있는데(그림 5.8에 나타낸 것과 같은 Cordier 선도 또는 펌프 효율 도표), 여기서는 코르디에 선도를 이용한다. 효율은 그림 2.9에서 읽거나 식 (2.38)을 이용하여 계산할 수 있는데 $\eta_{2p} \approx 0.91$ 및 $\eta_{4p} \approx 0.89$이다. Cordier 효율 상관관계식의 정확성을 고려하면 이러한 효율은 본질적으로 동일하다고 할 수 있다. 따라서 $\eta \approx 0.90$을 취하고 두 펌프의 출력을 다음과 같이 추정한다(총유량을 사용해야 함).

$$P = \frac{\rho g Q H}{\eta} \approx \frac{1000 \times 9.81 \times 0.5 \times 50}{0.9} = 272,000 \text{ W} = 272 \text{ kW}$$

요구 NPSH는 식 (3.37)을 이용하여 추정할 수 있다(단흡입 비속도와 함께 단흡입식이 이용됨).

$$\text{NPSHR}_{2p} \approx 0.241 \, N_{s2p}^{4/3} \times H = 0.241 \times 1.78^{4/3} \times 50 \approx 26 \text{ m}$$

$$\text{NPSHR}_{4p} \approx 0.241 \, N_{s4p}^{4/3} \times H = 0.241 \times 1.88^{4/3} \times 50 \approx 10 \text{ m}$$

4극 모터로 구동되는 펌프는 더 커지고 약간 더 많은 동력을 소비하지만 두 가지 장점이 있다. 첫째, 캐비테이션 발생 가능성이 훨씬 낮고, 둘째 반경 방향의 토출 구조 설계가 더 일반적이며 주어진 크기에서 더 저렴하므로 채택될 가능성이 더 높다. 최종 예비 선정 결과는 다음과 같다.

• 양흡입 반경 방향 토출형 원심 펌프[N_s(한쪽) = 0.88]
• 구동 방식: 직결식 4극 유도 전동기
• 임펠러 지름: 약 340 mm
• 요구 동력(모터 효율 0.95 허용): 290 kW
• 요구 NPSH: 10 m

표준 해수면에서의 공기 밀도가 $\rho = 1.21$ kg/m³일 때, 500 Pa의 정압 상승으로 4.80 m³/s의 공기를 공급해야 하는 팬의 기본 크기와 속도를 선정해 보시오.

Cordier 상관관계를 이용하려면 전압을 사용해야 하는데 유속이 20 m/s라고 가정하면(나중에 확인해야 함), 동압은 약 240 Pa이고 전압은 약 740 Pa을 가진다. 이것은 고유량이지만 압력 상승은 그다지 크지 않으므로 최상의 선택은 상당히 높은 N_s를 가지게 될 것이다. 첫 번째 계산은

$$\frac{Q^{0.5}}{(\triangle p_T / \rho)^{0.75}} = \frac{4.80^{0.5}}{(740/1.21)^{0.75}} = 0.01782 \text{ s}$$

그리고

$$\frac{Q^{0.5}}{(\triangle p_T / \rho)^{0.25}} = \frac{4.80^{0.5}}{(740/1.21)^{0.25}} = 0.4406 \text{ m}$$

$N_s = 5$를 임의로 선택하면 $N = 5/0.01782$ s $= 280.6$ s⁻¹ $= 2679$ rpm이 된다. Cordier 상관관계에서 $D_s = (8.26/N_s)^{0.517} = 1.296$이므로 $D = D_s \times 0.4406 = 0.571$ m이기 때문에 추정 효율은 그림 2.9로부터 $\eta_T \approx 0.83$을 읽을 수 있다. 이 팬에서 생성된 소음(음향 출력)은 $K_w \approx 72/Ds^{0.8} = 58.5$ dB 및 $L_w = K_w + 10\log_{10}Q + 20\log_{10}\Delta p_s = 58.5 + 10\log_{10}(2119 \times 4.8) + 20\log_{10}(500/249.1) = 104.6$ dB을 가지게 된다. 이러한 결과를 받아들일 수 없는 것은 아니지만 최적의 선택인지 의구심이 들기 때문에 다른 N_s 값을 확인해야 하는데, 일부 계산 결과를 표 5.1에 요약하였다.

이 결과에 대한 몇 가지 일반적인 고찰 사항은 다음과 같다.

표 5.1 팬 선정 예제에서의 Cordier 계산

N_s	D_s	N(rpm)	D(m)	L_w(dB)	η_T	영역	팬 유형
7.5	1.05	4019	0.463	115.3	0.78	B	propeller
5	1.30	2679	0.571	104.6	0.83	B	tube axial
4	1.45	2144	0.641	99.5	0.86	C	vane axial
3	1.69	1608	0.744	93.5	0.88	C	vane axial
2	2.08	1072	0.917	86.2	0.90	D	full − stage axial
1	2.98	536	1.313	76.2	0.90	E	mixed/radial discharge
0.5	4.26	268	1.878	68.7	0.83	F	narrow centrifugal
0.25	6.10	134	2.688	63.1	0.69	F	narrow centrifugal

- N_s 값이 최고 범주에 있으면 효율은 좋지 않지만(실제 효율은 Cordier 추정값보다 15 포인트 낮을 수 있음) 소형 팬이기 때문에 저렴하다고 할 수 있다. 4000 rpm($N_s \approx 7.5$)은 매우 빠른 속도이기 때문에 아마도 날카로운 소리를 낼 것이다. 115 dB의 매우 높은 음향 출력 수준에 유의해야 한다.
- N_s 값이 가장 낮은 범주에 있으면 효율은 떨어지고 팬은 비정상적으로 커지기 때문에 비싸지게 된다. 100~200 rpm에서의 속도는 상식적이지 않게 느린 값이고, 약 65 dB로 매우 조용할 것이다.
- 중간 범주에서는 효율이 좋고, 크기와 속도가 모두 적당하며, 음향 출력 수준도 적당하여 예비 설계 또는 선정을 위한 좋은 출발점을 가질 수 있다.

예를 들어, $N = 1340$ rpm, $D = 0.82$ m 및 $\eta_T \approx 0.89$가 되도록 $N_s = 2.5$를 사용하여 실제 팬 공급업체에 대한 검색을 시작할 수 있다. 이러한 조건에 부합하는 것으로 허용 가능한 음향 출력 수준이 약 90 dB인 베인형 축류 팬을 선정할 수 있는데, 실제 팬의 전효율은 약 0.75이다.

실제 사양은 정압 조건에서의 값임을 상기하자. $D \approx 0.82$ m에서 평균 토출 속도는 약 $V_d = (4.80 \text{ m}^3/\text{s})/[(\pi/4)(0.82 \text{ m})^2] = 9.1$ m/s이다. 이것은 550 Pa의 전압에 해당하는 것으로 약 50 Pa의 동압을 나타낸다. 242 Pa의 동압(742 Pa의 전압)으로 가정하였던 것과는 차이가 나기 때문에 두 번째 반복 작업에서 수정되어야 하지만 전체 계산표를 구성할 필요는 없다.

설계 연습의 일환으로 동압 500 Pa을 가정하면 $\Delta p_T = 1$ kPa이 되고, 적절한 초기 팬을 선택하여 예제를 다시 해석해 보자. 약 1800 rpm(평균 토출 동압은 약 450 Pa)에서 작동하는 지름이 약 70 cm인 높은 비속도를 가지는 베인형 축류 팬을 고려할 수 있다. 비속도가 아닌 지름을 먼저 선정함으로써 동압을 계산하기 위한 반복 작업이 필요 없는 다른 계산 방법을 구성할 수 있을까?

5.5 공급업체 데이터를 이용한 팬 선정

위에서 설명한 과정을 통해 Cordier 선도를 사용하여 특정 성능 사양을 충족하는 데 필요한 기계 유형을 추정하고 크기, 속도, 효율, 요구 동력, 그리고 소음 또는 캐비테이션 제한 조건을 추정한다. 이를 통해 매우 일반적이며 종종 아주 근사적인 결과를 얻게 된다. 다음 단계는 제조업체/공급업체로부터 실제 기계를 선택하는 것이다. 일반적으로 이 과정에는 기계를 선택하기 위해 공급업체가 제공하는 컨설팅 카탈로그가 필요하다. 팬(펌프도 마찬가지임)의 경우 많은 공급업체와 수십 개의 카탈로그가 있으며, 각 카탈로그의 분량이 수백 페이지인 경우도 많다. 다행히도 이 정보의 대부분은 인터넷이나 시디롬(CD-ROM)을 통해 전자적으로 이용할 수 있는데, 선택 과정이 상당히 자동화되어 있어서 공급업체 담당자의 도움이 거의 필요 없는 경우가 많다. 여기서 설명하는 선정 과정은 기본 Cordier 개념을 따라 후보 기계의 크기와 속도의 값을 결정하는 것이고, 이후에 이 값들은 가용한 공급업체의 데이터와 비교될 수 있을 것이다.

홴의 경우 공급업체 카탈로그 데이터는 일반적으로 성능 곡선 또는 다중 성능표(multirating tables) 중 하나의 형태로 제공된다. 일반적으로 이러한 정보는 하나의 무차원 성능 곡선으로 단순화될 수 있다. 여기서 소개하는 예제에서는 성능표가 매우 제한적이지만 보다 광범위한 검색을 위해서는 많은 공급업체의 카탈로그가 포함될 수 있다는 것을 명심해야 한다.

표 5.2는 베인형 축류 홴 제품군에 대한 일반적인 다중 성능표의 일부이며, 특정 공급업체의 것으로 가정한다. 나열된 홴은 직결 또는 직접 구동 홴이 아닌 벨트 구동식 홴이다. 일반적인 베인형 축류 홴은 그림 5.10에 나타내었다.

다중 성능표를 이해하는 핵심은 홴의 주요 목적이 공기를 이동시키는 것이며, 홴이 여러

표 5.2 베인형 축류 홴의 다중 성능표

체적 유량 (cfm)	V.P. (in. wg)	S.P.=0 (in. wg) (rpm/hp)	0.25 (rpm/hp)	0.50 (rpm/hp)	0.75 (rpm/hp)	1.00 (rpm/hp)	1.25 (rpm/hp)	1.50 (rpm/hp)
24 in. 홴								
홴 지름=24 in., 케이싱 지름=24.3 in.								
3850	0.09	545/0.20	663/0.35	790/0.56				
4500	0.12	640/0.30	740/0.50	840/0.71				
5150	0.16	730/0.44	810/0.66	900/0.90	1000/1.15			
5800	0.20	820/0.65	900/0.90	965/1.11	1050/1.44	1150/1.7		
6400	0.25	900/0.88	975/1.12	1050/1.40	1120/1.75	1200/2.00		
7000	0.30	1000/1.16	1060/1.45	1130/1.70	1190/2.00	1250/2.40	1350/2.80	1400/3.10
27 in. 홴								
홴 지름=27 in., 케이싱 지름=27.3 in.								
4875	0.09	486/0.24	590/0.45	700/0.70				
5676	0.12	560/0.40	650/0.60	750/0.90				
6500	0.16	650/0.55	725/0.80	800/1.10	885/1.45	945/1.23		
7300	0.20	730/0.80	800/1.10	865/1.41	950/1.80	1000/2.2		
8100	0.25	800/1.11	875/1.40	950/1.80	1000/2.15	1000/3.0		
9000	0.30	900/1.50	950/1.80	1010/2.25	1050/2.60	1125/3.05	1190/3.50	1250/4.00

출처: New York Blower, 홴 카탈로그, New York Blower 사, 1986.

그림 5.10 일반적인 벨트 구동식 베인형 축류 홴

크기와 속도(벨트 구동식이기 때문임)로 제공된다는 점을 상기하는 것이다. 잠시 표 5.2의 구조를 검토해 보자. 유량 $Q(\mathrm{m^3/s})$는 가장 왼쪽 열에 배치된다. 홴 및 덕트 크기는 각 표마다 고정되어 있으므로 고유한 동압값$\left(\frac{1}{2}\rho V_\mathrm{d}^2\right)$은 각 유량과 관계가 있다. 증가하는 정압 상승값(표 5.2에서 S.P.로 표시된 Δp_s)은 처음 두 열 오른쪽에 일련의 열로 표시된다. 정압 상승 범위는 0.0~1.5 in. wg(=0~373.5 Pa)이지만 더 낮은 체적 유량에서 사용 가능한 최고 압력값이 나타나 있지 않다. 마지막으로 유량과 정압의 특정 조합을 생성하는 데 필요한 속도(rpm) 및 입력 동력(hp)의 해당 값이 'flow' 행과 'pressure' 열의 교차점으로 표 5.2에 나타나 있다. 만약 표 5.2가 충분히 광범위하다면, 표의 데이터를 이용하여 다양한 속도에서 압력과 동력 대비 유량의 '표준' 성능 곡선을 작도할 수 있을 것이다(일부 보간 작업이 필요할 수 있음).

예제 5-4 ▍다중 성능표를 이용한 홴 선정

다중 성능표(표 5.2 참조)를 사용하여 $Q=3.0~\mathrm{m^3/s}$, $\Delta p_\mathrm{s}=250~\mathrm{Pa}$ 및 $\rho=1.21~\mathrm{kg/m^3}$ 사양을 충족하는 홴을 선택해 보시오.

　표 5.2는 매우 일부의 정보만 나타내기 때문에 매우 빠르게 홴을 선정할 수 있다. 그러나 실제 테이블은 훨씬 광범위하기 때문에 더 다양한 홴 크기를 포함할 수 있으므로 훨씬 많은 성능점을 가진다. 더 큰 테이블을 이용한 선정 과정을 설명하기 위해 먼저 Cordier 분석을 이용하여 테이블의 특정 부분을 '집중'하게 될 것이다.

　첫 번째 문제는 사양표와 다중 성능표 모두 정압 상승을 이용하는 반면, Cordier 분석에서는

표 5.3 Cordier 분석

D (m)	p_v (Pa)	Δp_T (Pa)	D_s	N_s	N (rpm)	L_w (dB)	η_T	P (kW)	영역	팬 유형
0.4	613	863	1.19	5.87	4463	100.6	0.81	3.19	A/B	propeller
0.6	121	371	1.45	4.03	1626	91.6	0.86	1.30	B	tube axial
0.8	38	288	1.81	2.61	871	82.8	0.89	0.97	C	vane axial
1	16	266	2.22	1.76	553	76.1	0.91	0.88	C	axial/mixed
1.2	8	258	2.65	1.26	386	71.1	0.91	0.85	D	axial/mixed
1.4	4	254	3.08	0.94	285	67.4	0.89	0.85	E	mixed/radial discharge
1.6	2	252	3.51	0.73	220	64.4	0.87	0.87	F	radial discharge

전압 상승값이 필요하다는 것이다. 이 문제를 해결하기 위해 D를 독립 변수로 사용하여 초기 분석을 수행할 수 있다. d/D가 $0.50(d = $허브 지름$)$이라고 가정하면, 환형관 면적과 동압을 계산할 수 있으므로 선택한 각 D에 대한 전압을 알 수 있다. 효율과 음향 출력 수준에 대한 일반적인 상관관계와 함께 D_s 및 N_s의 식을 이용하여 Cordier 분석표(표 5.3 참조)를 작성할 수 있다.

표 5.2의 베인형 축류 팬을 선택해야 하므로 Cordier 표의 상단 영역을 살펴보자(표 5.3 참조). 선택한 팬 지름은 약 0.6~0.8 m 또는 약 0.7 m이어야 한다. Cordier 곡선의 기초가 되는 데이터의 확산된 분포는 변수 선정에서 어느 정도의 유연성을 가질 수 있음을 내포한다. 따라서 약 $N = 1160$ rpm의 실제 속도를 나타내는 약 3.23의 비속도를 가지는 후보 기계를 찾을 수 있다.

필요한 팬의 변수를 추정한 다음, 다중 성능표의 적절한 영역을 찾는다(표 5.2 참조). 표 5.2는 미국 관습 단위이므로 요구 조건을 일시적으로 해당 단위로 변환하면 1160 rpm에서 $D \approx 28$ in.$(= 0.7112$ m) 지름으로 $Q = 6350$ cfm$(= 3.0$ m³/s$)$, $\Delta p_s = 1$ in. wg$(= 249$ Pa$)$을 가지는데 약 1.1 kW가 필요하다. 표 5.2를 이용하여 지름이 27 in.$(= 0.6858$ m$)$인 팬을 고찰하면, 요구 조건에 가장 가까운 팬은 1 in. wg$(= 249$ Pa$)$, 6500 cfm$(= 3.07$ m³/s$)$으로 945 rpm으로 작동하며 0.92 kW가 필요한 팬으로 보인다. 앞에서 선택한 표 5.3 결과의 바로 아래에 있는 팬을 선택할 수도 있다. 즉, 1 in. wg$(= 249$ Pa$)$, 7300 cfm$(= 3.445$ m³/s$)$으로 1000 rpm으로 작동하며 1.64 kW가 필요한 팬을 선정할 수도 있다. 다음으로 작은 크기인 24 in.$(= 0.6096$ m$)$ 지름의 팬이 있는데, 두 가지 선택이 가능하다. 6400 cfm$(= 3.02$ m³/s$)$에서 1 in. wg$(= 249$ Pa$)$ 정압 상승은 1200 rpm 및 1.5 kW 팬으로 가능하다. 5800 cfm$(= 2.737$ m³/s$)$에서 1 in.wg$(= 249$ Pa$)$는 1150 rpm에서 가능하며 1.27 kW가 필요하다. 이 베인형 축류 팬 제품군의 크고 작은 버전에 대한 추가적인 성능표를 검토하면 아마도 정확한 점은 아니지만 원하는 성능점에 근접한 팬에 더 많은 선택 기회를 제공할 수 있다.

다소 혼란스러워 보일 수 있지만 목표로 하는 팬의 사양과 유사한 성능을 가지는 다수의 팬이

Cordier 분석을 통해 도출되었다. 요구 동력은 예외적으로 다른데, 모든 경우에서 높은 값을 가진다. 실제 홴의 경우 레이놀즈수와 반경 방향 틈새는 모두 Cordier 효율 추정에 내포되어 있는 최고 효율 조건과는 거리가 멀다. 5.3절의 정보를 사용하여 이 홴의 성능을 조정할 수 있다. 레이놀즈수는 $Re = ND^2/\nu \approx 0.4 \times 10^7$로 추정된다. 표 5.2에서 지름이 27 in.($=0.686$ m)인 홴의 블레이드 지름은 27 in.($=0.686$ m)이고 케이싱 또는 입구 지름도 27 in.이다. 따라서 반경 방향 틈새는 $c = 0.15$ in.이고 $c/D = 0.0056$이다. 식 (5.2)와 식 (5.4)를 사용하여 성능 저하 인자를 추정하면 전체 효율은 0.88의 Cordier 효율값에서 약 0.61로 감소하는데, 이는 요구 동력의 공칭값을 약 1.6 kW로 높이며 다중 성능표의 다양한 값들과 상당히 근접하게 된다. 추가적으로 효율과 동력에 대해 유의해야 할 사항은 Cordier 추정값은 BEP에서만 적용되지만 다중 성능표 항목은 BEP를 나타내지 않을 수 있다는 것이다.

어떤 홴을 궁극적으로 선택해야 할까? 최선의 선택은 27 in.($=0.686$ m), 945 rpm, 0.92 kW의 동력이 필요한 홴을 선정하는 것이다. 24 in.($=0.61$ m), 3.02 m^3/s 및 249 Pa의 홴은 요구되는 성능을 제공할 수 있지만 필요 동력은 60% 이상 증가한다. 두 홴의 음향 출력을 추정하면 0.61 m 홴은 91.1 dB, 0.686 m 홴은 87.6 dB을 나타낸다. 이 둘 사이의 선택은 음향 출력 수준에 따라 이루어질 수 있지만 그 차이는 그렇게 크지 않다. 표 5.4에는 이 두 홴의 성능 변수가 요약되어 있다.

표 5.4 홴 선정 옵션

홴	D(m)	N(rpm)	Q(m^3/s)	Δp_s(Pa)	P(kW)	L_w(dB)
24 in.	0.610	1200	3.03	250	1.50	91.1
27 in.	0.686	1000	3.07	250	0.92	87.6

두 홴은 매우 유사하며 최종 선택은 크기가 작고 초기 비용이 약간 낮은 홴과, 크기가 크고 초기 비용은 크지만 운용 동력이 적고 소음이 낮은 홴 중 사용자가 선호하는 것에 따라 달라진다. 홴의 사용 빈도에 따라 선호도가 달라질 수 있다. 홴을 몇 년에 걸쳐 지속적으로 사용해야 한다면 운전 비용이 절감되는 27 in. 홴이 선택될 것이다. 홴을 가끔씩 또는 계절에 따라 사용하고 소음이 그다지 중요하지 않은 경우에는 더 작은 홴이 선택될 것이다.

동일한 Cordier 분석 기법을 튜브형 축류 홴 선정에 적용할 수 있는데, 이 문제는 이 장 끝부분에 있는 연습 문제에서 알아본다.

확장된 다중 성능표를 사용하는 대신에 다양한 크기와 속도의 전체 홴 제품군의 특성을 나타내기 위해 무차원 성능 곡선을 이용할 수도 있다. 예를 들어, 단일 너비와 단일 흡입구(SWSI: single-width, single-inlet)를 가지는 원심형 후향 경사 블레이드 홴 제품군을 고려

하면, 이 종류의 횐은 다양한 크기(이 경우 0.46~1.85 m)의 제품 선택이 가능하다.

원심 횐은 구조적 강도 및 견고성과 관련된 'Class'로 구분된다. Class I 횐은 블레이드 팁 속도가 <55 m/s, Class II 횐은 팁 속도가 68 m/s까지이고, Class III 횐은 팁 속도가 86 m/s로 제한된다. 일반적으로 횐 압력 상승은 팁 속도의 제곱에 비례하므로 고압 응용 분야에서는 더 높은 성능을 가지는 횐이 필요하다. 물론 Class 등급 증가에 따라 비용도 증가한다. 원심 횐의 경우 세 가지 등급 모두 가능하다.

이 횐 제품군의 다중 성능표를 모아 놓은 카탈로그는 상당한 두께가 될 것이다. 성능표에서 속도와 크기의 다양한 조합에 대한 여러 성능점(유량, 정압 및 동력)을 선택하면 다음과 같은 일반적인 정의로부터 여러 무차원 성능점을 생성할 수 있다.

$$\phi = \frac{Q}{ND^3}, \quad \psi_s = \frac{\triangle p_s}{\rho N^2 D^2}, \quad \eta_s = \frac{Q\triangle p_s}{P}$$

관련된 전체 성능 변수는 연습 문제 2.22에서 주어진 관계식으로부터 계산될 수 있다.

$$\psi_T = \psi_s + \frac{8}{\pi^2}\phi \tag{5.6}$$

$$\eta_T = \eta_s \frac{\psi_T}{\psi_s} \tag{5.7}$$

지름이 덕트 지름과 동일하지 않은 원심 횐에 대해서는 식 (5.6)은 근삿값을 나타낸다. 실제로 덕트 단면은 원형 대신 직사각형일 수 있다.

이렇게 생성된 점들은 성능 곡선으로 나타낼 수 있다. 그림 5.11(a) 및 그림 5.11(b)는 유량 계수의 함수로서의 (정적) 압력 계수와 유량 계수의 함수로서의 (정적) 효율에 대한 전형적인 곡선이다. 전압과 전효율 곡선(도시하지 않음)은 유사한 형태로 세로축상에서 다소 높은 값으로 나타난다. 이러한 곡선은 Ψ_s와 η_s를 변경하지 않고 $\phi_{DWDI} = 2\phi_{SWSI}$로 재작도하여 동일 횐이 이중-너비, 이중-흡입구(DWDI: double-width, double-inlet, 그림 5.12 참조)를 가지는 구조의 횐에 대한 곡선으로 변환될 수도 있다.

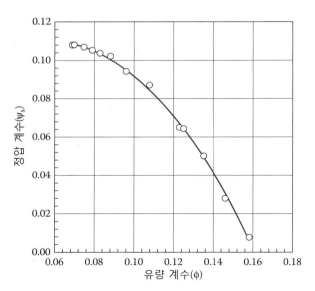

그림 5.11(a) SWSI 원심 홴 제품군의 무차원 압력 곡선(사용 가능한 크기는 0.46, 0.61, 0.91, 1.02, 1.25, 1.375, 1.50, 1.67 및 1.85 m 지름. Class Ⅰ, Class Ⅱ 및 Class Ⅲ 모형이 있음)

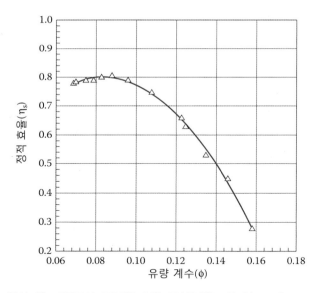

그림 5.11(b) SWSI 원심 홴 제품군의 무차원 효율 곡선(사용 가능한 크기는 0.46, 0.61, 0.91, 1.02, 1.375, 1.50, 1.67 및 1.85 m 지름. Class Ⅰ, Class Ⅱ 및 Class Ⅲ 모형이 있음)

출처: Process Barron 사.

그림 5.12 대형 DWDI 홴 용 임펠러

다음 예제는 Cordier 분석 후에 특정 홴을 선택한 후 위에서 설명한 무차원 성능 곡선을 사용하여 특정 홴을 선택하는 과정을 설명한다.

예제 5-5 ▌ 소음 제한이 있는 홴 선정

$Q = 7.08$ m³/s($= 15{,}000$ cfm), $\Delta p_\mathrm{s} = 1.5$ kPa($= 6.0$ in. wg), $\rho = 1.185$ kg/m³의 성능 사양을 충족하는 홴을 선택해 보시오. 여기서 $L_\mathrm{w} < 100$ dB 제약 조건을 따른다.

먼저, 소음 제한 조건을 사용하여 D_s의 최솟값을 추정한다.

$$L_\mathrm{w} \approx \frac{72}{D_\mathrm{s}^{0.8}} + 10 \log(Q \text{ cfm}) + 20 \log(\triangle ps \text{ in. wg})$$

$L_\mathrm{w} = 100$ dB 조건에서 주어진 유량 및 압력을 대입하면 $D_\mathrm{s} > 1.92$이다. 이후 Cordier 상관관계를 사용하면 $N_\mathrm{s} < 2.33$을 얻는다. Cordier 효율 곡선(그림 2.9 참조)에서 $0.8 < N_\mathrm{s} < 2$로 선정하면 높은 효율값을 얻을 수 있다. 이는 Cordier 선도 영역 D(혼합류형) 또는 E(반경 방향 토출)의 홴을 의미한다. 그림 5.11(a) 및 그림 5.11(b)에 표시된 홴 성능이 이 영역에서 대표적인 홴이므로 이 선도들을 이용하여 기계를 선정한다.

좋은 효율을 달성하기 위해 그림 5.10(b)의 BEP 근처에 위치한 $\varphi \approx 0.085$인 홴을 고려한다. 이 점에서 $\Psi_\mathrm{s} = 0.102$이다. 따라서 다음 식을 이용하면 D를 구할 수 있다[식 (2.28) 참조, $D = 0.865$ m($= 2.84$ ft)].

$$\phi = \frac{Q}{ND^3} = \frac{15,000/60}{ND^3}, \quad \psi_s = \frac{\varDelta p_s}{\rho N^2 D^2} = \frac{6 \times 5.204}{0.0023 \times N^2 D^2}$$

계산된 값과 가장 가까운 크기는 0.91 m(=2.99 ft, 35.8 in.)이다. 또 가장 경제적인 Class I 구성을 사용하기 위한 최대 팁 속도는 55 m/s이다. 해당 홴 속도는 $N=2 \times 55$ (m/s)/0.91 m = 120.88 s^{-1}=1154 rpm이다. $N=1154$ rpm 및 $D=0.91$ m를 지정하면 필요한 무차원 성능점은 다음과 같다.

$$\phi = \frac{Q}{ND^3} = \frac{15,000/60}{120.88 \times 2.99^3} = 0.0774, \quad \psi_s = \frac{\varDelta p_s}{\rho N^2 D^2} = \frac{6 \times 5.204}{0.0023 \times 120.88^2 \times 2.99^2} = 0.104$$

이 점은 성능 곡선상에 있지 않지만 근접한 값이다. 최종 사양은 다음과 같다.

- 지름 0.91 m, Class I 홴을 사용하고, 1150 rpm에서 작동한다.

실제 성능점은 항상 그렇듯이 홴 성능 곡선과 시스템 저항 곡선 간의 일치에 의해 결정된다. 과정은 다음과 같다.

- 그림 5.10(a)에서 선택한 Ψ_s 및 φ 값과 $\varDelta p_s = \Psi_s(\rho N^2 D^2)$, $Q = \varphi(ND^3)$를 사용하여 홴의 성능 곡선을 구한다.
- 지정된 운전점 $\varDelta p_{s,\,system} = 1.5$ kPa$[Q$ (m^3/s)$/7.08]^2 = 6$ in. wg$(Q$ cfm$/15,000)^2$을 통과하는 포물선 시스템 저항 곡선을 가정한다.
- 두 곡선의 교차점으로 운전점을 결정한다.

세부 사항은 연습 문제에서 알아볼 것이다.

5.6 공급업체 데이터를 이용한 펌프 선정

일반적으로 펌프를 선정하는 전반적인 과정은 홴을 선정하는 과정과 유사하다. 수십 개의 펌프 제조업체/공급업체가 있으며 수많은 카탈로그 데이터 정보가 있다. 이러한 선정 과정을 지원하는 수많은 프로그램을 인터넷 또는 시디롬(CD-ROM) 형태로 구할 수 있다. 많은 제조업체의 데이터를 통합하거나 다소 자동화된 선정 과정을 나타내는 인터넷 사이트도 찾아볼 수 있다. 물론 제조업체/공급업체의 담당자들은 엔지니어가 자사 펌프 중의 하나를 선택할 수 있도록 기꺼이 도와줄 것이다. 펌프 선정 작업은 종종 내식성이나 액체 흐름에서 부유

물질을 처리하는 것에 대한 적합성과 같은 비수력적(nonhydraulic) 인자에 의해 영향을 받기도 한다.

여기서 설명하는 선정 과정은 필요한 일반적인 펌프 유형을 식별하고 크기와 성능을 추정하기 위해 Cordier 분석이 먼저 사용된다는 점에서 홴 선정 과정과 유사하다. 그 후 가장 일반적으로 성능 곡선 형태의 공급업체 데이터(다중 등급표는 일반적으로 펌프에 사용되지 않음)가 최종 선정을 위해 사용된다. 일반적으로 펌프를 선정할 때 캐비테이션 성능(NPSH)은 중요한 기준이지만 소음은 그렇지 않다.

그림 5.13(a)~그림 5.13(c)는 일반적인 공급업체 카탈로그의 펌프 성능 곡선을 나타낸 것이다. 이 특성 곡선은 Allis-Chalmers 펌프 제작사(ITT Industrial Pump Group, 신시내티, OH)의 단흡입(끝단 흡입이라고도 함) 펌프 데이터를 나타낸다. 펌프 산업계에서는 일반적인 관행으로 이러한 펌프를 모터에 직결하는 방식을 채택하기 때문에 사용 가능한 속도가 제한적이다. 펌프 공급업체는 종종 동일한 케이싱에 다양한 임펠러 크기를 제공한다. 이를 통해 제조 및 구매 비용을 절감할 수 있지만, 그림과 같이 작은 임펠러 크기를 가지는 펌프 효율에는 좋지 않은 영향을 미친다.

그림에서는 곡선과 함께 다양한 정보를 알 수 있는데 양정, 동력, 효율 및 요구 유효흡입

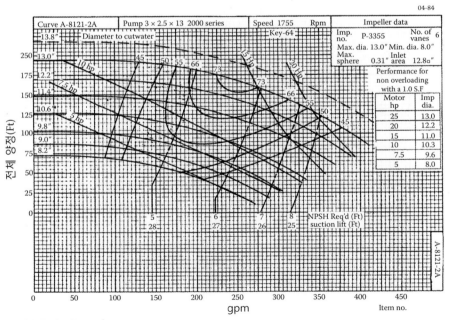

출처: ITT Fluid Technology 사.

그림 5.13(a) Allis-Chalmers 펌프 라인의 성능 곡선

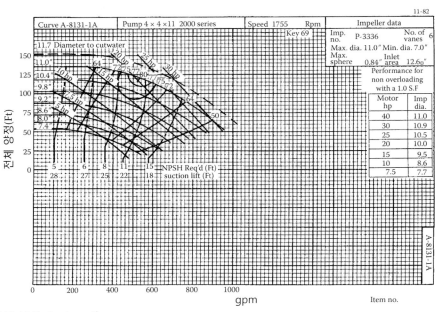

출처: ITT Fluid Technology 사.

그림 5.13(b) Allis−Chalmers 펌프의 다른 라인에 대한 성능 곡선

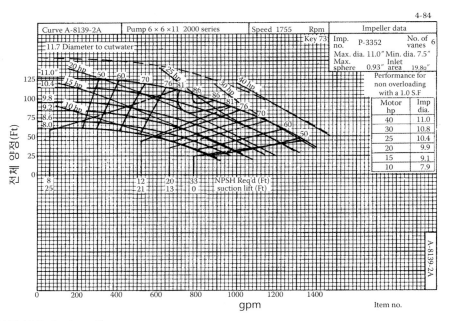

출처: ITT Fluid Technology 사.

그림 5.13(c) Allis−Chalmers 펌프의 다른 라인에 대한 성능 곡선

양정(NPSHR)에 대한 별도의 곡선이 나타나 있다. 기하학적 데이터와 모터 데이터는 범례에 나와 있다. 다소 모호한 항목인 '최대 구(max. sphere)'는 방해 없이 임펠러를 통과할 수 있는 가장 큰 크기의 구를 나타낸다. 다음 예제는 펌프 선정에서 이와 같은 곡선의 사용 과정을 보여 준다.

예제 5-6 ▎캐비테이션 구속 조건을 포함한 펌프 선정

150 ft(=45.72 m)의 양정에 대해 275 gpm(=0.01735 m³/s)을 전송할 펌프를 선정해 보시오. 유체는 29.4℃의 물이며 시스템은 NPSHR < 10 ft(=3.05 m)이어야 함을 요구한다. 경제성을 위해 직접 구동 펌프만을 고려한다.

독립 변수로 모터 극수를 사용하여 Cordier 분석표를 구성하였다(표 5.5 참조). 모터 슬립은 50 rpm으로 가정한다. 식 (3.37)이 Thoma 캐비테이션수와 펌프의 NPSHR를 추정하는 데 이용된다.

2극 모터로 구동되는 펌프는 NPSHR 요구 조건을 충족할 수 없다. 또 6극 (이상) 모터로 구동되는 펌프는 매우 비효율적이다. 따라서 1 ft(=0.3048 m) 정도의 임펠러 지름을 가진 4극 모터로 구동되는 펌프를 고려한다. 비속도가 낮기 때문에 좁은 폭의 블레이드를 가지는 원심 펌프를 선택한다. 그림 5.13(a)부터 그림 5.13(c)까지 설명된 펌프는 이러한 성능 요구 조건을 충족하며, 최선의 선택을 위해 추가 검토 작업을 시행하게 된다. 물론 많은 다른 제조업체의 펌프도 이러한 요구 조건을 충족한다. 몇 가지 특정 펌프를 고려해 보자.

- 곡선 A-8139는 지름이 11 in.(=0.28 m)인 임펠러인데 1755 rpm에서 124 ft(=37.795 m) 양정, 275 gpm(=0.0173 m³/s, 62.46 m³/h)을 전송하며, NPSHR=6 ft(=1.828 m) 및 $\eta_T \approx 0.50$을 가진다. 펌프는 최고 효율 영역에서 멀리 떨어져 작동하며 20 hp(=14.914 kW) 모터가 필요하다.

- 곡선 A-8131도 지름이 11 in.(=0.28 m)인 임펠러인데 1755 rpm에서 양정 150 ft(=45.72 m), 275 gpm(=0.0173 m³/s)을 전송하며, NPSHR=8 ft(=2.4384 m) 및 $\eta_T \approx 0.68$을 가진다. 이 방법이 더 좋지만 여전히 최고 효율 영역 왼쪽에서 작동한다. 양정은 원하는 값에 더 근접하지만 펌프는 여전히 20 hp 모터가 필요하다.

표 5.5 직결 펌프에 대한 Cordier 분석

모터 극수 (n_p)	모터 속도	N_s	D_s	D (in.)	η_T	σ_v	NPSHR (ft)
2	3550	0.50	5.77	6.50	0.83	0.097	14.6
4	1750	0.25	12.49	14.07	0.69	0.038	5.7
6	1150	0.16	19.75	22.26	0.57	0.022	3.2

- 곡선 A-8121은 $N = 1755$ rpm에서 $D = 13$ in.($= 0.3302$ m)인 다소 큰 펌프를 보여 주며 양 정 154 ft($= 46.9392$ m)에서 275 gpm($= 62.46$ m³/h, 0.0173 m³/s)을 전송하며, NPSHR = 6 ft($= 1.8288$ m) 및 $\eta_T \approx 0.73$을 가진다. 이것은 지금까지 고려된 펌프 중에서 가장 좋은 후 보이다. 어느 정도 효율 증가를 얻을 수 있지만, 크기가 약간 증가하고 NPSHR[여전히 < 10 ft($= 3.048$ m)]가 약간 증가하는 비용을 치르게 된다. 더 중요한 것은 15 hp($= 11.185$ kW) 의 모터 요구 조건으로 펌프가 더 커지더라도 비용을 크게 줄일 수 있다는 것이다. 이는 매 우 제한된 카탈로그 데이터 검토를 기반으로 한 작업이지만 좋은 선정 결과를 보여 준다.

최종 선택은

$$\text{펌프 선정 } 3 \times 2.5 \times 13 \text{ 모형 } 2000$$
$$13 \text{ in.}(= 0.33 \text{ m}) \text{ 지름 및 } 15 \text{ hp}(= 11.185 \text{ kW}) \text{ 모터}$$

이 펌프는 비록 실제 지름이 Cordier 추정값보다 약간 작지만 최고 효율점(BEP) 근처에서 작 동하며, 효율 및 NPSHR에 대한 Cordier 추정값은 매우 정확하다고 할 수 있다.

5.7 가변 피치 및 가변 흡입 베인 홴의 선택

지금까지의 선정 과정은 단일 성능점을 얻는 데 중점을 두었다. 질량 유량 또는 체적 유량 이 상당히 광범위하게 변해야 하거나 매우 정밀하게 제어되어야 하는 많은 응용 분야가 있 다. 이러한 목표를 달성하기 위한 한 가지 방법은 댐퍼(홴의 경우) 또는 밸브(펌프의 경우) 를 사용하여 시스템 저항을 변경하여 운전점을 이동시키는 것이다. 여기에는 자본 투자가 거

출처: Howden Denmark 사.

그림 5.14 디퓨져가 있는 가변 피치형 축류 홴

출처: Howden Denmark 사.

그림 5.15 제어 가능한 블레이드를 위한 원형 블레이드 마운트를 보여 주는 가변 피치형 대형 축류 팬의 세부 사항

의 필요하지 않지만, 추가적인 시스템 손실이 발생하고 기계가 최고 효율점 아래에서 작동되어야 하기 때문에 많은 에너지가 낭비되고, 결과적으로 운전 비용이 증가하게 된다. 두 번째 옵션은 BEP 근처에서 운전을 유지하면서 기계 속도를 변경하는 것이다. 이를 위해서는 값비싼 가변속 동력 전달 장치, 증기 터빈 구동 또는 가변 주파수 구동 모터가 필요하다. 일반적으로 가변속 시스템은 매우 크거나 에너지 소비가 많은 시스템에 적용되어야만 경제적이라

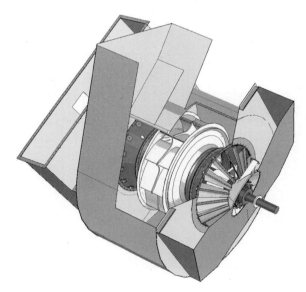

출처: FlatkWoods Americas 사.

그림 5.16 가변 유입 베인을 보여 주는 DWDI 원심 팬 어셈블리

고 할 수 있다.

  팬에 사용 가능한 두 가지 대안으로는 가변 블레이드 피치 베인형 축류 팬과 가변 입구 베인형 원심 팬이 있다. 이 장치들을 이용하면 매우 넓은 성능 범위에서 유량 조절이 가능하다. 가변 피치 베인형 축류 팬은 블레이드가 반경 방향 축을 중심으로 회전할 수 있도록 베어링 조립체에 장착된 블레이드로 구성되어 있어, 팬이 작동하는 동안 블레이드 또는 캐스케이드 피치 각도를 연속적으로 변경하여 유량 및 압력 상승을 조절할 수 있다(그림 5.14 및 그림 5.15 참조). 가변 입구 베인형 원심 팬(그림 5.16 참조)에는 팬의 입구 콘(cone)에 반경 방향 회전축을 가진 베인 세트가 설치되어 있다. 이들 베인 날개의 각도는 임펠러로 유입되는 유동에 선회(spin 또는 swirl)가 발생하도록 조절될 수 있다. 이러한 베인 각도의 설정에 따라 팬의 유량-압력 특성이 달라진다(연습 문제 2.36 참조). 블레이드 또는 베인 날개를 조정하는 데 필요한 베어링 조립체, 연결 메커니즘 및 피드백 제어 시스템은 주어진 기계의 복잡성을 더하고 비용이 다소 추가될 수 있지만, 요구 조건을 매우 정확히 충족하도록 조정 및 제어를 가능하게 한다. 전체적인 성능 특성이 유사하므로 여기서는 가변 피치 베인형 축류 팬만 자세히 설명한다.

  예를 들어, Howden Denmark 사의 Variax 시리즈 팬은 지름이 794~1884 mm이고 1470 rpm(50 Hz 라인 주파수)에서 작동하며, 2950 rpm에서는 더 작은 팬도 선정할 수 있다. 유량 범위는 약 4~110 m^3/s이며 전압 상승 범위는 250~3000 Pa이다. 그림 5.17은 이러한 팬 선정 선도로 사용 가능한 유량 및 압력 범위와 각 구간에 대해 권장되는 특정 팬 모형을 보여

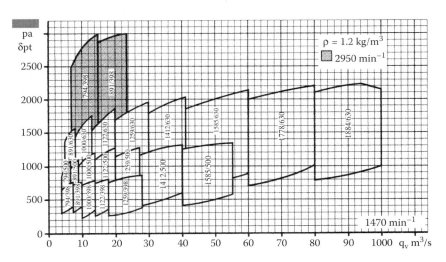

출처: Howden Denmark 사.

그림 5.17 가변 피치 축류 팬의 팬 선정 도표

준다. 그림 5.14 및 그림 5.15에 제시된 ASV 1000/630 – 10 모형의 경우 홴 지름이 1000 mm, 홴 허브 지름은 630 mm이고, 블레이드수는 10개이며, 홴은 1470 rpm으로 작동한다.

본질적으로 각기 다른 블레이드 설정은 공기역학적으로 다른 홴을 나타내는데, 각 블레이드 설정마다 고유한 성능 곡선이 있다. 그림 5.18에 나타낸 이러한 여러 곡선의 조합을 성능 선도(performance map)라고 한다. 그림 5.18은 ASV 1000/630 – 10의 성능 선도를 나타낸다. 압력 상승 대비 유량 그래프로부터 후류 디퓨져(추가 선택 가능)가 없는 기계에 대한 전압(Pa)과 유량(m³/s)의 관계를 알 수 있다(디퓨져가 있는 홴에 대한 카탈로그도 있음). 또

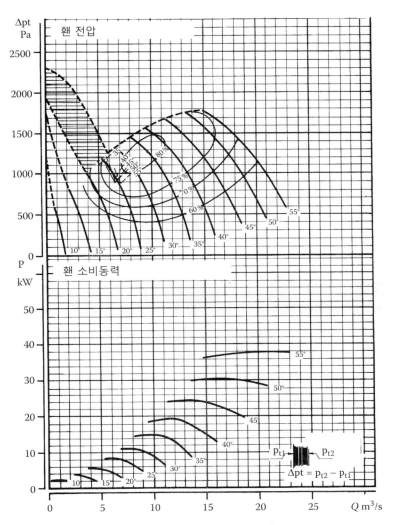

출처: Howden Denmark 사.

그림 5.18 가변 피치 홴의 성능 선도

필요 축동력(kW)도 구할 수 있다. 압력-유량 곡선에 전효율(total efficiency)이 표시된 효율 등고선을 겹쳐서 보여 주고 있는데, 각각의 피치각 설정에 대해 한 쌍의 곡선이 표시된다(기하학적 피치각은 α_g라고 표시함). 피치각은 일반적으로 블레이드 허브 또는 베이스와 회전면 사이의 각도로 정의된다. 이 홴의 경우 α_g의 범위는 $10°{\sim}55°$이고, 유량은 약 0.7 m³/s에서 28 m³/s까지 다양하며, 전압 상승은 최대 약 1800 Pa까지 나타낸다. 최고 효율(BEP를 대체)은 타원형의 80% 전효율 등고선 내에 위치하며, 약 1000~1500 Pa이고, 유량은 7~11 m³/s 범위를 가진다.

가변 피치 홴을 선택할 때 대부분의 시간 동안 작동하는 시스템의 운전점은 기계의 기본 BEP 근처에 있어야 하며, 또한 반드시 최고 효율 등고선 내에 있어야 한다. 가능하면 예상 가능한 후보 운전점도 이 영역 내에 속해야 한다. 어떠한 경우에도 운전점은 점선으로 나타낸 실속 진입(stall entry) 곡선 외부에 위치하지 않아야 한다. 이 영역에서 운전을 시도하면 유량과 맥동 압력, 과도한 소음 및 기계적 진동이 발생하여 심각한 손상과 구조적 파손을 초래할 수 있다. 운전이 불안정하기 때문에 실속 영역에서는 성능 곡선이 정의되지 않는다. 홴 성능 선도상의 비실속 영역 내에서 임의의 운전점을 선택하면, 실속 경계에서 멀어져 적절한 실속 여유를 가지는 운전이 가능하다. 주어진 유량에서 운전되는 압력 상승이 실속 압력의 90% 이하라면 충분한 실속 여유를 가졌다고 할 수 있다. 예를 들어, 그림 5.18의 ASV 1000/630-10 홴이 15 m³/s에서 작동하는 경우 허용 압력 상승은 약 1620 Pa(0.9×1800 Pa)이므로 블레이드 피치각은 약 51°가 된다.

예제 5-7 ▌ 가변 피치 축류 홴의 운전점

홴이 다음 세 가지 운전점, 즉 1100 Pa에서 9 m³/s, 1500 Pa에서 13 m³/s, 1000 Pa에서 6 m³/s에 부합해야 한다고 할 때, ASV 1000/630-10 홴이 합리적으로 선정되었다는 것을 증명해 보시오. 성능 선도(그림 5.18 참조)로부터 다음을 얻을 수 있다.

- 9 m³/s, 1100 Pa에서 $\alpha_g = 32°$일 때 $\eta_T = 0.81$이며, 작동 압력은 실속 압력의 73%이다.
- 13 m³/s, 1500 Pa에서 $\alpha_g = 45°$일 때 $\eta_T = 0.78$이며, 작동 압력은 실속 압력의 85%이다.
- 6 m³/s, 1000 Pa에서 $\alpha_g = 24°$일 때 $\eta_T = 0.76$이며, 작동 압력은 실속 압력의 77%이다.

주어진 조건에서 선택한 홴은 좋은 효율과 실속 여유를 나타내므로 합리적으로 홴이 선정되었다고 할 수 있다.

예제 5-8 | 홴 선정 도표의 사용

다음 세 가지 운전점, 1200 Pa에서 50 m³/s, 2000 Pa에서 60 m³/s, 1100 Pa에서 20 m³/s을 충족하는 홴을 선정해 보시오.

원하는 세 가지 운전점 중에서 '중간점'인 1200 Pa, 50 m³/s 조건이 홴 유형을 선정하는 데 사용된다고 가정한다. 1470 rpm에서 작동한다고 가정하면 비속도는 6.12이다. 이것은 베인형 또는 튜브형 축류 홴을 의미한다. Cordier 분석으로부터 비지름은 약 1.2이고, 실제 지름은 약 1.5 m임을 알 수 있다. 초기 비용이 좀 더 들어가지만 경제성을 고려하여 가변 피치 홴을 사용하는 것으로 가정하자. 홴 선정 도표(그림 5.17 참조)로부터 공칭 운전점 50 m³/s, 1200 Pa에서는 ASV 1585/630이 초기에 선정 홴으로 적합함을 알 수 있다. 여기서 '1585'는 홴 지름이 1.585 m 임을 나타내는데 이는 Cordier 추정값에 합리적으로 근접한 값이다.

5.8 요약

이 장은 성능별로 세분화된 Cordier 선도의 각 영역에 대한 설명으로 시작하였다. 이러한 구역 또는 영역은 선도 왼쪽 영역(낮은 비지름값/높은 비속도값)에서 오른쪽 가장자리의 영역(높은 비지름값/낮은 비속도값)에 대해 특정 종류의 터보기계와 연관지어졌다. 가장 왼쪽 영역은 저부하 축류형 기계를, 오른쪽 영역은 고부하 반경류형 기계와 연관되어 있다. 그 사이에 있는 구역에는 중간 부하 축류형 기계, 혼합류형 기계, 그리고 중간 부하 원심형 기계가 할당되었다. 하이브리드 또는 크로스오버 터보기계를 논의하였고, 축류형과 원심형 임펠러를 모두 다단화하는 사례를 다루었다.

다음으로 터보기계의 BEP 효율을 추정하는 개략적 방법을 논의하였다. '성능 저하(derating)' 인자를 조합하는 개념을 도입하였고, 매우 일부의 성능 저하에 대한 정보를 제시하였다.

그 후 분류 영역과 효율성 추정 개념을 확장하여 주어진 일련의 성능 사양에 적합한 기계를 결정하기 위한 논리적인 방법을 전개하였다. 이 과정에서는 Cordier 선도 변수, 비속도, 비지름, 전효율 및 음향 출력 수준, 필요한 경우 Thoma 캐비테이션수를 사용하여 유용하지만 근사 방법으로 정량적으로 설명되었다.

제조업체가 제공한 성능과 기하학적 정보를 이용하여 홴과 블로워 및 펌프에 대한 선정 절차 문제를 다루었다. 이러한 절차를 통해 다양한 제약 조건에서 최적의 기계가 선정되는 과정을 보였다.

연습 문제

5.1 표준 공기($7.08 \text{ m}^3/\text{s}$)를 498 Pa 전압으로 공급하기 위한 환기 휀이 필요하다. 휀은 1년에 1200시간씩 5년 동안 작동해야 한다. Cordier 분석을 사용하여 다음 제약 조건에서 가능한 가장 저렴한 휀/모터 조합을 선택하시오.

- 전체 효율(모터 포함)을 Cordier보다 10 포인트 낮게 사용한다.
- 모터 비용은 극수에 따라 \$/hp로 추정된다[\$/hp $= 70 + 5(n_p - 4)^2$].
- 2, 4, 6, 8 및 10극의 직결 모터를 고려한다.
- 초기 비용이 모터 비용의 2배이고, 전력 비용은 \$ 0.08/kWh라고 가정한다.
- 시간 비용은 무시한다.

5.2 Cordier 분석을 사용하여 전압 상승이 1.24 kPa(표준 공기)이고 유량이 $4.72 \text{ m}^3/\text{s}$인 후보 휀 구성을 평가하고자 한다. 벨트 구동 방식으로 가정하고 다양한 장비를 고찰한다. 전체 효율을 기준으로 최상의 후보 휀을 선택하시오. 만일 토출 속도 압력이 회복되지 않으면(임펠러 출구 면적의 속도 V_d를 기준으로 함) 정적 효율에 따라 최상의 휀을 선택하시오.

5.3 화학 공정 휀은 전압 상승 7.96 kPa에서 $2.36 \text{ m}^3/\text{s}$의 공기($\rho = 1.185 \text{ kg/m}^3$)를 전송해야 한다. 이러한 응용 분야에 적합한 단단 원심 휀을 선정하고 지름, 속도, 효율 및 동력을 구하시오. 또 단순한 2단 직렬 원심 휀을 선정하고 지름, 속도, 효율 및 동력을 구하시오. 두 선택을 가능한 한 정량적으로 비교하고, 두 구성의 장단점을 논하시오. (단, 압축성 영향은 무시한다)

5.4 다단 축류 휀으로 구성한다고 할 때 위 연습 문제 5.3을 재해석하시오. 선택한 단수가 옳은지 증명하시오.

5.5 전체 휀 소음을 최소화하도록 위 연습 문제 5.4의 분석을 다시 수행하시오.

5.6 Cordier 분석과 함께 표 5.2를 사용하여 표준 밀도에서 $Q = 5.66 \text{ m}^3/\text{s}$ 및 $\Delta p_s = 124$ Pa을 가지는 베인형 축류 휀을 선정하시오. 초기에 속도 압력(동압)이 187 Pa이라고 가정하고, 한 번만 반복하여 해를 구하시오.

5.7 그림 P5.7(a) 및 그림 P5.7(b)를 대상으로 한 Cordier 분석을 사용하여 70 Pa의 정압 상승에서 $2 \text{ m}^3/\text{s}$를 공급하는 튜브형 축류 휀을 선정하시오. 가용 지름 및 속도 제한을 기준으로 분석하고, 그림 P5.7에 가장 적합하며 요구 최소 동력을 기준으로 하여 선정하시오.

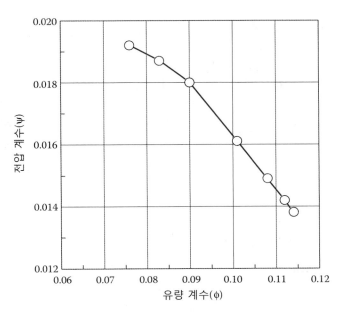

그림 P5.7(a) 튜브형 축류 핸의 무차원 성능. 사용 가능한 크기(지름, mm): 305, 381, 457, 533, 610, 686, 813, 1067, 1219, 1372, 1524, 1828, 2134, 2438), 최대 팁 속도, $U_t \leq 179.83$ m/s

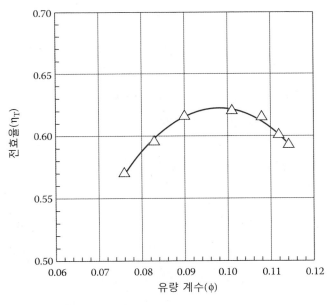

그림 P5.7(b) 튜브형 축류 핸의 전체 효율

5.8 Cordier 분석으로부터 다음 그림 P5.7을 사용하여 선택 기준으로 소음이 작고 $\Delta p_s = 933$ Pa에서 $Q = 94.4$ m³/s에 적합한 튜브형 축류 핸을 선정하시오.

5.9 표 5.2를 사용하여 표준 공기에서 $\Delta p_T = 186.63$ Pa와 $Q = 2.95$ m³/s을 제공하는 홴을 검색하시오.

5.10 연못으로부터 30.48 m 양정을 가지는 곳에 204.41 m³/h($=0.0568$ m³/s)의 29.44℃ 물을 공급해야 하는데 2.44 m 흡입 양정이 필요하다. 적절한 캐비테이션 운전 여유를 가지고 이 사양을 수행할 수 있으며, 최고 효율을 유지할 수 있는 펌프를 선정하시오.

5.11 995.4 Pa의 정압 상승 시 7.08 m³/s의 공기(1 atm에서 20℃)를 공급할 홴을 선택하시오. 비용 절감을 위한 8.95 kW($=12$ hp) 이하의 비교적 조용한 홴을 선정하시오.

5.12 15.24 m 양정에서 11.36 m³/h($=0.00315$ m³/s)의 29.44℃ 물을 공급하기 위한 펌프가 필요하다. 가용 유효흡입양정(NPSHA)은 3.05 m이다. 사용 가능한 가장 작은 펌프는 무엇인지 구하시오.

5.13 249 Pa의 압력 상승 시 $p_b = 97.2$ kPa(국소 기압)로 47.2 m³/s의 56.7℃ 공기를 공급할 수 있는 홴을 선정하시오. (단, 최선의 선택을 위한 기준으로 최소 소음을 사용한다)

5.14 500 Pa 정압 상승 시 25 m³/s의 표준 공기($\rho = 1.2$ kg/m³)를 전송할 수 있는 최소 음향 출력 수준 블로워를 식별하시오.

5.15 소형 부품 조립 라인에는 높은 수준의 환기가 요구되는 용제(solvent)를 사용해야 한다. 이러한 유독성 가스를 제거하려면 높이 3.658 m×너비 9.144 m의 공간에서 2.438 m/s의 평균 속도를 유지해야 한다. 그 후 독성 물질을 습식 세정기 필터에서 제거하는데 1.44 kPa의 압력 강하를 유발한다. Cordier 분석을 사용하여 필요한 유량 및 압력 상승을 제공하는 홴의 설계 변수를 선정하시오. 이때 홴은 전체 효율의 90% 또는 그 근처에서 작동하게 되는데, 홴의 최소 지름을 구하시오. 또 홴의 크기와 속도를 구하고, 선택한 홴 유형을 설명하시오.

5.16 위 연습 문제 5.15에서 언급한 성능 요구 조건에 대해 홴 선택 시 $L_w = 100$ dB 미만으로 제한한다. 이러한 소음 요구 조건에 부합하여 크기 및 효율 요구 조건을 완화하시오.

5.17 워터 펌프는 15.24 m의 양정에서 36.34 m³/h($=0.01$ m³/s)를 공급해야 하며 펌프의 NPSHA는 1.22 m이다. 모터에 직결된 단흡입 펌프의 경우 캐비테이션 없이 사용할 수 있는 가장 작은 펌프를 결정하시오(D, N 및 η를 정의).

5.18 지름이 0.51 m인 소형 축류 홴은 $Q = 0.944$ m³/s, $\Delta p_s = 24.9$ Pa 및 $\rho = 1.2$ kg/m³에서 BEP 성능을 가진다.

(a) 비속도와 필요한 rpm을 추산하시오.

(b) 어떤 종류의 홴을 사용해야 하는지 정하시오.

(c) 홴에 필요한 모터 동력(축동력) kW를 구하시오.

(d) 음향 출력 수준을 dB 단위로 추산하시오.

5.19 항공기 객실에는 히터, 냉각기, 필터 및 기타 공기 조화 장비를 통해 공기를 이동시키기 위해 재순환 홴이 장착되어 있어야 한다. 대형 항공기에 장착된 전형적인 재순환 홴은 5 kPa의 전압 상승 요구 조건으로 1.10 kg/m^3(홴 입구 위치임)에서 약 0.6 m^3/s의 공기를 처리해야 한다. 항공기의 전기 시스템에는 400 Hz의 라인 주파수에서 AC 전원이 공급되며, 홴은 신뢰성을 위해 직접 연결된 임펠러로 구성되어야 한다. 최고의 정적 효율을 달성하기 위한 홴의 임펠러 크기를 구하시오.

5.20 위 연습 문제 5.16에서 다룬 홴의 음향 출력 수준이 85 dB보다 작도록 제한한다면, 설계 크기와 효율은 어떠한 영향을 받는지 설명하시오.

5.21 위 연습 문제 5.19에서 다룬 재순환 홴의 경우 음향 출력 수준을 90 dB 미만으로 유지해야 한다면 설계 옵션은 무엇인지 설명하시오.

5.22 공기 이송기의 성능 요구 조건은 다음과 같다. 유량이 Q=60 m^3/min, 전압 상승이 Δp_T =500 Pa, 주변 공기 밀도가 ρ=1.175 kg/m^{3}이다. 또 해당 기계의 음향 출력 수준은 90 dB을 초과하지 않아야 한다.

(a) 홴에 적합한 속도와 지름을 결정하고, 전체 효율을 추산하시오.

(b) 레이놀즈수의 영향, 이상적인 경우보다 2.5배 큰 구동 틈새, 그리고 벨트 구동 시스템의 영향을 고려할 때 전체 효율을 수정 계산하시오(구동 효율은 95%로 가정함).

5.23 이 장에서 소개한 무차원 성능 곡선을 사용해서 위 연습 문제 5.22의 요구 조건에 해당하는 세 가지 후보 기계를 선택하시오. (단, 이러한 후보 기계는 해당 문제의 예비 설계 결정 결과와 밀접하게 일치한다)

5.24 무단 수영의 즐거움을 방해하기 위해 돌산을 벗어나려면 양정 80 m에 대해 최소 0.5 m^3/s 유량을 송출할 수 있는 펌프가 필요하다. 펌프 유입구는 12℃ 수면 위 1.125 m에 위치하며 펌프는 바지선 위에 장착된다. 펌핑 중의 대기압은 98 kPa로 떨어질 수 있다. 이 용도에 맞는 캐비테이션 없는 펌프를 선정하고, 그림 P5.24로부터 사용 가능한 최고의 펌프가 가지는 크기 및 속도에 관한 모형화 결과를 일치시키시오.

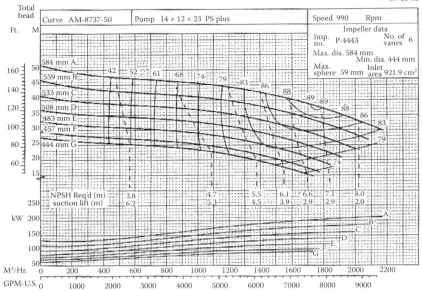

출처: ITT Fluid Systems.

그림 P5.24(a) 펌프 성능 곡선(990 rpm)

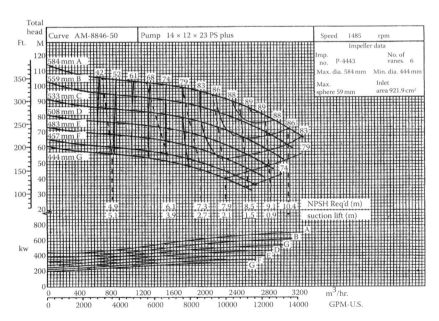

출처: ITT Fluid Systems.

그림 P5.24(b) 펌프 성능 곡선(1485 rpm)

5.25 유량 2 m^3/s를 사용하여 위 연습 문제 5.7의 팬 선정 연습을 반복하되 정압 상승을 140 Pa로 변경한 뒤에 다시 35 Pa로 변경하여 계산한 다음, 그 결과를 연습 문제 5.7의 결과와 서로 비교하시오. (단, 팬에 대해서는 그림 P5.7의 무차원 곡선을 사용한다)

5.26 16 m 양정에 21 m^3/h를 공급하는 데 필요한 워터 펌프는 1.125 m의 NPSHA로 작동해야 한다. 모터에 직결된 단일 흡입 기계의 경우 D, N 및 η을 정의하여 사용할 수 있는 가장 작은 펌프를 결정하시오. NPSHA가 0.5 m일 때 최소 크기는 얼마인지 구하시오.

5.27 앞 연습 문제 4.27의 FD 팬은 0.57 kg/m^3의 입구 밀도를 가지는 25 m^3/s의 공기에 10 kPa의 정압 상승을 제공하였다. 1500 rpm의 회전 속도에서 팬 크기, 정적 효율 및 전체 효율, 그리고 필요한 전원 입력값을 계산하시오.

5.28 위 연습 문제 5.27의 팬에 대한 흡입 공기 온도는 $T = 265\,℃$이다. 고온 팬은 종종 임펠러에 대한 입구 콘의 열 왜곡을 수용하기 위해 매우 큰 반경 방향 틈새 공간을 필요로 한다. $C/D = 8$의 틈새 비율을 사용하고 이 팬의 실제 반경 방향 틈새를 mm 단위로 구하시오. $T = 265\,℃$를 사용하여 공기의 동점성 계수를 수정하고, 레이놀즈수와 관대한 틈새를 모두 고려한 전체 효율을 수정하시오.

5.29 앞 연습 문제 4.29에서 설명한 것과 유사한 석회 건조로(lime-kiln) 팬은 입구 밀도가 0.593 kg/m^3인 $Q = 118$ m^3/s 및 $\Delta p_s = 11.2$ kPa의 성능 요구 사항을 가진다. 팬은 이중 너비 임펠러 구성으로 가정되며 높은 전체 효율을 위해 크기가 조정되어야 한다. 이 사양에 맞는 팬 크기 및 동력 요구 사항을 결정하시오. 레이놀즈수에 대한 전체 효율과 필요 동력을 수정하시오($C/D = 1$로 설정).

5.30 그림 5.15의 가변 피치 팬을 다단 구성으로 배치하여 매우 높은 압력 상승 성능을 달성할 수 있다고 가정한다. $Q = 47.2$ m^3/s 및 $\Delta p_T = 6.97$ kPa($\rho = 1.15$ kg/m^3)가 필요한 FD 팬에 적용 가능한 가변 피치 팬을 선정하고, 그림 5.17의 데이터에서 크기 및 단수를 지정하시오. (단, $N = 1470$ rpm이다)

5.31 5.2절의 유동 영역에 대한 논의에서 '하이브리드' 기계를 언급하였다. 하나의 예로 그림 P5.31의 성능 선도를 가지는 에어포일 플레넘(airfoil plenum) 팬을 들 수 있다. 이 팬은 공기 처리 및 조화를 위하여 또는 구형 장치를 개장하기 위한 실질적인 대체 수단으로 사용될 수 있다. 기존의 스크롤을 제거하면 더 작은 공간에서 수용 가능한 성능을 얻을 수 있다. 팬의 비속도와 비지름을 추정하고 원심 팬의 예상 영역과 비교하시오.

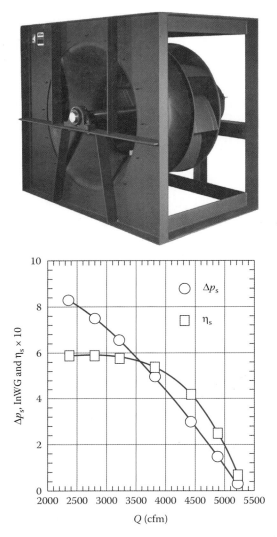

출처: Chicago Blower Corporation, 팬 카탈로그, 1998.

그림 P5.31 원심형 에어포일 플레넘 팬의 구성 및 정적 성능(교축 밸브가 설치되지 않음). $D = 381$ mm, $N = 3600$ rpm, $\rho g = 11.8$ N/m^3

5.32 소규모 목공소(연습 문제 4.25에서 고려한 것과 유사함)에서는 1.5 kPa의 정압 상승을 가지는 1.5 m^3/s의 환기량을 필요로 한다. 팬 설치 시 공간 제약이 매우 크기 때문에 그림 P5.31에 나타낸 것처럼 소형 플레넘(plenum) 팬을 사용하는 것이 좋다. Class I 팬을 사용할 수 있는지, 아니면 더 강력하고 더 비싼 Class II 팬을 선택해야 하는지 쓰시오. (단, $\eta_s = 0.58$인 영역에서 주어진 플레넘 팬의 비속도 및 비지름의 값을 이용한다)

5.33 위 연습 문제 5.31의 소형 플레넘 팬은 팬의 열린 입구(자유 유동 환경 기준)로부터 3.05 m 떨어진 점에서의 음향 출력 수준이 79 dBA이다. 4장의 수정 그래햄(Graham)법을 이용하여 지름 381 m와 3600 rpm인 팬 입구에서 $L_p = 3.05$ m를 추정하고 추정값을 정격값과 비교하시오. (단, 연습 문제 5.31에서 최고 전체 효율은 $Q = 1.51$ m^3/s에서 발생하는 것으로 나타났다)

5.34 발전소에서는 많은 종류의 펌프를 사용한다(500 MW 발전소에서는 적어도 100대의 펌프가 사용될 수 있다고 일부 전문가는 추정함). 발전 플랜트 사이클에 사용되는 세 가지 주요 유형은 보일러 급수 펌프, 응축수 펌프, (응축기) 순환수 펌프이다. 다음은 500 MW 발전소에 적용되는 이 세 가지 유형의 펌프에 대한 성능 요구 조건을 설명한다.

보일러 급수 펌프: 이 펌프는 고압 급수 히터를 통해 보일러로 물을 공급한다. 펌프는 탈기 급수 히터[실제로는 액상의 물과 증기가 약 1380 kPa(=200 psia)에서 혼합되는 개방 탱크]에서 흡입하여 약 22063 kPa(=3200 psi)로 물을 전달한다. 온수의 비중량은 약 929 kg/m^{3}이므로 펌프 양정은 약 2286 m이고, 유량은 약 529.2 kg/s 또는 0.568 m^3/s를 가진다.

응축수 펌프: 이 펌프는 응축수 압력이 약 10.34 kPa(=1.5 psia)인 응축기 물탱크(hotwell)로부터 흡입하여 저압 급수 히터를 통해 탈기 급수 히터로 전달한다. 탈기 장치는 약 1380 kPa(a)(=200 psia)에 있으며, 일반적으로 펌프에서 약 53.34 m 위에 위치한다. 마찰 손실과 약 977 kg/m^{3}의 물 밀도를 고려하여 응축수 펌프는 약 213.36 m 양정, 유량은 약 0.435 m^3/s를 가져야 한다.

순환수 펌프: 이 펌프는 응축기에 냉각수를 공급한다. 물은 호수나 강 또는 냉각탑에서 응축기 튜브를 통해 펌핑되어 원천으로 되돌아간다. 마찰 손실 때문에 양정은 약 9.14 m에 불과하며, 유량은 약 45424.94 m^3/h(=12.62 m^3/s)이다.

(a) 모든 펌프 효율이 85%이면 각 펌프에 필요한 동력을 추정하시오. [단, (a)에 대해서만 85% 효율을 사용한다]

(b) 가장 큰 펌프(임펠러 지름)는 무엇인지 구하고, 어느 것이 가장 작은지 설명하시오.

(c) 어느 펌프가 가장 빠른지(rpm) 어느 것이 가장 느린지 설명하시오.

(d) 어떤 펌프가 다른 동일한 펌프와 병렬로 사용되는지 구하고, 그 이유를 설명하시오.

(e) 어떤 펌프가 몇 단에 걸쳐 거의 확실하게 구축되어 있는지 구하시오. (단, 다단 펌프에는 직렬 임펠러가 여러 개 있고, 모두 동일한 케이스에 포함되어 있으며, 공통의 회전축에 장착되어 있으므로 다단 펌프는 실제로 여러 펌프를 직렬로 연결한 것과 동일하다)

(f) 증기 터빈으로 구동되는 펌프는 무엇이고, 전기 모터로 구동되는 것은 어느 것인지

설명하시오.

(g) 초기 비용을 절약하기 위해 응축수 펌프는 단일 1단 펌프로 구축되며 약 1800 rpm으로 구동된다(따라서 응축수 펌프의 비속도는 약 0.4이다). 나머지 펌프 중의 하나는 비속도가 0.6으로 설계된 임펠러를 가지고 있고, 다른 하나는 비속도가 3.0으로 설계된 임펠러를 가지고 있다. 어떤 펌프(보일러 공급 또는 순환수)가 0.6 또는 3.0의 비속도를 가지는지 구하고, 세 가지 펌프 각각에 대한 임펠러 형상을 스케치하시오.

(h) 각 펌핑 시스템에 대해 각각 적절한 비속도를 사용하여 적절한 회전 속도, 다단일 경우 적절한 단수, 또는 만약 병렬로 연결될 경우 몇 대의 동일 펌프를 병렬로 연결하는 것이 합리적인지 기술하시오. (단, 300 rpm < 합리적인 속도 < 6000 rpm, 합리적인 단수 또는 병렬 펌프의 대수 < 8이다)

5.35 공장에는 몇 년 동안 사용한 워터 펌프가 있다. 펌프는 AC 전기 모터로 구동된다. 플랜트 모니터링 기기 점검을 통해 다음 성능 데이터를 얻었다. 유량 ≃976.6 m^3/h(= 0.271 m^3/s), 양정 ≃15.2 m, 그리고 모터 입력 전원 ≃52 kW이다. 모터 명판을 점검하면 1750 rpm에서 작동하며, 최대 출력 용량은 60 kW이다. 플랜트 운영 전략의 변화에 따라 이제 펌프를 하루 12시간 동안은 50% 용량으로 나머지 12시간 동안은 최대 용량으로 작동해야 한다. 이러한 변경 사항을 수용하려면 펌핑 시스템을 수정해야 한다. 고려해야 할 옵션은 (1) 교축 밸브 설치, (2) 펌프와 모터 사이에 가변속 구동 장치 설치이다. 불행히도 펌프에 대한 모든 제조업체의 정보가 손실되었다.

(a) 펌프가 원래 시스템과 최적으로 일치하였다고 가정한 후(즉, BEP에서 작동됨), 펌프에 대한 일련의 성능 곡선(양정-유량 및 동력-유량)을 작도하시오. 곡선은 가능한 현실적이어야 한다. 또 50% 유량에서 예상되는 펌프 성능을 고려하시오.

(b) 스로틀 옵션에 대한 펌프 양정, 가변 속도 옵션에 필요한 펌프 속도, 그리고 두 옵션에 대한 동력을 산정하시오. (단, 가변속 구동 장치 효율은 95%라고 가정한다)

(c) 두 가지 옵션과 관련된 회사의 비용 처리 방침은 다음과 같다. 회사 방침은 1년 내에 자본 투자를 회수해야 하며 시간 비용을 할당하지 않는다. 두 옵션 모두에 대한 연간 비용을 계산하고 가장 경제적인 방법을 추천하시오.

교축 밸브	$800
가변속 구동 장치	$(\$) = 850 \ (hp/10)^{0.87}$
	[hp = input horsepower]
전력 요금	$0.07/kWh

5.36 석탄 화력 발전소는 종종 증기 발생로에서 '균형 드래프트(balanced draft)' 조건을 사용한다. 가열로는 대기압보다 약간 낮은 압력(일반적으로 − 124 Pa)으로 유지된다. 그런 다

음 이 장치는 대형 FD 홴을 사용하여 가열로에 공기를 공급한다. 또 ID 홴을 이용하여 가열로에서, 그리고 공기 히터와 연도 가스 정화 장비를 통해 연소 생성물을 끌어온다. 650 MW 설비는 0.0868 kg/s의 연도 가스를 생성할 것으로 예상된다. 요구 전압은 5.720 kPa로 추정된다. 공기 중 누출 및 시스템 막힘을 수용할 수 있는 일부 '운전 여유'를 허용하기 위해 ID 홴의 설계점은 유량과 압력 모두에서 10% 더 높게 설정된다. 가스 온도는 148.89℃이며 밀도 0.80 kg/m³ 및 동점성 계수 2.88×10^{-5} m²/s의 공기로 모형화할 수 있다. 원심 홴 설계를 선택하면 2대의 DWDI 홴이 사용된다(4대의 병렬로 작동하는 홴에 해당함). 축류 홴 설계를 선택하면 병렬로 작동하는 4대의 개별 홴이 사용된다. 홴에 직결된 대형 고품질 전기 모터(0.5% 슬립 및 98.5% 모터 효율이라고 가정함)로 홴은 구동된다.

(a) 단일 홴(즉, 4대의 축류 홴 중의 하나 또는 2대의 DWDI 원심 홴 중의 한 면)에 대한 설계 요구 조건(유량 및 압력)은 무엇인지 구하시오. (단, 압축성 영향은 무시한다)

(b) 모터의 극수(2, 4, 6, 8, 10, 12, …)를 독립 변수로 사용하여 홴의 전력 소비를 최소화할 수 있는 홴(속도와 크기 및 유형)을 지정하시오. 홴의 총 전력 소비량을 구하시오. 선정된 홴 모형은 성능 검증과 성능 곡선을 개발하기 위해 실험실 규모에서 시험을 거친다. 모형 홴은 지름이 0.914 m이고, 1750 rpm 모터로 구동되며, 표준 공기를 작동 유체로 한다. (단, 압축성 영향은 무시한다)

(c) 설계점(BEP)을 검증하기 위한 유량 및 전압 상승값을 구하시오.

(d) 시험용 홴의 기대 효율은 얼마인지 구하시오. (단, 필요시 레이놀즈수 및 조도 영향을 보정하고, 모형 및 실물 크기의 홴 모두 조도가 4.57×10^{-5} m인 강철로 제작된다)

(e) 시험용 홴에 요구되는 동력은 얼마인지 구하시오.

5.37 7.62 m 양정에 대해 22,712 m³/h (= 6.308 m³/s)를 전달할 펌핑 시스템을 선택한다(이것은 250 MW 발전 설비용 응축기 순환수 펌핑 시스템의 일반적인 사양임). 1대에서 5대 사이의 동일한 펌프로 병렬 운전한다면 몇 대가 필요한지 구하시오. 속도(예: 모터 극수 및 슬립)를 구하고, 필요한 전체 동력을 추정하시오. 또 임펠러 모양(크기 포함)을 스케치하시오. (단, 펌프는 동기식 AC 전기 모터에 의해 구동된다)

FLUID MACHINERY

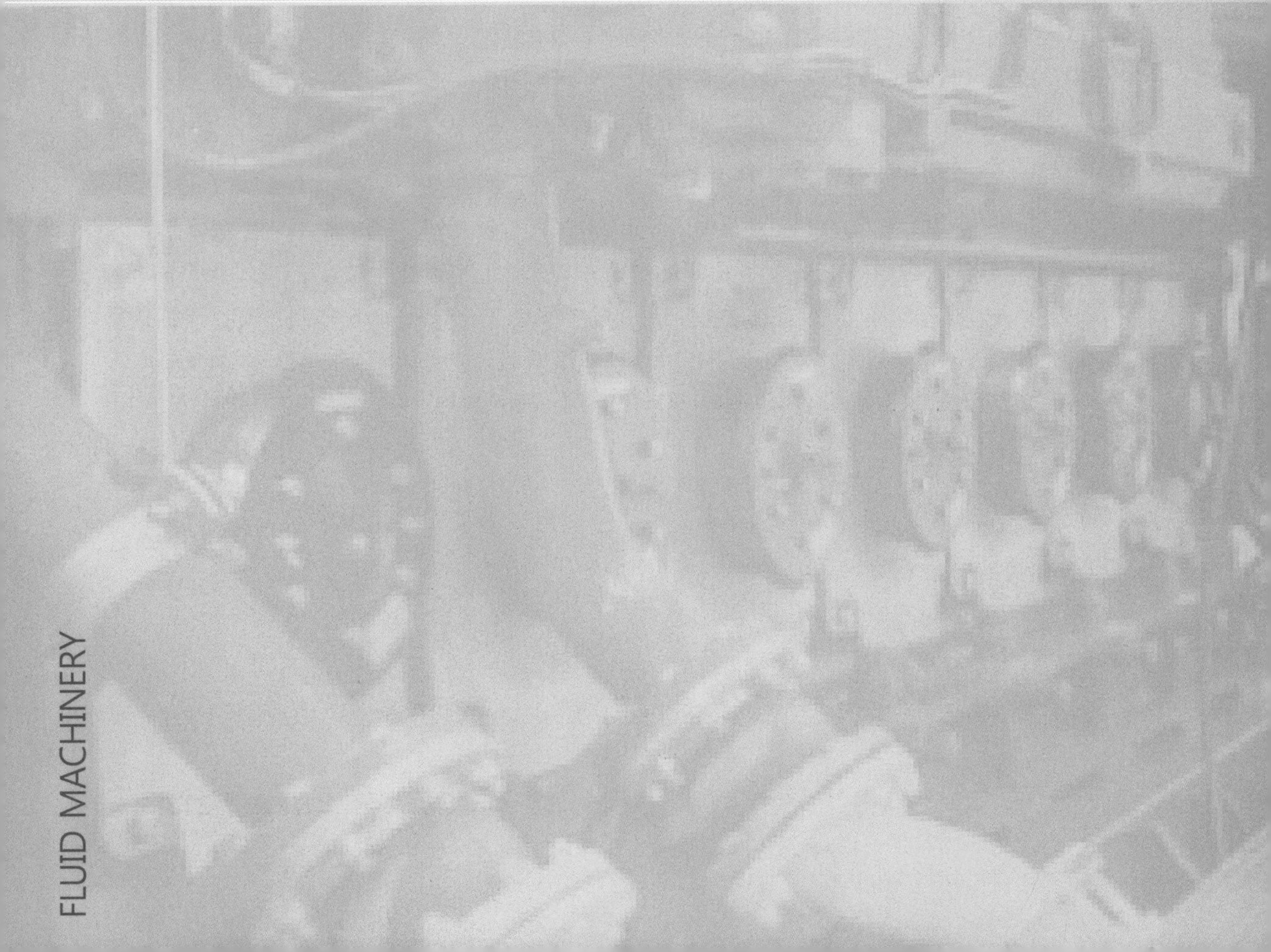

FLUID MACHINERY

제**6**장

터보기계 내부 유동의 기초

6.1 서문

이전 장에서는 터보기계의 성능을 이해하고 예측하는 데 초점이 맞추어져 있었다. 다시 말하면, 다양한 터보기계들이 어떻게 작동하는지보다는 무엇을 할 수 있는지에 중점을 두었다. 이 장에서는 터보기계 내부에서 발생하는 유동 현상의 세부 사항을 고려하는 것으로 시작할 것이다. 터보기계 내부 유동 현상에서 핵심적인 특징은 작동 유체와 움직이는 블레이드 사이의 상호 작용과, 이 과정에서 동반되는 유체 내에서의 운동량, 에너지 및 압력의 교환이다. 우선, 블레이드 형상과 유체 및 블레이드 속도 사이의 벡터 관계를 고려할 것이다. 그 후 로터/유체 사이의 에너지 전달을 기술하는 기본 방정식을 유도할 것이다. 그 다음에는 터보기계 내의 유체 확산에 대한 제한 조건을 고려하고, 마지막으로 이러한 원칙들을 설계 및 성능 분석에 선행적으로 적용할 것이다. 이를 바탕으로 이후 장에서는 설계 및 성능 예측 방법에 폭과 깊이를 더할 수 있도록 할 것이다.

6.2 블레이드 및 캐스케이드 형상

그림 6.1은 유체 유선 내의 단일 블레이드를 나타내는데, 이러한 2차원 모양을 일반적으로 에어포일(airfoil 또는 익형)이라고 한다. 터보기계 로터 내부에서는 블레이드와 유체가 모두 움직이고 있다. 그러나 여기에서는 블레이드는 정지되어 있고 유체는 움직이는 것으로 가정하는데, 이렇게 함으로써 블레이드에 상대적인 유체의 속도를 고려할 수 있다.

블레이드 길이는 코드(chord)로 표현되는데, 코드는 블레이드 앞전(leading edge)과 뒷전(trailing edge) 사이의 직선을 의미한다. 캠버선(camber line)은 일반적으로 앞전과 뒷전을 연결하는 곡선이며, 에어포일 상부 및 하부 표면의 중간에 위치한다. 만약 캠버선과 코드선이 일치하고 직선이라면 블레이드가 똑바른 것이며, 만약 그렇지 않다면 블레이드가 휘어진 것이다. 블레이드의 두께는 캠버선에 수직인 블레이드 상부 및 하부 표면 사이의 거리이다. 일반적으로 더 많이 휘어진 '상부' 표면을 흡입면(suction surface)이라고 하는데, 평균적으로 상부 표면 압력이 블레이드에 접근하는 유선에서의 압력보다 낮기 때문이다. 좀 덜 휘어진 '하부' 표면을 압력면(pressure surface)이라고 하는데, 평균적으로 상부 표면 압력이 블레이드에 접근하는 유선에서의 압력보다 높기 때문이다. 블레이드 앞전과 뒷전에서 캠버선에 접하는 직선은 이 양 끝단에서의 블레이드 방향을 정의한다.

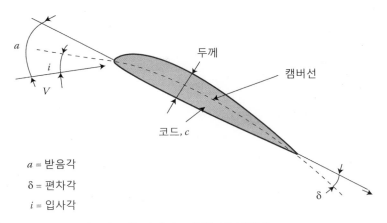

a = 받음각
δ = 편차각
i = 입사각

그림 6.1 유체 흐름 내의 단일(에어포일) 블레이드 형상 및 명명법

앞전에서 유체의 상대 속도 벡터와 코드선 사이의 각도를 받음각(angle of attack)이라고 하며, 기호 'a'로 표시한다. 그림에 나타난 것처럼 유체가 블레이드의 '하부'에서 접근할 때 일반적으로 받음각은 양의 값을 가지는 것으로 정의한다. 앞전에서 유체의 상대 속도 벡터와 캠버선의 접선 사이의 각도는 입사각(angle of incidence 또는 incidence)이라고 하며, 기호 'i'로 표시한다. 휘어진 블레이드에 대해 입사각은 그림에 나타난 것처럼 양의 값으로 정의 하며, 일반적으로 받음각보다는 작다. 뒷전에서 유체가 블레이드를 떠날 때, 유체 상대 각도 와 캠버선의 접선 사이의 각도를 편차각(deviation)이라고 하며, 기호 'δ'로 표시한다. 일반 적으로 유체의 상대 속도 벡터는 뒷전에서의 블레이드 방향보다 '위쪽'에 위치하는데, 이것 은 블레이드가 유체 흐름의 방향을 충분히 바꾸지 못하기 때문이다.

그림 6.1에 나타난 것처럼 블레이드/에어포일은 일반적으로 둥근 앞전 형태를 가지는데, 이것은 블레이드가 어느 정도의 입사각 범위 내에서 잘 작동하도록 하기 위함이다. 반면, 뒷 전은 뾰족한 형태를 가지는데 이것은 뒷전에서 블레이드/에어포일 표면으로부터 유동 박리 를 방지하기 위함이다. 블레이드 및 블레이드 주위의 유동에 대한 단순한 모형은 아래의 사 항을 가정한다.

- 블레이드 두께를 0이라고 가정하며, 따라서 블레이드는 캠버선과 일치한다(캠버선 모양 으로 구부러진 얇은 금속판을 생각해 보자).
- 입사각은 0이다(블레이드에 접근하는 유동은 앞전과 완전히 정렬된다).
- 편차각은 0이다(블레이드로부터 떠나는 유동이 블레이드를 완벽하게 따라 흐른다).

가끔 블레이드가 좀 더 실제적인 형상을 가지는 것으로 그려질 것이지만, 위에서 기술한

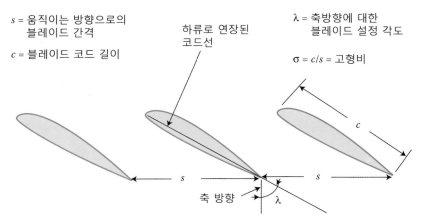

s = 움직이는 방향으로의 블레이드 간격

c = 블레이드 코드 길이

하류로 연장된 코드선

λ = 축방향에 대한 블레이드 설정 각도

$\sigma = c/s$ = 고형비

축 방향

λ

그림 6.2 블레이드 캐스케이드

단순한 모형을 이번 장 및 다음 장에서 이용할 예정이다.

물론 터보기계들은 하나의 독립된 2차원 블레이드로 구성되지는 않는다. 2개보다 절대로 적지 않은 여러 블레이드가 임펠러 주위에 반복적으로 정렬되어 있고, 유한한 높이(또는 반경 방향 임펠러의 경우에는 유한한 폭)를 가진다. 단일 블레이드보다 좀 더 정교한 모형은 블레이드의 2차원 캐스케이드(cascade)인데, 이것은 그림 6.2에 나타낸 것과 같이 무한 반복되는 동일한 블레이드로 정의된다. 앞에서 정의된 개별 블레이드의 형상 변수에 더해서 캐스케이드에서는 블레이드 사이 간격(s) 및 축방향에 대한 설정각(setting angle, λ)이 추가로 고려되어야 한다[여각(complementary angle, $90° - \lambda$)은 때때로 피치각(pitch angle)이라고 한다]. 축류 기계에서의 평면 유동 및 반경류 기계에서의 반경 방향 유동을 포함하여 캐스케이드 내에서의 상세한 유동은 8장에서 다룰 것이다. 현재로서는 고형비(solidity, $\sigma \equiv c/s$)가 대략 1 이상이면, 인접한 블레이드 사이의 유로는 블레이드 사이의 중간 선에 나란한 상대 유동을 가지는 휘어진 유로(curved channel)라고 고려할 수 있다. 이 모형은 이번 장과 다음 장에서 널리 사용될 것이다. 반면에 매우 낮은 고형비를 가지는 경우 블레이드는 실제로 독립된 에어포일처럼 작동한다.

6.3 속도 삼각형(Velocity Diagram)

유체가 터보기계 로터 내에서 흐를 때 항상 두 종류의 속도가 있다. 유체 속도 및 로터의 회전을 고려한 속도이다. 아마도 터보기계에 대한 가장 중요한 상사 변수는 유량 계수(ϕ)인데, 유량 계수는 2장에서 이 두 가지 속도들의 비로 표현되었다(실제로 유동 방향에 대한 고려 없이 두 속도의 비로 표현되었음). 터보기계에서의 유체역학을 고려할 때 일반적으로 세 가지 속도가 항상 고려된다.

- (로터) 블레이드의 선형 속도(U) – 방향은 로터의 접선 방향으로 알려져 있으므로 일반적으로 간략하게 U로 사용됨. U는 반경과 회전 속도의 곱으로 표현함[$U(\text{m/s}) = r(\text{m}) \times N(\text{Hz})$].
- 절대 좌표계에서의 유체 속도, 즉 기계 케이싱에 대한 상대적인 속도(C)
- 로터/블레이드에 대한 유체의 상대 속도(W)

물론 이 속도들은 실제로는 유체 및 로터, 2개의 속도이지만 기준 좌표계가 2개이다.[1] 이 속도들 사이의 관계는 매우 중요하다. 즉

$$C = U + W \tag{6.1}$$

이 관계는 일반적으로 속도 삼각형(velocity diagram)에서 표현되는데, 아래 그림 6.3은 그 예를 나타낸 것이다. 참고로 고정된 블레이드와 움직이는 블레이드가 모두 나타나 있음을 명심해야 한다. 하나의 속도 삼각형은 일반적으로 평면 삼각형을 형성하므로 벡터 표시를 빼고 좀 더 일반적으로 다음과 같이 표현하기도 한다.

$$C = U + W \tag{6.2}$$

본 교재에서는 속도 삼각형의 각도들은 블레이드(접선) 속도 U를 기준으로 결정된다. 절대 속도 C와 접선 속도 U 사이의 각도 α는 절대 유동각이라 하며, 상대 속도 W와 접선 속도 U 사이의 각도 β는 상대 유동각이라고 한다. 곧 설명하겠지만 속도 벡터들의 여러 성분들은 중요한 의미를 가진다. 축방향 또는 반경 방향 성분[$C\sin\alpha\,(=W\sin\beta)$]은 관통 유동(throughflow)을 나타내며, 반면에 접선 성분($C_\theta = C\cos\alpha$)은 에너지 교환을 계산하는 데 중요하다.

속도 삼각형은 터보기계 내의 유동을 가시화하고 분석하는 데 필수적인 도구이다. 아래의 내용들이 이러한 속도 삼각형을 만드는 데 종종 도움이 된다.

- 벡터 합에 의해서 W의 끝점은 U의 시작점을 만난다.
- 벡터 합의 병렬 법칙 때문에 항상 속도 삼각형을 그리는 데는 두 가지 방법이 있다.
- 유동이 고정된 블레이드들을 빠져나갈 때 C는 고정된 블레이드 방향(캠버선)에 거의 접

---

1) 이 장과 이후의 장에서 일반적인 속도 기호 V와 V는 유체의 속도인 C 또는 W의 의미로 사용될 것이다.

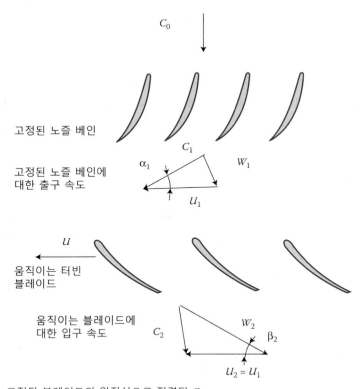

그림 6.3 고정 및 움직이는 블레이드에 대한 속도 삼각형

선 방향을 가진다.

- 유동이 움직이는 블레이드들을 빠져나갈 때 W는 움직이는 블레이드 방향(캠버선)에 거의 접선 방향을 가진다.

6.4 로터에서의 에너지(일) 전달

터보기계에서 움직이는 로터를 통과하는 유체에 가해지는 일 또는 유체에 의해 수행된 일을 평가하기 위한 식들은 레이놀즈 전달 정리(Reynolds transport theorem)를 각운동량 법칙(회전 운동을 가지는 시스템에 대한 뉴튼의 제2운동법칙)에 적용함으로써 유도될 수 있다. 유체역학에서 학습한 바와 같이 어떤 시스템이 검사 체적을 통과할 때, 시스템 내의 임의의 외부 물성(B)의 변화율은 다음 관계식으로 주어진다.

$$\frac{dB_{sys}}{dt} = \frac{\partial}{\partial t} \iiint_{CV} \rho b\, d\forall + \iint_{CS} b\rho(\boldsymbol{C}\cdot\boldsymbol{n})dA \tag{6.3}$$

여기서 $b = dB/dm$이고, CV는 검사 체적, 그리고 CS는 검사 표면이다. 이 식 및 다음 식들에서 기호 C가 속도항으로 사용되었는데 이것은 뉴튼의 제2운동법칙이 절대 좌표계(즉, '관성 좌표계')에만 적용 가능하기 때문이다. 반면, 이번 장에서는 좀 더 일반적으로 사용되는 V는 절대 속도 또는 상대 속도를 나타낸다.

각운동량 법칙에 대한 식을 얻기 위해 $B_{sys} = H = \int (\boldsymbol{r}\times\boldsymbol{C})dm$, $b = \boldsymbol{r}\times\boldsymbol{C}$와 다음 식을 사용한다.

$$\frac{d\boldsymbol{H}}{dt} = \sum\boldsymbol{M} = \sum(\boldsymbol{r}\times\boldsymbol{F}) \tag{6.4}$$

식 (6.3)과 식 (6.4)를 결합하고 각운동량에 대한 기호들을 사용하면 다음 식을 얻을 수 있다.

$$\sum\boldsymbol{M} = \frac{\partial}{\partial t} \iiint_{CV} \rho(\boldsymbol{r}\times\boldsymbol{C})d\forall + \iint_{CS} \rho(\boldsymbol{r}\times\boldsymbol{C})(\boldsymbol{C}\cdot\boldsymbol{n})dA \tag{6.5}$$

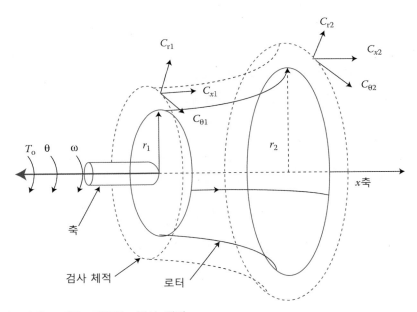

그림 6.4 터보기계 로터를 포함하는 검사 체적

이제 그림 6.4에 나타난 것과 같이 임의의 터보기계 로터를 통과하는 유동을 고려해 보자. 다음과 같은 가정과 제한 조건을 고려한다.

- 정상 유동으로 가정한다($\partial/\partial t = 0$).
- '누설' 유동이 없으므로 $\dot{m}_{out} = \dot{m}_{in} = \dot{m}$이다.
- 식 (6.5)의 운동량 방정식에서 모멘트는 축방향의 성분에만 적용된다(즉, 축에 대한 모멘트와 운동량들만 고려됨).
- 축에 대한 유일한 모멘트는 축 토크 T_0이다.
- 입구와 출구에서 각운동량 $r \times C|_{axis} = rC_\theta$는 균일하다[각 θ는 $N(\mathrm{Hz}) = \mathrm{d}\theta/\mathrm{d}t$이 되도록 방향이나 회전을 정의함].

이 조건들을 사용하면 식 (6.5)는 다음 식으로 정리된다.

$$T_0 = \dot{m}_{out} r_2 C_{\theta 2} - \dot{m}_{in} r_1 C_{\theta 1} = \dot{m}(r_2 C_{\theta 2} - r_1 C_{\theta 1}) \tag{6.6}$$

역학 이론들로부터 회전축에서 전달되는 동력은

$$P_{shaft} = T_0 N + N\dot{m}(r_2 C_{\theta 2} - r_1 C_{\theta 1}) = \dot{m}(N r_2 C_{\theta 2} - N r_1 C_{\theta 1})$$

이지만 $U = rN$이므로

$$P_{shaft} = \dot{m}(U_2 C_{\theta 2} - U_1 C_{\theta 1})$$

이 된다.

에너지 보존 법칙에 의해서 축에서 전달되는 동력은 흐르는 유체와 교환된 동력과 같다. 열역학의 관점에서 일과 동력은 부호가 필요한데, 적절한 부호는 다음과 같이 결정된다. 만약 토크와 동력이 양수이면(즉, $r_2 C_{\theta 2} > r_1 C_{\theta 1}$), 토크와 회전 방향은 같다. 이것은 축과 로터가 유체를 움직이고 있으므로 장치는 펌프로서 작동하고 유체에 일을 부가한다. 열역학에서 이것은 음의 일을 의미하며, 따라서 식의 적절한 형태는 다음과 같다.

$$-P = \dot{m}(U_2 C_{\theta 2} - U_1 C_{\theta 1}) \tag{6.7}$$

위 식을 질량 유량으로 나누면 다음과 같다.

$$-w = U_2 C_{\theta 2} - U_1 C_{\theta 1} \tag{6.8}$$

여기서 w는 단위 질량당 일(비일, specific work)이다. 매우 중요한 이 식은 오일러 펌프—

터빈 방정식(Euler's pump and turbine equation)으로 알려져 있다. 전통적으로(Shepherd, 1956), 이 식은 비일에 대한 부호 없이 터빈과 펌프에 대해 분리되어 사용되었다.

$$w = U_2 C_{\theta 2} - U_1 C_{\theta 1} \quad \text{(펌프)} \tag{6.9}$$

$$w = U_1 C_{\theta 1} - U_2 C_{\theta 2} \quad \text{(터빈)} \tag{6.10}$$

오일러 방정식은 의심할 여지 없이 터보기계 유동 분석에서 가장 널리 사용되는 방정식이지만 불행하게도 종종 잘못 이해되는 경우도 있다. 다음 요점을 기억하도록 하자.

- 이것은 비압축성 또는 압축성 유동 및 마찰이 없는 이상 유체 또는 점성 유체에 대한 일반적인 관계식이다.
- 정상 상태 유동에만 적용 가능하다.

식 (6.6)의 토크와 식 (6.7)의 동력은 실제로 로터와 블레이드에 의해 유체로 전달되는 전체 값을 의미한다. 실제의 축 토크 및 동력을 계산하기 위해서는 베어링, 씰(seal) 저항 및 디스크 유체 마찰 등을 모두 고려해야 한다.

입구와 출구에서 유체의 각운동량이 일정하다는 제한에는 예외를 둘 수도 있다. 식 (6.8)~식 (6.10)은 입구의 한 점으로부터 출구의 어떤 점으로 연결된 하나의 유선에 적용될 수 있다. 입구 및 출구에서 물성치가 균일하지 않다면 적분, 합, 평균 등의 방법으로 분석을 수행할 수 있다.

오일러 방정식은 열역학보다는 역학으로부터 유도되었기 때문에 어떠한 '열역학적 과정'이 이상적이든 아니든 상관없이 힘과 움직임으로부터 일이 계산된다는 것을 인식하는 것이 매우 중요하다. 계산된 값은 실제 일이며, 이 계산 과정에서 효율은 필요하지 않다.

예제 6-1 ▌ 터빈 단

그림 6.5와 같이 고정된 노즐 블레이드와 움직이는 로터 블레이드를 포함하는 1단 터빈을 고려해 보시오. 이 예제에서 $\dot{m} = 20$ kg/s이고 $U_1 = U_2 = U = 1047$ m/s이다. 즉, 유동은 단을 통과하면서 반경 방향으로 움직이지 않는다. 유동은 터빈 노즐 단면에서 축방향으로 들어가고, 터빈 로터 단면으로부터 축방향으로 빠져나간다. 노즐로 들어온 유동은 노즐 베인에 의해서 $45°$ 선회하며 $C_1 = 500$ m/s이다. 그 다음에 이 유동은 $U = 1047$ m/s로 움직이는 블레이드 익렬로 접근한다.

로터 블레이드로 전달된 동력은 다음과 같다.

$$P = \dot{m}(U_1 C_{\theta 1} - U_2 C_{\theta 2}) = \dot{m}U(C_{\theta 1} - C_{\theta 2})$$

절대 속도의 각 요소들은

$$C_{\theta 1} = C_1 \cos \alpha_1 = 500 \times \cos 45° = 353.6 \text{ m/s}$$

$$C_{\theta 2} = C_2 \cos 90° = 0$$

이다. 그러면

$$P = \dot{m}U(C_{\theta 1} - 0) = 20 \text{ kg/s} \times 1047 \text{ m/s} \times 353.6 \text{ m/s}$$

$$= 7,404,400 \text{ kg} \cdot \text{m}^2/\text{s}^3 = 7.4044 \times 10^6 \text{ N} \cdot \text{m/s} = 7.404 \text{ MW}$$

다음 내용을 꼭 명심해야 한다.

- 이 예제에서 고정된 노즐 베인과 움직이는 블레이드는 각각의 캠버선으로 간략화되었다.
- 속도 삼각형에서 C_1은 베인 출구에서 베인과 거의 평행하고, W_1과 W_2는 움직이는 블레이드의 입구 및 출구에서 블레이드와 거의 평행하다.
- 작동 유체에 대한 어떠한 것도 특정할 필요가 없다. 작동 유체는 (압축성) 증기, 예제의 속도로 작동할 것 같지는 않지만 물 또는 어떠한 것이든 될 수 있다.

외부 하중으로 전달된 실제 동력은 베어링 및 씰 마찰과 같은 기계적 손실에 의해 감소될 수 있다.

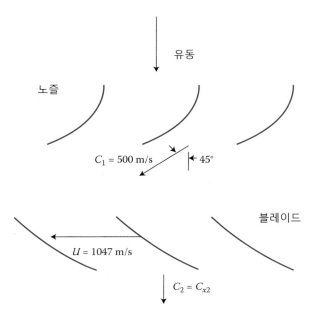

그림 6.5 터빈 단의 캐스케이드 또는 평면 도식

$$P_{\text{output}} = P - P_{\text{mechanical}} = \eta_{\text{M}} \times P \quad \text{(터빈)} \tag{6.11a}$$

여기서 η_{M}은 기계적 효율이다. 만약 η_{M}이 97%라면 외부의 부하로 전달된 동력은 7.182 MW로 줄어든다.

펌핑 기계라면 입력 동력 방정식은 다음과 같이 변형된다.

$$P_{\text{input}} = P + P_{\text{mechanical}} = \frac{P}{\eta_{\text{M}}} = \frac{\dot{m}(U_2 C_{\theta 2} - U_1 C_{\theta 1})}{\eta_{\text{M}}} \quad \text{(펌프)} \tag{6.11b}$$

다른 형태의 오일러 방정식이 존재하는데, 이것은 속도 삼각형의 삼각함수로부터 유도된다. 그림 6.6은 세 가지 속도 백터 U, C 및 W와 두 각도 α 및 β를 가지는 속도 삼각형을 나타낸다.

코사인 법칙으로부터

$$W^2 = U^2 + C^2 - 2UC \cos\alpha$$

그러나 'U'와 'θ'의 방향은 동일하기 때문에 $C \cos\alpha = C_{\text{U}} = C_\theta$이다. 이 식을 대입하고 다시 정리하면 다음 식을 얻는다.

$$UC_\theta = \frac{1}{2}(U^2 + C^2 - W^2)$$

오일러 방정식으로부터 $-w = U_2 C_{\theta 2} - U_1 C_{\theta 1}$이므로

$$-w = \frac{C_2^2 - C_1^2}{2} + \frac{U_2^2 - U_1^2}{2} - \frac{W_2^2 - W_1^2}{2} \tag{6.12}$$

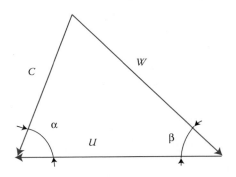

그림 6.6 속도 삼각형

이 된다.

다른 형태로 표현된 식 (6.12)는 식 (6.8)의 오일러 방정식과 완전히 동일하며 때때로 훨씬 편리하다. 추가적으로 이 방정식은 로터가 유체의 흐름과 에너지(일)를 교환하는 세 가지 방법을 보여 준다.

- 첫 번째 항 $(C_2^2 - C_1^2)/2$은 유체의 (절대) 운동에너지의 증가이다. 만약에 압력 증가가 주된 목적이라면, 압력 증가는 절대 속도의 감소를 동반하면서 로터 외부에서 일어나기 때문에 이 항은 외부항(external term)으로 언급된다.
- 두 번째 항 $(U_2^2 - U_1^2)/2$은 원심항(centrifugal term)으로 (가상의) '원심력 장(centrifugal force field)'과 관련되어 있는 일이나 포텐셜(potential) 에너지로 생각될 수 있다. 이 항은 유체가 로터를 통해 흐를 때 유체의 반경이 변한다면 0이 아니다.
- 세 번째 항 $-(W_2^2 - W_1^2)/2 = (W_1^2 - W_2^2)/2$은 상대 확산항(relative diffusion term)이다. 이 항은 유체가 로터에 상대적으로 감속하는 경우에 압력의 증가를 발생시킨다.

6.5 일, 양정(Head), 압력 및 효율

식 (6.8) 또는 식 (6.12) 어느 형태에서든지 오일러 방정식은 로터와 유체 사이에 교환되는 실제의 비일을 계산한다. 식 (6.9a) 또는 식 (6.9b)처럼 기계적 효율을 포함하면 축에서의 출력 동력 또는 입력 동력을 계산할 수 있다. 또 양정이든 압력이든 어떤 것으로 표현되든지 무관하게 유용한 유체(fluid) 비에너지의 변화도 주요 관심 대상이다. 이 값들과 유체와의 일 전달의 관계는 효율과 관계가 있으므로 이 값들을 계산하기 위해서는 효율을 알고 있어야 한다.

만약 수력/열역학적 손실이 없다고 가정한다면 효율은 100%이고 이론 양정을 다음과 같이 구할 수 있다(Wislicenus, 1965).

$$gH_{th} = -w = U_2 C_{\theta 2} - U_1 C_{\theta 1}, \quad H_{th} = \frac{gH_{th}}{g}$$

H_{th}는 이론 양정으로 언급되는데 이것은 '이론적인' 손실이 없는 기계를 가정하기 때문이며, 일을 계산할 때 '이론적인' 오일러 방정식을 이용해서 비롯된 것이 아니다. '이론적인'이라는 단어의 의미에 대한 이러한 오해 때문에 H_{th}는 본 교재에서 더 이상 사용하지 않을

것이다.

실제 기계에 대해 양정 또는 압력 변화를 계산하기 위해서는 적절한 효율이 필요하다. 비압축성 유동에 대해 적절한 효율은 수력 효율 η_H이며, 따라서

$$gH = \frac{\triangle p}{\rho} = \eta_H(-w) = \eta_H(U_2 C_{\theta 2} - U_1 C_{\theta 1}) \quad \text{(펌프 또는 홴)} \tag{6.13}$$

$$gH = \frac{\triangle p}{\rho} = \frac{-w}{\eta_H} = \frac{U_2 C_{\theta 2} - U_1 C_{\theta 1}}{\eta_H} \quad \text{(터빈)} \tag{6.14}$$

효율 대신에 만약 수력 손실을 고려한다면 다음과 같다.

$$gH = \frac{\triangle p}{\rho} = -w - \text{'Losses'} = (U_2 C_{\theta 2} - U_1 C_{\theta 1}) - \sum gh_L \tag{6.15}$$

압축성 유동에 대해서는 단열 유동이라고 가정하면 적절한 효율은 등엔트로피 효율 η_s 또는 폴리트로픽 효율 η_p이다.

$$gH_s = \triangle h_{0s} = \eta_s(-w) \tag{6.16a}$$

$$\frac{p_{02}}{p_{01}} = \left[1 + \eta_s \frac{U_2 C_{\theta 2} - U_1 C_{\theta 1}}{c_p T_{01}} \right]^{\gamma/\gamma - 1} \tag{6.16b}$$

$$\frac{p_{02}}{p_{01}} = \left[1 + \frac{U_2 C_{\theta 2} - U_1 C_{\theta 1}}{c_p T_{01}} \right]^{\eta_p(\gamma/\gamma - 1)} \quad \text{(압축기)} \tag{6.16c}$$

그리고

$$gH_s = \triangle h_{0s} = \frac{(-w)}{\eta_s} \tag{6.17a}$$

$$\frac{p_{02}}{p_{01}} = \left[1 + \frac{U_2 C_{\theta 2} - U_1 C_{\theta 1}}{\eta_s c_p T_{01}} \right]^{\gamma/\gamma - 1} \tag{6.17b}$$

$$\frac{p_{02}}{p_{01}} = \left[1 + \frac{U_2 C_{\theta 2} - U_1 C_{\theta 1}}{c_p T_{01}} \right]^{(1/\eta_p)(\gamma/\gamma - 1)} \quad \text{(터빈)} \tag{6.17c}$$

물론 이 식들이 유용하게 적용되려면 효율값을 알고 있어야 한다. 많은 경우 효율값은 Cordier 관계식 또는 유사한 관계식으로부터 합리적으로 가정되거나 예측될 수 있다. 캐스케이드 실험으로부터 얻은 좀 더 완벽한 데이터뿐만 아니라 터보기계 부품(노즐과 디퓨져)의 효율 및 손실에 대한 경험적 또는 전용 모형이 종종 사용될 수도 있다(8장 참조). 전산 유체

역학 방법들을 사용하는 정확한 점성/난류 유동 모형들은 때때로 최첨단 설계 또는 분석을 위해 이용이 가능하다.

압축성 터보기계들에 대해서는 어떠한 효율과도 상관없이 압축기 또는 터빈에 다음 식을 이용할 수 있다.

$$-w = U_2 C_{\theta 2} - U_1 C_{\theta 1} = h_{02} - h_{01} \qquad (6.18)$$

예제 6-2 ▌ 간단한 펌핑 기계

펌핑 기계의 예(축류 홴)를 고려해 보자(그림 6.7 참조). 여기에는 블레이드의 두께를 나타내었다. 유량 $\dot{m} = 12$ slug/s($= 175.13$ kg/s)인 유동이 축방향으로 $C = 100$ ft/s($= 30.48$ m/s)로 블레이드 익렬에 다가오고, 블레이드는 $U = U_1 = U_2 = 300$ ft/s($= 91.44$ m/s)로 움직이고 있다. 이 유동은 축방향(x-방향)에 대해서 각도 15°로 블레이드 익렬을 빠져나가는데, 즉 블레이드가 유동의 방향을 15° 변화시킨 것이다. 유체를 공기로 가정할 경우 유체로 전달된 동력을 계산하고 전압 상승을 예측하시오.

(종이에 수직인) 블레이드 높이는 블레이드의 앞과 뒤에서 일정하다고 가정하고, 공기의 밀도 변화는 무시한다. 그러면 질량 유량을 보존하기 위해 블레이드를 떠나는 유체의 축방향 속도는 블레이드에 들어갈 때의 축방향 속도와 동일해야 한다. 즉, $C_{x2} = C_{x1} = C_1 = 100$ ft/s($= 30.48$ m/s)이다. 오일러 방정식을 사용하여 유체로 전달되는 동력은

$$P = \dot{m}(U_2 C_{\theta 2} - U_1 C_{\theta 1}) = \dot{m} U(C_{\theta 2} - C_{\theta 1})$$

이다. 여기서

$$C_{\theta 2} = C_{X2} \tan \theta_{fl} = 100 \times \tan 15° = 26.8 \text{ ft/s}(= 8.17 \text{ m/s}), \text{ 그리고 } C_{\theta 1} = 0$$

이다. 따라서

$$P = 12 \text{ slug/s} \times 300 \text{ ft/s} \times 26.8 \text{ ft/s} = 96,480 \text{ lb} \cdot \text{ft/s} = 175.4 \text{ hp}(= 131.55 \text{ kW})$$

유체에 부과된 비일은 다음과 같다.

$$-w = \frac{P}{\dot{m}} = U C_{\theta 2} = 300 \times 26.8 = 8040 \text{ ft}^2/\text{s}^2 (= 746.94 \text{ m}^2/\text{s}^2)$$

압력 상승을 예측하기 위해서는 효율이 필요하다. 이 기계는 $U = 300$ ft/s($= 91.44$ m/s)의 상당히 빠른 축류 홴이다. 비속도는 약 5이며, 따라서 Cordier 관계식으로부터 효율은 약 0.84이다.

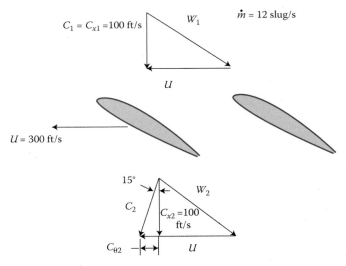

그림 6.7 축류 홴의 익렬

이 기계가 '일반적인' 기계이고 데이터가 설계점(BEP: 최대 효율점)의 값이라 가정하면, $\eta_{\mathrm{H}} \approx$ 0.8을 사용할 때 압력 상승은

$$\Delta p_{\mathrm{T}} = pgH = \rho \eta_{\mathrm{H}}(-w) \approx 0.0023 \ (\mathrm{slug/ft^3}) \times 0.8$$
$$\times 8040 \ (\mathrm{ft^2/s^2}) \left(\frac{1.0 \ \mathrm{in. \ wg}}{5.2 \ \mathrm{lb/ft^2}} \right) = 2.84 \ \mathrm{in. \ wg} (= 706.71 \ \mathrm{Pa})$$

이다. 이 기계에 입력되어야 하는 기계적인 손실을 고려한 축동력의 값은 기계의 기계적 효율에 따라 달라진다. $\eta_{\mathrm{M}} \approx 0.95$일 때, 이 홴은 약 185 hp(175.4/0.95)(= 138.75 kW)의 축동력이 필요하다.

6.6 축류 홴의 예비 설계

다음에는 유동이 터보기계를 통과할 때 속도 벡터에 어떠한 일이 발생하는지를 살펴보기 위해 일반적인 터보기계에 대한 좀 더 완전한 예제를 살펴보자. 이 벡터들은 움직이는 블레이드와 정지된 베인 요소들의 성능 변수 및 형상과 연관되어 있다. 이 결과들은 펌핑 기계에 중요한 한계를 유도하기 위해 사용될 것이다.

단일의 움직이는 블레이드 익렬과 단일의 고정된 베인 익렬을 가지는 1단 축류 홴을 고려

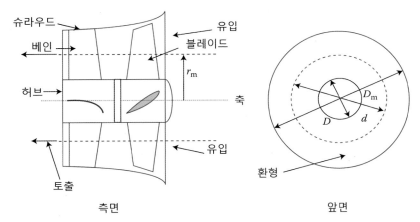

그림 6.8 베인을 가지는 1단 축류 홴

해 보자. 고정된 베인들의 목적은 선회(swirl)를 제거하고 운동에너지를 압력으로 변환하면서 유동을 '직선화'하는 것이다. 홴은 $D = 1.0$ m의 바깥지름과 $d = 0.67$ m의 안지름을 가지고 있다. 그림 6.8에 나타난 것과 같이 '평균 반경'[$r_m = 1/2(r_{tip} + r_{hub}) = (D+d)/4$]을 따라 블레이드, 베인, 일 입력 및 압력 상승을 분석할 것이다.

홴은 900 rpm으로 작동하고 공기 밀도가 $\rho = 1.2$ kg/m³일 때, 전압 상승 $\Delta p_T = 1250$ Pa 및 유량 $Q = 2.0$ m³가 발생된다. 평균 반경은 $r_m = 0.417$ m이고 회전 속도는 $N = (2\pi/60) \times$ 900 rpm $= 94.3$ s⁻¹이다. 블레이드 속도는 $U_m = U_1 = U_2 = N \times r_m = 94.3 \times 0.417 = 39.3$ m/s 이다. 입구 축방향 속도는 허브와 팁 사이의 환형 면적상의 유동의 평균 속도와 동일하다고 가정한다(여기서 팁 누설 유동 및 블레이드에 의한 유로 감소는 무시함). 또 로터 상류에 유체가 '예선회(preswirl)'하기 위한 베인이 없기 때문에 C_1은 접선 성분을 가지지 않는다. 따라서

$$C_1 = C_{x1} = \frac{Q}{A_{annulus}} = \frac{Q}{\pi/4(D^2 - d^2)} = \frac{4 \times 2}{\pi(1.0^2 - 0.67^2)} = 4.62 \text{ m/s}$$

그림 6.9에 나타낸 것처럼 이 속도들을 이용하여 블레이드 앞전에서 상대 속도 W_1을 계산할 수 있다. 입구에서의 속도 삼각형은 직각삼각형이므로

$$W_1 = (U_M^2 + C_1^2)^{1/2} = (39.3^2 + 4.62^2)^{1/2} = 39.6 \text{ m/s}$$

$$\beta_1 = \tan^{-1}\frac{C_{x1}}{U_m} = \tan^{-1}\frac{4.62}{39.3} = 6.7°$$

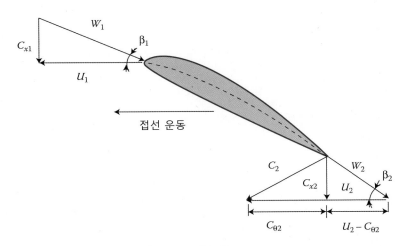

그림 6.9 축류 홴 블레이드의 입구 및 출구 속도 삼각형

이다.

낮은 고형비를 가지는 간격이 넓게 배치된 블레이드에 대해 앞전에서는 블레이드 코드가 상대 속도 W_1과 정렬되어야 하는데, 이렇게 함으로써 유동은 살짝 위쪽으로 방향을 바꾸어 최소의 초기 교란을 가지고 블레이드 위를 부드럽게 움직인다. 중간 고형비부터 높은 고형비를 가지는 간격이 좁게 배치된 블레이드에 대해서는 상대 속도 W_1이 앞전에서 캠버선에 접선이 되도록 정렬되어야 한다. 속도 벡터와 블레이드의 이러한 정렬은 그림 6.9에 나타나 있다. 여기에서 고려하고 있는 홴은 중간 또는 높은 고형비값을 가지는 것으로 가정하기 때문에 블레이드는 코드선으로 간략화하여 나타낼 것이다.

지금부터는 블레이드 뒷전에서의 유동을 생각해 보자. 우선, 비압축성 유동에 대한 질량 보존을 적용하여 $C_{x2} = Q/A_{\text{annulus}} = C_{x1}$을 계산할 수 있다. 다음에는 오일러 방정식을 이용하여 압력 상승을 계산하면 다음과 같다.

$$\Delta p_\mathrm{T} = \rho \eta_\mathrm{T}(-w) = \rho \eta_\mathrm{T} U_\mathrm{m}(C_{\theta 2} - C_{\theta 1}) = \rho \eta_\mathrm{T} U_\mathrm{m} C_{\theta 2}$$

더 진행하기 위해서는 홴 전효율의 예측값이 필요하다. 이 분석의 핵심 내용은 $\eta_\mathrm{T} = 1$이라 가정해도 영향을 받지 않기 때문에 전효율을 1이라고 가정할 것이다. 그러면

$$C_{\theta 2} = \frac{\Delta p_\mathrm{T}}{\rho \eta_\mathrm{T} U_m} = \frac{1250 \ \mathrm{N/m^2}}{1.2 \ \mathrm{kg/m^3} \times 1.0 \times 39.3 \ \mathrm{m/s}} = 21.2 \ \mathrm{m/s}$$

위 가정들은 축류 터보기계에 대한 '단일단(simple-stage)' 모형에 적용될 수 있다. 다음에

는 그림 6.9에 나타낸 것처럼 블레이드 익렬 출구에서 속도 삼각형을 구성하기 위한 $C_{\theta 2}$, U_m 및 C_{x2}를 사용할 것이다. 상대 속도 벡터 W_2는 다음과 같이 계산된다.

$$W_2 = \left(W_{2\theta}^2 + W_{2x}^2\right)^{1/2} = \left[\left(U_m - C_{\theta 2}\right)^2 + C_{2x}^2\right]^{1/2}$$
$$= \left[(39.3 - 21.2)^2 + 4.62^2\right]^{1/2} = 18.7 \text{ m/s}$$

그리고 유동각은 다음과 같다.

$$\beta_2 = \tan^{-1}\left(\frac{W_{2x}}{W_{2\theta}}\right) = \tan^{-1}\left(\frac{C_{2x}}{U_m - C_{2\theta}}\right) = \tan^{-1}\left(\frac{4.62}{39.3 - 21.2}\right) = 14.3°$$

블레이드 입구에서의 상대 속도는 다음과 같이 출구의 상대 속도와 연관되어 있다.

$$\frac{W_2}{W_1} = \frac{18.7}{39.6} = 0.472, \quad \theta_{fl} = \beta_2 - \beta_1 = 14.3° - 6.7° = 7.6°$$

블레이드에 상대적인 속도의 비(움직이는 블레이드 익렬에 대해서는 W_2/W_1, 고정된 블레이드 익렬에서는 C_2/C_1)는 de Haller 비라고 하며, θ_{fl}은 유체에 작용하는 블레이드에 의해서 발생하는 편차각(angle of deflection) 또는 유동 선회각(flow turning angle)이다. 두 변수 모두 블레이드가 얼마나 힘들게 작동하는지 또는 블레이드 부하(blade loading)에 대한 척도를 제공한다. 유동 선회각이 커질수록 블레이드(또는 베인)가 더 힘들게 작동한다(또는 블레이드에 더 높은 부하가 걸린다). 반대로 작은 de Haller 비는 더 힘든 일, 더 높은 부하의 블레이드 또는 베인을 의미한다(Wilson, 1984, Bathie, 1996).

다음에는 베인 익렬에서의 부하와 유동 선회도 고려할 것이다. 베인 익렬의 입구 속도는 블레이드 익렬을 떠나는 절대 속도이다(그림 6.10 참조). 이전의 결과를 이용하면 다음 결과를 얻을 수 있다.

$$C_2 = \left(C_{x2}^2 + C_{\theta 2}^2\right)^{1/2} = (4.62^2 + 21.2^2)^{1/2} = 21.7 \text{ m/s}$$

그리고

$$\alpha_2 = \tan^{-1}\left(\frac{C_{x2}}{C_{\theta 2}}\right) = \tan^{-1}\left(\frac{4.62}{21.2}\right) = 12.3°$$

적어도 단일단 홴에서 베인 익렬의 목적은 유동을 완전히 축방향으로 직선화하는 것이기 때문에 유동은 베인들에 의해 $\theta_{fl} = 77.7°$만큼 틀어져야 하며, 따라서 $\alpha_3 = 90°$가 되어야 한

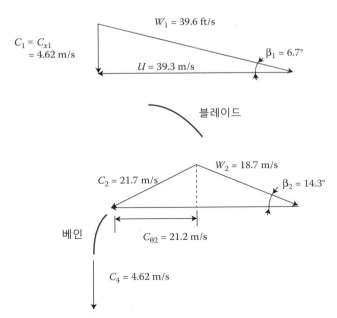

그림 6.10 축류 홴의 블레이드와 베인 요소의 구성

다. 필요한 de Haller 비는 $C_3/C_2 = C_{x1}/C_2 = 4.62/21.7 = 0.213$이다.

이 홴에서 유동은 블레이드 익렬($W_2/W_1 < 1$)과 베인 익렬($C_3/C_2 < 1$)에서 모두 감속된다. 이 두 경우에서 블레이드에 상대적인 유체의 운동에너지는 감소하고, 압력이 증가한다. 두 익렬 모두 디퓨져로서 작동한다. 유체 선회 및 de Haller 비의 이러한 값들이 합리적으로 보이는지 확인해 보자.

6.7 확산에 대한 고려 사항

이전의 예제에서 베인은 블레이드보다 상당히 높은 부하에서 작동하는 것으로 보인다. 유동 선회각이 블레이드 익렬에 대해서는 6.7°로 합리적으로 보이는 반면에, 베인에 대해서는 거의 78°의 값을 가지는데 이것은 아주 가혹한 조건으로 보인다. 블레이드 익렬과 베인 익렬에서 de Haller 비는 아주 낮은데, 이것은 각각의 익렬에서 2 대 1과 5 대 1의 속도 감소를 의미한다. 이러한 값들이 합리적인지 아닌지를 결정하기 위해서는 덕트 또는 유로에서 확산 과정(압력 상승에 동반되는 유체의 감속)을 분석해 보아야 한다. 유체역학에 대한 대부분의 책들은 디퓨져 유동에 대해 간단하게 다루고 있다(예: Fox 등, 2009). 확산 현상에 대한 뛰

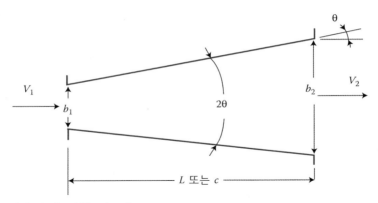

그림 6.11 일반적인 평면(2차원) 디퓨져

어난 시각적 가시화는 비디오 프로그램인 유동 가시화(flow visualization, NCFMF, 1963)에 포함되어 있다. 일반적으로 아음속 디퓨져는 그림 6.11과 같이 단면적이 증가하는 유로이다.

유로에서 제한된 수준의 감속이나 확산만이 발생할 수 있다는 사실은 잘 알려져 있다. 이 제한을 넘어서면 유동은 디퓨져 유로의 벽으로부터 경계층 박리와 관련된 높은 에너지 및 운동량 손실을 겪게 된다. 유동의 유선들은 더 이상 유체를 둘러싸고 있는 고체 표면의 방향을 따르지 않고, 일반적으로 비정상 및 불안정하게 변한다. 이러한 유동의 붕괴를 스톨(stall)이라고 한다. 그림 6.12에 표시된 경험적으로 잘 알려진 디퓨져 성능 맵에 나타난 것처럼 실

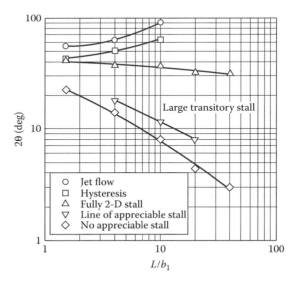

출처: Reneau, L. R., Johnson, J. P 및 Kline, S. J. *ASME Journal of Basic Engineering*, 89(1), 1967.

그림 6.12 평면 디퓨져 성능 맵

제로 여러 다른 스톨 영역이 존재한다. 일반적으로 스톨은 모든 유로 또는 유체를 다루는 기계의 설계와 선택 및 운전에서 최대한 신중하게 피해야 하는 유동 조건이다.

어떻게 이러한 정보들이 터보기계 블레이드 익렬에 적용될 수 있는가? 블레이드와 블레이드 사이의 유로가 그림 6.13에 2차원 평면 디퓨져와 비교되어 있다. 블레이드 익렬에 들어가거나 떠나는 속도들은 각각 V_1 및 V_2로 표시되어 있는데 고정된 블레이드에서는 절대 속도를 의미하며, 움직이는 블레이드에 대해서는 상대 속도를 의미한다. 어떤 장치에서든지 과도한 감속이 시도될 때 유동 박리나 스톨이 발생하게 된다. de Haller 비 V_2/V_1는 스톨을 피하기 위해 어떤 제한값보다 커야 하는데, 이 제한값은 다음과 같이 대략적으로 얻어질 수 있다.

직선축을 가지는 평면 디퓨져에 연속 방정식을 적용하면 $V_2 b_2 h = V_1 b_1 h$를 얻을 수 있다. 여기에서 b는 유로의 폭이고 h는 종이면에 수직인 깊이를 의미한다. 그러면 다음 식을 얻을 수 있다.

$$\frac{V_2}{V_1} = \frac{b_1}{b_2} \approx \frac{b_1}{b_1 + 2\theta L} = \frac{1}{1 + 2\theta(L/b_1)}$$

여기서 θ는 디퓨져 열림 각도를 나타내며, 단위는 라디안이다. 스톨을 피하기 위해 디퓨

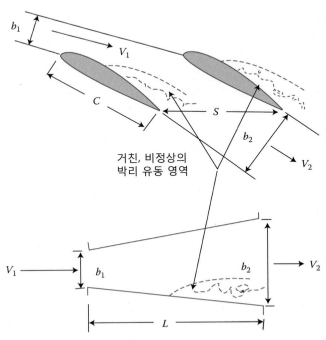

그림 6.13 확산하는 블레이드 채널과 평면 디퓨져의 비교

져는 그림 6.12에서 가장 낮은 선('no appreciable stall')을 따라 작동되어야 한다. 차트의 왼편 근처의 두 값을 고려해 보자.

L/b_1	$2\theta(°)$	$2\theta(\text{rad})$	V_2/V_1
1	24	0.42	0.70
2	20	0.35	0.60

평면 디퓨져에서 L/b_1은 대략적으로 고형비 $\sigma(=c/s)$와 일치하고, 자료를 통해 de Haller 비와 σ에 다음과 같은 관계가 성립함을 알 수 있다.

$$\frac{V_2}{V_1} \geq \frac{1.05}{1+0.45\sigma} \quad \text{(확산하는 블레이드 익렬에서 스톨을 피하기 위한 조건)} \quad (6.19)$$

$\sigma \approx 1$인 경우에 대해 de Haller에 의해 언급된 제한 조건은 상관식과 매우 잘 일치한다. 그는 블레이드 표면에서의 좋고 깨끗하며 스톨이 없는 유동을 유지하기 위해서는 $(V_2/V_1)_{\min}$이 적어도 0.72 이상이 되어야 한다고 제안하였다. 블레이드 익렬의 고형비가 증가하면 블레이드 부하나 확산도 약간 증가한다.

이 주제를 마무리하기 전에 2개의 추가적인 디퓨져 성능 변수를 소개하고자 한다. 디퓨져에 대한 압력 계수는 다음과 같이 정의된다.

$$C_p \equiv \frac{p_2 - p_1}{(1/2)\rho V_1^2} \quad (6.20)$$

베르누이 방정식으로부터 만약 손실이 없다면 $C_p = 1 - (V_2/V_1)^2$이다. 이상적인 디퓨져에서는 C_p가 1 근처의 값을 가지도록 하는 것이 가능할 것이다. 즉, 모든 운동에너지가 압력으로 변환될 수 있다. 그러나 de Haller 제한을 고려하면 C_p의 실제적인 값은 약 0.5~0.6으로 제한된다.

실제의 디퓨져 또는 확산 블레이드 익렬은 스톨이 발생하지 않을지라도 다른 손실들을 가질 것이다. 이러한 손실들은 디퓨져 효율(diffuser efficiency) η_D나 손실 계수(loss coefficient) ζ_D에 의해 정량화될 수 있는데, 이 변수들은 다음과 같이 정의된다.

$$\eta_D \equiv \frac{p_2 - p_1}{(p_2 - p_1)_{\text{ideal}}} = \frac{p_2 - p_1}{(1/2)\rho V_1^2 [1 - (b_1/b_2)^2]} \quad (6.21)$$

$$\zeta_D \equiv \frac{gh_{\text{L, D}}}{(1/2)V_1^2}$$

따라서 다음 관계식도 만족한다.

$$p_2 - p_1 = \frac{1}{2}\rho V_1^2 \left[1 - \left(\frac{b_1}{b_2}\right)^2 - \zeta\right] \tag{6.22}$$

마지막으로 가속하는 유동에서는 스톨이 발생하지 않기 때문에 노즐(유동 가속) 블레이드 익렬에 대한 de Haller 비 제한이 없다는 것을 기억하자.

6.8 축류 기계에서의 확산 제한

축류 기계에서 전체 기계 무게와 표면 마찰 손실에 대한 표면적을 고려한 고형비의 실제적인 제한은 약 2 또는 2보다 조금 크다(Johnsen과 Bullock, 1965). 이것은(디퓨져 상사성/de Haller 비로부터) V_2/V_1에 대한 전체 최저 한계값이 대략 0.55라는 것을 의미한다. 그러나 지금부터는 허용 가능한 블레이드 부하를 판단하기 위한 기준으로서 de Haller에 의해 선택된 $V_2/V_1 > 0.72$의 보수적인 수준을 사용할 것이다.

6.6절에서의 축류 홴 '설계'를 다시 생각해 보자. 그 예제에서 블레이드 익렬에 대해 W_2/W_1는 0.470이었고, 베인 익렬에 대해서는 C_3/C_2는 0.213이었다. 따라서 de Haller 비가 0.72보다 아주 낮기 때문에 블레이드에 너무 많은 부하가 걸려 있고, 블레이드 익렬에서는 아마도 스톨이 발생하였다고 결론을 내릴 수 있다. 베인 익렬은 de Haller 비가 0.213으로 더 가혹한 환경에 놓여 있으므로 지정된 운전점 근처에서는 홴이 작동하지 않는다고 결론을 내려야 한다. 사용자는 홴을 Cordier 도표와 비교함으로써 이러한 주장을 시험해 볼 수 있다.

필요한 성능에 대해

$$N_s = \frac{NQ^{1/2}}{(\Delta p_T/\rho)^{3/4}} = \frac{94.3 \times (2)^{1/2}}{(1250/1.2)^{3/4}} = 0.72$$

$$D_s = \frac{D(\Delta p_T/\rho)^{1/4}}{Q^{1/2}} = \frac{1.0 \times (1250/1.2)^{1/4}}{2.0^{1/2}} = 4.02$$

이 값들은 홴이 Cordier 선 근처에 있음을 의미하는데, 홴은 E 영역에 속하게 된다. 이 영역은 반경 방향으로 토출하는 기계들에 대한 상부 영역이지만, 1단으로 구성된 축류 홴은 C 영역에 있어야 한다.

블레이드 과부하 문제에 대해서는 간단히 설명할 수 있다. 축류 홴에서 압력을 발생시키기 위한 충분한 블레이드의 속도를 부여하지 않은 채 비현실적으로 높은 압력 상승을 얻기 위한 설계를 시도하기 때문이다. 식 (6.12)에 나타낸 다른 형태의 오일러 방정식의 관점에서 바라보면, 주어진 설계 사양으로 축류형 설계를 사용할 경우 외부 및 상대 확산항으로부터 너무 많은 일의 공급이 필요하다. 반면에 원심력 효과를 사용하는 반경형 설계를 사용할 경우에는 일이 효율적으로 공급될 수 있다.

사용자가 아마도 비용 때문에 축류 팬을 사용하고자 주장한다면, 특정 성능을 달성하기 위해서 다른 크기와 다른 회전 속도를 가지는 팬을 설계할 필요가 있다. Cordier 도표의 C 영역으로부터 N_s와 D_s를 선택하고 축류 팬이 어떠한 형상을 가지는지 결정해야 한다. C 영역의 중간으로부터 $D_s = 1.75$를 선택하였다고 가정하면 $N_s = 8.26 D_s^{-1.936} = 2.8$이 된다. 적절한 회전 속도와 지름은 다음과 같이 계산된다.

$$N = N_s \left[\frac{(\Delta P_T/\rho)^{3/4}}{Q^{1/2}} \right] = 2.8 \times \frac{(1250/1.2)^{3/2}}{2.0^{1/2}} \times \frac{60}{2\pi} = 3470 \text{ rpm}$$

$$D = D_s \left[\frac{Q^{1/2}}{(\Delta p_T/\rho)^{1/4}} \right] = 1.75 \times \frac{2.0^{1/2}}{(1250/1.2)^{1/2}} = 0.436 \text{ m}$$

이 값들은 훨씬 높은 속도로 회전하는 작은 팬을 설계할 필요가 있음을 의미한다. 이제 평균 반경에서의 블레이드 계산을 다시 해 보자. 앞에서와 같이 $d = 0.67D$를 사용하여 새로운 r_m을 계산하면, $r_m = (0.436 + 0.291)/4 = 0.182$ m가 된다. $N = 3470$ rpm $= 363$ s^{-1}을 가지고 $U_m = 363 \times 0.182$ m $= 66.1$ m/s를 계산한다. d와 D로부터 $A_{annulus} = 0.0819$ m^{2}를 얻은 후 $C_{x1} = Q/A_{annulus} = 2/0.0819 = 24.4$ m/s를 구할 수 있다.

그러면 $W_1 = (66.1^2 + 24.4^2)^{1/2} = 70.5$ m/s와 $\beta_1 = \tan^{-1}(24.4/66.1) = 20.3°$가 된다. 오일러 방정식을 이용하면

$$C_{\theta 2} = \frac{\Delta p_T}{\rho \eta_T U_m} = \frac{1250 \text{ N/m}^2}{1.2 \text{ kg/m}^3 \times 1.0 \times 66.1 \text{ m/s}} = 15.8 \text{ m/s}$$

따라서

$$W_2 = \left[(66.1 - 15.8)^2 + 24.4^2 \right]^{1/2} = 55.9 \text{ m/s}$$

$$\beta_2 = \tan^{-1} \frac{24.4}{66.1 - 15.8} = 25.9°$$

새로운 블레이드 익렬에 대해 $W_2/W_1 = 55.9/70.5 = 0.79$이고 $\theta_{fl} = 25.9° - 20.3° = 5.6°$이

다(이전 설계에서는 $W_2/W_1 = 0.470$이고 $\theta_{fl} = 7.6°$이었음). 이 설계안이 훨씬 좋으며 허용할 만한 블레이드 부하를 나타낸다.

베인에 대해 $C_2 = (15.8^2 + 24.4^2)^{1/2} = 29.1$ m/s이고 $\alpha_3 = 57.1°$가 된다. 따라서 $C_3 = C_{x1} = 24.4$ m/s이므로 $C_3/C_2 = 24.4/29.1 = 0.84$이고 마지막으로 $\theta_{fl} = 32.9°$이다(이전 설계에서는 $C_3/C_2 = 0.213$이고 $\theta_{fl} = 77.7°$이었음). 재설계된 홴에 대한 de Haller 비와 유체 선회값들은 약간 덜 보수적인데 그 이유는 0.72가 더 보수적인 값이기 때문이다. 그러나 주어진 회전 속도와 크기에 대해 Cordier 기준을 사용함으로써 적절히 설계된 홴이 좀 더 합리적이라는 결론을 얻을 수 있다. 축류 홴이 이러한 목적에 대해 선택된다면, 0.5 m보다 작은 지름을 가지고 높은 회전 속도로 운전하는 홴을 예상할 수 있다(예: 2극 모터, 직결). 4장에서 제시된 방법을 이용하여 예측하면, 이 홴은 상대적으로 높은 팁 속도 때문에 약 96 dB의 음압 수준을 가지게 되는데, 이 정도의 성능에 대해서는 다소 시끄러운 편이다.

이 예제에서 허브 지름은 팁 지름의 2/3가 되도록 임의로 정해졌다. 만약 d/D의 다른 값이 선택된다면, C_{x1}과 $C_{\theta2}$의 값이 달라지는데 de Haller 비와 함께 모든 속도 삼각형 및 블레이드 모양이 변하게 된다. 예를 들어, 허브-팁 지름비를 $d/D = 0.5$라고 가정하면 환형면의 면적이 증가하므로 C_{x1}은 감소하고, 낮은 평균 반경으로 인한 낮은 평균 블레이드 속도 때문에 $C_{\theta2}$는 증가하는데, de Haller 비는 0.79로부터 0.73으로 감소하게 된다. 반대로 상대 허브 크기가 $d/D = 0.75$로 증가하면, de Haller 비는 0.82로 증가한다. de Haller 비에 의한 확산 제한을 고려하면서 이러한 값을 좀 더 정리하면, 주어진 특정 성능에 대한 d/D의 제약 조건을 설정할 수 있다.

이러한 제약 조건을 확립하기 위해 축류 기계에 적합한 비속도 및 비지름의 범위에서 d/D 값에 대한 확산 수준의 의존성과 관련된 일반적인 연구가 가능하다. 설계자는 블레이드의 허브에서 계산된 de Haller 비를 확인해 볼 수 있는데, 이렇게 함으로써 블레이드 또는 베인 익렬에서 가장 심한 확산 조건을 점검할 수 있다. 허브에서 U 값이 가장 작기 때문에 양정이나 압력 상승의 정해진 값을 얻기 위해 필요한 $C_{\theta2}$ 값은 가장 큰 값이 필요할 것이다. 여기서 기본적인 가정은 수행된 일 또는 얻은 전압 상승은 홴 환형 영역의 각 반경에서 동일하다는 것이다. 이것은 축류 익렬 설계에서 절대적인 제약 조건은 아니지만 적절한 가정인데, 왜냐하면 블레이드상의 일 분포에 큰 변화가 있으면 설계에서 심각한 어려움이 발생되기 때문이다. 이러한 일 분포 문제는 9장의 3차원 유동에서 자세히 다뤄질 것이다. 여기서는 이 가정을 통해 최소 허브 크기에 대한 다소 보수적인 제약 조건을 확립할 수 있다.

앞의 예제에서 $d/D = 0.67$인 홴은 허브에서 $U_h = N \times r_h = 52.0$ m/s의 U 값을 가진다.

$\Delta p_\mathrm{T} = 1250$ Pa 및 1.2 kg/m³의 밀도를 사용하고 100%의 효율을 가정하면, 오일러 방정식은 $C_{\theta2,\mathrm{h}} = 1250/(1.2 \times 1.0 \times 52.0) = 19.9$ m/s가 필요하다. 그러면 de Haller 비는 W_2/W_1 $= 40.6/57.7 = 0.70$이 되는데 평균 반경의 0.79보다 상당히 작다. 허브에서는 고형비가 크기 때문에 0.72의 'de Haller 제한' 대신 허브 근처에서는 좀 덜 보수적인 속도비 기준이 적용될 수 있다. 일반적으로 허브에서의 W_2/W_1 값은 0.60 근처까지 작아질 수 있지만, 평균 반경에서는 0.70~0.72의 값을 기준으로 사용해야 한다. 앞에서 고려된 $d/D = 0.50$인 더 작은 허브에 대해 허브에서의 de Haller 비는 $W_2/W_1 = 21.7/42.9 = 0.506$이 될 것이다. 따라서 평균 반경의 계산에 기초하여 허용 가능한 것처럼 보였던 허브 크기가, 허브에서 0.60의 확산 수준을 허용한다고 하더라도 이제는 너무 작아 보인다. 확실히 이 팬의 허용 가능한 허브비는 0.50과 0.67 사이에 있다. 선형 보간을 이용하면 $d/D = 0.58$에서 $W_2/W_1 = 0.607$이다. 그러면 이 팬에 대해 가장 최소의 허브 크기는 0.25 m가 된다. 이와 같이 재설계된 팬의 비지름은 $D_\mathrm{s} \approx 1.75$이고 비속도는 $N_\mathrm{s} \approx 2.8$이 된다.

만약 연구자들이 N_s 값(1부터 8까지)의 범위에 대해 허브에서 0.6의 de Haller 비를 만족하는 가능한 가장 작은 허브-팁 비를 찾기 위한 체계적인 연구를 수행한다면(Wright, 1996), 그 결과는 그림 6.14와 같이 나타날 것이다. Wright의 확산에 기반한 값들과 함께 Fan Engineering에 실린 곡선(Jorgensen, 1983)도 동시에 나타내었는데, Jorgensen의 곡선

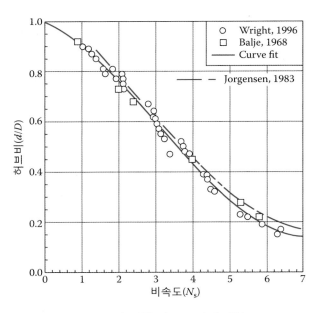

그림 6.14 균일한 부하를 가지는 블레이드에 대한 허브 크기의 제약

이 약간 더 보수적인 값을 보인다. Wright의 확산에 기반한 데이터 점들은 다음 식과 잘 일치한다.

$$\frac{d}{D} \geq \frac{1}{2}\left\{1 - \left(\frac{2}{\pi}\right)\tan^{-1}\left[\left(\frac{2}{\pi}\right)(N_s - 3.8)\right]\right\} \tag{6.23}$$

Balje의 결과(Balje, 1968)로부터 계산된 결과들도 이 그림에 나타나 있다. Balje의 예측 값들은 Cordier 선도로부터 얻은 D_s 및 N_s와 $C_2^2 \leq gH/\eta_T$ 제한 범위에 기반한다. 그럼에도 불구하고 이 결과들은 다른 결과들과 잘 일치한다.

그림 6.14와 식 (6.23)은 설계 권고안이므로 어떠한 특정한 축류 홴에 꼭 적용될 필요가 없음을 기억하자. 특히, 큰 허브비를 가지는 홴들은 큰 크기에도 불구하고 약간 더 높은 효율을 나타낼 수 있다.

6.9 반경류 기계의 예비 설계 및 확산 제한

이제 펌프나 홴에 대한 반경류 임펠러의 예비 설계를 생각해 보자. 그림 6.15는 원심 임펠러 익렬의 단면으로 반경 방향으로 유동이 흐르는 캐스케이드를 나타낸다. 이 경우는 회전 방향의 반대 방향인 후향 경사 에어포일 형상의 블레이드를 가지는 원심 홴이다. 예비 설계를 위해 다음 가정이 필요하다.

- 블레이드에 들어가고 나가는 유동은 블레이드의 방향과 완전히 일치한다.
- 블레이드는 캠버선으로 간략화할 수 있다.

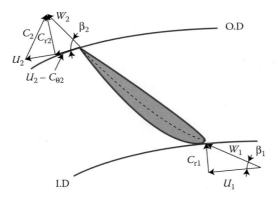

그림 6.15 후향 경사 블레이드를 가지는 반경류 홴

- 유동은 원주 방향으로 균일하며, 입구 및 출구에서 로터 깊이 방향으로도 균일하다.
- 수력 효율은 1.0(100%)이다.
- '예선회' 베인은 없으므로 유동은 임펠러 눈(eye)에서 축방향으로 들어가고 방향을 바꿔 블레이드를 순수한 반경 방향으로 지나간다(즉, $C_{\theta 1} = 0$).

유동, 압력 상승 및 임펠러 형상과 관련된 중요한 식은 다음과 같다.

$$U_1 = \frac{d}{2}N \tag{6.24}$$

$$U_2 = \frac{D}{2}N \tag{6.25}$$

$$Q = \pi d b_1 C_{r1} = \pi d b_1 C_1 = \pi D b_2 C_{r2} \tag{6.26}$$

그러면

$$\frac{C_{r2}}{C_{r1}} = \left(\frac{d}{D}\right)\left(\frac{b_1}{b_2}\right) \tag{6.27}$$

$$\frac{\triangle p_{\mathrm{T}}}{\rho} = \eta_{\mathrm{H}} U C_{\theta 2} \tag{6.28}$$

상대 속도들과 블레이드 각도들은 다음과 같다.

$$W_1 = (C_{r1}^2 + U_1^2)^{1/2} = (C_1^2 + U_1^2)^{1/2} \tag{6.29}$$

$$\beta_1 = \tan^{-1}\left(\frac{C_{r1}}{U_1}\right) = \tan^{-1}\left(\frac{C_1}{U_1}\right) \tag{6.30}$$

$$W_2 = \left[C_{r2}^2 + (U_2 - C_{\theta 2})^2\right]^{1/2} \tag{6.31}$$

$$\beta_2 = \tan^{-1}\left(\frac{C_{r2}}{U_2 - C_{\theta 2}}\right) \tag{6.32}$$

이러한 기본 식들로부터 회전 속도 및 임펠러 바깥지름과 함께 설계자는 다음 변수들이 추가로 필요함을 알 수 있다.

- (임펠러) 눈 지름(d)
- 입구 및 출구에서의 블레이드 깊이(b_1, b_2)
- 블레이드 각도(β_1, β_2)

임펠러 눈의 면적 $A_0 (= \pi d^2/4)$가 유체가 블레이드에 들어가는 면적 $A_1 (= \pi d b_1)$과 동일하다고 가정하는 것은 설계에서 유용한 시작점이 된다. 이로부터 임펠러 눈과 블레이드 입구에서의 속도는 $C_{a0} \approx C_{r1}$이 된다. 이 조건으로부터 다음 관계식이 얻어진다.

$$b_1 = \frac{d}{4} \quad \text{(설계 제안값)} \tag{6.33}$$

형상을 2차원으로 살펴보면, 상대 속도 W_1과 W_2 사이의 관계 및 입구와 출구의 블레이드 형상은 본질적으로 높은 확산 비율을 나타낸다. 그러나 설계 과정에서 상대 속도의 변화에 영향을 주는 유동 영역의 증가 비율은 임펠러 폭 b의 변경을 통해 조절될 수 있다. 특히, 설계자는 블레이드 폭 b_1과 b_2를 선택함으로써 C_{r2}에 대한 C_{r1}의 크기를 변화시킬 수 있다. 오일러 방정식에 의해 살펴본 바와 같이 압력 상승을 얻기 위해서는 블레이드 통로를 지나면서 상대 속도가 증가되어야 한다. 속도비 C_{r2}/C_{r1}은 반경류 캐스케이드를 통한 확산비를 결정하는 중요한 변수가 된다. 따라서 식 (6.25)로부터 d/D와 b_1/b_2는 원심 블레이드 익렬에 대한 중요한 설계 변수가 된다. d/D는 축류 기계 설계에서 중요한 역할을 하는 허브-팁 비와 유사하고, b_1/b_2는 좋은 유동 조건들을 유지하는 추가적인 변수이다.

블레이드 익렬 또는 베인 익렬에 대한 디퓨져 상사성은 원심 휀 또는 펌프 임펠러에 적용되어 허용 가능한 de Haller 비를 계산할 수 있다. 9장에서 반경류 캐스케이드에 대해 상세히 설명하겠지만, 후향 경사 블레이드가 아닌 경우 높은 효율과 적당한 압력비를 가지는 임펠러 설계를 도출하기 위한 확산 제한은 다소 한정된 값을 가진다. 많은 경우에, 특히 상대적으로 높은 부하의 반경 캐스케이드에 대해 유동은 블레이드 뒷면(흡입면)으로부터 심하게 박리된다. 유동 자체는 부드럽고 안정적이며, 축류 기계에서 관찰되는 비정상 맥동 유동 없이 전형적인 제트-웨이크(jet-wake) 또는 저속-코어(low-speed core) 유동을 형성한다 (Balje, 1968, Johnson과 Moore, 1980). 단일단에서 큰 값의 양정 상승이 가능한 것을 고려한다면 전체 기계 성능에 대한 영향도 허용 가능한 정도이다.

일단 회전 속도와 성능이 결정되면 Cordier 도표를 이용하여 바깥지름의 적절한 값을 선택할 수 있지만 눈 지름은 어떻게 결정할 것인가? W_1을 최소화하도록 d(즉, d/D)를 선택하는 것이 일반적으로 좋은 시도인데, 이것은 여러 장점을 가진다. 첫 번째, 작은 W_1은 de Haller 비 W_2/W_1을 조절하는 데 도움이 된다. 두 번째, 고속 압축기에서 작은 W_1은 초킹 문제를 경감시킨다. 유사하게 액체 펌프에서 작은 W_1은 블레이드 앞전에서 캐비테이션의 가능성을 감소시킨다.

식 (6.24), 식 (6.26), 식 (6.29) 및 식 (6.33)을 사용하면, W_1을 다음과 같이 표현할 수 있다.

$$W_1 = \left[\left(\frac{4Q}{\pi d^2}\right)^2 + \left(\frac{Nd}{2}\right)^2\right]^{1/2} \tag{6.34}$$

W_1을 최소화하는 d의 값이 존재하는데 그 이유는 d의 증가는 U_1을 증가시키는 반면에, d를 감소시키면 C_1이 증가하기 때문이다. 이 방정식의 양변을 $U_2(=ND/2)$로 나누고 제곱을 하면

$$\left(\frac{W_1}{U_2}\right)^2 = \frac{[(8/\pi)\phi]^2}{(d/D)^4} + \left(\frac{d}{D}\right)^2$$

이 되는데, 여기서 $\phi = Q/ND^3$은 유량 계수이다. $d(W_1/U_2^2)/d(d/D) = 0$으로 둠으로써 d/D에 대한 $(W_1/U_2)^2$의 최솟값을 찾으면 그 결과는 다음과 같다.

$$\frac{d}{D} = \left(\frac{2^{7/6}}{\pi^{1/3}}\right)\phi^{1/3} \approx 1.53\phi^{1/3} \quad \text{(설계 제안값)} \tag{6.35}$$

여기에는 $d/D \leq 1$의 제약이 적용된다. 이 식(Wright, 1996)은 축류 기계에 대한 허브−팁 비의 지침과 동등한 지침을 원심 임펠러에 대해 제공한다. 먼저, 이 식을 이용하여 반경형 블레이드 설계의 초안을 설정하고, b_1/b_2를 설계, 특히 확산 수준을 미세 조정하기 위한 추가 변수로 남겨 두는 것이 현명할 것이다.

예제 6-3 ▌ 반경류 홴의 예비 설계

원심 홴은 밀도 $\rho = 1.2$ kg/m³인 공기를 4 m³/s 공급해야 한다. 필요한 압력 상승은 $\Delta p_T = 3$ kPa이다. 홴은 Cordier 도표(그림 5.1 및 그림 5.6 참조)의 E 영역에 위치하도록 설계되어야 한다. 다소 임의로 비지름은 $D_s = 3.4$로 선택하였다. 이때 일치하는 N_s는 약 0.81이고, 그림 2.9로부터 $\eta_T \approx 0.88$이다. 홴의 지름과 회전 속도는 다음과 같이 계산될 수 있다.

$$D = D_s \frac{Q^{1/2}}{(\triangle p_T/\rho)^{1/4}} = 3.4 \times \frac{4^{1/2}}{(3000/1.2)^{1/4}} = 0.962 \text{ m}$$

$$N = N_s \frac{(\triangle p_T/\rho)^{3/4}}{Q^{1/2}} = 0.81 \times \frac{(3000/1.2)^{3/4}}{4^{1/2}} \times \frac{60}{2\pi} = 1370 \text{ rpm}$$

여기서 만약 특정 크기 또는 모터 회전 속도와 동일한 회전 속도를 얻기를 희망하면, 비속도 및 비지름은 조절될 수 있다. 여기서는 이 과정을 수행하지 않을 것이다.

다음으로 d를 결정하기 위해 목(throat) 크기에 대한 식 (6.35)를 이용한다.

$$d = D \times 1.53 \left(\frac{Q}{ND^3} \right)^{1/3} = 0.962 \times 1.53 \times \left(\frac{4}{143.2 \times 0.962^3} \right)^{1/3} = 0.464 \text{ m}$$

이 설계에 대해 블레이드 익렬을 통과하는 면적은 동일하게 유지할 것이며($A_0 = A_1 = A_2$), 이 조건은 반경 방향 속도를 일정하게 유지한다. 이로부터 다음 결과를 얻을 수 있다.

$$b_1 = \frac{d}{4} = 0.116 \text{ m} \quad \text{및} \quad b_2 = \frac{d}{D} b_1 = \left(\frac{0.464}{0.962} \right) \times 0.116 = 0.056 \text{ m}$$

반경 방향 속도는

$$C_{r1} = C_{r2} = C_{a0} = \frac{4Q}{\pi d^2} = \frac{4 \times 4}{\pi \times 0.464^2} = 23.7 \text{ m/s}$$

이다. 그리고 블레이드 속도는 다음과 같다.

$$U_1 = N \frac{d}{2} = 143.2 \times \frac{0.464}{2} = 33.2 \text{ m/s}, \quad U_2 = N \frac{D}{2} = 143.2 \times \frac{0.962}{2} = 68.9 \text{ m/s}$$

오일러 방정식으로부터

$$C_{\theta 2} = \frac{\triangle p_T}{\eta_T \rho U_2} = \frac{3000}{0.88 \times 1.2 \times 68.9} = 41.2 \text{ m/s}$$

효율의 이상적인 값인 1.0을 사용하는 대신 Cordier 도표로부터 예측된 효율을 이 계산에서 사용하였으므로 설계가 보다 실제적일 수 있다. 상대 속도와 블레이드 각도는 다음과 같이 계산할 수 있다.

$$W_1 = (C_{r1}^2 + U_1^2)^{1/2} = (23.7^2 + 33.2^2)^{1/2} = 40.8 \text{ m/s}$$

$$\beta_1 = \tan^{-1} \left(\frac{C_{r1}}{U_1} \right) = \tan^{-1} \left(\frac{23.7}{33.2} \right) = 35.5°$$

$$W_2 = \left[c_{r2}^2 + (U_2 - C_{\theta 2})^2 \right]^{1/2} = \left[23.7^2 + (68.9 - 41.2)^2 \right]^{1/2} = 36.5 \text{ m/s}$$

$$\beta_2 = \tan^{-1} \left(\frac{C_{r2}}{U_2 - C_{\theta 2}} \right) = \tan^{-1} \left(\frac{23.7}{68.9 - 41.2} \right) = 40.6°$$

확산 제한을 확인해 보면, de Haller 비는 $W_2/W_1 = 0.89$인데 이것은 매우 보수적인 값이다. 보다 공격적인 설계는 회전 속도 또는 크기를 줄이거나(결과적으로 U_2를 낮춤으로써), b_2를 줄이거나(결과적으로 C_{r2}와 W_2를 낮춤으로써), 눈 지름을 증가시킴으로써(W_1을 증가시킴으로써 －초크와 캐비테이션은 이 홴에서는 문제가 되지 않음), 또는 이 조건들을 결합함으로써 얻어질 수 있다. 이러한 설계의 최적화와 블레이드수 및 반경류 임펠러에서 슬립(slip)이라 불리는 유동 －블레이드 편차와 같은 블레이드 구성에 대한 상세한 사항은 나중에 다룰 것이다. 블레이드 평균 캠버선에 정렬된 W_1과 W_2를 바탕으로 계산된 설계의 대략적인 형상을 그림 6.16에 나타내었다.

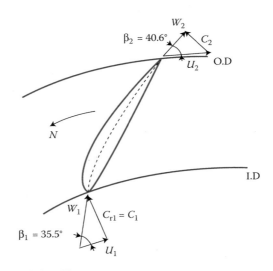

그림 6.16 예제에서 설계된 반경류 홴

6.10 요약

이 장에서는 블레이드 및 캐스케이드 형상과 속도 삼각형에 대한 논의로 시작하였다. 다음으로 각운동량 변화 메커니즘을 통해 에너지 전달의 기본 개념도 정립하였다. 터보기계에 대한 오일러 방정식을 유도하기 위해 레이놀즈 전달 정리가 이용되었다. 결과로 얻은 관계식들은 일반적으로 적용될 수 있지만, 유도 과정에서 정상 상태로 한정되고 외적 토크는 배제되었다. 기본 방정식과 관계된 유동의 거동을 설명하기 위해 단순한 2차원 예제들이 소개되었다.

로터에서의 일과 유체 비에너지를 연관시키기 위해 효율 및 손실 값에 대한 필요성도 설명하였다.

에너지 전달 과정과 구조적 특징 및 축류 기계의 기계 속도를 연관시키기 위해 축류 기계의 에너지 전달에 대한 좀 더 확장된 예제들이 설명되었다. 예제들을 통해 기계 내의 블레이드 및 베인 부하 개념이 블레이드와 베인의 상대 속도와 유동 선회각의 항으로 전개되었다.

부하의 개념은 블레이드 및 베인 익렬의 확산에 대한 설명으로 확장되었다. 평면 디퓨져와 블레이드 유로의 유동 유사성에 기반하여 터보기계 내에서 얻을 수 있는 성능에 대한 제약 조건으로서 유동 박리 및 스톨의 개념을 정립하였고, 유동 확산에 대한 de Haller 제한을 전개하였다. 축류 기계에 대한 예제들은 허용 가능한 수준의 확산에 대한 블레이드 익렬 고형비의 영향으로 확장되었다. 확장된 예제에서는 성능 요구 사항과 de Haller 제한을 만족시키기 위해 Cordier 상관식을 사용하여 축류 홴의 허용할 수 있는 유동 유로를 설계하는 과정을 설명하였다. 또 확산 제한 개념이 적용되어 축류 기계에서 허용 가능한 확산 수준을 만족하는 허브 지름과 팁 지름의 비 관계식을 유도하였다.

마지막으로 반경류 기계에 대해서도 필요한 성능과 허용 가능한 확산 수준을 기반으로 형상 설계의 타당성을 결정하기 위한 검토가 진행되었다. 이를 통해 매우 높은 비지름을 가지는 반경류 기계에 대해 속도비 또는 확산 수준들이 축류 기계에서만큼은 중요하지 않음을 확인하였다. 축류 기계에서 허브-팁 비와 유사한 임펠러 출구 지름에 대한 입구 지름의 비가 임펠러 입구에서 상대 속도를 최소화하기 위한 인자로 검토되었다. 이러한 임펠러 형상 특징들을 반경류 기계의 유량 계수, 비속도 및 비지름과 연관시키기 위한 설계 지침을 확립하였고, 원심 홴의 예비 설계 예제에 적용하였다.

6.1 원심 펌프에서 $d = 30$ cm, $D = 60$ cm, $b_1 = 8$ cm, $b_2 = 5$ cm, $\beta_1 = 20°$, $\beta_2 = 10°$이다. $20℃$의 물을 회전수 $N = 1000$ rpm으로 펌핑할 때, $\eta = 1.0$인 이상적인 경우에 유량, 양정 상승 및 필요한 동력을 결정하시오.

6.2 펌프가 1500 rpm에서 2700 gpm을 수송한다. 출구 형상은 $b_2 = 1.5$ in., $r_2 = 8$ in., $\beta_2 = 30°$이다. 양정 상승과 필요한 동력을 계산하시오.

6.3 1800 rpm으로 회전하고 전효율이 85%인 원심 홴이 $b_1 = b_2 = 6$ cm, $d = 12$ cm, $D = 40$ cm, $\beta_1 = 40°$, $\beta_2 = 20°$이다. 유량, 전압 상승 및 필요한 마력을 예측하시오. (단, $\rho = 1.2$ kg/m^{3}이다)

6.4 축류형 물 펌프의 전압 상승은 20 psig이고, 유량은 6800 gpm, 그리고 팁과 허브 지름은 각각 16 in.와 12 in.이다. 회전 속도는 1200 rpm이다.
   (a) 전효율과 필요한 입력 동력을 예측하시오.
   (b) 효율의 영향을 포함해서 압력 상승을 얻기 위한 평균 반경에서의 속도 삼각형을 구성하시오.
   (c) 평균 반경, 허브 및 팁 단면에서 블레이드의 모양을 그리시오. (단, 입사각과 편차각은 0°로 가정한다)
   (d) 각각의 단면에서 de Haller 비를 계산하시오.

6.5 관에 배치된 축류 홴은 1.201 kg/m^{3}의 공기 120 m^3/s의 유량을 1250 Pa의 정압 상승 시킨다. 홴의 지름은 3.0 m이고 허브 지름은 1.5 m이다.
   (a) 블레이드의 허브 단면상에서 홴의 입구와 출구에서의 속도 삼각형을 그리시오. (단, 손실은 무시한다)
   (b) 전효율 및 홴의 동력을 예측하고, 추정된 손실에 대해 출구 속도 벡터들을 수정하시오.

6.6 평균 반경에서 홴의 익렬을 떠나는 절대 속도가 $C_{x2} = 23.7$ m/s이고 $C_{\theta2} = 16.3$ m/s일 때, 위 연습 문제 6.5의 홴에 대한 적절한 베인 익렬 구성를 고안하시오. 허브에서의 선회 속도와 관련된 속도 압력 회복에 기초하여 정압 효율 및 정압 상승에서의 증가를 예측하시오.

6.7 밀도 $\rho = 0.00233$ slug/ft^{3}인 공기가 입구 가이드 베인(IGVs)을 따라 축류 홴의 익렬로 들어가고, 완전한 축방향 속도만 가지고 익렬을 빠져나온다(그림 P6.7 참조). 이상적인 경

우에 동력과 전압을 계산하시오. IGVs로부터 출구 각도는 $-32°$이고, 휀을 지나는 질량 유량은 10.0 slug/s이다.

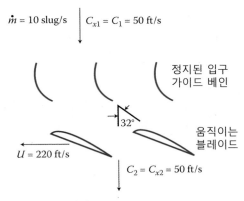

그림 P6.7 IGVs를 가지는 휀 블레이드 캐스케이드

6.8 만약 IGV 익렬로부터 출구 각도가 다음과 같을 때 위 연습 문제 6.7을 다시 풀어 보시오.

 (a) $0°$

 (b) $-10°$

 (c) $-20°$

 (d) $+20°$

6.9 앞 연습 문제 3.19에서 고려된 풍력 터빈에 대해 설계자는 터빈의 출구 유동이 완전히 축 방향을 가지도록 하기를 원한다. 70% 반경 단면에서 로터와 베인에 대해 필요한 속도 삼각형을 그리시오. 베인에는 많은 차이점이 있는지, 베인이 정말로 타당한지 설명하시오. 또 정량적으로 그리고 정성적으로 베인을 사용하면 무엇을 얻을 수 있는지 설명하시오.

6.10 축류 휀이 450 Pa의 전압을 발생시키고 5.25 m^3/s의 유량을 제공해야만 한다. 베인을 가지는 축류 휀에 대한 합리적인 비속도와 지름을 선택하시오. 블레이드의 허브 단면에서 de Haller 비를 확인하면서 허브-팁 지름비(d/D)를 변화시키시오. W_2/W_1의 허용 가능한 최솟값으로 0.6을 사용하여 사용 가능한 가장 작은 허브-팁 비를 결정하고, 이 값을 연습 문제 6.14에서 주어지는 정보를 이용하여 계산된 값과 비교하시오.

6.11 큰 축류 펌프는 140 kPa의 압력 상승을 가지면서 0.45 m^3/s의 물을 공급해야 한다. 임펠러의 허브 및 팁 지름은 $D=0.4$ m, $d=0.3$ m이고, 회전 속도는 1200 rpm이다.

 (a) 펌프의 전효율을 예측하기 위해 Cordier 도표를 사용하고, 레이놀즈수의 영향에 따라 Cordier 수를 수정하시오.

(b) 필요한 압력 상승을 얻기 위해 이 펌프의 블레이드 평균 반경 단면에 대한 축류 속도 삼각형을 그리시오. (단, 속도 벡터들을 결정할 때 효율의 영향을 고려한다)

(c) 위 (b)에서 얻은 속도 삼각형에 기초하여 이 블레이드 평균 단면의 모양을 예측하시오.

(d) 이 단면에 대한 de Haller 비는 허용할만한지 판단하시오.

6.12 위 연습 문제 6.11에서 고려한 펌프의 허브 및 팁 단면에 대한 속도 삼각형, 블레이드 형상 및 de Haller 비를 구하시오.

6.13 $d/D=0.75$이고 그림 6.14 곡선으로부터의 '최적'값을 이용하여 연습 문제 6.5의 아웃라인 도출을 반복하시오. 또 연습 문제 6.5에서의 값과 이 결과값을 비교하고, 가장 큰 차이점을 기술하시오.

6.14 1150 rpm으로 회전하는 원심 홴이 $\Delta p_T = 1.75$ kPa의 압력 상승과 함께 밀도 $\rho = 1.21$ kg/m^{3}인 공기를 0.4 m^3/s를 공급한다.

(a) $D=0.75$ m, $d=0.35$ m이고 전효율에 대해서는 Cordier 값을 사용할 때, 블레이드 앞전 및 뒷전에서 속도 벡터들을 구하시오. 익렬을 통과할 때 반경 방향 속도는 균일하다고 가정하시오.

(b) 홴이 더 높은 회전 속도(1450 rpm 또는 1750 rpm)로 회전하는 경우에 홴을 재설계하시오. D 및 d, 그리고 폭 b_1 및 b_2를 결정하고, 입출구 속도 삼각형을 그리시오.

6.15 원심 임펠러에 대한 최소 W_1 분석에 기초한 d/D를 사용하여($d/D = 1.53\phi^{1/3}$) 연습 문제 6.14에서의 속도 벡터를 다시 계산하고, 홴 임펠러의 구성을 근사하여 그리시오.

6.16 앞 연습 문제 5.22의 홴에 대해 정압 상승 요구량이 500 kPa이다.

(a) 동력, 전압 및 정압 효율, 음량 출력 레벨, Lw에서 변화를 예측하시오.

(b) 홴에 대한 적절한 허브-팁 지름비를 선택하고 (a)와 (b)의 계산을 반복하시오.

(c) 블레이드와 베인에 대해 허브, 평균 반경 및 팁 단면에 대한 de Haller 비를 계산하시오.

6.17 관내 배치된 낮은 부하의 홴은 5 lbf/ft^{2}의 압력 상승을 가지고 밀도 0.0020 slug/ft^{3}인 공기를 1500 ft^3/s만큼 공급해야 한다. 홴에 대한 합리적인 속력을 결정하고, 적절한 허브-팁 비를 선택하시오.

(a) 블레이드의 70% 반경 단면, 블레이드 허브 및 팁 단면의 입출구 위치에서 속도 삼각형을 그리시오.

(b) 전효율과 동력을 예측하고, 전효율에 의해 추정되는 전압 손실을 고려하여 출구 속도

벡터들을 수정하시오.

6.18 $k = 0.2$, 0.3, 0.4인 경우에 $C_{r2} = kU_2$를 만족하는 블레이드 폭을 고려하여 연습 문제 6.14의 홴에 대해 속도 벡터와 임펠러 모양을 재점검하시오. 이러한 k 값의 증가는 블레이드 각도들을 증가시키고 블레이드 제작 공차의 정확도에 대한 성능 민감도를 감소시킨다. 각각의 경우에 대한 입구 및 출구 벡터들을 구하고, 블레이드 모양을 근사하여 그리시오.

6.19 위 연습 문제 6.18에서 블레이드 각도들을 상당히 크게 유지하기 위해 임펠러를 좁게 하는 것은 눈으로부터 블레이드 앞전까지 유동을 상당히 가속하게 된다. 이러한 문제가 큰 문제인가? 설계자들은 목(thorat) 크기를 수정함으로써 이러한 유동 가속을 제어할 수 있는가? 만약 그렇다면 효율 또는 캐비테이션 여유에서 이익 또는 손실인지 논의하시오.

6.20 지름 0.4 m인 관내 축류 홴은 밀도 $\rho = 1.0$ kg/m^{3}인 공기를 유량 0.8 m^3/s 및 압력 상승 225 Pa로 공급해야 하는 성능 목표를 가지고 있다. 홴에 대한 적절한 허브 크기와 합리적인 속력을 결정하시오. $2r/D = 0.75$(75% 플레이드 반경 단면)에서의 입출구에 대한 속도 삼각형을 그리시오. 또 정압 및 전효율을 예측하고, 블레이드 익렬에서의 전압 손실을 고려하여 출구 속도 삼각형을 수정하시오.

6.21 베인을 가지는 축류 홴이 밀도 $\rho = 1.18$ kg/m^{3}인 공기를 유량 12 m^3/s만큼 공급한다. 홴의 크기는 $D = 1.0$ m, $d = 0.7$ m이고, 회전 속력은 $N = 1050$ rpm이다. 블레이드 허브 단면에서 W_2/W_1의 값이 0.62보다 작아야 한다는 제한에 기초하여, 이 홴의 최대 전압 상승을 결정하시오. (단, 계산을 시작하기 위해 베인을 가지는 축류 홴에 대한 합리적인 효율을 가정하고, N_s의 함수로 표현되는 η_T에 기반하여 결과를 개선한다)

6.22 베인을 가지는 축류 홴이 $Q = 12$ m^3/s, $N = 1050$ rpm, $\rho = 1.18$ kg/m^3, $D = 1.0$ m, $d = 0.7$ m이다. 만약 베인 허브에서 $W_2/W_1 = C_2/C_1$의 값이 적어도 0.62는 되어야 한다면, 홴이 얻을 수 있는 최대 전압 상승을 결정하시오. (단, 처음에는 $\eta_T = 0.75$로 가정한다)

6.23 $D = 0.8$ m, $d = 0.4$ m, $N = 1800$ rpm, $Q = 10$ m^3/s, $\rho = 1.21$ kg/m^{3}인 관내 축류 홴에 대해 블레이드의 허브에서 de Haller 비가 0.65인 경우에 홴이 얻을 수 있는 최대 전압 상승을 결정하시오.

6.24 $D = 0.8$ m, $d = 0.4$ m, $N = 1800$ rpm, $Q = 10$ m^3/s, $\rho = 1.21$ kg/m^{3}인 관내 축류 홴에 대해 전압 상승 요구량은 1200 Pa이다. de Haller 비 > 0.65 조건을 만족하는 블레이드에

대해 $r = r_{\text{hub}}$ 값을 구하시오. 이 '중요한' 반경값의 안쪽 블레이드 부분에 대한 유동 품질 및 양정 손실 경향에 대해 논의하시오.

6.25 원심 펌프 임펠러는 1450 rpm으로 회전하면서 0.1 m³/s의 유량을 공급하도록 설계되었다. 만약 임펠러 출구 폭이 4 cm, 지름이 20 cm, 양정 상승이 25 m인 경우 이러한 성능을 얻기 위한 출구 각도 β_2, 임펠러 전효율, 그리고 필요한 축동력을 결정하시오.

6.26 그림 1.16에 나타난 터빈은 $D = 1.4$ ft, $N = 1200$ rpm이고, 터빈의 BEP는 $Q = 3200$ gpm, $H = 33$ ft, $P_{\text{sh}} = 15.6$ kW, $\eta = 0.78$이다. 이 반경 입력-축류 배출 터빈의 블레이드 모양에 대한 근사적인 모양을 도출하시오. $b_2/D = 0.05$이고 C_r는 블레이드 익렬에서 일정하다고 가정하고, 필요한 입구 속도 성분과 유입 각도를 계산하시오. (단, 유입은 D에서 발생한다) 식 (6.35)를 사용하여 눈 지름을 예측하고, 회전축에 수직인 단면에서 출구 블레이드 각도, 속도 성분, 그리고 상대 속도를 구하시오.

6.27 가변 피치 블레이드를 가지는 축류 홴에서 압력 상승을 증가시키기 위해 블레이드 엇갈림 각도 λ를 감소시킬 수 있다. 가변 피치 축류 홴에 대한 관례를 사용하여 엇갈림 각도를 보완하는 각도인 '형상 피치'는 증가한다. 블레이드 뒷전에서의 유동각이 β_2로부터 $\beta_2' = \beta_2 + \Delta\tau$로 교란되는 경우에 $\Delta\tau$에 따라 형상 피치의 증가를 계산하시오. 오일러 방정식을 사용하여 $\psi'/\psi = [1 - \phi((\tan\beta_2 - \tan(\beta_2 + \Delta\tau)/(1 + \tan\beta_2\tan\Delta\tau))]/[1 - \phi\cot\beta_2]$임을 보이시오. 여기서 ψ는 교란되지 않은 상태의 값이고, ψ'은 새로운 상태에서의 값이다. 그리고 ϕ는 변하지 않는다. [단, 여기서 ϕ와 ψ에 대한 정의들은 $\phi = Q/(U_h A_{\text{ann}})$, $\psi = \Delta p_T/(\rho U_h^2)$, $\Delta p_T = \rho U_h C_\theta \eta_T$이다. U_h는 허브 속력 $U_h = Nd/2$, A_{ann}은 환형 단면 $A_{\text{ann}} = (\pi/4)(D^2 - d^2)$이다]

6.28 그림 5.18에 나타난 가변 피치 홴의 성능 곡선과 위 연습 문제 6.27의 결과를 사용한다. 40°의 피치로 설계되었고 피치 각도의 변화가 45°($\Delta\tau = 5°$)인 홴을 사용한다. 45°에 대해 나타난 유동의 범위에 대해 압력 상승을 다시 계산하고, 45°에서 그림 5.18에 나타난 값과 비교하시오. 또 연습 문제 6.27에 주어진 변수 형태를 사용하여 결과를 무차원 형태로 표현하시오.

6.29 만약 β_2^*가 $\Delta\tau$에 의해 증가된다면, 압력 상승이 주어진 유량에서 증가되도록 β_2^*의 점진적 증가에 따라 원심 임펠러를 모형화해 보자. $\phi = C_r/U_2$, $\psi = \Delta p_T/(\rho U_2^2)$을 사용해서 교란되지 않은 값 ψ와 비교하여 증가된 유동각 $\beta_2' = \beta_2 + \Delta\tau$와 관련된 수정된 값 ψ'이

$\psi/\psi' = \{1 - [(1 + \tan\beta_2\tan\varDelta\tau)/(\tan\beta_2 - \tan\varDelta\tau)]\}/(1 - \cot\beta_2)$임을 보이기 위해 오일러 방정식을 사용하시오.

6.30 그림 5.11(a)의 성능 곡선을 $\varDelta\tau = 3.0°$인 홴으로 변경하기 위해 오일러 방정식과 함께 위 연습 문제 6.29의 결과를 사용하시오. 결과들은 $\psi = \varDelta p_\mathrm{T}/(\rho U_2^2)$ 및 $\phi = Q/(\pi D^2 U_2/4)$로 표현되어야 함을 상기한다.

6.31 그림 1.20에 나타난 압축기 임펠러는 압축기의 눈을 채우는 회전차의 인듀서(induceer) 부분을 명확하게 보여 준다. 유사하게 임펠러 출구 지름의 대부분도 그림에 나타나 있다. d와 D의 값을 '측정'하고, 이 대략적인 측정값들을 이용해서 지름비 d/D를 계산하시오. 이 숫자는 식 (6.35)의 도움을 받아 임펠러의 비속도 및 지름을 예측하기 위해 사용될 수 있다. 이러한 근삿값을 Cordier 도표의 '영역'과 비교해 보시오. [단, $\phi = 1/(N_sD_s^3)$임을 이용한다]

6.32 그림 1.21의 아래 중심에 나타낸 베인-축류 홴은 허브-팁 비(d/D)를 예측하기 위해 측정될 수 있다. 그림 6.14와 함께 임펠러의 비속도를 정의하기 위해 이 예측값을 사용하고, 홴의 형태를 Cordier 도표에서의 위치와 비교하시오.

6.33 그림 1.21(위쪽 왼쪽)에 나타낸 프로펠러-형태 축류 홴에 대해 '측정'을 반복하고, 비속도를 예측하시오. 또 이 결과를 Cordier 도표의 영역과 비교해 보시오.

제**7**장

속도 삼각형 및 유로 구성

7.1 서문

6장에서는 터보기계의 블레이드 및 베인 익렬에서의 에너지 교환과 유동 경향 사이의 관계식을 알아보았다. 블레이드 선형 속도(U)와 블레이드에 상대적인 유체 속도(W) 및 유체의 절대 속도(C) 벡터를 이용하여 기본적인 블레이드 설계 및 블레이드 부하를 분석하였고 확산 제한에 기초하여 펌핑 기계에 대한 기본적인 설계 제한 조건들을 확립하였다.

이 장에서는 터빈과 펌핑 기계들을 포함하여, 여러 종류의 터보기계의 기본적인 특성을 분석할 것이다. 축류, 혼합류 및 반경류 형태가 모두 고려될 것이다. 속도 삼각형의 특성들이 강조될 예정인데, 블레이드 형상은 유체의 속도들이 기본적으로 블레이드 캠버선과 평행하고, 특히 블레이드 익렬 입구 및 출구에서는 완전히 평행하다는 단순화된 가정으로부터 얻어질 것이다. 추가로 효율 100%를 자주 가정하는데, 만약 효율이 100%가 아니라면 효율값은 '좋은' 기계의 BEP에 적용되는 Cordier 관계식으로부터 예측될 것이다.

높은 효율과 완벽한 유동 정렬에 대한 위의 두 가정은 성능 곡선에서 설계점(또는 '최대 효율점') 근처의 매우 좁은 영역에만 적용이 가능하다. 유사하게 블레이드 설계들은 평균보다 높은 고형비를 가지는 블레이드 익렬에서만 상당히 정확하다. 이러한 제한 조건들은 도출되는 블레이드 설계에 대부분 적용되지만, 속도 삼각형 자체의 특성에는 적용되지 않는다는 것을 기억하자.

7.2 축류 기계에 대한 속도 삼각형의 변수

속도 벡터 정보를 간결하게 표현하기 위해 몇몇의 새로운 무차원 변수들을 도입해야 한다. 첫 번째는 일 계수(work coefficient)이다.

$$\Psi = \frac{w}{U^2} \tag{7.1}$$

오일러 방정식으로부터 $w = U_2 C_{\theta 2} - U_1 C_{\theta 1}$이고, 축류 로터에서는 $U_2 = U_1 = U$이므로

$$\Psi = \frac{\Delta C_\theta}{U} \quad \text{(축류)} \tag{7.2}$$

손실이 없는($\eta_T = 1.0$) 유동에 대해 일은 양정과 일치하고, 따라서 $\Psi_{\text{no losses}} = gH/U^2$이

다. 만약 유동이 비압축성이라면, $\Psi_{\text{no losses, incompressible}} = \Delta p_T / \rho U^2$이다. 일 계수는 때때로 부하 계수(loading coefficient)라고도 한다.

두 번째 변수는 축 속도비(axial velocity ratio) 또는 유량 계수(flow coefficient)이다.

$$\varphi \equiv \frac{C_x}{U} \tag{7.3}$$

$U = ND/2$이고 $Q \approx C_x (\pi/4)(D^2 - d^2)$이므로 새로운 변수 Ψ와 φ는 2장에서 정의된 양정 계수 및 유량 계수와 다음과 같이 연관되어 있다($\Psi = gH/N^2 D^2$, $\phi = Q/ND^3$).

$$\phi \approx \frac{\pi}{8}\left(1 - \frac{d^2}{D^2}\right)\varphi \tag{7.4a}$$

$$\psi = \frac{\eta_H}{4}\psi \tag{7.4b}$$

세 번째 새로운 변수를 정의하기 위해 충동(impulse) 및 반동(reaction)의 개념이 도입되어야 한다. 일반적으로 유동이 움직이는 블레이드와 상호 작용할 때, 유동의 방향과 속도가 모두 변하게 된다. 블레이드/유체 사이의 힘의 상호 작용은 방향 및 속도 변화에 모두 연관되어 있다. 힘의 작용이 압력의 변화 없이 방향의 변화와 관련 있을 때 이 상호 작용은 순수한 충동이다. 순수한 충동의 간단한 예를 들면, 정원 호스 노즐로부터 나오는 물 제트의 충동이 도로를 따라 움직이는 스케이드 보드를 밀어내는 것이 있다. 반대로 힘의 작용이 순수하게 압력의 변화와 관련이 있다면, 이 상호 작용은 순수한 반동이다. 순수한 반동에 대한 예를 들면, 풍선으로부터 빠져나가는 공기 제트에 의해 추진되고 수축되고 있는 풍선이나, '뒤쪽으로' 구부러진 관으로부터 토출되는 물 제트에 대한 반작용으로 회전하는 단순한 회전 스프링클러 등이 있다.

세 번째 변수인 반동도(degree of reaction) 또는 반동(reaction)은 움직이는 블레이드 익렬에서 충동과 반동 사이의 정도를 나타낸다. 많은 터보기계 공학자들은 다음과 같이 정의되는 압력 기반의 반동도를 이용하는 것을 선호한다.

$$R_p \equiv \frac{\text{블레이드 익렬 정압 변화}}{\text{전압 변화}} = \frac{\Delta p}{\Delta p_T} = \frac{p_2 - p_1}{p_{T2} - p_{T1}} \tag{7.5}$$

반동을 직접적으로 속도 삼각형과 연관시키는 것뿐만 아니라, 압축성 및 비압축성 유동을 모두 설명하기 위해서는 압력 변화보다 엔탈비 변화에 기반한 정의가 더 적절하다.

$$R_{\mathrm{h}} \equiv \frac{\text{블레이드 익력 정적 엔탈피 변화}}{\text{정체 엔탈피 변화}} = \frac{\Delta h}{\Delta h_0} = \frac{h_2 - h_1}{h_{02} - h_{01}} \tag{7.6}$$

반동은 속도 삼각형과도 연관될 수 있는데, 유체에 대한 열역학 제1법칙인 에너지 보존은 다음과 같다.

$$h_1 + \frac{C_1^2}{2} + w - q = h_2 + \frac{C_2^2}{2}$$

단, 여기서 위치에너지는 무시하였고, 펌핑하는 것으로 가정하여 w는 양의 부호를 가진다. 단열 유동으로 가정하면($q = 0$)

$$w = (h_2 - h_1) + \frac{C_2^2 - C_1^2}{2} = \left(h_2 + \frac{C_2^2}{2} \right) - \left(h_1 + \frac{C_1^2}{2} \right) = h_{02} - h_{01} \tag{7.7}$$

식 (7.6)을 사용하면

$$R_{\mathrm{h}} = \frac{\Delta h}{\Delta h_0} = \frac{\Delta h}{w} = \frac{w - [(C_2^2 - C_2^1)/2]}{w} = 1 - \frac{[C_2^2 - C_2^1]}{2w}$$

마지막으로 오일러 방정식을 적용하면 다음 식을 얻는다.

$$R_{\mathrm{h}} = 1 - \frac{[C_2^2 - C_1^2]}{2(U_2 C_{\theta 2} - U_1 C_{\theta 1})} \tag{7.8}$$

$U_2 = U_1 = U$이고 $C_{x2} = C_{x1} = C_x$인 '단일단(simple stage)'에 대해서는

$$C_1^2 = C_{1x}^2 + C_{1\theta}^2 = C_x^2 + C_{1\theta}^2 \quad \text{및} \quad C_2^2 = C_{2x}^2 + C_{2\theta}^2 = C_x^2 + C_{2\theta}^2$$

이며, 따라서

$$C_2^2 - C_1^2 = C_x^2 + C_{\theta 2}^2 - C_x^2 - C_{\theta 1}^2 = C_{\theta 2}^2 - C_{\theta 1}^2 = (C_{\theta 2} + C_{\theta 1})(C_{\theta 2} - C_{\theta 1})$$
$$U_2 C_{\theta 2} - U_1 C_{\theta 1} = U(C_{\theta 2} - C_{\theta 1}).$$

그러면 반동도는 다음과 같다.

$$R_{\mathrm{h}} = 1 - \frac{C_{\theta 2} + C_{\theta 1}}{2U} \quad \text{(단순 축류단)} \tag{7.9}$$

만약 추가적으로 펌프 기계 입구에서 선회(swirl)가 없거나($C_{\theta 1, \text{pump}} = 0$) 터빈 출구에서 선회가 없다면($C_{\theta 2, \text{turbine}} = 0$)

$$R_{\text{h}} = 1 - \frac{\Psi}{2} \text{[단일단, 입구 선회(펌프) 및 출구 선회(터빈)가 없는 경우]} \quad (7.10)$$

따라서 이러한 단순하지만 일반적인 경우에 대해 반동도를 선택하는 것은 단에서의 부하를 고정하는 것이고, 그 반대도 마찬가지이다.

7.3 축류 펌프, 홴 및 압축기

1단의 축류형 기계들은 높은 비속도 및 낮은 비지름을 가진다. 이것은 일반적으로 비에너지 증가가 상대적으로 작고 유량이 상대적으로 크다는 것을 의미한다. 가스 터빈 엔진에 사용되는 압축기나 큰 증기 터빈과 같이 큰 비에너지 변화가 필요한 축류 기계들은 여러 단으로 제작되며, 그럼으로써 추가적인 에너지 변화가 가능하게 된다.

기계적으로 하나의 단은 하나의 움직이는 블레이드 익렬(로터, 동익)과, 일반적으로 하나의 고정된 베인 익렬(스테이터, 정익)로 구성된다. 터빈에서는 베인 익렬이 일반적으로 로터 앞에 있으며 노즐로서 작동하는데, 유체를 가속시키고 상당한 선회를 발생시킨다. 펌핑 기계에서는 베인 익렬이 일반적으로 로터 뒤에 위치하며 디퓨져로서 작동하는데, 속도를 압력으로 변환하고 선회를 제거한다. 다단 펌핑 기계(예: 축류 압축기)는 로터로 들어가는 유동의 특별한 선회 형태를 설정하기 위해 때때로 첫 단의 로터 앞에 IGV를 장착한다.

그림 7.1에 그려진 단일 축류단에 대해 설계자는 $U_2 = U_1 = U$라고 가정할 수 있으며, 그림 7.2에 나타낸 것처럼 블레이드 입구 및 출구의 속도 삼각형을 결합하여 '결합 속도 삼각형'을 만들 수 있다. 이 특수한 속도 삼각형에서 예선회는 없으며($C_{\theta 1} = 0$), 축방향 속도는 일정하다($C_{x1} = C_{x2}$). 그림에 표시된 특정 숫자의 값들은 $U = 149$ ft/s($= 45.42$ m/s), $C_1 = C_x = 45.1$ ft/s($= 13.75$ m/s), $C_{\theta 2} = 45$ ft/s($= 13.72$ m/s)이다. 이로부터 $W_1 = 155.7$ ft/s($= 47.46$ m/s), $W_2 = 113.4$ ft/s($= 34.56$ m/s), $C_2 = 63.6$ ft/s($= 19.39$ m/s)가 계산된다. 그리고 다양한 각도들이 속도 삼각형에 나타나 있다.

뒤따라오는 디퓨져 베인에 대한 입구 속도는 C_2와 같고 63.6 ft/s($= 19.39$ m/s)임을 유의해야 한다. 디퓨져 베인이 모든 선회를 제거한다고 가정하면, 베인을 빠져나가는 유동은 $C_3 = C_x$, $C_{\theta 3} = 0$이 된다. 이러한 단을 종종 '수직단(normal stage)'이라고 하는데, 이 경우 단

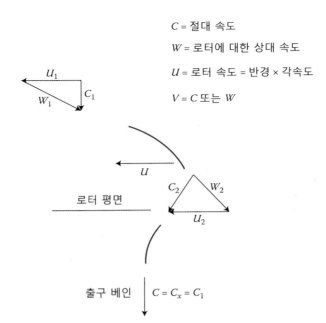

C = 절대 속도

W = 로터에 대한 상대 속도

U = 로터 속도 = 반경 × 각속도

$V = C$ 또는 W

로터 평면

출구 베인 | $C = C_x = C_1$

그림 7.1 (수직) 축류단에 대한 속도 삼각형 및 블레이드–베인 형상

으로 들어가거나 단을 떠나는 유동은 로터 평면에 수직이다. 그렇게 되면 하류의 단에 들어
가는 유동은 이 단에 들어가는 유동과 동일하게 된다.

결합 속도 삼각형에서 중요한 변수들은 다음과 같다.

$$\text{일 계수: } \psi = \frac{\Delta C_\theta}{U} = \frac{45-0}{149} = 0.302$$

$$\text{유량 계수: } \varphi = \frac{C_x}{U} = \frac{45.1}{149} = 0.303$$

$$\text{반동도: } R_\text{h} = 1 - \frac{C_{\theta 2} + C_{\theta 1}}{2U} = 1 - \frac{45+0}{2 \times 149} = 0.849$$

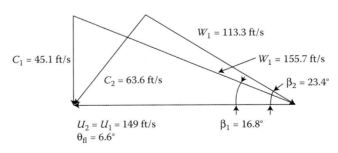

그림 7.2 축류단에 대한 결합 속도 삼각형

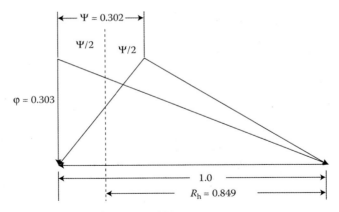

그림 7.3 단 변수들을 나타내는 무차원 속도 삼각형

$$유동\ 선회각:\ \theta_{fl} = \beta_2 - \beta_1 = 23.4° - 17.8° = 6.6°$$

$$de\ Haller\ 비(블레이드):\ \frac{W_2}{W_1} = \frac{113.2}{155.7} = 0.727$$

$$de\ Haller\ 비(베인,\ C_3 = C_x\ 일\ 때):\ \frac{C_3}{C_2} = \frac{45.1}{63.6} = 0.709$$

결합 속도 삼각형은 모든 속도 벡터들을 U로 나눔으로써 무차원화될 수 있으며, 그 결과를 그림 7.3에 나타내었다. 이러한 종류의 무차원 속도 삼각형은 블레이드 익렬에 들어가고 나가는 유동 형식과 베인 익렬에 대한 입구 조건을 잘 나타내는 데 편리하다. 이 속도 삼각형에서는 단에서의 유동 변수들이 그림에 나타난 것처럼 직접적으로 나타난다. 다음 내용을 기억하자.

- 꼭지점 사이의 거리는 일 계수이다.
- 높이는 유량 계수이다.
- 반동도는 오른쪽 끝점으로부터 두 꼭지점 사이의 중간점까지의 거리이다.[2]
- 모든 상대 및 절대 유동각들은 속도 삼각형에 나타나는데 유동 선회각도 표시된다.
- de Haller 비는 블레이드에서는 상대 속도들의 비율로, 베인에 대해서는 절대 속도들의 비율로 계산된다.

이러한 무차원 속도 삼각형은 유동이 간단하지 않는 경우에도 그려질 수 있다. 예를 들어,

---

[2] 이 특징을 이용하여 50% 반동 설계($R_h = 0.5$)에서는 속도 삼각형은 항상 대칭이고, 유동이 완벽하게 유도되는 경우라면 뒤집힌 형상이기는 하지만 블레이드와 베인의 형상이 동일함을 보일 수 있다.

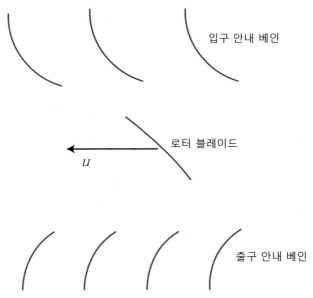

입구 안내 베인

로터 블레이드

u

출구 안내 베인

그림 7.4 입구 선회를 발생시키는 IGV를 가지는 축류단

펌프, 홴 또는 압축기 단에서 전형적으로 관찰되는 것처럼 축류 기계의 로터에서 축방향이 아닌 입구 조건을 가지는 경우, 그림 7.4에 나타낸 것과 같이 IGV에 의해 발생하는 선회 속도 $C_{\theta 1}$을 가지게 된다. 이 경우에 IGV는 유동을 움직이는 블레이드 쪽으로 전향시키고($C_{\theta 1}$ <0), 그림 7.5에 나타낸 것과 같은 속도 벡터들을 가지게 된다. 이를 그림 7.5처럼 보이는 결합 속도 삼각형으로 나타낼 수 있으며, 그림 7.6과 같은 무차원 형태로도 나타낼 수 있다. 비교를 용이하게 하기 위해 U와 C_x의 값은 이전의 예제들과 동일하게 하였으며, 입구 선회는 $C_{\theta 1} = -C_{\theta 2}$가 된다. 이 경우에 출구 속도 삼각형은 이전 예제의 것과 동일하다. $C_1 = C_2$ 이므로 무차원 속도 삼각형에서 확인되는 것처럼 유체 운동에너지에서 변화는 없으며, 반동도는 1이 된다.

일반적으로 음의 예선회는 반동도뿐만 아니라 일 계수도 증가시킨다. 단 부하의 증가는 주어진 블레이드 속도에서 좀 더 높은 비에너지 증가를 얻을 수 있음을 의미한다. 반동도가 커

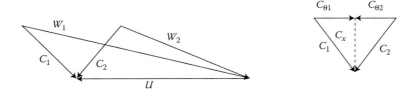

그림 7.5 (음의) 입구 선회에 대한 결합 속도 삼각형

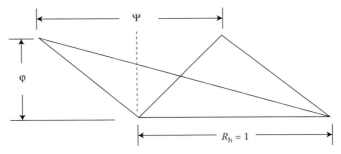

그림 7.6 (음의) 입구 선회에 대한 무차원 결합 속도 삼각형

지면 블레이드의 부하가 더 커지게 되고, de Haller 비 W_2/W_1는 지나치게 커질 수 있다(이 예에서는 W_1의 상당한 증가 때문임). 만약 이러한 문제를 피할 수 있다면, 음의 예선회를 사용하는 것은 단일단의 부하를 증가시키는 데 유용하고, 이를 통해 낮은 블레이드 속도를 허용하거나 또는 추가적인 단의 사용을 피할 수 있다.

그림 7.7은 양의 예선회($C_{\theta1} > 0$)를 발생시키는 IGV를 사용하는 배치를 나타낸 것이다. 이 그림은 $C_{\theta1} = 0.25U$이고 $C_{\theta2} = 0.75U$인 특별한 경우이며, $\Psi = 0.5$이고 $R_h = 0.625$가 된다. 선회가 없는 '수직단(normal stage)'과 비교하여 양의 예선회는 일 계수와 반동도를 감소시키는데, 이에 의해 유동의 선회도 감소된다. 그러나 C_2는 모든 선회를 제거하는 것으로 가정한 출구 안내 베인의 입구 속도 벡터이기 때문에 출구 베인에서 필요한 선회가 훨씬 커지고, 이로 인해 de Haller 비는 과도할 정도로 매우 작은 값을 나타낸다. 반동도를 감소시킴으로 인해 부하가 블레이드에서 베인으로 이동하게 되었다. 특별한 경우에는 이 방법이 어느 정도는 유용하지만 일반적으로 얻는 이득은 별로 없다.

'양'의 예선회를 사용하는 실제 이유는 선회 중의 일부만을 회복하는 출구(디퓨져) 베인 열의 사용에서 확인될 수 있다. 이것은 그림 7.8에 나타낸 것처럼 베인 익렬의 출구 속도 벡터가 하류 블레이드 익렬의 입구 속도 벡터가 되는 다단 기계에만 해당된다. 이 구성에서는 블레이드 및 베인 익렬들에 동일한 입구-출구 조건을 설정한 여러 개의 '반복단(repeating stages)'이 가능하고, IGV는 첫 번째 열에 대한 유동 형태를 설정하기 위해서만 사용된다. 마지막 단에 대해서는 어떤 종류의 조정이든 일반적으로 필요하다. 모든 선회를 회복하는 것이 베인에 너무 많은 부하를 부여하는 것이라면, 여분의 선회를 처리하기 위해 마지막 베인 익렬의 고형비를 증가시키는 것과 같은 역할을 하기 위한 추가적인 베인 익렬을 사용하는 것도 가능하다.

단 배치에 대한 다른 접근 방법은 IGV에 의한 예선회를 가지는 유동을 로터로 유입시키고, 블레이드 익렬에서 충분한 반대 선회를 더해 축방향으로 유동이 배출되게 하는 것이다.

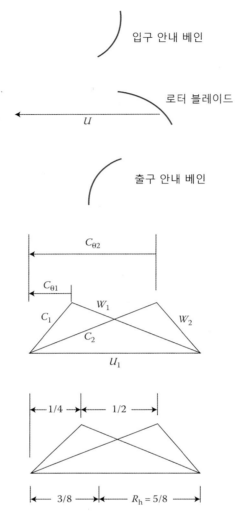

그림 7.7 양의 예선회를 가지는 축류단

이러한 설정을 속도 삼각형과 함께 그림 7.9에 나타내었다. C_2는 C_x와 같고, 주어진 부하에서 de Haller 비 W_2/W_1는 OGV를 가지는 일반적인 수직단에서의 값들과 비교할 때 나쁘지 않은 값을 보인다. 더 높은 W_1(더 높은 마찰 손실) 때문에 발생하는 불이익은 베인 익렬에서 확산 대신 가속(더 낮은 '확산' 손실)함으로써 서로 상쇄된다. 그러나 로터가 상류의 IGV에서 주기적으로 발생하는 후류(wake)를 지나가기 때문에 이차적인 손실이 발생한다(IGV가 있는 기계에 항상 발생하는 문제임). 블레이드가 베인 후류를 '치는 것(slapping)'은 단에서 발생되는 소음을 상당히 증가시킨다(4장 참조). 다단의 설정에서는 IGV 사용으로 인한 추가적인 소음 증가 효과는 무시할만한 정도이다.

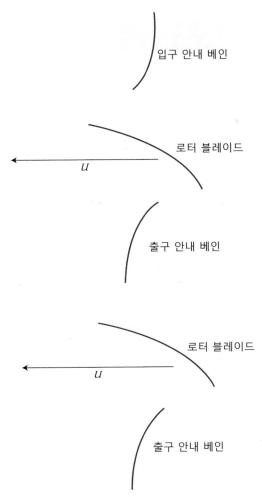

그림 7.8 블레이드 부하를 감소시키기 위한 양의 예선회를 가지는 다단 배치

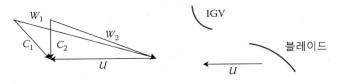

그림 7.9 IGV는 있지만 OGV가 없는 축류단

하나의 IGV 익렬을 가지는 7단 축류 압축기가 그림 7.8에 나타나 있다. 각 익렬에 대한 입구에서 절대 유동각(α_1)은 65°이다(즉, 유동은 블레이드 쪽으로 25° 기울어져 있음). 각 단은 50%의 반동도를 가진다. 회전 속도는 8000 rpm이고 유량은 105 lbm/s(=47.63 kg/s)이다. 모든 계산은 $D = 2.1$ ft(=0.64 m)이고 $d = 1.7$ ft(=0.52 m)인 네 번째 단의 형상과 평균 밀도 $\rho = 0.185$ lbm/ft³(=2.98 kg/m³)에 기반하여 계산을 수행한다(이 값은 반복 계산해서 개선할 수 있지만 이 예제에서는 추가 계산이 너무 길다). 속도 삼각형 및 대략적인 블레이드 모양을 결정하고 7단에 걸쳐 생성되는 전압비를 추정하시오.

계산은 평균 블레이드 반경 $r_m = (D + d)/4 = (2.10 + 1.70)/4 = 0.95$ ft(=0.29 m)에서 진행될 것이다. 그러면 $U = U_m = r_m \times N = 0.95 \times (2\pi/60) \times 8000 = 796$ ft/s(=242.62 m/s)이다. 축방향 속도는 유량으로부터 계산된다.

$$C_x = \frac{\dot{m}}{\rho(\pi/4)(D^2 - d^2)} = \frac{4 \times 105}{0.185 \times \pi \times (2.10^2 - 1.70^2)} = 475 \text{ ft/s}(=144.78 \text{ m/s})$$

입구 절대 속도는 $C_1 = C_x/\sin\alpha_1 = 475/\sin 65° = 524$ ft/s(=159.72 m/s)이고 $C_{\theta 1} = C_x/\tan\alpha_1 = 221$ ft/s(=67.36 m/s)이다. 입구 상대 속도는 다음과 같이 계산된다. $W_x = C_x = 475$ ft/s (=144.78 m/s), $W_{\theta 1} = U - C_{\theta 1} = 796 - 221 = 575$ ft/s(=175.26 m/s), $W_1 = (475^2 + 575^2)^{1/2}$ = 745 ft/s(=227.08 m/s)이다. 마지막으로 입구 상대 각도는 $\beta_1 = \tan^{-1}(W_x/W_{\theta 1}) = 39.6°$이다. 50% 반동도에 대해 속도 삼각형은 대칭이기 때문에 설계자들은 즉각적으로 $C_2 = W_1 = 745$ ft/s(=227.08 m/s), $W_2 = C_1 = 524$ ft/s(=159.72 m/s), $\alpha_2 = \beta_1 = 39.6°$, $\beta_2 = \alpha_1 = 65°$임을 알 수 있다. 이 정보를 사용하여 결합 속도 삼각형은 그림 7.10과 같이 그려질 수 있다. 모든 속도들을 U로 나누면 $\varphi = C_x/U = 475/796 = 0.579$이다. 또 $\Psi = 1 - (2C_{\theta 1}/U) = 1 - (2 \times 221/796) = 0.445$이다. 유체 선회각은 $\theta_{f1} = \beta_2 - \beta_1 = 30.4°$이다. 무차원의 결합 속도 삼각형은 그림 7.10에 유동이 완벽히 블레이드 및 베인을 따라간다는 가정에 기반한 대략적인 블레이드 및 베인 형상들과 함께 나타나 있다. 블레이드와 베인에 대한 de Haller 비는 $W_2/W_1 = C_3/C_2 = C_1/C_2 = 524/745 = 0.703$인데, 이 값은 기준값보다 살짝 낮지만 고형비가 1보다 약간 크다면 얻을 수 있는 값이다.

단일단에서 수행된 일은 $w_{stg} = \Psi U^2 = 0.445 \times 796^2 = 2.82 \times 10^5$ ft²/s²(=26198.66 m²/s²)이다. 모든 단들이 동일한 속도 삼각형을 가지기 때문에 $w = n_{stg}w_{stg} = 7 \times (2.82 \times 10^5) = 1.97 \times 10^6$ ft²/s²(=183018.99 m²/s²)가 된다. 전체 7단을 지나면서 얻어진 압력비는 다음 식으로부터 계산될 수 있다.

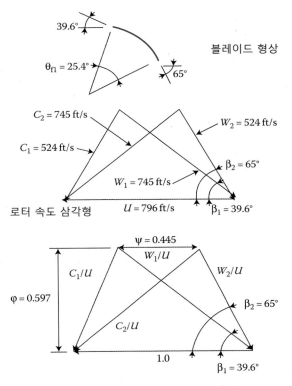

그림 7.10 다단 압축기의 한 단에 대한(평균 반경에서의) 속도 삼각형 및 블레이드 배치

$$\frac{p_{0,\,o}}{p_{0,\,i}} = \left(1 + \frac{w}{c_p T_{0,\,i}}\right)^{\eta_p(\gamma/\gamma - 1)}$$

여기서 아래 첨자 'o'는 로터 출구를 나타내고, 아래 첨자 'i'는 로터 입구를 나타낸다[식 (6.14c) 참조]. 압축기가 BEP에서 운전되고 있다고 가정하면, 폴리트로픽 효율은 Cordier 관계식 으로부터 예측될 수 있다. 비속도는 $N_s = NQ^{1/2}/(\Delta h_{0,\,s})^{3/4}$인데, '대표적인' 네 번째 단의 변수 를 이용하면, $Q = \dot{m}/\rho \approx 105/0.185 = 568$ ft³/s(= 16.08 m³/s), $\Delta h_{0,\,s} = \eta_{c,\,s} w \approx \eta_p w$이다. 계산 은 반복적으로 진행되어야 하는데 η_p를 가정하고 N_s를 계산하며, Cordier 관계식으로부터 '보다 좋은' 추정값을 얻는 식으로 반복되어야 한다. 하지만 현재 모형과 Cordier 관계식의 정확성도에 기반하여 한 번 이상의 반복은 필요하지 않을 것으로 판단된다. $\eta_p = 0.9$로 시작하면 $N_s \approx 1.77$을 얻을 수 있는데, 이것은 약 0.9의 Cordier 효율을 나타낸다. 이 값은 조금 낮은 de Haller 비와 높은 고형비와 관계된 높은 마찰 때문에 아마도 약 0.85로 조금 낮아질 것이다. 표준 해수면 값 인 $T_{0,\,i} = 519°\text{R}(= 288.33\text{K})$라고 가정하면, 예측된 압력비는

$$\frac{p_{0,\,o}}{p_{0,\,i}} = \left(1 + \frac{w}{c_p T_{0,\,i}}\right)^{\eta_p(\gamma/\gamma-1)} = \left(1 + \frac{1.97 \times 10^6}{6006 \times 519}\right)^{0.85(1.4/1.4-1)} = 4.29 \approx 4.3$$

이다.

7.4 축류 터빈

축류 터빈에서는 속도 삼각형과 블레이드-베인 구성에서 거의 모든 것들이 축류 압축기와 반대이다. 그림 7.11은 수직단, 50% 반동도를 가지는 단의 배치를 나타낸 것이다. 여기서는 고정된 베인이 움직이는 블레이드보다 상류에 있고 베인은 유체의 속도를 증가시킨다 ($C_1 > C_0$). 터빈에서는 고정된 베인을 노즐로 부르는 것이 더 일반적이다. $C_{\theta 1}$이 상당히 크고 $C_{\theta 2} < C_{\theta 1}$임을 명심해야 한다(이 수직단에 대해서는 $C_{\theta 2} = 0$임).

축류단에 대해서는 일반적으로 $U_1 = U_2 = U$를 가정한다. 터빈에 대한 오일러 방정식을 사용하면

$$w = U_1 C_{\theta 1} - U_2 C_{\theta 2} = U(C_{\theta 1} - C_{\theta 2}) = U C_{\theta 1} \tag{7.11}$$

마지막의 등식은 수직단에서만 성립한다는 것을 기억하자. 터빈 블레이드는 본질적으로 노즐에 의해 발생된 선회를 회복하고, 완전한 축방향 출구 벡터를 가지도록 유동을 배출한다. 50% 반동 터빈에 대해서 속도 삼각형은 대칭이고, 블레이드와 노즐 모양이 반대로 되어 있지만 실제로는 동일하다는 것에 유의해야 한다.

만약 속도 삼각형을 U로 나누어 무차원화하면, 꼭지점은 거리 $\varPsi$만큼 떨어져 있고, 높이는 φ가 될 것이며, 반동도는 오른쪽 끝점으로부터 두 꼭지점 사이의 중간까지의 거리로 표시된다. 유동 선회를 포함하는 형상 각도들도 펌핑 속도 삼각형에서와 같이 동일하게 표현될 수 있다.

터빈 캐스케이드에서는 일반적으로 $W_2/W_1 > 1.0$임에 유의해야 한다. 이것은 터빈 블레이드가 블레이드에 상대적으로 유동을 가속시키고, 따라서 펌핑 기계를 다룰 때 나타나는 확산 제한을 받지 않음을 의미한다. 이러한 제한이 없기 때문에 터빈 단은 펌핑 단보다 훨씬 더 부하가 많이 걸리는 것이 일반적이다(w/U^2이 훨씬 큼).

그림 7.12는 수직단보다 더 큰 부하를 가지는 터빈의 배치와 속도 삼각형을 나타낸 것이다. 이 배치에서는 노즐 익렬 유동을 매우 급격히 가속시키고 블레이드 익렬에서의 상대 속

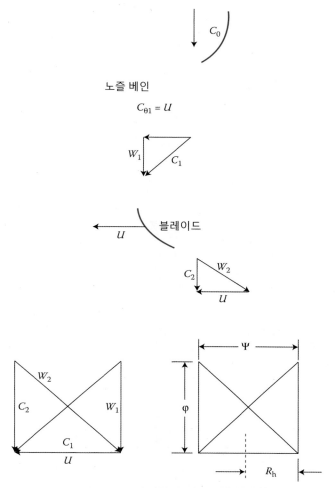

그림 7.11 50% 반동도, 수직단 축류 터빈에 대한 속도 삼각형 및 블레이드-베인 구성

도가 매우 크다. $R_h = 0.50$이므로 속도 삼각형은 여전히 대칭이고 φ는 거의 동일하지만, Ψ 가 훨씬 더 큰 것을 볼 수 있다. 또 배출되는 유동의 방향이 더 이상 축방향이 아니고 익렬에 들어가는 선회와 반대 방향의 선회 요소를 가짐에 유의해야 한다. 이것은 오일러 방정식에서 볼 수 있듯이 Ψ의 증가에 어느 정도 기여한다(여기서 $C_{\theta 2} < 0$임). 그러나 이러한 배치는 세 가지 단점을 가진다. 만약 기계가 단일단이라면 남아 있는 선회 성분 때문에 빠져나가는 유체의 운동에너지가 불필요하게 크고, 이 에너지는 하류에서 사라질 것이다. 반대로 이 기계가 연속된 단에서 동일한 속도를 가지는 다단으로 구성되어 있다면,[3] 하류의 블레이드

---

3) 동일한 속도 삼각형을 얻기 위해서는 밀도의 변화를 무시해야 하는데, 이것은 $\rho A = $ 일정 조건을 유지하기 위해 환형 면적을 증가시킴으로써 달성할 수 있다.

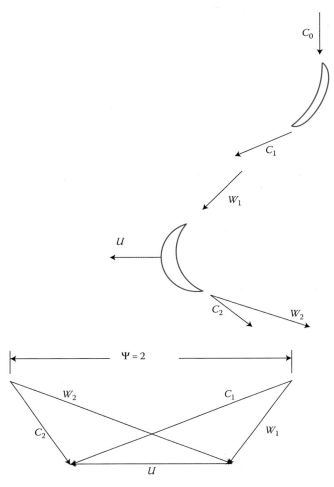

그림 7.12 큰 부하 및 50% 반동도의 터빈 단 구성과 속도 삼각형

익렬로 유입되는 유동의 선회를 반대로 하기 위해 노즐은 매우 큰 유동 방향의 전환을 이루어야 한다. 마지막으로 노즐과 블레이드에서의 매우 높은 속도는 상당히 높은 마찰 손실을 발생시킨다.

물론 모든 터빈들이 50% 반동도 설계인 것은 아니다. 다른 값의 반동도 설계는 비대칭의 속도 삼각형 및 노즐/블레이드 형상을 가진다. 중요한 예제 중 하나는 '무반동(zero reaction)' 터빈인데, 충동 터빈(impulse turbine)으로도 알려져 있다. 이러한 종류의 단에 대한 노즐/블레이드 배치 및 속도 삼각형을 그림 7.13에 나타내었다. 수직단이 제시되어 있음에 유의해야 한다.

이 장치에서 모든 정적 엔탈비와 압력 강하는 노즐에서 발생하고 유체는 일정한 압력으로

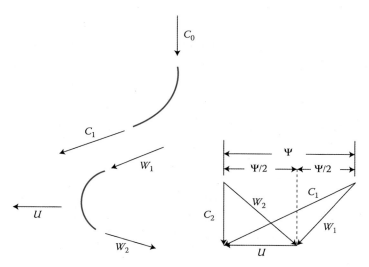

그림 7.13 수직 충동 터빈 단

블레이드 익렬을 지난다. 그 결과로 상대 속도 벡터 W_1과 W_2는 그림에 나타난 것처럼 동일한 크기를 가지고 대칭의 방향을 가진다. 이러한 대칭성 때문에 블레이드는 50% 코드에 대해 대칭인 형상을 가진다. 때때로 '버킷(bucket)'이라고 불리는 이러한 특징적인 충동 블레이드 형상은 설계자가 어떠한 종류의 속도 삼각형을 다룰 것인지와 반동도가 0이라는 것을 즉각적으로 알려준다. 여기서 블레이드와 베인 사이에 형상의 대칭성은 없다. 그림 7.13에 나타낸 것처럼 속도 삼각형은 $\Psi = 2.0$을 가진다. 수직 충동단은 큰 블레이드 부하, 최소의 '유출 손실'(단 출구 운동에너지), 그리고 높은 속도는 노즐에만 한정되기 때문에 상대적으로 최소의 마찰 손실을 가진다는 중요한 특징이 있다. 또 다른 중요한 특징은 '부분 유입 (partial admission)' 사용의 가능성인데, 여기서 부분 유입이란 전체 로터 원주에서 일부분만 유체가 지나가는 것을 의미한다. 이것은 로터가 일정한 압력에서 작동하기 때문에 가능한 특징이다. 완전한 충동단은 요구되는 비에너지 변화가 매우 큰 증기 및 가스 터빈에서 자주 적용된다.

예제 7-2 ▌축류 터빈 설계

$\Psi = 0.50$, $\varphi = 0.50$ 및 50% 반동도를 가지는 터빈에 대한 속도 삼각형 및 노즐과 블레이드 형상을 구하시오.

속도 삼각형이 그림 7.14에 그려져 있는데, 50% 반동도 및 0.5의 부하 계수가 요구되고 있기 때문에 속도 삼각형은 대칭이고 수직이 아니다(왜 $\Psi = 0.50$가 안쪽으로 기울어진 W_1과 C_2가 필요한지 확인하려면 그림 7.11을 참고하기 바람). 간단한 노즐/블레이드 형상은 필요한 속도들과 완전히 일치하는 원호 캠버선을 사용하는 것이다. 노즐 각도는 C_0(수직단)와 C_1으로부터 계산되며, 블레이드 각도는 W_1과 W_2로부터 얻어진다(이 벡터들은 $U = 1$에 상대적임을 기억하기 바람).

예를 들면,

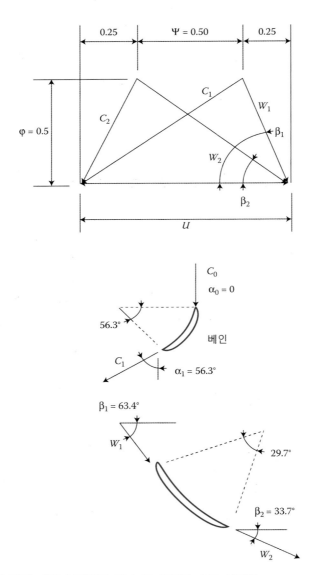

그림 7.14 단순 터빈 단에 대한 블레이드 및 노즐 형상과 속도 삼각형

$$\alpha_1 = \tan^{-1}\left(\frac{C_{X1}}{U - C_{\theta 1}}\right) = \tan^{-1}\left(\frac{C_{X1}/U}{1 - C_{\theta 1}/U}\right) = \tan^{-1}\left(\frac{0.5}{1 - 0.25}\right) = 33.7°$$

노즐/블레이드 형상은 그림 7.14에 나타내었다.[4)]

이제 좀 더 완전한 설계 예제를 다루어 보자. 이 예제는 기존의 노즐 베인 사용에 대한 대안을 고려하는 것으로 이어진다.

예제 7-3 ▌ 축류 수력 터빈

72극 발전기($N = 100$ rpm)를 구동하는 수력 터빈을 고려해 보자. 특정한 강과 댐에 의해 공급되는 가용한 수두와 유량은 20 m와 115 m^3/s이다.

비속도를 계산해 보면

$$N_s = \frac{NQ^{1/2}}{(gH)^{3/4}} = \frac{100 \times (2\pi/60) \times 115^{1/2}}{(9.81 \times 20)^{3/4}} = 2.14$$

그러면 Cordier 도표로부터

$$D_s = \left(\frac{8.26}{2.14}\right)^{0.517} = 2.01 \text{과} \quad D = D_s\frac{Q^{1/2}}{(gH)^{1/4}} = 5.76 \text{ m}$$

여기서 d를 결정할 수 있는 특별한 방법이 없다[터빈은 확산 제한이 없기 때문에 그림 6.14와 식 (6.21)은 적절하지 않음]. 다소 임의적이지만 $d/D = 1/3$로 선택하자. 그러면 $d = 1.92$ m이고, $r_m = (D + d)/4 = 1.92$ m, $U = r_m \times N = 20.1$ m/s이다. 축방향 속도는

$$C_X = \frac{Q}{A} = \frac{115}{\pi/4(5.76^2 - 1.92^2)} = 4.96 \text{ m/s}$$

이고, $\varphi = 4.96/20.1 = 0.247$이다.

이제 설계할 터빈 단의 종류를 결정해야 한다. 블레이드 익렬로부터 배출되는 물에 남은 선회는 회수할 수 없기 때문에 수직단이 좋은 선택이 될 수 있다. 따라서 $C_0 = C_x = C_2$이다. 부하 계수는 $\Psi = w/U^2 = (\eta_H \times gH)/U^2$으로부터 결정될 수 있다. 예비 설계는 손실을 무시함으로써 ($\eta_H = 1$) 진행될 수 있지만, 이러한 설계는 너무 쉬우며 보다 실제적이 되려면 적어도 효율에 대

---

4) 그림에 나타낸 블레이드와 베인의 형상은 대략적인 것임을 명심해야 한다. 실제 설계에서는 유동이 블레이드나 베인을 완벽하게 따라가지 않음을 고려해야 한다.

해서는 Cordier 예측값을 사용해야 한다. 그림 2.9('터빈'선)로부터 $N_s = 2.14$일 때, $\eta_H \approx 0.9$이다. 그러면 $\Psi = (0.9 \times 9.81 \times 20)/20.1^2 = 0.437$이다. φ와 Ψ의 값으로부터 수직단의 사양과 함께 무차원 결합 속도 삼각형이 그림 7.15와 같이 그려질 수 있다. 이 속도 삼각형으로부터 $R_h = 1 - \Psi/2 = 0.781$이다. 속도 삼각형의 각도는 손쉽게 계산될 수 있다. 예를 들면,

$$\beta_1 = \tan^{-1}\left(\frac{\varphi}{1-\Psi}\right) = \tan^{-1}\left(\frac{0.247}{1-0.437}\right) = 23.7°$$

블레이드와 노즐 형상은 캠버선이 속도 벡터에 접선이라고 가정하고, 그림 7.15에 나타낸 원호를 사용함으로써 간략화하여 그릴 수 있다.

설계되고 있는 터빈 형상은 현재 다음과 같다.

- 지름: $D = 5.76$ m, $d = 1.92$ m
- 블레이드 높이: $(D-d)/2 = 1.92$ m
- 블레이드와 노즐의 각도 및 형상: 그림 7.15에 나타내었음.
- 기대 효율: $\eta_T \approx 0.85$(기계적인 효율 고려)

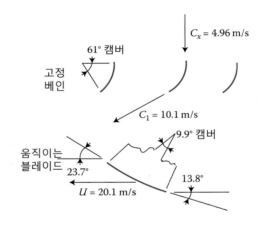

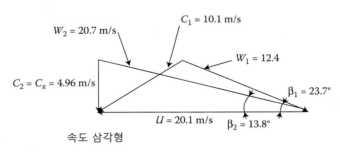

그림 7.15 수력 터빈에 대한 블레이드 및 노즐 형상과 속도 삼각형

여기서 블레이드(코드) 길이 또는 블레이드수를 결정하기 위한 특별한 방법은 없다. 단, 설계에 사용된 유동 모형이 타당하려면 1 근처 또는 더 큰 고형비 σ가 필요하다.

축류단에 대한 계산을 수행하기 위한 유일한 방법은 무차원 결합 속도 삼각형을 사용하는 것이다. 다른 유효한 방법은 유차원의 속도 삼각형을 가지고 우선 작업하고, 블레이드 및 베인 익렬의 앞전 및 뒷전 근처에서 입구 및 출구 속도 삼각형을 각각 그리는 것이다.

그림 7.15에 나타낸 수력 터빈 배열은 개략적으로는 맞는 형상이지만 증기 또는 가스 터빈 노즐 및 블레이드 익렬의 배열과 좀 더 닮아 있다. 이 그림에서 각 요소들은 축류 캐스케이드 모양으로 정렬되어 있다. 축류 수력 터빈에서 좀 더 일반적인 형상 및 배치는 축류 노즐 캐스케이드를 사용하는 것이 아니라, 그림 7.16에 나타난 것과 같이 축류 블레이드 익렬 상류에 선회 베인 또는 '위킷 게이트(wicket gate)'라고 하는 반경류 장치를 축류 터빈 로터에 결합하는 것이다. 터빈으로 유입되는 유동은 조절이 가능한 위킷을 지나는데, 위킷은 접선 속도 $C_{\theta 0}$를 변화시켜 유동에 선회를 부과하는 가이드 베인처럼 작동한다. 유체가 위킷 게이트로부터 하류 덕트를 거쳐 터빈 로터로 흘러갈 때 각운동량은 보존된다. 반경 방향 평

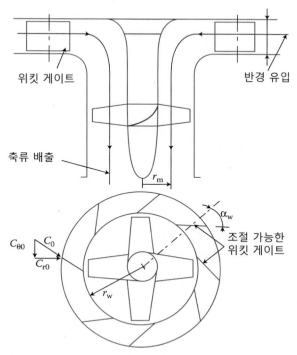

그림 7.16 축류 수력 터빈에 대한 위킷 게이트 개념도

균 위치에서 터빈 블레이드 익렬에 상대적인 선회 속도는 다음과 같다.

$$r_{\mathrm{w}}C_{\theta 0} = r_{\mathrm{m}}C_{\theta 1}, \quad \text{따라서} \quad C_{\theta 1} = \left(\frac{r_{\mathrm{w}}}{r_{\mathrm{m}}}\right)C_{\theta 0} \tag{7.12}$$

선회 $C_{\theta 0}$는 위킷 설정 각도 α_{w}에 의해 조절된다. 일반적으로 유체가 위킷 게이트의 형상을 완전히 따라간다고 가정하면, $C_{\theta 0} = C_{r0}\tan\alpha_{\mathrm{w}}$인데 여기서 $C_{r0} = Q/A_0$, A_0는 위킷의 원통면적 $A_0 = 2\pi r_{\mathrm{w}}h_{\mathrm{w}}$이다. 정교한 장치에서는 위킷과 터빈 블레이드 모두 각도 조정이 가능해서 가용한 유량과 전력망의 요구 동력에 맞도록 넓은 범위의 출력 조정이 가능하다.

이전의 예제에 대해 필요한 위킷 게이트 각도 α_{w}는 터빈 로터 입구에서 필요한 선회로부터 추정될 수 있다.

$$\alpha_{\mathrm{w}} = \tan^{-1}\left(\frac{C_{\theta 0}}{Q/2\pi r_{\mathrm{w}}h_{\mathrm{w}}}\right) = \tan^{-1}\left[\frac{(r_{\mathrm{m}}/r_{\mathrm{w}})C_{\theta 1}}{Q/(2\pi r_{\mathrm{w}}h_{\mathrm{w}})}\right]$$

예제에서 $Q = 115$ m³/s이고 속도 삼각형으로부터 블레이드 입구 선회 속도는 $C_{\theta 1} = U(1-\Psi) = 20.1(1-0.437) = 11.3$ m/s이다. 만약 $r_{\mathrm{w}} = D/2 = 2.88$ m(즉, 로터 입구 파이프의 반경으로 가정되는 로터 반경)와 $h_{\mathrm{w}} = 1$ m를 가정한다면

$$\alpha_{\mathrm{w}} = \tan^{-1}\left[\frac{(1.92/2.88)\times 11.3}{115/(2\pi \times 2.88 \times 1.0)}\right] = 49.8°$$

위킷 게이트를 이 각도로 설정하면 60.5°의 캠버각(즉, 유체 선회)을 가지는 축류 입구 노즐 베인을 설치한 것과 동일한 기능을 수행한다. 일반적으로 위킷 게이트에서의 마찰 손실을 최소화하거나, 과도한 입사각이나 위킷 게이트에 대한 출력 민감도를 조절하기 위해 h_{w}와 r_{w}가($r_{\mathrm{w}} \geq D/2$와 함께) 설계 변수로 사용될 수 있다.

7.5 축류 기계에 대한 허브-팁 변화

이전 두 절에서 논의된 속도 삼각형과 단의 설계는 하나의 대표적인 반경, 즉 허브와 팁 반경의 산술평균에 대해 수행되었다. 이것은 본질적으로 2차원 유동 형태와 블레이드 형상들을 산출한다. 이러한 형상들이 확실히 실제 터보기계에서 대표적인 것은 맞지만, 이것들이 모든 것을 설명해 주는 것은 아니다. 완전한 3차원 유동 형태는 9장과 10장에서 다루어지지

만 몇몇 중요한 유동의 특징들은 여기서 다루어져야 한다. 실제의 3차원 유동은 독립적인 2차원 유동들이 '쌓여(stack up)' 있는 것이라고 가정하여 설명할 것이다.

3차원 유동을 높이에 따른 2차원으로 가정할 때, 가장 중요한 것은 허브와 팁 사이의 블레이드 스팬을 따라 블레이드 속도 U가 변하는 효과를 고려하는 것이다. 허용 가능한 수준의 de Haller(확산) 비에 대해 이 U의 변화가 미치는 영향은 6.8절에서 논의되었는데, 펌핑 기계에 대해서는 5:1만큼 큰 블레이드 속도비를 가지는 0.2만큼 작은 허브-팁 비가 가능하고, 0.5 근처의 비(2:1 블레이드 속도비)가 일반적임이 확인되었다. 물론 터빈에 대해서는 확산 제한에 의한 허브−팁 비의 제약은 없는데, 실제로는 0.2와 0.9 사이의 값들이 주로 사용되고 있다.

그림 7.17은 실제 축류 블레이드의 사진을 보여 주는데, 이 블레이드에 대한 두 가지 특징을 즉시 알아차릴 수 있다. 어떤 것은 뒤틀려 있으며, 곡률(즉, 선회 각도)이 허브와 팁까지 변하는 것으로 보인다. 이제 이러한 효과들을 분리해서 고려해 보자.

첫 번째, 블레이드의 뒤틀림을 고려해 보자. 대부분의 축류단에서 유입은 거의 수직이고 ($C_{\theta1} \approx 0$, $C_1 \approx C_x$), C_x는 블레이드 환형 면적에서 거의 일정하므로 상대 속도는 $W_1 \approx (C_1^2 + U_1^2)^{1/2} \approx (\text{상수} + U_1^2)^{1/2}$이고, 상대 유동각은 $\beta = \tan^{-1}(C_x/U) \approx \tan^{-1}(\text{상수}/U)$이다. 따라서 상대 속도는 허브 근처에서 작아지고 팁 근처에서 커지지만, 반면에 유동 각도는 반대의 경향을 가지고 블레이드 각도도 유동 각도와 비슷하게 변한다. 앞전 근처에서 유동 박리와 큰 손실을 피하기 위해서는 앞전과 유동은 나란해야 하므로, 즉 작은 입사각을 가져야 하

그림 7.17 축류 블레이드. 가스 터빈 엔진의 압축기 블레이드(왼쪽), 고압 증기 터빈 단의 블레이드(중간), 저압 증기 터빈 블레이드(오른쪽)

므로 블레이드는 뒤틀려야 한다.

이제 곡률을 고려해 보자. 대부분의 경우에서 블레이드 스팬을 따라 거의 일정한 비일 (specific work)을 유지하는 것이 바람직하다. 그렇지 않다면 유동이 블레이드를 떠날 때 심각한 비균일 유동 형태가 나타날 수 있다. 만약 w가 거의 일정하다면, 부하 계수 Ψ ($=w/U^2$)는 허브 근처에서 커지고 팁 근처에서 작아져야 한다. 허브 근처에서 더 큰 부하는 높은 유동 선회를 의미하고, 따라서 더 큰 블레이드 곡률을 가져야 한다. 또 식 (7.9) 또는 식 (7.10)으로부터 반동도는 허브 근처에서 작아져야 한다. 저압단에 사용되는 긴 증기 터빈 블레이드는 종종 허브에서 거의 무반동(완전한 충동 '버킷' 모양)을 나타내고, 점차 곡률이 작아져서 팁 근처에서 거의 평평한 높은 반동 형상을 나타낸다. 증기 및 가스 터빈의 상류 '고압'단에 사용되는 블레이드는 큰 곡률과 극도로 낮은 반동을 가지므로 뒤틀림이 거의 없다. 이 단에서는 블레이드가 짧고($d/D=0.8\sim0.9$) 단의 지름이 작아서, U가 더 작고 Ψ가 더 크기 때문이다.

예제 7-4 ▌ 축류 압축기에서의 허브-팁 변화

7.3절의 예제에서 고려된 압축기 단에 대해 적절한 속도 삼각형을 도출하고, 허브와 팁의 블레이드 및 베인의 모양들을 그려 보자. 모든 블레이드 스팬에서 유동 각도는 $\alpha_1=65°$로 가정한다. 또 비일과 축방향 속도 성분도 스팬을 따라 일정하다고 가정한다.

이전 예제로부터 $U_m=796$ ft/s($=242.62$ m/s), $C_x=475$ ft/s($=144.78$ m/s), 그리고 $w=2.82\times10^5$ ft^2/s^2($=26198.66$ m^2/s^2)이다. 팁과 허브 지름은 $D=2.10$ ft($=0.64$ m)와 $d=1.70$ ft ($=0.52$ m)이며, 평균 지름은 1.9 ft($=0.58$ m)이다. 팁과 허브 속도는 각각

$$U_T = \frac{D}{d_m}U_m = \frac{2.1}{1.9}\times796 = 879 \text{ ft/s}(=267.92 \text{ m/s})$$

이고,

$$U_H = \frac{d}{d_m}U_m = \frac{1.7}{1.9}\times796 = 712 \text{ ft/s}(=217.02 \text{ m/s})$$

무차원 속도 삼각형을 그리기 위해 유량 계수와 부하 계수를 계산하면

$$\varphi_T = \frac{C_x}{U_T} = \frac{475}{879} = 0.540, \quad \Psi_T = \frac{w}{U_T^2} = \frac{2.82\times10^5}{879^2} = 0.365$$

이고,

$$\varphi_H = \frac{C_x}{U_H} = \frac{475}{712} = 0.667, \quad \Psi_H = \frac{w}{U_H^2} = \frac{2.82 \times 10^5}{712^2} = 0.556$$

이다. 팁에서는

$$\beta_{1,T} = \tan^{-1}\frac{\varphi_T}{1 - \varphi_T/\tan 65°} = \tan^{-1}\frac{0.540}{1 - 0.540/\tan 65°} = 35.8°$$

그리고

$$\beta_{2,T} = \tan^{-1}\frac{\varphi_T}{1 - \varphi_T/\tan 65° - \Psi_T} = \tan^{-1}\frac{0.540}{1 - 0.540/\tan 65° - 0.365} = 54.6°$$

따라서 평균 반경에서 30.4°와 비교하여 $\theta_{fl} = 54.6° - 35.8° = 18.8°$이다.
허브에서는

$$\beta_{1,H} = \tan^{-1}\frac{\varphi_H}{1 - \varphi_H/\tan 65°} = \tan^{-1}\frac{0.667}{1 - 0.667/\tan 65°} = 44.1°$$

그리고

$$\beta_{2,H} = \tan^{-1}\frac{\varphi_H}{1 - \varphi_H/\tan 65° - \Psi_H} = \tan^{-1}\frac{0.667}{1 - 0.667/\tan 65° - 0.556} = 78.7°$$

따라서 평균 반경에서 30.4°와 비교하여 $\theta_{fl} = 78.7° - 44.1° = 34.6°$이다. 베인 입구 각도는 아래와 같이 유추된다.

$$\alpha_{2,T} = \tan^{-1}\frac{\varphi_T}{\varphi_T/\tan(65°) + \Psi_T} = \tan^{-1}\frac{0.540}{0.540/\tan 65° + 0.365} = 41.2°$$

그리고

$$\alpha_{2,H} = \tan^{-1}\frac{\varphi_H}{\varphi_H/\tan 65° + \Psi_H} = \tan^{-1}\frac{0.667}{0.667/\tan 65° + 0.556} = 37.5°$$

그림 7.18은 항상 그렇듯이 유체는 블레이드 캠버선을 따른다고 가정하고 팁, 평균 및 허브 속도 삼각형과 블레이드 – 베인 형상을 나타낸다.

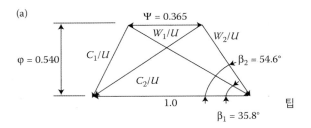

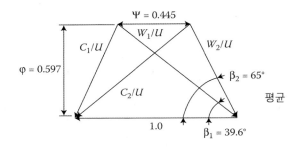

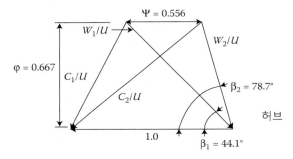

그림 7.18 축류 압축기 예제에 대한 팁, 평균 지름 및 허브에서의 (a) 속도 삼각형, (b) 블레이드 구성, (c) 베인 구성(계속)

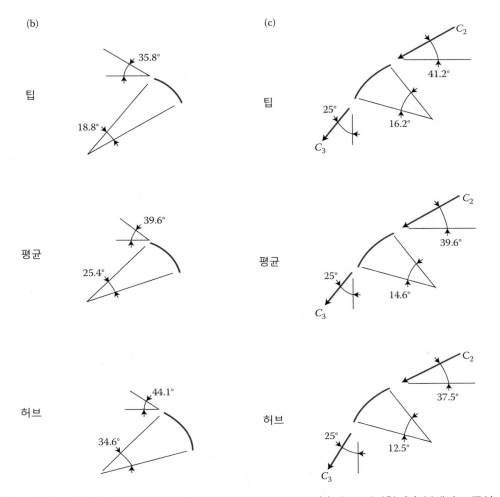

그림 7.18 축류 압축기 예제에 대한 팁, 평균 지름 및 허브에서의 (a) 속도 삼각형, (b) 블레이드 구성, (c) 베인 구성

7.6 반경류 및 혼합류 터보기계

일반적인 방법으로 혼합류 또는 반경류 터보기계에서의 속도 삼각형을 고려하기 위해서 임펠러를 통과하는 자오면 유로(meridional path) 또는 유선 표면(stream surface)의 개념이 도입되어야 한다. 기계를 통과하는 자오면 유로(meridional path)는 질량 유량이 발생하는 유선의 표면이다. 축류 기계에서 모든 자오면은 원통형이다. 그림 7.19에 나타낸 것처럼 모

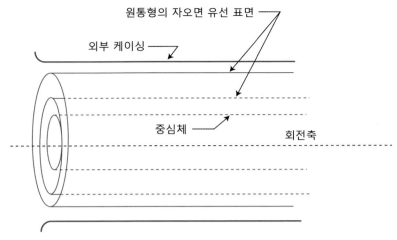

그림 7.19 축류 기계에서 동심의 원통으로 표현되는 자오면 유선 표면

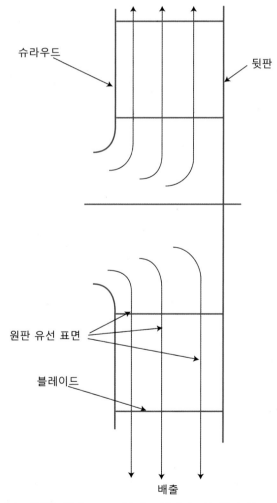

그림 7.20 반경류 기계에서 평행한 원판으로 표현되는 블레이드를 통과하는 자오면 유선 표면

든 통과 유선 표면들은 동심의 원통으로 기술되는데, 이때 원통의 축은 임펠러의 회전축이다. 특정한 표면에서 유동 특성(예: 속도 또는 압력)은 원주 방향의 평균값이 될 수 있다. 축류 기계에 대해 속도 벡터들은 축방향 및 접선 속도 성분들의 평균값으로부터 만들어질 수 있다. 이 경우 반경 방향 속도 성분은 없다.

그림 7.20은 좁은 반경류 임펠러(낮은 비속도 기계)를 나타낸다. 이 경우에는 적어도 블레이드를 지나는 자오면 유로는 회전축에 수직이고 기계의 뒷판에 평행한 원형 디스크를 따르는 유동으로 근사될 수 있다.

혼합류 기계의 유선 표면은 조금 더 복잡해지는데, 부분적으로 축방향이고 부분적으로 반경 방향이다. 그림 7.21에 나타낸 것처럼 임펠러에서는 바깥쪽 케이스와 중심체가 임펠러 회전축에 대한 동심의 원뿔(cone) 단면들로 이루어진다. 이 경우에 자오면은 여러 동심의 원뿔로 근사될 수 있다. 가장 일반적인 혼합류의 경우는 그림 7.22에 나타낸 것처럼 축방향으로부터 반경 방향으로 휘어진 유로를 따라 회전하는 동심의 면들로 기술되어야 한다.

완전한 축류 또는 반경류의 제한적인 경우에 대해 자오면 속도는 각각 간단히 축방향 또는 반경 방향 속도만을 가진다. 원뿔 또는 일반적인 유로 모양에 대해 자오면 속도는 반경 방향과 축방향 요소로 이루어져 있다. 이러한 경우 절대 속도의 접선(선회) 성분은 전체 절대 속도 벡터를 형성하기 위해 더해질 수 있다. 그러면 그림 7.23과 그림 7.24에 나타낸 것처럼 절대 속도는 자오면을 따라 진행하면서 회전하는 평균 유로를 나타낸다. 절대(C) 및 상대(W) 속도 벡터를 기술하고 속도 삼각형을 구성해야 하는 작업은 이러한 더 복잡한 표

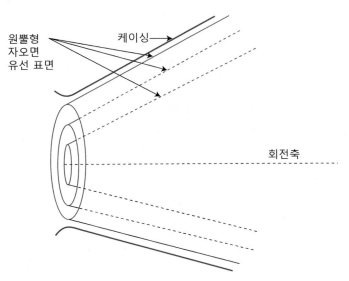

그림 7.21 단순화된 '원뿔형' 혼합류 로터에 대한 자오면 유선 표면

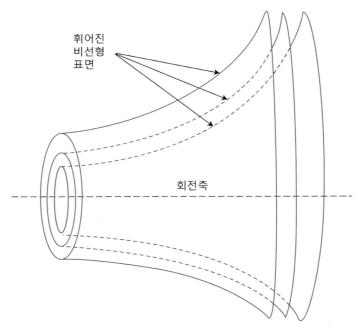

그림 7.22 혼합류 로터에 대한 일반화된 자오면 유선 표면

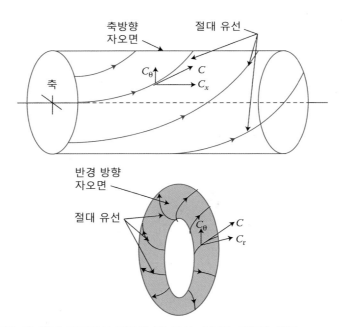

그림 7.23 단순 축류 및 반경 기계에서 자오면 및 접선 속도를 결합한 유로

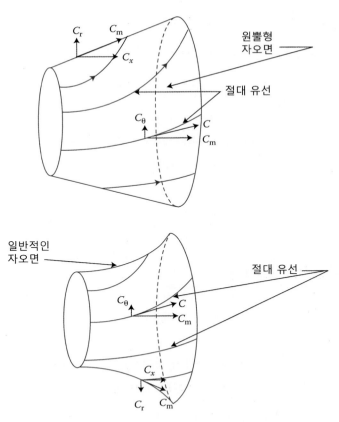

그림 7.24 원뿔형 및 일반 혼합류 기계에서 자오면 및 접선 속도들을 결합한 유로

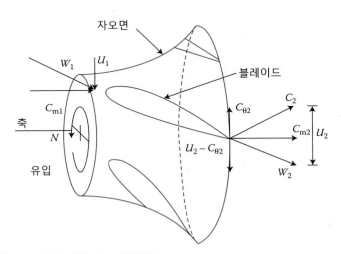

그림 7.25 3D 혼합류 로터에 대한 속도 삼각형

면상에서 수행되어야 한다. 상대 속도는 블레이드 선형 속도(U)에 회전축(기계 회전축)에 대한 흐름 표면의 회전을 중첩해서 구할 수 있다.

일반적인 혼합류 터보기계에 대한 속도 삼각형이 그림 7.25에 나타나 있다. 회전된 자오면에 의해 잘려진 여러 블레이드의 단면들이 회전 속도 U, 자오면 성분과 선회 성분으로 구성된 절대 속도 C, 그리고 구해진 상대 속도 W와 함께 나타나 있다. 블레이드 '입구'(스테이션 1)와 '출구'(스테이션 2) 벡터들은 이러한 상당히 복잡한 경우에 적절한 배치를 설명하기 위해 나타내었다. 단순한 상황을 고려하여 단순하게 블레이드는 $C_{\theta 1}=0$이고 $C_{\theta 2}>0$인 것으로 나타내었다.

7.7 혼합류 터보기계 예제

성능 요구 사항이 적절한 범위 내에 있을 때, 혼합류 장치가 완전한 축류 기계보다 몇 가지 장점을 가지는데, 다음 예제를 통해 이를 확인해 보자. 공기[$\rho=0.00233$ slug/ft^3($=1.2$ kg/m^3)]를 7 in. wg($=1743.62$ Pa)의 전압 상승과 함께 7000 cfm($=3.304$ m^3/s)을 공급해야 하는 홴을 고려하자. 비용을 절감하기 위해 1750 rpm(183 s^{-1})의 회전 속도(N)로 작동하는 4극 모터를 선택하였다. 이러한 사양으로부터 $N_{\mathrm{s}}=1.41$이고 Cordier 도표로부터 일치하는 D_{s}의 값은 2.49이다. 이 값들은 혼합류 영역(D 영역)에 있으므로 준−축 방향 혼합류 기계를 설계할 것이다. 간단하게 그림 7.26에 나타낸 단순한 원뿔 유로를 선택하고 지름을 추정하기 위해 주어진 데이터를 이용하자.

$$D=D_{\mathrm{s}}\frac{Q^{1/2}}{(\Delta p_{\mathrm{T}}/\rho)^{1/4}}=2.49\times\frac{(7000/60)^{1/2}}{[(7\times5.2)/0.00233]^{1/4}}=2.4\ \mathrm{ft}(=0.732\ \mathrm{m})$$

Cordier 효율은 약 0.9이다.

가능한 유로 중의 하나를 그림 7.26에 나타내었다. 평균 반경 유선은 약 30°의 경사를 가지는 것으로 가정하였으며, 이 유선이 블레이드가 배치될 유로이다. 그림 6.14에서 제시한 바를 따라 출구에서 $d=1.9$ ft($=0.579$ m)를 선택하면 $r_{\mathrm{m,\ outlet}}=1.075$ ft($=0.328$ m)이다. 입구에서 $D_{\mathrm{inlet}}=1.8$ ft($=0.549$ m)이고 $(D-d)$가 일정하다고 가정하면 $d_{\mathrm{inlet}}=1.3$ ft($=0.396$ m)가 된다. 그러면 $r_{\mathrm{m,\ inlet}}=0.775$ ft($=0.236$ m)이다. 입구에서 $U_{\mathrm{m}1}=0.775\times183=141.8$ ft/s ($=43.22$ m/s)이다. 입구 면적은 $A_1=1.22$ ft^2($=0.113$ m^2)이므로 $C_{x1}=Q/A_1=7000/(60\times$

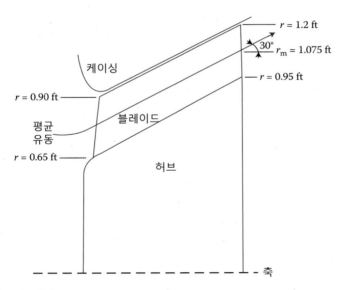

ᄀ림 7.26 준–축 방향 혼합류 팬

1.22) $= 95.8$ ft/s($= 29.2$ m/s)이고 $C_{m1} = C_{x1}/\cos 30° = 110.7$ ft/s($= 33.74$ m/s)이다. 그러면 $W_1 = (141.8^2 + 110.7^2)^{1/2} = 179.9$ ft/s($= 54.83$ m/s)와 $\beta_1 = \tan^{-1}(110.7/141.8) = 38.0°$를 계산할 수 있다.

출구에서는 $U_{m2} = 1.075 \times 183 = 196.7$ ft/s($= 59.95$ m/s), $A_2 = 1.688$ ft^2($= 0.157$ m^2), $C_{x2} = 69.1$ ft/s($= 21.06$ m/s)이며, $C_{m2} = 79.8$ ft/s($= 24.32$ m/s)가 된다. $C_{\theta 2}$는 $w/U_2 = (\Delta p_T/\rho\eta_T)/U_2 = 7 \times 5.2/(0.00233 \times 0.9)/196.7 = 88.2$ ft/s($= 26.88$ m/s)로 계산된다. 그러면 $W_2 = [C_{m2}^2 + (U_2 - C_{\theta 2})^2]^{1/2} = 134.7$이고 ft/s($= 41.06$ m/s)이며, $\beta_2 = \tan^{-1}[C_{m2}/(U_2 - C_{\theta 2})] = 36.3°$이다. 따라서 $\theta_{fl} = 2.7°$이고 $W_2/W_1 = 0.75$이다. 이는 블레이드 익렬에 대한 매우 적정한 값이다. 각도들과 블레이드 자체가 원통이 아닌 그림 7.26에 나타낸 것처럼 자오면 원뿔 유로를 따라 배치되어야 함을 기억하자. 보다 완전한 설계를 위해서는 이전의 절에서 논의된 것처럼 허브와 팁에서 블레이드 단면을 설계해야 한다.

$D = 2.4$ ft($= 0.73$ m), $N = 1750$ rpm, $d = 1.9$ ft를 이용하여 보다 단순한 완전한 축류 유로에 대한 구성은 평균 반경에서 $W_2/W_1 = 0.62$이고 $\theta_{fl} = 13.1°$인 블레이드 배치를 나타낸다. 이것은 블레이드가 상당히 더 많은 일을 하고 심각한 확산 문제를 가질 수 있음을 의미한다. 이것을 직접 계산해 보자. 문제 중의 일부는 더 큰 허브 지름, 즉 $d = 2.1$ ft($= 0.64$ m)를 사용함으로써 일부 극복될 수 있다. 결과값은 $W_2/W_1 = 0.702$로 조금 더 허용할 수 있는 값이지만, 이때 $\theta_{fl} = 14.0°$가 된다. $d = 2.1$ ft($= 0.64$ m)인 완전한 축류에 대해서는 C_x

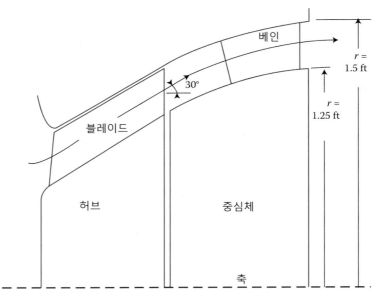

그림 7.27 배출 형상을 포함하는 준-축 방향 혼합류 홴의 자오선도

$=110$ ft/s($=33.53$ m/s)인 반면에, 혼합류 설정에 대해서는 $C_{x2}=69.1$ ft/s($=21.06$ m/s)이다. 축방향 출구 동압은 혼합류에서는 1.07 in. wg($=266.53$ Pa)이고, 축류에서는 2.71 in. wg($=675.03$ Pa)이다. 이것은 정압 효율의 관점에서 혼합류 홴의 상당한 장점이 될 수 있다. 설계자가 $C_x=110$ ft/s($=33.53$ m/s)이고 $C_{\theta2}=84.3$ ft/s($=25.70$ m/s)인 $d=2.1$ ft 축류 홴에 대해 선회를 회복하기 위해 단순한 직선 베인 열을 사용하면 $C_4/C_3=0.794$가 되고, 이 값은 적용될 수 있는 값이다. 그러나 110 ft/s($=33.53$ m/s)의 속도는 많은 응용 분야에서 다소 높은 것으로 판단되므로 보다 많은 확산이 필요할 것이다.

혼합류 홴에 대해 유동이 축방향으로 방향을 바꾼 이후 중심체 위의 원뿔형 유로를 D $=3.0$ ft($=0.914$ m)이고 $d=2.5$ ft($=0.762$ m) 출구 조건까지 연장함으로써 선회를 제거함과 동시에 손쉽게 베인 익렬 확산과 최종 속도를 조절할 수 있다(그림 7.27 참조).

이렇게 하면 $C_{x3}=54.1$ ft/s($=16.49$ m/s)이고, 각운동량 보존에 의해 $C_{\theta3}=(r_{m2}/r_{m3})C_{\theta2}$ $=(1.075/1.375)88.2=72.2$ ft/s($=22.01$ m/s)가 된다. 그 결과로 $C_4/C_3=0.69$가 되는데, 이 값은 조금 낮지만 허용 가능할 정도의 낮은 최종 속도를 만들기 위해 허용 가능한 확산 수준이다.

7.8 반경류 설계: 원심 블로워

순수하게 반경 방향 유동을 가지는 기계들은 혼합류 형상들보다는 시험하기가 좀 더 쉽다. 그림 7.28에 나타난 것처럼 전체 블레이드를 따라 기본적으로 반경 유로를 가지는 원심 블로워를 고려해 보자. 여기에서 반경류 표면은 임펠러 단면의 옆에 그려져 있다. 그림 7.28은 후향 경사 블레이드를 나타내는데, 이 블레이드는 높은 효율이 요구되는 경우에 사용된다. 반경류 홴에 대해 자주 보여지는 블레이드 설계는 반경 방향 블레이드 또는 전향 곡선형 블레이드, 그리고 에어포일 형상을 가지지 않는 일정한 두께의 블레이드들을 포함한다. 물론 이 장에서도 모든 블레이드를 단순한 두께가 없는 캠버선으로 근사하여 설명할 것이다.

회전 속도 N 및 바깥지름 D와 함께 설계자들이 이용 가능한 일반적인 변수들은 눈 지름 d, 블레이드 입구 및 출구 각도, 그리고 입구와 출구에서의 유로 폭 b_1 및 b_2이다. 적어도 예선회가 없는 경우에 대해 눈 지름 및 입구 폭에 대한 합리적인 선택은 6.9절에서 논의되었다. 이 절에서는 나머지 변수들에 대한 일반적인 선택 및 변수들의 상호 작용을 다룰 것이다. 마지막 변수, 블레이드수는 8장까지는 다루지 않을 것이다. 축류에서 사용되는 일반적인 속도 삼각형 변수들, 즉 부하 계수 및 유량은 유동 유선의 반경이 변하기 때문에 재정의할 필요가 있다. '새로운' 정의는 다음과 같다.

$$\psi \equiv \frac{w}{U_2^2} \tag{7.13}$$

$$\varphi \equiv \frac{C_{r2}}{U_2} \tag{7.14}$$

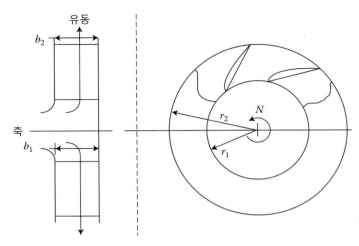

그림 7.28 후향 경사 블레이드를 가지는 반경류 블로워

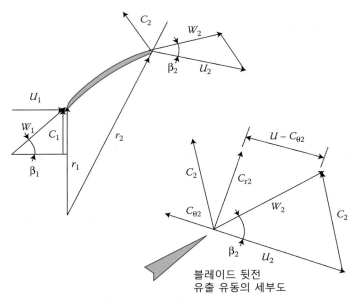

그림 7.29 반경 방향 블레이드와 입출구 속도 삼각형

여기에서 로터 출구의 반경 방향 속도는 유량과 일의 척도가 되고, 유동은 로터 출구에서의 블레이드 속도에 대한 상대적인 값으로 표현된다. 세 번째 변수인 반동도는 거의 사용되지 않는데, 모든 반경류 기계들은 반경 변화로부터 결정되는 어느 정도의 '반동'을 가지기 때문이다.

그림 7.29는 단일(반경 방향) 블레이드의 세부 사항을 블레이드 입구 및 출구 속도 삼각형과 함께 나타낸 것이다. 반경 방향 속도 C_r가 로터를 통과하면서 변하기 때문에 입구와 출구의 벡터들을 속도 삼각형으로 만드는 것이 간단하지 않다. 만약 설계자가 IGV가 없어서 예선회가 없다고 가정하면, 통과 속도 $C_1 = C_{r1}[=Q/(2\pi r_1 b_1)]$과 블레이드 속도 $U_1(=Nr_1)$에 의해 정의되는 입구 속도 삼각형은 매우 간단하다. 상대 속도 $W_1[=(U_1^2+C_1^2)^{1/2}]$은 블레이드 앞전 캠버선과 나란하다. 출구에서 W_2는 뒷전 평균 캠버선에 정렬하고, 그림과 같이 U_2와 C_2의 벡터합이 된다. 주어진 U_2 값에 대해 W_2의 크기는 C_{r2}와 블레이드 뒷전 각 β_2에 의해 '조절'된다. 그림 7.29로부터 유추할 수 있는 것처럼 C_2의 크기 및 방향은 W_2와 U_2의 합으로 제어되므로 $C_{\theta2}$의 크기는 고정된다.[5] $C_{\theta2}$의 값은 다음과 같이 계산된다.

---

5) 이 관계는 속도 삼각형이 그림으로 어떻게 표현되는지를 살펴보면 쉽게 이해될 수 있다. 첫 번째로 'U_2' 벡터 길이를 그리고, U 선의 끝점으로부터 각도 β_2로 선을 그린다. U_2로부터 수직 거리가 C_{r2}가 될 때까지 이 선을 계속해서 그린다. 이 선이 W_2가 된다. 마지막으로 U_2의 시작점으로부터 W_2의 끝점까지 벡터를 그린다. 이것이 C_2 벡터이다. 그러면 $C_{\theta2}$ 값은 속도 삼각형으로부터 쉽게 파악할 수 있다.

$$\tan \beta_2 = \frac{C_{r2}}{U_2 - C_{\theta 2}} \quad \text{따라서} \quad C_{\theta 2} = U_2 - C_{r2} \cot \beta_2 \tag{7.15}$$

일 계수와 유량 계수는 다음과 같이 연관된다. 예선회가 없는 경우($C_{\theta 1} = 0$) 일은 다음과 같다.

$$w = U_2 C_{\theta 2} - U_1 C_{\theta 1} = U_2 C_{\theta 2}$$

따라서

$$\Psi = \frac{w}{U_2^2} = \frac{U_2 C_{\theta 2}}{U_2^2} = \frac{C_{\theta 2}}{U_2}$$

식 (7.15)로부터 대입하면

$$\Psi = \frac{U_2 - C_{r2} \cot \beta_2}{U_2} = 1 - \frac{C_{r2} \cot \beta_2}{U_2} = 1 - \varphi \cot \beta_2 \tag{7.16}$$

설계자가 100% 효율($gH = w$)을 가정하고 각도 β_2가 유량에 따라 변하지 않는다고 가정하면, 이것은 매우 단순화된 '성능 곡선(performance curve)'을 나타낸다. 이 식을 통해 만약 $\varphi = 0$이라면 '차단 양정(shutoff head)'이 $gH_{\text{shutoff}} = U_2^2$이고, 만약 $\beta_2 < 90°$라면 '무부하 (free-delivery)'($\Psi = 0$) 유동이 $\varphi = \tan^{-1} \beta_2$에서 발생함을 예측할 수 있다.

보다 일반적으로 식 (7.16)은 블레이드 출구각이 성능에 미치는 효과를 살펴보기 위해 사용될 수 있다. 그림 7.30은 블레이드 출구에 대한 세 가지 일반적인 형상을 나타낸다. 후향 경사(backward leaning)는 블레이드 팁 기울기가 회전 방향으로부터 멀어지는 경우이고 ($\beta_2 < 90°$, $\cot \beta_2 > 0$), 반경 방향(radial)은 블레이드 팁이 회전 방향에 수직이다($\beta_2 = 90°$, $\cot \beta_2 = 0$). 그리고 전향 경사(forward leaning)는 블레이드 팁 기울기가 회전 방향 쪽으로 기울어진다($\beta_2 > 90°$, $\cot \beta_2 < 0$). 각각의 경우에 일치하는 속도 삼각형을 살펴보면 다음 내용을 알 수 있다.

주어진 유량(φ) 및 팁 속도(U)에서 후향 경사 블레이드 팁은 다음과 같은 특징을 가진다.

- 일과 양정은 상대적으로 작다.
- 출구 속도와 이로 인한 동압은 최저이다.
- 성능 곡선은 음의 기울기를 가진다.

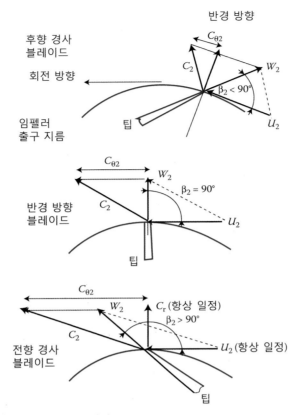

그림 7.30 로터 블레이드 팁의 가능한 설정

반경 블레이드 팁은 다음과 같은 특징을 가진다.

- 일은 유량에 관계없이 일정하다.
- 출구 속도와 이로 인한 동압은 상당하다.
- 성능 곡선은 평평하다.

주어진 유량(φ) 및 팁 속도(U)에서 전향 기울어짐 블레이드 팁은 다음과 같은 특징을 가진다.

- 일과 양정은 가장 크다.
- 출구 속도와 이로 인한 동압은 크다.
- 성능 곡선은 양의 기울기를 가진다(일과 양정이 유량의 증가에 따라 증가함).

일반적으로 후향 경사 블레이드 팁이 선호되는데, 더해지는 에너지의 대부분이 동압 대신 정압 상승으로 변환되어 성능 곡선이 안정적인 음의 기울기를 가지며, 일반적으로 효율이 높기 때문이다. 다른 형상에 비해 일이 가장 작다는 단점은 지름이 더 큰 로터를 사용함으로써 극복할 수 있다. 반경 방향 팁 설계는 유동 선회가 낮고 블레이드상의 굽힘 응력이 없기 때문에 가혹한 환경이나 높은 비일 또는 제작의 단순함이 효율보다 더 중요할 때 종종 사용된다. 전향 경사 블레이드 팁은 일반적으로 낮은 정압 상승과 높은 속도의 유동이 필요하고 가벼운 무게가 중요한 경우에만 사용된다.

입구 및 출구 속도 삼각형은 축류에서 사용된 것처럼 블레이드 통로 확산을 점검하기 위해 사용될 수 있다. W_1과 W_2를 형상과 유동 및 압력 상승(즉, 비일)으로 표현하고, de Haller 비 W_2/W_1를 약 0.72인 제한값과 비교하는 것이 필요하다. W_1은 $W_1 = (C_{r1}^2 + U_1^2)^{1/2}$로 계산되고, 여기서 $C_{r1} = Q/(2\pi r_1 b_1)$이고 $U_1 = Nr_1$이다. W_2는 $W_2 = [C_{r2}^2 + (U_2 - C_{\theta 2})^2]^{1/2}$로 계산되고, 여기서 $C_{r2} = Q/(2\pi r_2 b_2)$, $U_2 = Nr_2$이고, $U_2 - C_{\theta 2} = C_{r2} \cot\beta_2$이다. 간단한 연산 및 삼각함수 관계를 적용하면 다음 식을 얻는다.

$$\frac{W_2}{W_1} = \left(\frac{r_1 b_1}{r_2 b_2}\right)\left(\frac{\sin\beta_1}{\sin\beta_2}\right) \tag{7.17}$$

첫째, $b_2 = b_1$인 일정한 폭의 임펠러를 고려하자. 만약 r_1/r_2과 β_1을 고정하면(실질적으로 무차원 유량 Q/ND^3를 고정하면), $W_2/W_1 = $ 상수$/\sin\beta_2$이다. 따라서 β_2를 증가시키는 것은 대체로 W_2/W_1의 선형적인 감소를 일으킨다. 즉, 유동 선회를 증가시켜 일을 증가시키기 위해 노력하는 것은 직접적으로 W_2/W_1를 감소시키는 것이고, 결과적으로 블레이드 통로에서 효율 감소 및 유동 박리/스톨의 문제를 발생시킨다.

또 다른 일반적인 설계 방법은 $b_1 r_1 = b_2 r_2$와 같이 일정한 유동 단면을 지정하는 것인데, 이것은 $C_{r1} = C_{r2}$가 되도록 블레이드 익렬 폭을 점점 감소시키는 것이다(즉, C_r는 임펠러 유동 통로을 통과하면서 일정함). 이 경우에 $W_2/W_1 = \sin\beta_1/\sin\beta_2$이고, de Haller 비는 $(\sin\beta_2)^{-1}$에 따라 감소한다. 높은 비속도를 가지는 후향 경사 블레이드 홴에 대해 $W_2/W_1 = 0.5/\sin\beta_2$에 의해서 주어지는 전형적인 입구 블레이드 각도는 $\beta_1 = 30°$이다. W_2/W_1의 값들은 표 7.1에 나타나 있는데, de Haller 제한을 초과하는 것을 피하기 위한 β_2의 최댓값은 약 44°임을 명확히 파악할 수 있다.

설계점에서의 블레이드 통로의 스톨을 피하기 위한 최대의 가능한 일 계수를 추정할 수 있다. 만약 $\beta_1 \sim 30°$라면 $C_{r1}/U_1 \sim \tan 30° = 0.58$이다. 일정한 폭($b_2 = b_1$) 임펠러에 대해 $\varphi = C_{r2}/U_2 = (C_{r2}/C_{r1})(U_1/U_2)(C_{r1}/U_1) = (r_1/r_2)^2(C_{r1}/U_1) = (r_1/r_2)^2 \tan\beta_1$이고, $r_1/r_2 \sim 0.65$ 라고

표 7.1 다양한 출구 블레이드 각도에 대한 확산비

β_2	$W_2/W_1 = 0.5/\sin\beta_2$
30	1.000
35	0.872
40	0.778
44	0.720
45	0.707
50	0.653
55	0.610

가정하면 $\varphi \sim 0.65^2 \times 0.58 = 0.24$이고 $\Psi_{max} = 1 - \varphi\cot\beta_2 \sim 1 - 0.24 \times \cot 44° = 0.75$이다.

폭이 점점 줄어들고 C_r는 일정한 임펠러에 대해 $\varphi = (r_1/r_2)\tan\beta_1 \sim 0.65 \times 0.58 = 0.375$이고, $\Psi_{max} = 1 - \varphi\cot\beta_2 \sim 1 - 0.375 \times \cot 44° = 0.61$이다. b_2/b_1 및 r_2/r_1의 비는 반경류 임펠러에서 확산 수준과 효율과 스톨 여유를 조절하는 중요한 변수이다.

축류형 배치에 대한 경우에서처럼 고형비를 증가시키거나 신중한 상세 설계를 통해 W_2/W_1를 0.72 수준 아래로 감소시키는 것은 가능하다. 특히, 가장 낮은 비속도를 가지는 원심형 기계를 제외한 모든 경우에 대해 W_2/W_1가 낮은 경우의 유동은 6장에서 논의된 안정된 제트-후류 형태가 지배적이다. 이러한 경우에 확산은 설계에서 지배적인 요소는 아니다 (Johnson과 Moore, 1980). 그러나 후향 경사 블레이드를 가지는 원심 기계의 기본적인 블레이드 배치를 검토하는 보수적인 기준으로 여전히 de Haller 제한을 적용할 수 있다.

7.9 반경류 설계: 원심 펌프

반경류 기계의 형상에 대한 추가적인 예로 원심 펌프의 임펠러 설계를 고려해 보자. 이 펌프가 100 ft($=30.48$ m)의 양정으로 450 gpm($=1.703$ m^3/min)의 물을 이동시키는 것으로 가정하자. 4극 직렬-드라이브 1750 rpm($183s^{-1}$) 모터를 선택하면, 설계자는 $N_s = 183 \times (450/449)^{1/2}/(32.2 \times 100)^{3/4} = 0.429$의 비속도를 얻는다. 그러면 Cordier 도표로부터 $D_s = 6.85$와 $\eta_T = 0.81$이 된다. D_s로부터 지름을 계산하면 $D = 6.85 \times (450/449)^{1/2}/(32.2 \times 100)^{1/4} = 0.91$ ft $= 10.9$ in.($=0.277$ m)가 된다. 이 크기는 카탈로그에서 보여지는 일반적인 펌프와 비교할 때 조금 크게 보인다. 조금 더 작고 덜 비싼 지름 10 in.($=0.833$ ft $= 0.254$ m)를 선택하자. 비속도를 고려하면 펌프는 그림 7.31에 나타난 일반적인 모양을 가질 것이다. 유동

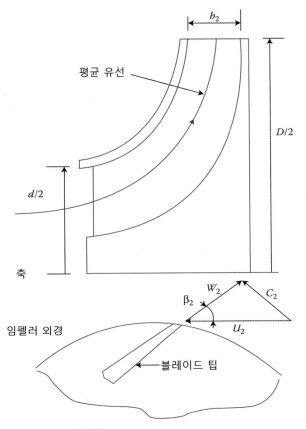

그림 7.31 펌프 형상과 출구 속도 삼각형

은 블레이드 통로에 축방향으로 들어가고 통로 내에서 반경 방향으로 선회함을 기억하자.

결정되어야 하는 중요한 변수는 눈 지름, 입구 및 출구 블레이드 각도(실제로 속도 삼각형 내의 각도), 그리고 출구에서의 임펠러 폭 b_2이다. 눈 지름은 식 (6.33)으로부터 결정될 수 있는데, 이것은 입구 상대 속도의 최소화를 목적으로 한 것이다. 그러면

$$d = D(1.53\phi^{1/3}) = D\left[1.53\left(\frac{Q}{ND^3}\right)^{1/3}\right] = 1.53 \times \left(\frac{1.002 \text{ ft}^3/\text{s}}{183\text{s}^{-1}}\right)^{1/3}$$

$$= 0.270 \text{ ft} = 3.24 \text{ in.} (= 0.082 \text{ m})$$

원심 펌프에 대해 출구 블레이드 각도들은 일반적으로 20°~35°의 상대적으로 완만한 값을 가진다. 이것은 유체의 방향 전환을 상당히 작게 유지하고 일(양정)의 대부분을 블레이드 속도 증가, $U_2^2 - U_1^2$으로 할당한다[오일러 방정식의 대체 형태인 식 (6.12)와 이와 관련된 설

명 참조]. 이렇게 함으로써 어느 정도까지는 높은 효율을 얻을 수 있다. 현재의 펌프에 대해서는 하단 근처의 값인 $\beta_2 = 22°$를 사용하자.

그러면 출구 속도 삼각형의 중요한 요소는 계산할 수 있다. $U_2 = N r_2 = 183 \times (0.83/2) = 75.9$ ft/s($=23.13$ m)이다. 양정과 효율로부터 $w = U_2 C_{\theta 2} = gH/\eta_T = 32.17 \times 100/0.81 = 3972$ ft^2/s^2($=369.01$ m^2/s^2)이다. 따라서 $C_{\theta 2} = w/U_2 = 52.3$ ft/s($=15.94$ m/s)이다. 그러면 $U_2 - C_{\theta 2} = 75.9 - 52.3 = 23.6$ ft/s($=7.19$ m/s), $C_{r2} = (U_2 - C_{\theta 2})\tan \beta_2 = 23.6 \tan 22° = 9.54$ ft/s($=2.91$ m/s)가 된다. 임펠러 팁-폭은 $b_2 = Q/\pi D_2 C_{r2} = 1.002/(\pi \times 0.83 \times 9.54) = 0.4$ ft$=0.48$ in.($=0.122$ m)이다. 완만한 출구 각도나 작은 출구 지름은 넓은 팁-폭의 결과로 이어짐에 유의해야 한다.

D, b_2, β_2와 d에 대한 잠정적인 값을 가지고, 확산비를 확인하기 위한 입구 출구 벡터와 블레이드 각도를 결정하는 것을 마무리해 보자. 앞에서 보인 바와 같이 출구에서는 반경 방향 배출을 적용하고, 입구에서는 축방향 유입 속도 C_{x1}을 사용한다. 입구 벡터 및 각도를 배치하는 방법은 축류 기계에서 사용된 기법과 유사하다. 슈라우드에서 $C_{x1} = Q/[(\pi/4)d^2] = 11.2$ ft/s($=3.41$ m/s), $U_1 = Nd/2 = 30.9$ ft/s($=9.42$ m/s)를 계산할 수 있다. 그러면 슈라우드에서 $W_1 = (C_{x1}^2 + U_1^2)^{1/2} = 32.8$ ft/s($=10.00$ m/s)이다. 출구 벡터 배치로부터 $C_{r2} = 9.54$ ft/s($=2.91$ m/s)이고 $U_2 - C_{\theta 2} = 23.6$ ft/s($=7.16$ m/s)이므로 $W_2 = 25.5$ ft/s($=7.77$ m/s)이다. 슈라우드 유선을 따른 de Haller 비는 $W_2/W_1 = 0.78$이다. 대표적인 '평균' 유선을 만들기 위해 내부 지름의 제곱근값[즉, $r_m = (d^2/2)^{1/2}$]이 사용되었는데, 반경이 0 근처의 영역에서는 유체의 움직임이 거의 없기 때문이다. 이 평균 유선을 따라 $U_1 = 21.8$ ft/s($=6.65$ m/s)이고 $W_1 = 24$ ft/s($=7.32$ m/s)이며, $W_2/W_1 = 1.06$이다. 확산에 대한 기준이 명확하지는 않지만 de Haller 비는 허용할 수 있을 정도로 높은 것은 명확하다. 블레이드의 축방향 '인듀서' 부분의 입구 설정 각도는 축방향에 대해 상대적으로 측정하면 $\beta_1 = \tan^{-1}(U_1/C_{x1})$이 되고, 평균(71%) 반경 지점에서 62.6°이다. 반경 출구 형상과 연결된 축방향 입구 형상이 사용되고 있기 때문에 두 부분을 부드럽게 연결하기 위해 블레이드 모양에 복합적인 휨이나 곡률이 있어야만 한다.

7.10 반경류 설계: 터보차저 부품

소형 터보차저의 설계에는 유체의 압축성을 고려해야 할 때 발생하는 추가적인 몇 가지 고려 사항을 포함해야 한다. 일반적으로 터보차저는 고압의 공기를 내연기관 엔진의 공기 공급 유로로 공급하는 반경 방향 배출 압축기, 그리고 같은 축으로 연결된 엔진 배기가스 유로 내에 위치한 반경 방향 유입 가스 터빈으로 구성된다. 이러한 시스템에 대해서는 내연기관 엔진 교과서(Obert, 1973, Heywood, 1988)에서 자세히 다루고 있다.

반경 방향 유입 터빈의 사양은 이용 가능한 배출 에너지를 기준으로 선정된다. 그 후 요구 동력이 터빈의 실제 축동력 발생량과 맞는 압축기가 결정된다. 일반적으로 터빈과 압축기는 같은 축에서 동일한 속도로 운전되도록 연결되어 있고, 엔진에서 연소되는 연료에 의해 터빈의 질량 유량이 증가되는 것을 제외한다면, 두 장치의 질량 유량은 기본적으로 동일하다. 이 마지막 조건은 '웨이스트 게이트(waste gate)' 또는 바이패스 배기 경로로 인해 배기가스의 일부분이 터빈으로 공급되는 경우에는 성립하지 않을 수 있지만, 본 교재에서는 이러한 경우를 고려하지 않을 것이다.

약 500마력의 내연기관 엔진을 가진 일반적인 터보차저에 대해 다음 배기가스(터빈 유입) 물성치로 계산을 시작해 보자.

$$p_{01} = 152 \ \text{kPa}, \quad T_{01} = 850\text{K}, \quad \rho_{01} = 0.625 \ \text{kg/m}^3, \quad \dot{m} = 0.50 \ \text{kg/s}$$

입구 물성치는 정체값으로 나타내었다. 터빈 배출 가스는 전압 $p_{02} = 103.3$ kPa을 가지며, 하류의 배기 시스템(소음기, 테일 파이프 또는 다른 유사한 부품들)에서 압력 강하가 일어날 수 있다.

터빈 성능 변수는 압축성 유체 공식을 사용해서 계산한다.

$$gH = c_\text{p}T_{01}\left[1 - \left(\frac{p_{02}}{p_{01}}\right)^{\gamma-1/\gamma}\right] = \frac{\gamma}{\gamma-1}\frac{p_{01}}{\rho_{01}}\left[1 - \left(\frac{p_{02}}{p_{01}}\right)^{\gamma-1/\gamma}\right] \tag{7.18}$$

터빈 배출 가스에 대해 상승된 온도에서의 값 $\gamma = 1.37$을 사용하면

$$gH = \frac{\gamma}{\gamma-1}\frac{p_{01}}{\rho_{01}}\left[1 - \left(\frac{p_{02}}{p_{01}}\right)^{\gamma-1/\gamma}\right]$$

$$= \frac{1.37}{1.37-1}\frac{152,000}{0.625}\left[1 - \left(\frac{103.3}{152}\right)^{1.37-1/1.37}\right] = 89,200 \ \text{m}^2/\text{s}^2$$

비속도와 비지름은 입구 정체 체적 유량을 기초하여 계산한다.

$$Q = \frac{\dot{m}}{\rho_{01}} = \frac{0.50}{0.625} = 0.80 \text{ m}^3/\text{s}$$

일반적으로 비속도나 비지름을 먼저 선택한 후 Cordier 관계식을 사용해서 터빈의 설계 계산을 진행할 수 있다. 이 경우 설계에서는 다른 사항들이 고려되어야 한다. 첫 번째, 차량 엔진실의 공간 제한 때문에 장치를 작게 설계해야 하는데, 작은 크기는 높은 속도를 의미한다. 이러한 작고 높은 속도의 반경류 터빈은 일반적으로 반경 방향의 입구 블레이드 팁(즉, $\beta_1 = 90°$)을 가지도록 설계된다. 이것은 제조상의 이점과 고온의 배기가스에서 작동하는 블레이드에 작용하는 굽힘 응력을 제거하기 위한 것이다. 따라서 반경 방향 입구 블레이드를 가정하면 $\beta_1 = 90°$이고 $C_{\theta 1} = U_1$이다. 그리고 $C_{\theta 2} = 0$이라고 가정하면 오일러 방정식은 다음과 같다.

$$w = U_1 C_{\theta 1} = U_1^2 = \left(\frac{ND}{2}\right)^2 \tag{7.19}$$

일은 다음과 같이 양정으로부터 계산된다.

$$w = \eta \times gH \tag{7.20}$$

여기서 η는 터빈 등엔트로피 전효율이다.

일반적인 환경에서는 보다 복잡한 반복 계산 과정이 필요하다. 이 과정은 다음과 같이 진행된다. 첫 번째, 비속도 N_s가 물론 '반경 기계 범위' 내에서 선택되어야 한다. 다음에는 회전 속도가 계산될 수 있다. 비지름과 전효율은 Cordier 관계식으로부터 결정될 수 있다. 폴리트로픽 효율로 취급되는 Cordier 효율은 식 (1.11c)에 따라 등엔트로피 효율로 변환되고, 일은 식 (7.20)으로부터 계산된다. 그러면 지름은 Cordier 비지름, 양정 및 체적 유량으로부터 계산된다. 마지막으로 새로운 속도값이 식 (7.19)로부터 계산될 것이고, 이 과정이 수렴할 때까지 반복된다. 불행하게도 이 반복 과정이 어떠한 실제값으로도 수렴하지 않을 수도 있다(독자가 이것을 증명하기 위해 계산을 시도해 보는 것을 추천함). 그 이유는 매우 단순하다. 작고, 고속이며, 반경 방향 팁 입구를 가지는 기계는 주어진 유량과 양정에 대한 'Cordier 기계'가 아니다. 'Cordier 기계'는 좀 더 크고 느리며, 입구 절대 속도 벡터로부터 멀어지도록 기울어진 블레이드(즉, '후향 경사' 블레이드)를 가진다. 작동하는 설계를 위해서는 다른 설계 방법이 필요하다.

합리적인 설계를 위해서는 두 가정이 필요하다. 첫 번째, 압력비가 1과 크게 다르지 않기 때문에 폴리트로픽 효율과 등엔트로피 효율 사이의 차이는 무시될 것이다. 두 번째, 터빈의 효율은 0.80으로 가정한다. 이 값이 완전히 임의적이지 않음에 유의해야 한다. 그림 2.9는 'Cordier 효율'이 모든 반경류 터빈에 대해 약 0.9임을 나타내는데, 이 작고 Cordier 관점에서 최적화되지 않은 기계에 대해 효율 0.1을 빼는 것은 합리적으로 보인다.

일은 $w = 0.8 \times 89{,}200 = 71{,}360$ m^2/s^{2}로 계산되고, 식 (7.19)로부터 $U_1 = 267.1$ m/s이고 $ND = 534.3$ m/s이다. 다음으로 N 또는 D 중의 하나를 선택하면 다른 하나는 계산된다. 일반적인 속도는 $N = 40{,}000$ rpm $= 4189$ s^{-1}이다. 이로부터 $D = 0.128$ m($= 5.02$ in.)가 되는데, 이것은 다소 크지만 합리적인 값이다[4 in.($= 0.102$ m)가 좀 더 일반적임]. 참고로 N과 D의 이 값들은 $N_s = 0.73$과 $D_s = 2.46$과 일치한다. 비속도는 반경류 기계에 대해 적절한 범위 내에 있지만 비지름은 혼합류 기계의 특성에 더 가깝다.

터빈 자체의 설계를 수행하기 위해서는 d, b_1, b_2 및 β_2의 값을 결정해야 한다($\beta_1 = 90°$임). 식 (6.35)는 펌핑 기계에 대해 개발되었으나 눈 지름비는 이 식으로부터 예측된다. 따라서 $d/D = 1.53(Q/ND^3)^{1/3}$이고 $d = 1.53(Q/N)^{1/3} = 0.088$ m($= 3.47$ in.)가 된다. 이로부터 $U_2 = 4189 \times 0.088/2 = 184.6$ m/s이다. 다음으로 블레이드 출구 면적이 목(throat) 면적과 동일하다는 단순화된 보수적인 가정을 해 보자. 즉, $r = d/2$에서 $b_2 = d/4 = 0.022$ m이다. 입구에서 블레이드 폭은 임의로 동일한 값 $b_1 = 0.022$ m로 설정한다.

터빈 입구에서 반경 방향 속도는

$$C_{r1} = \frac{\dot{m}}{\rho_1 \pi D b_1} \qquad (7.21)$$

입구에서 가스 속도 C_1이 높기 때문에 압축성 효과에 의해 입구 정적 밀도는 입구 정체 밀도보다 다소 낮을 것이다. ρ_1과 C_{r1}은 다음의 반복적인 계산으로부터 결정된다.

(1) ρ_1/ρ_{01}의 값을 추측한다. 약 0.85로 시작한다.

(2) $\rho_1 = (\rho_1/\rho_{01}) \times \rho_{01}$을 계산한다.

(3) 식 (7.21)로부터 C_{r1}을 계산한다.

(4) $C_1^2 = C_{r1}^2 + C_{\theta 1}^2$으로부터 C_1^2을 계산한다.

(5) 다음 식으로부터 T_1/T_{01}을 계산한다.

$$T_1/T_{01} = 1 - (C_1^2/2c_p T_{01}) = 1 - [(\gamma - 1)/2\gamma](\rho_{01} C_1^2/p_{01})$$

(6) $(\rho_1/\rho_{01}) = (T_1/T_{01})^{1/(\gamma-1)}$으로부터 ρ_1/ρ_{01}을 계산한다.

(7) 2단계로 돌아가 수렴할 때까지 반복한다.

이 과정을 통해 $\rho_1 = 0.556 \text{ kg/m}^3$, $C_{r1} = 101.8 \text{ m/s}$, $C_1 = 285.9 \text{ m/s}$를 얻을 수 있다.

출구 정체 밀도는 입구 정체 밀도와 터빈 압력비 p_{01}/p_{02}로부터 $\rho_{01}/\rho_{02} = (p_{01}/p_{02})^{1/n}$의 형태인 폴리트로픽 과정 방정식 식 (1.6)을 이용하여 구할 수 있다. 여기에서 n은 식 (1.11b)에 의해 주어진 팽창(터빈) 과정에 대한 폴리트로픽 지수이다.

$$\frac{n-1}{n} = \eta_p \frac{\gamma-1}{\gamma} \approx \eta \frac{\gamma-1}{\gamma} = 0.8 \frac{1.37-1}{1.37}$$

이로부터 $n = 1.276$이다. 이 결과를 가지고 $\rho_{01}/\rho_{02} = (152/103.3)^{1/1.276} = 1.354$이고, 따라서 $\rho_{02} = 0.462 \text{ kg/m}^3$이다. 그러면 출구 반경 속도는 다음과 같다.

$$C_{r2} = \frac{\dot{m}}{\rho_2 \pi d b_2}$$

ρ_1/ρ_{01}에 대한 반복과 비슷한 반복을 수행하면 $\rho_2/\rho_{02} \approx 0.94$이고, 따라서 $\rho_2 \approx 0.94 \times 0.462 = 0.436 \text{ kg/m}^3$이다. 그러면 $C_{\theta 2} = 0$을 상기해 보면

$$C_2 = C_{r2} = \frac{0.5}{0.436 \times \pi \times 0.088 \times 0.022} = 188.8 \text{ m/s}$$

이 결과를 가지고 입구 및 출구 속도 삼각형과(블레이드) 유동각들이 계산된다.

$$W_1 = C_{r1} = 101.8 \text{ m/s}$$
$$W_2 = (C_{r2}^2 + U_2^2)^{1/2} = (188.8^2 + 184.6^2)^{1/2} = 264.1 \text{ m/s}$$
$$\beta_1 = 90°, \quad \beta_2 = \tan^{-1}\left(\frac{C_{r2}}{U_2}\right) = \tan^{-1}\left(\frac{188.8}{184.6}\right) = 45.7°$$

그림 7.32는 터빈 로터에 대해 개발된 형상을 나타낸다. 기계적 손실을 배제한 터빈 축으로부터 얻을 수 있는 실제 동력은 다음과 같다.

$$P = \dot{m}w = \dot{m}\eta gH = 0.5 \times 0.8 \times 89{,}200 = 35.7 \text{ kW}$$

이제 압축기 설계가 수행될 수 있다. 압축기와 터빈은 세 가지 변수를 공유한다. 압축기의 입력 동력은 터빈으로부터의 동력 35.7 kW와 같다(단, 기계적 손실 제외, 여기서는 무시함).

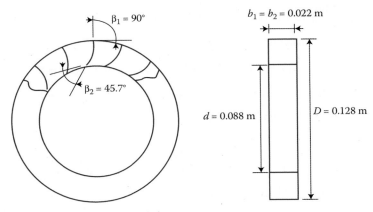

그림 7.32 터보차저용 소형 고속 반경류 터빈

압축기와 터빈은 동일한 축에 연결되어 있으므로 동일한 속도(40,000 rpm)로 회전한다. 그리고 압축기의 질량 유량은 터빈을 지나는 질량 유량에서 압축기 하류에서 더해지고 내연기관 엔진에서 태워진 연료 질량 유량을 뺀 값과 동일하다. 엔진에서의 공기 대비 연료 질량비를 일반적인 15 대 1로 가정하면, 압축기 유량은 0.469 kg/s가 된다.

터빈처럼 압축기도 소형, 고속의 설계 사양을 가지며, 일반적으로 Cordier $N_s - D_s$ 또는 $\eta - N_s$ 상관선들에 맞지 않는다. 다시 압축기 설계를 진행하기 위해 두 가지를 합리적으로 가정해야 한다. 첫 번째, 압축기 효율은 0.75로 가정한다. 터빈 효율처럼 이것은 완전히 임의적인 선택은 아니다. 그림 2.9에서 반경류 기계의 비속도($N_s \sim 0.75$)인 압축기 효율은 터빈 효율보다 0.05 적다. 두 번째 가정은 압축기 지름이 터빈 지름과 같은 범위 내에 있지만 살짝 더 크다. 여기에서는 $D = 0.145$ m(= 5.71 in.)의 값을 사용할 것이다.

압축기의 비일은

$$w = \frac{P}{\dot{m}} = \frac{35,700}{0.469} = 76,120 \ \text{m}^2/\text{s}^2$$

이고, 양정 및 압력비는 다음과 같다.

$$gH = \eta w = 0.75 \times 76,120 = 57,100 \ \text{m}^2/\text{s}^2$$

$$\frac{p_{02}}{p_{01}} = \left(1 + \frac{gH}{c_p T_{01}}\right)^{\gamma/\gamma - 1} = \left(1 + \frac{57,100}{1004 \times 288}\right)^{1.4/1.4 - 1} = 1.879$$

입구 공기 특징들은 표준 해수면값으로 가정하였다($p_{01} = 101.3$ kPa, $T_{01} = 288$K, $\rho_{01} = 1.23$ kg/m^3, $c_p = 1004$ m^2/s^{2}K, $\gamma = 1.4$). (명목) 입구 체적 유량은 $Q = \dot{m}/\rho_{01} = 0.38$ m^3/s

이다. 이미 알고 있는 속도(40,000 rpm)와 비지름으로부터 $N_s = 0.70$이고 $D_s = 3.63$을 계산할 수 있는데, 이것은 Cordier선에 상당히 가깝다. 블레이드 팁 속도는 $U_2 = ND/2 = 303.8$ m/s이다. 오일러 방정식으로부터 입구 선회가 없다고 가정하면 $C_{\theta 2} = w/U_2 = 250.5$ m/s이다. 눈 지름 d는 식 (6.33)으로부터 계산되는데 $d = 1.53(Q/N)^{1/3} = 0.069$ m($= 2.71$ in.)이다. 입구 블레이드 폭 b_1은 일반적인 방법으로 결정되는데 $b_1 = d/4 = 0.017$ m이다.

C_1이 다소 높을 것으로 기대되기 때문에 입구 정적 밀도 ρ_1과 입구 반경 속도 C_{r1} ($C_{\theta 1} = 0$이므로 C_1과 같음)은 압축성 효과를 고려하여 질량 유량과 입구 크기로부터 결정된다. 터빈에서와 같이 반복 계산이 필요하고, 계산은 다음과 같다.

(1) ρ_1/ρ_{01}의 값을 추측한다. 약 0.85로 시작한다.

(2) $\rho_1 = (\rho_1/\rho_{01}) \times \rho_{01}$을 계산한다.

(3) $C_1 = C_{r1} = \dot{m}/\rho_1 \pi d b_1$으로부터 C_1을 계산한다.

(4) $T_1/T_{01} = 1 - (C_1^2/2c_p T_{01})$으로부터 T_1/T_{01}을 계산한다.

(5) $(\rho_1/\rho_{01}) = (T_1/T_{01})^{1/(\gamma-1)}$으로부터 ρ_1/ρ_{01}을 계산한다.

(6) 2단계로 돌아가 수렴할 때까지 반복한다.

수렴값은 $\rho_1 = 1.16$ kg/m³이고 $C_1 = 107.9$ m/s이다.

이제 압축기에 대한 입구 세부 사항을 계산할 수 있다.

$$U_1 = \frac{Nd}{2} = 144.4 \text{ m/s}, \quad W_1 = (U_1^2 + C_1^2)^{1/2} = 180.2 \text{ m/s}$$

$$\beta_1 = \tan^{-1}\left(\frac{C_{r1}}{U}\right) = 36.8°$$

출구 블레이드 폭은 출구 속도 삼각형과 블레이드 형상에 영향을 주는데, 적절한 수준의 확산을 주기 위해 조절될 수 있다. 여기서 $b_2 = 0.006$ m가 선택되었다. 압축기 출구에서의 정체 밀도는 폴리트로픽 관계식 $\rho_{02}/\rho_{01} = (p_{02}/p_{01})^{1/n}$으로부터 계산되는데, n은 식 (1.8)에 주어진 압축에 대한 폴리트로픽 지수이다.

$$\frac{n}{n-1} = \eta_p \frac{\gamma}{\gamma-1} \approx \eta \frac{\gamma}{\gamma-1} = 0.75 \frac{1.4}{1.4-1}$$

여기서 $n = 1.615$이므로 $\rho_{02}/\rho_{01} = (1.879)^{1/1.615} = 1.478$이다. 그러면 $\rho_{02} = 1.811$ kg/m³이다. 출구 반경 방향 속도는 다음과 같이 계산된다.

$$C_{r2} = \frac{\dot{m}}{\rho_2 \pi D b_2}$$

압축성을 고려하기 위해 입구 밀도에 대한 것과 유사한 계산 반복이 사용되는데, ρ_2/ρ_{02} = 0.77이고 ρ_2 = 1.394 kg/m³이다. 그러면

$$C_{r2} = \frac{0.469}{1.394 \times \pi \times 0.145 \times 0.006} = 123.0 \text{ m/s}$$

이 값으로부터 출구 속도 삼각형 및 블레이드 유동각이 계산될 수 있다.

$$C_2 = (C_{r2}^2 + C_{\theta 2}^2)^{1/2} = (123.0^2 + 250.5^2)^{1/2} = 279.1 \text{ m/s}$$

$$W_2 = [C_{r2}^2 + (U_2 - C_{\theta 2})^2]^{1/2} = [123.0^2 + (303.8 - 250.5)^2]^{1/2} = 134.0 \text{ m/s}$$

$$\beta_2 = \tan^{-1}\left(\frac{C_{r2}}{U_2 - C_{\theta 2}}\right) = \tan^{-1}\left(\frac{123.0}{303.8 - 250.5}\right) = 66.6°$$

확산비는 W_2/W_1 = 0.74인데, 이 값은 허용할만한 값이다. 이것은 출구 블레이드 폭(b_2 = 0.006 m)의 '운 좋은' 선택의 결과이다. 독자들은 출구 블레이드 폭의 다른 값들을 시도해 보기 바란다. 일반적으로 b_2를 증가시키면 확산비가 허용할 수 없는 값들이 나타날 수 있으며, 반대로 b_2를 감소시키면 비현실적으로 좁은 블레이드와 불필요하게 큰 확산비를 발생시킬 수 있다.

그림 7.33은 임펠러의 형상을 나타낸 것이다. 이 압축기 설계에서 하나의 단점은 C_2에 의

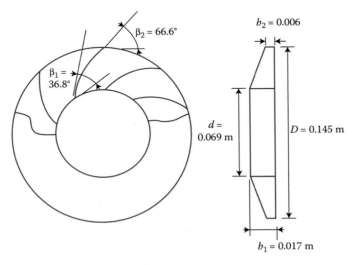

그림 7.33 터보차저용 소형 고속 반경류 압축기

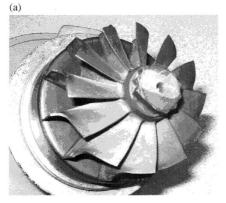
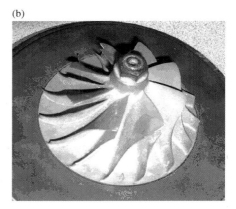

그림 7.34 실제 터보차저의 (a) 터빈 및 (b) 압축기. 임펠러 눈에서의 축방향 인듀서/엑스듀서, 그리고 압축기상의 '부분 블레이드(half blade 또는 splitter)'에 주목

해 표현되는 큰 운동에너지를 효과적으로 압력으로 전환하기 위해 임펠러 하류에 고효율의 디퓨져가 필요하다는 것이다.

그림 7.34는 실제 터보차저용 터빈과 압축기의 사진을 나타낸다. 이 그림은 임펠러들의 반경 방향 유로에 유입되거나 유출되는 유동을 잘 조절하기 위해 축방향 인듀서 및 엑스듀서(exducer) 부분이 적용되고 있음을 잘 보여 준다.

7.11 디퓨져와 볼류트

7.3절에서 7.10절까지 고려된 터보기계의 설계들은 기계의 임펠러를 지나는 전압/양정의 변화에 기초한 성능을 고려하였다. 유사하게 설계 과정에서 사용된 효율은 모두 전효율이다. 몇몇의 경우에서, 특히 직전의 예제와 같은 터보차저 터빈 및 압축기 임펠러에서 나오는 유체의 속도가 상당히 높기 때문에 유용한 에너지 상승의 대부분을 차지하는 운동에너지가 크다. 이런 경우에는 운동에너지의 상당한 부분이 마찰이나 난류로 사라지지 않도록 효율적인 디퓨져가 기계에 추가되어야만 한다.

어떤 경우에는 전양정(total head)이 중요하지 않은 경우가 있다. 주로 기계에서의 전압 상승 또는 감소를 중점적으로 다루지만, 터보기계가 사용자 시스템과 연결되는 지점에서의 정압이 중요한 경우도 있다. 이러한 경우는 홴이나 수력 터빈에서 자주 발생하는데, 이 기계들은 임의 형상의 덕트 또는 큰 통, 대기 또는 큰 수역으로 유체를 배출한다. 이러한 응용 분야에서 기계를 적절히 평가하기 위해서는 필요로 하는 유량이 제공되는 지점에서의 정압과 이를 생성하기 위해 필요한 동력을 알아야 한다. 그 다음에 사용자의 시스템 형상에 잘 맞는 터보기계와 확산 장치의 조합이 시스템의 최대 정압 효율을 기반으로 설계되거나 사양이 결정되어야 한다(Wright, 1984d).

축류 설계에서 직선화 베인들을 포함하는 터보기계의 임펠러 자체는 신중한 설계 및 허용 오차 조절을 통해 높은 효율 달성이 가능하다. 그러나 큰 마찰 손실 또는 갑작스런 팽창으로 인한 에너지와 효율의 손실을 피하기 위해 절대 배출 속도를 허용할만한 수준으로 감소시키는 것이 종종 필요하다. 펌핑 기계와 이에 부착된 확산 장치에 의해 공급되는 실제의 정압 또는 전압 상승은 디퓨져 설계와 디퓨져로 배출되는 기계의 전압에 대한 정압의 비(즉, 절대 속도)에 의해 결정된다. 축류 기계에 대해서는 원뿔형 또는 환형 디퓨져의 성능과 성능 한계에 대한 신중한 검토가 필요하다. 원심 기계에 대해서는 디퓨져처럼 역할을 하는 스크롤 디퓨져나 스파이럴 볼류트의 설계와 성능 특성을 확인해야 한다. 그리고 하류 디퓨져가 기계의 출구에 배압(back pressure) 조건을 발생시킬 때 하류 확산이 축류, 원심, 가스 및 수력 터빈의 전체 출력 성능에 미치는 영향도 고려해야 한다.

7.12 축류 디퓨져

축류 기계에서 설계자들은 기계의 배출 플랜지에서의 전압에 대한 출구 정압의 비를 고려해야 한다. 이것은 다음과 같이 효율비 η'으로 표현된다.

$$\eta' \equiv \frac{\eta_\mathrm{s}}{\eta_\mathrm{T}} = \frac{\Psi_\mathrm{s}}{\Psi_\mathrm{T}}$$

여기서 Ψ는 $\Psi \equiv \Delta p / \rho U^2$에 의해 정의되는 압력 계수이다. 비압축성 유동으로 가정하고 베르누이 방정식을 적용하면

$$\Psi_\mathrm{s} = \Psi_\mathrm{T} - k'\varphi^2$$

여기서 φ는 이 장의 초기에 정의된 유동 계수이고 k'은 디퓨져 출구 잔여 동압과 디퓨져 내에서의 마찰 손실을 결합한 손실 계수이다. 여기서는 유동 직선화 베인들이 유체의 선회를 전부 제거한 것으로 가정한다. 이 방정식들을 결합하면 다음 식을 얻는다.

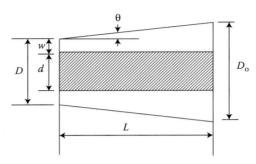

그림 7.35 축류 기계에 일반적으로 사용되는 원추형-환형 디퓨져의 형상 및 명명법

$$\eta' = 1 - \frac{k'\varphi^2}{\Psi_T} \tag{7.22}$$

k'에 대한 함수 형태를 디퓨져 형상 변수들로 표현할 수 있다. 여기에서는 디퓨져 형상을 그림 7.35에 나타낸 것처럼 원뿔형 외벽과 원기둥의 내벽을 가지는 환형 디퓨져로 제한한다.[6] 이러한 디퓨져에 대해 계수 k'은 엄밀한 분석 방법의 감속 유동에 대한 유체역학적 연구(Weber, 1978, Papailiou, 1975) 또는 실험적 방법 연구(Mcdonald와 Fox, 1965, Idel'Chik, 1966, Howard 등 1967, Sovran과 Klomp, 1967, Adenubi, 1975, Smith, 1976)에 의해 유도될 수 있다. 다양한 문헌에 디퓨져 성능과 첫 번째 스톨을 예측하기 위해 디퓨져 형상의 함수로 실험적으로 유도된 상관식의 예를 찾을 수 있다.

그림 7.36은 정압 회복의 최적 수준에 대한 디퓨져 형상의 영향을 최소 크기나 길이에 대해 정리한 것이다. 면적 증가 비율에 대한 제한선도 나타나 있는데, 이 선 위에서는 디퓨져의 유동이 불안정해진다('첫 번째 스톨 조건'). 여기서 L/w는 입구 환형 높이에 대한 디퓨져 길이의 비이고, AR는 입구 환형 면적에 대한 출구 면적의 비이다. L/w에 대한 최적의 면적 비율은 다음과 같이 표현된다.

$$AR \approx 1.03 + 1.85\left(\frac{L}{w}\right) - 0.004\left(\frac{L}{w}\right)^2 \tag{7.23}$$

---

6) 몇몇 응용 분야에서 복잡한 벽 형상과 블리딩(bleeding) 기법 등의 적용으로 성능이 상당히 향상되거나 크기 및 무게의 감소가 가능하더라도, 이러한 방법들은 일반적으로 FD 또는 ID, 환기 또는 열교환기와 같은 실제적인 분야에서 비용 대비 효율이 낮아 효과적인 확산이 발생되지는 못한다. 예를 들어, 스톨을 방지하기 위한 블리딩을 포함하는 급속한 단면 증가에 의한 경계층 제어 기법은 벽으로부터 제거되는 유량이 통과 유동의 8~10%에 달한다(Yang, 1975). 실제적인 대부분의 응용 분야에서 블리딩된 유체가 2차적인 목적이 없다면 효율에서 8~10% 포인트의 손실이 발생된다. 유동을 매우 빠르게 팽창하려고 와류를 안정화하기 위해 유량을 블리딩에 의존하는, Cusp 디퓨져(cusp diffuser/Adkins, 1975)도 환형 설정에 대해 약 8~10%의 블리딩 비율이 필요하다.

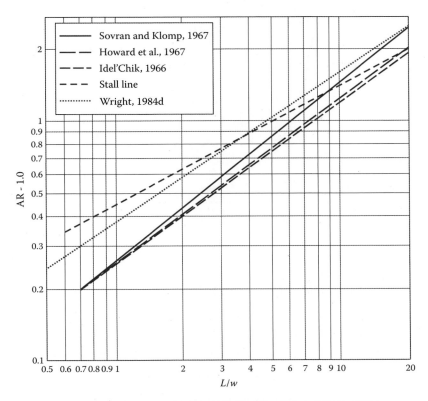

그림 7.36 최소 디퓨져 크기로 표현된 최적 정압 회복에 대한 디퓨져 형상의 영향

이에 상응하는 k'의 값은 그림 7.37에 나타나 있으며 다음과 같이 표현된다.

$$k' \approx 0.127 + \frac{1.745}{(L/w) + 2} \tag{7.24}$$

주어진 응용 분야에서 L/w와 기계의 비지름 D_s 사이의 제약 조건을 결정하기 위해 식 (7.22)와 더불어 k'과 L/w 사이의 관계식을 사용할 수 있는데, 다음 식과 같이 η'에 대한 식을 재정렬하여 얻을 수 있다.

$$D_s = \left(\frac{k'}{1 - \eta'} \right)^{1/4} \tag{7.25}$$

축류 홴이 전효율 $\eta_T = 0.88$이고 효율비 η'이 0.9인 예를 생각해 보자. 만약 공간을 고려하여 $L/w = 3.0$으로 제한된다면, $k' = 0.476$이고 홴은 $D_s = 1.477$보다 작지 않은 비속도를 가져야만 한다. 만약 길이비가 완화되어 $L/w = 6$이 허용된다면, $k' = 0.345$이고 D_s는 최소

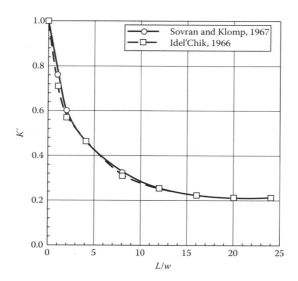

그림 7.37 원주형 환형 디퓨져에서 디퓨져 형상의 함수인 디퓨져 정적 압력 손실 계수(k')

1.36이 되어야 한다. 디퓨져 길이비를 2배로 하면, 휀 크기는 약 8% 줄어든다. 그러나 디퓨져 길이는 84% 증가한다. 만약 더 긴 디퓨져를 설치할 수 있는 공간이 있다면, 이것은 회전 장치 대비 고정 장치의 비용 측면에서 좋은 절충안이 될 수 있다.

그러나 만약 휀 크기와 비지름이 공간, 소음 또는 비용 측면에서 제약된다면, 설계자는 L/w이 제한되는 경우에는 η'의 값을, η'이 고정된다면 L/w의 값을 결정해야 한다. 예를 들어, 설계자가 $D_s = 1.25$의 값을 사용해야만 하고 η'이 적어도 0.92 이상 되어야 한다면, 필요한 L/w 값은 23.5인데, 이 값은 매우 긴 디퓨져를 의미한다. 만약 설계자가 $D_s = 1.25$의 요구 사항을 지키고 L/w이 10.0보다 크면 안 된다는 제한을 한다면, η'의 결과값은 $\eta' = 0.89$가 되는데, 이것은 앞의 경우보다 4%만 낮은 것이다. 요구 사항이 무엇인지를 정확히 파악하는 것은 설계 시에 많은 도움이 된다. 이 경우에 디퓨져 길이의 큰 감소는 단지 0.03의 정적 효율 감소를 발생시킬 뿐이다. 정적 효율의 감소가 공간 제약 또는 초기 비용이 제한되는 설계에서는 옳은 해결책이 될 수 있다.

7.13 반경류: 볼류트 디퓨져

반경류에 대해 이전 장에서의 스파이럴 볼류트(spiral volute)와 유사한 설계 방식을 생각해 보자. 이 장치는 하우징, 스크롤, 콜렉터, 디퓨져, 볼류트 또는 케이싱과 같이 다양한 이름으로 불린다. 논의하는 터보기계의 종류(펌프, 압축기 등)와 강조하는 점에 따라 이름은 달라진다. 이 장치 모두 유동을 모아서 배출구로 유도하지만, 이런 모든 장치가 작업 과정 중에 유동을 확산시키지는 않는다. 일반적으로 모든 확산 콜렉터를 볼류트라고 부를 수 있다.

장치별 주요한 차이점은 디퓨져 내의 직선화 베인의 존재 유무이다. 이 베인들은 고부하 또는 고속의 배출 유동에 포함된 선회에너지를 회복하여 사용 가능한 정압 상승으로 변환하기 위해 주로 사용된다. 이러한 관점에서 이 장치는 축류 기계의 베인과 동일한 기능을 수행한다. 부하가 좀 더 작은 기계에서는 선회를 압력으로 회복하는 일이 유체를 모으는 과정에 포함된다. 낮은 부하의 기계에서 전체 에너지에는 임펠러를 통과하면서 얻는 정압 상승, 통과 유량과 연관된 속도 양정, 그리고 유체 선회와 연관된 속도 양정이 있는데, 이 세 값이 비슷한 크기를 보인다. 그림 7.38은 베인이 없는 볼류트 디퓨져 형상의 대표적인 두드러진 특성을 나타낸다. 이 장치의 단면은 원형, 사각형 또는 직사각형이 될 수 있다.

이 형상은 반경류 기계에서 일반적인 것이지만 추후 설명에서 확산 베인이 포함되도록 수정할 것이다. 여기서 임펠러 반경은 r_2로 나타내었다. 볼류트의 특성 반경은 r_v로 나타내었다. 볼류트 반경은 볼류트에서 각도에 따라 변경되고, 일반적으로 볼류트 '입구'와 볼류트 '출구' 사이에서 선형적으로 변한다. 그림 7.38에 나타낸 것처럼 입구/출구는 일반적으로 볼류트의 '컷오프(cut-off)'와 관련이 있다. 컷오프에 대해 사용되는 다양한 다른 용어가 있는데 '혀(tongue)', '컷워터(cutwater)', '스플리터(splitter)' 등으로도 불린다. 컷오프에서는 정지된 볼류트와 회전하는 임펠러 사이에는 간극 ε_c가 존재한다. 일반적으로 고압의 고효율 장치에서는 이 간극은 조립 과정에서 달성할 수 있고, '마찰(rub)'을 피하기 위해 필요한 제작 공차를 고려하며 가능한 가장 작은 값으로 명시된다. 종종 가능한 가장 작은 간극을 사용하는 것은 홴, 블로워 및 압축기에서의 심각한 음향 진동이나, 액체 펌프 및 고압가스 기계를 파손시킬 수 있는 압력 진동이 발생될 수 있다. 일반적으로 보수적인 설계에서 간극비 ε_c/D는 10~20% 범위 내에서 선택된다. 예를 들어, 보통의 압력 상승을 가지는 대부분의 원심 홴들은 9%에서 15% 사이의 컷오프 값을 사용한다. 고압 블로워와 압축기들은 좀 더 작은 값을 사용하는데 대개 6~10%이며, 액체 펌프는 '합리적으로 안전한 거리'(Karassik 등, 2008)인 임펠러 지름의 10~20%를 사용한다.

볼류트 형상에 대한 일반적인 설계 방법은 $r = r_v$인 볼류트 평균 유선을 따라 단순하게 각운동량을 보존되게 하는 것이다.

$$\frac{C_2 r_2}{C_v r_v} = \text{상수} \tag{7.26}$$

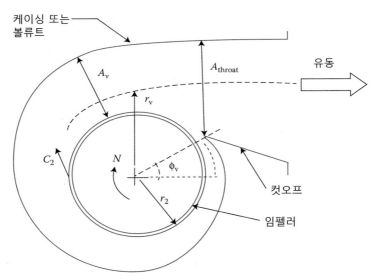

그림 7.38 베인 없는 볼류트 디퓨져에 대한 형상 및 명명법

여기서 단순 보존을 위해서는 상수가 1.0이지만, 만약 볼류트 내에서 확산이 발생한다면 상수는 1.0보다 작을 수 있다. C_2는 임펠러 (절대) 배출 속도이다. 배출 속도의 성분들 $C_{\theta 2}$ 및 C_{r2}는 각각 전압 상승과 체적 유량에 의해 결정된다. 가장 일반적인 선형 볼류트에 대해서 볼류트 면적은 $A_v = A_{\text{throat}}(\phi_v^\circ/360)$ 식과 같이 목(throat) 면적과 연관되어 있다. 목 면적은 $C_{v,\phi=0} = Q/A_{\text{throat}}$와 같이 C_v 및 Q와 연관되어 있다. 실제 볼류트에서의 유동에서는 마찰과 확산으로 인한 전압 손실이 발생한다. Balje(1981)의 모형처럼 손실의 크기는 기계의 비속도와 밀접하게 연관되어 있는 변수들, 즉 임펠러 폭의 비(b_2/D), 절대 또는 블레이드에 상대적인 배출 각도와 볼류트 설계에 사용한 확산 정도에 의존한다. 손실에 대한 일반적인 값(Shepherd, 1956, Balje, 1981, Wright, 1984c)은 다음 두 식으로 정의된 손실 계수로 정의될 수 있다.

$$\zeta_v \equiv \frac{h_L}{C_2^2/2g} \qquad (7.27a)$$

또는

$$\omega_v \equiv \frac{h_L}{U_2^2/2g} \qquad (7.27b)$$

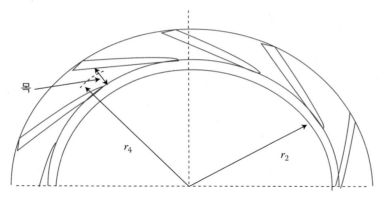

그림 7.39 펌프 볼류트에서 베인이 있는 디퓨져

핸들과 블로워들처럼 낮은 비지름을 가지는 원심 기계들에 대해서는 $0.2 \leq \xi_v \leq 0.4$이다. 고압 펌프나 가스 압축기와 같은 높은 비지름 기계에 대해서는 $0.6 \leq \xi_v \leq 0.8$이다. 이 분야에서 대부분의 연구자들 또는 설계자가 지적한 대로 베인이 없는 디퓨져 또는 볼류트 스크롤 설계의 상세 사항은 대부분 경험과 축적된 기술에 바탕을 두고 있다.

낮은 비속도의 원심 기계들, 고압가스 압축기나 고압 액체 펌프는 많은 경우에 볼류트 내에 베인을 가지는 디퓨져를 포함한다. 펌프에서는 그림 7.39에 나타난 것처럼 임펠러 배출구 주위에 설치된 여러 베인으로 구성되어 있다. Karassik 등(2008)에 의해 정리된 과정을 따르면 베인이 없는 볼류트에서 하나였던 목(throat)과는 달리, 유동은 베인 사이의 여러 목을 지나게 된다. 약 0.8의 '확산 상수'가 일반적으로 사용되는 펌프 설계를 제외하면 볼류트 출구 반경 r_4는 좀 더 작아지고, 볼류트 속도 C_v는 좀 더 커진다. 확산 베인 통로는 일직선 또는 곡선 형태일 수 있지만, 어느 경우에서든지 단면적 A_v는 점진적으로 증가한다. 이 유로들의 옆벽은 일반적으로 평행하거나 아니면 좀 더 발산하는 형태로 설계되지만, 반경의 증가와 함께 유로 폭에서 약간 수렴하면서 줄어드는 것이 좀 더 보수적인 설계 형상을 제공할 수 있다. Karassik 등은 임펠러 블레이드수보다 하나 더 많은 베인수를 제안하였는데, 이것은 블레이드 통과 주파수(blade-passing frequency)에 의한 조화 진동을 방지하기 위한 것이다.

고속의 압축기 볼류트의 베인은 그림 7.40에 나타낸 것과 같이 앞전에 뾰족한 베인 익렬과 비슷하다. 목 면적은 상대적으로 높은 속도를 가지는 유동에 맞도록 신중하게 설정되어야만 한다. 유로들은 일반적으로 직선이고 출구 유동 각도가 입구 유동 각도보다는 3°~5°가 크게 설정된다. 이러한 유로에서 얻어진 정압은 일반적으로 압축성 등엔트로피 또는 폴리트로픽 유동 모형을 사용하여 계산되어야만 한다. 디퓨져 압력 회복값은 일반적으로 유입 각도

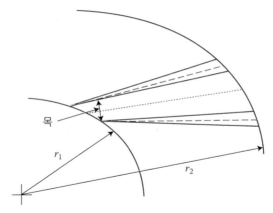

그림 7.40 고속 원심 압축기에 일반적인 디퓨저 베인들

와 임펠러 폭의 비, 즉 본질적으로 비속도에 의해 결정된다. 회복값은 좁은 임펠러($w_2/d = 0.02$)에 대해서는 $C_2^2/2$의 70% 범위에 있고, 좀 더 넓은 임펠러들($w_2/d = 0.06$)에 대해서는 약 80~85% 범위에 있다(Balje, 1981).

펌프와 압축기의 두 경우 모두 전체 디퓨저 성능은 모든 확산 요소들의 결합으로 모형화되어야만 한다. 초기 베인 없는 공간, 그 다음의 베인 부분, 그 다음에 있는 볼류트 배출로 연결되어 있는 마지막 콜렉터/확산 부분을 모두 포함해야 한다.

7.14 요약

이 장에서는 속도 벡터 삼각형에 기초한 터보기계의 초기 설계의 정형화된 절차를 소개하였다. 차원 및 무차원 형태의 속도 삼각형이 모두 사용되었다. 두 가지 단순화 가정이 이 장 전체에 적용되었다. 첫 번째, 기계 블레이드 형상은 블레이드에 상대적인 유동이 블레이드 캠버선(특히, 블레이드 입출구에서)에 접한다는 가정을 함으로써 추론될 수 있다. 두 번째, 비속도와 비지름 사이, 그리고 비속도와 전효율 사이의 Cordier 관계식들이 거의 모든 경우에 적용되었다.

우선, 축류 펌핑 기계와 터빈이 설명되었는데 IGV, OGV, 노즐 등의 상호 작용하는 구성품들의 개념과 용어에 대한 설명도 포함되었다. 반동도 정의가 도입되었고 휀, 펌프 및 터빈 설계에 대한 다른 접근법들 사이에 차이를 두기 위해 사용되었다. 수력 터빈의 매개변수 설계를 포함하여 설계 과정에 대한 여러 가지 예가 설명되었다. 고려 사항은 처음에는 평균 반경 유선을 따른 조건으로 제한되었으나, 이후에 블레이드 단면을 '쌓는' 아이디어를 통해 '3차원'으로 확장되었다.

그 후 개념, 정의 및 가정은 혼합류와 반경류 기계로 확장되었다. 속도 삼각형에서 약간의 수정이 필요하였지만, 동일한 개념들이 각 예제의 기계 설계를 개발하기 위해 적용되고 사용되었다. 혼합류 홴의 예제는 거의 축류 기계와 유사한 확산 수준에 대한 기법들을 보여 주기 위해 설명되었다. 보다 높은 비속도를 가지는 원심 홴과 원심 펌프의 예제들이 반경 방향 배출 유동에 대한 설계 변수와 설계 과정에 대한 통찰력을 얻기 위해서 설명되었다. 마지막 예제는 반경 터보차저 설계 문제에서 완전 압축성 유동 과정을 설명하기 위해 제시되었다. 이 마지막 예제는 결합된 시스템의 구성품 사이에서 요구 사항들을 일치시키는 과정을 설명하였다.

마지막으로 기계에서 배출되는 에너지의 양을 제어하기 위해 필요한 부속 장치로 고정된 확산 장치들을 설명하였다. 축류 기계들에 대한 환형 디퓨져의 형상과 성능을 개념적으로 설명하였고 예제를 통해 논의하였다. 반경류 기계에 대한 볼류트 스크롤 또는 콜렉터를 설명하였다. 구성 및 설계 기법들이 소개되었고 예제를 통해 설명하였으며, 베인 없는 디퓨져와 베인이 있는 디퓨져 사이의 차이를 설명하기 위해 예제와 함께 검토하고 논의하였다.

7.1 유동이 원심 익렬로 들어가는데(그림 P7.1 참조), $\rho = 1.2$ kg/m^{3}이고 질량 유량은 1200 kg/s이다. 만약 $C_1 = C_2 = 100$ m/s이면, 파워와 압력 상승을 계산하시오. (단, 그림에 나타난 벡터들은 절대 속도이고 $N = 1000$ rpm임을 명심한다)

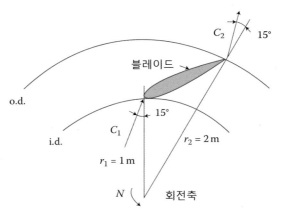

그림 P7.1 원심 홴 블레이드 배치

7.2 (반경 방향에 상대적인) 절대 유동각이 0°및 +15°인 경우에 대해 위 연습 문제 7.1의 계산을 반복하시오.

7.3 압력 상승이 0인 경우에 위 연습 문제 7.2에 대한 절대 출구 유동각을 결정하시오.

7.4 원심 블로워는 블레이드 출구 각도 β_2를 가지고, $C_{r1} = C_{r2}$이다. 오일러 방정식을 사용하여

$$\Psi_{\text{ideal}} = \frac{\Delta P_{\text{T}}}{(1/2)\rho U^2} = 2(1 - \varphi_c \cot \beta_2)$$

임을 보이시오. 여기서 $\varphi_c = C_{r2}/U_2$이다.

7.5 $Q = 600$ gpm과 $H = 75$ ft를 사용하여(그림 7.31 참조) 펌프 배치 예제를 반복하시오.

7.6 홴 임펠러의 마찰 효과를 전압 손실 δp_{T}로 정의하시오. 힘 계수 또는 '손실 계수(loss coefficient)'의 개념을 사용하여 δp_{T}는 $\delta p_{\text{T}} = (1/2)\rho W_1^2 C_{\text{wb}} N_{\text{B}}$로 나타낼 수 있는데, 여기서 C_{wb}는 블레이드(또는 웨이크) 손실 계수이고 N_{B}는 블레이드수이다. 연습 문제 7.4에서의 Ψ 식을 이용하여 손실이 다음과 같이 표현됨을 보이시오.

$$\delta\Psi_{\text{loss}} = \frac{\delta p_{\text{T}}}{(1/2)\rho U_2^2} = \left[\left(\frac{d}{D}\right)^2 + \phi_{\text{c}}^2\right] N_{\text{B}} C_{\text{wb}}$$

여기서 $\delta\Psi_{\text{loss}}$는 $\delta\Psi_{\text{ideal}}$에 대한 점성 보정이다.

7.7 위 연습 문제 7.6에 사용된 C_{wb}를 예측하는 수단을 고안해 보시오. C_{wb}가 어떠한 변수들에 의존하는지 쓰시오. (단, Cordier 도표를 참조한다)

7.8 무거운 부하의 로터 뒤쪽에서 선회를 회복하는 베인들을 가지고 일하는 경우에 단 성능에서의 제약은 베인 익렬 캐스케이드에서의 de Haller 비가 된다.

(a) 예를 들어, 만약 베인 익열에 들어갈 때 $C_{\theta 1} = C_{x1}$이고 $C_{x1} = C_{x2}$라면, 베인에 대한 입구 유동각은 45°이고 de Haller 비는 $C_2/C_1 = 0.707$이 됨을 보이시오.

(b) 매우 무거운 부하를 가지는 조건인 $C_{\theta 1} > C_{x1}$에 대해 베인에 대한 접근 각도 α가 45°보다 작고 $C_2/C_1 < 0.707$인데, 만약 α가 더 줄어든다면 C_2/C_1는 허용할 수 없을 정도로 작아진다. 하한 제약인 $C_2/C_1 = 0.64$에 대해 α_1이 40°보다 커야 함을 보이시오.

7.9 위 연습 문제 7.8에서 기술한 베인 과부하를 완화하는 한 가지 방법은 베인 열 출구에서 잔류 선회를 허용하는 것이다. 즉, $C_{\theta 2}$는 0이 아닐 수 있으며 $\alpha_2 = \tan^{-1}(C_{x2}/C_{\theta 2}) < 90°$이다.

(a) 주어진 C_2/C_1를 유지하기 위해 설계자가 α_2를 다음과 같이 제한해야 함을 보이시오.

$$\alpha_2 = \sin^{-1}\left(\frac{\sin\alpha_1}{C_2/C_1}\right)$$

(b) 만약 α_2가 위 (a)에 지정된 것처럼 90°보다 작은 것이 허용된다면 정성적으로 성능에서 어떠한 불이익이 발생하는지 알아보시오.

(c) $C_{x1} = C_{x2}$이고 C_2/C_1가 0.707로 제약되는 위 예제에 대해 20° $< \alpha_1 <$ 45° 범위에서 α_1에 대한 α_2 값의 테이블을 만들고 곡선으로 그리시오.

7.10 만약 유동 배출에서 잔류 선회를 허용하는 경우에 위 연습 문제 7.9의 베인과 연관된 정압 상승 및 정압 효율의 감소에 대한 정량적인 표현식을 유도하시오. [단, 잔류 선회의 동압($\rho C_{\theta 2}^2/2$)을 축방향 동압($\rho C_{x2}^2/2$)에 따른 전압 감소로 설명한다]

7.11 앞 연습 문제 6.16의 홴에 대해 절대 및 상대 좌표계에서의 속도 삼각형을 각각 정의하시오. 블레이드와 베인의 허브, 평균 반경 및 팁 단면에서 속도 삼각형을 모두 그리시오. 또

모든 단면에서 반동도를 계산하시오.

7.12 수력 터빈 발전기 세트에 $H = 67$ ft 및 $Q = 25,000$ ft³/s인 물이 공급된다. 터빈은 72-극 발전기를 $N = 100$ rpm으로 구동한다. 무차원 성능 변수인 N_s, D_s, ϕ 및 Ψ를 계산하시오. (단, 뒤쪽 두 변수는 2장의 정의를 사용한다) 또 효율을 예측하고, 터빈의 평균 반경 단면에 대한 속도 삼각형을 그리시오.

7.13 팬 설계 사양은 밀도가 1.21 kg/m³인 공기를 1240 Pa로 압력을 상승시켜 7 m³/s 유량을 공급하는 것이다. 4극 모드를 비용 제약 조건으로 사용하여 허브, 평균 반경 및 팁 반경 단면에서 블레이드-상대 속도 벡터를 그리시오.

7.14 작은 팬은 밀도가 1.10 kg/m³인 공기를 압력 2.0 kPa로 상승시켜 0.1 m³/s 유량을 공급해야 한다. 단일-입구를 가지고 동일한 폭을 가지는 원심 임펠러를 설계하시오. 임펠러 설계와 함께 작동할 수 있는 볼류트 스크롤의 외부 형상도 함께 구성하시오. (단, 압축성은 무시한다)

7.15 위 연습 문제 7.13의 팬에 적합한 환형 디퓨저에 대한 설계 변수들을 선택하시오. 최적의 압력 회복을 얻을 수 있는 길이/지름 비를 선택하고, 확산(전압) 손실과 최종 효율을 예측하시오.

7.16 위 연습 문제 7.14에서 분석한 작은 원심 블로워에 대해 적절한 컷-오프와 모양을 선택하고, 볼류트에서의 전압 손실을 예측하시오. 또 계산된 전압 손실을 임펠러에서의 전압 상승과 비교하시오.

7.17 위 연습 문제 7.14에서 원심 팬의 성능 요구 사항은 밀도가 1.10 kg/m³인 공기를 압력 2.0 kPa로 상승시켜 0.1 m³/s 유량을 공급하는 것이다. 만약 팬의 입출구 사이에서 허브 및 팁 반경을 증가시키도록 허용하여 '혼합류'의 특성을 포함한다면, 동일한 성능 요구 사항을 작은 고속의 축류 팬에 부과할 수 있다. $N_s = 3.0$, $D_s = 1.5$, $d/D = 0.55$를 사용하여 분석을 시작하고, $(W_2/W_1)_{hub}$를 계산하시오. 그런 다음 N과 d/D는 일정하게 유지하고, 팬의 출구에서 D_s는 증가시켜 1.5 이상이 되도록 허용한 후 허브에서의 de Haller 비를 다시 계산하시오. 여러 유로에 유동을 그리고, 이 결과를 원래의 결과 및 허브에서 de Haller 비가 0.7인 경우의 결과와 비교하시오.

7.18 위 연습 문제 7.17의 개념을 따라 유로를 그림 7.24에 그려진 것과 같이 원뿔형으로 두자. 익열의 입구 지점에서 $D = 0.1$ m, $d/D = 0.5$, 그리고 축을 따라 길이는 $L = 0.1$ m이다.

$Q = 0.2$ m³/s, $N = 18{,}000$ rpm, 그리고 C_m은 일정하고 유로의 기울기가 $45°$일 때, 가능한 최대의 압력 상승을 계산하시오. 평균 유선상에서 $W_2/W_1 = 0.72$를 만족하도록 압력을 제한하시오.

7.19 앞 연습 문제 6.19에서 임펠러 폭을 좁게 하는 것이 동반된 설계 변경에 따라 설계되는 볼류트 스크롤의 모양과 효율에 미치는 영향을 계산하시오. 볼류트 모양을 스케치하고 원래 모양과의 차이점을 논의하시오.

7.20 위 연습 문제 7.4에 대한 결과는 이상적인 압력 상승 계수가 $\Psi_{ideal}[\equiv \Delta p_T/(\rho U_2^2/2) = 2(1 - \varphi_c \cot \beta_2)]$, $\varphi_c \equiv C_{r2}/U_2$임을 나타낸다. β_2는 원심 블로워의 블레이드 출구 각도이다. Ψ_{ideal}를 좀 더 실제적인 값인 $\Psi_c = \eta_T \Psi_{ideal} = 2\eta_T(1 - \varphi_c \cot \beta_2)$로 대체하시오. φ_c에 대한 Ψ_c의 팬 성능 곡선의 기울기가 $d\Psi_c/d\varphi_c = -2\eta_T \cot \beta_2$로 예측될 수 있음을 보이시오. 블레이드 각도는 $\beta_2 = \tan^{-1}[\varphi_c/(1 - \Psi_c/2\eta_T)]$이다. 이 결과는 탈설계 성능을 시험하기 위한 BEP 영역에서 특성 곡선의 근삿값을 그리는 데 사용될 수 있음을 상기한다.

7.21 $\Psi_T = \Delta p_T/(\rho N^2 D^2)$과 $\varphi = Q/(ND^3)$의 일반적인 정의를 사용하여 $\Psi_T = \Psi_c/8$이고 $\phi = \pi \varphi_c/8$임을 보이시오. (단, 연습 문제 7.20에서의 Ψ_c와 φ_c의 정의를 사용한다)

7.22 그림 5.11의 무차원 곡선은 원심 팬에 대한 실험 성능 데이터에 기초하고 있다. BEP 근처에서 하나의 운전점을 선택하고 기울기 $d\Psi_T/d\phi$를 예측하고, 이 값을 오일러 방정식에 기초한 예측값인 $d\Psi_T/d\phi = -2\eta_T \cot \beta_2/\pi$와 비교하시오.

7.23 위 연습 문제 7.4의 결과를 일반화하여 축류 펌프에 적용해 보이시오. [단, $\varphi_c = C_x/U_{0.7}$과 $\Psi_c = \Delta p_T/(\rho U_{0.7}^2/2)$에 대한 정의에서 $U = U_{0.7}$은 70% 반경 단면에서의 값이다]

7.24 10장에서 고려할 안정성 개념에 기초하여 '가파른(steeper)' 특성 곡선을 가지는 팬은 유동이 균형 상태로부터 교란될 때 본질적으로 좀 더 안정적이다. BEP에서 팬의 안정성에 대한 Ψ_c와 φ_c의 영향을 기술하시오. φ_c가 고정된 경우에 안정성에 미치는 Ψ_c의 정성적인 영향과 Ψ_c가 고정된 경우에 안정성에 미치는 φ_c의 정성적인 영향을 그리시오.

7.25 작은 고속 원심 블로워가 설계점에서 $Q = 0.1$ m³/s, $\rho = 1.10$ kg/m³, $\Delta p_T = 2.0$ kPa의 사양을 가진다. 팬의 지름은 $D = 0.150$ m이고 속도는 $N = 7900$ rpm이다. 이 팬은 $d = 0.1$ m, $L = 75$ m인 덕트 시스템에 연결되어 있고, 마찰 계수는 $f = 0.030$이다.

(a) 위 연습 문제 7.20의 결과를 사용하여 $0.8Q_{BEP} < Q < 1.2Q_{BEP}$ 범위에서 팬의 $\Delta p_T \sim Q$ 곡선을 근사적으로 그리시오.

(b) 팬과 시스템의 운전점(유량 및 압력 상승)을 계산하시오.

(c) 만약 시스템 저항이 $f = 0.06$으로 낮아진다면 성능은 어떻게 되는지 쓰시오.

7.26 많은 축류 팬 설계에서 설계 계열화는 큰 팬을 얻기 위해 기본 팬 사이즈에서 허브 크기를 고정하고, 블레이드 길이를 변경시키면서 얻어진다. 만약 기본 설계안이 균일하게 부하가 분포된 자유와류(free-vortex) 블레이드 형상을 가지고 있다면(8장), 블레이드 길이를 좀 더 더하는 것이 압력 상승에는 영향을 미치지 않는다. 즉, 압력 상승은 허브 단면에서의 값이 된다. 그러나 바깥지름이 증가함에 따라 팬의 환형 면적이 상당히 증가한다. 허브에서의 속도 벡터들의 유사성에 의거하여 균일한 축방향 성분을 가정하면, 유량은 환형 면적에 비례하게 된다. 정량적으로 성능이 다음과 같이 조정될 수 있음을 보이시오.

$$Q_2 = Q_1 (N_2 d_2^3 / N_1 d_1^3)[(D/d)_2^2 - 1]/[(D/d)_1^2 - 1]$$

$$\Delta p_{T2} = \Delta p_{T1} (\rho_2/\rho_1)(N_2 d_2)^2 / (N_1 d_1)^2$$

7.27 위 연습 문제 7.26의 결과를 사용하여 그림 5.18에 주어진 성능 곡선과 비교하시오. 이 팬의 성능은 낮은 피치 각도 곡선으로부터 높은 피치 각도 곡선으로 조정될 수 있음을 명심해야 한다. 30° 또는 35°에 대해 BEP 값의 근처에서 성능을 선택하고, 높은 피치 각도(또는 낮은 피치 각도)에 대한 결과를 예측하시오. 팬의 부하는 자유와류와는 상당한 차이가 있고, 연습 문제 7.26의 크기 조정 가정은 틀리기 시작할 것이다.

7.28 그림 5.17로부터 대표적인 성능 숫자를 선택하여 위 연습 문제 7.26의 결과를 좀 더 확인해 보자. $N = 1470$ rpm에서 $d = 630$ mm인 각각의 팬에 대해 $\Delta p_T = 1250$ Pa에서 유량 값을 선택하시오. 35°의 피치 각도를 대표하기 위해 1000 mm 팬에 대한 $Q = 9.8$ m³/s의 값을 사용하자. 이 값은 그림 5.17의 왼쪽 가장자리로부터 1000 mm o.d. 박스의 1/3에 위치한다. 즉, '대표값(representative value)'으로서 각 박스를 가로지르는 방향의 1/3 지점을 선택하시오. 가장 큰 팬에 대해 선택된 값으로 유동을 무차원하고, 이 변화를 환형 면적비의 의존 결과와 비교하시오.

7.29 그림 5.17에 나타낸 것과 유사한 팬이 1470 rpm으로 회전하면서 밀도 1.21 kg/m³인 공기를 전압 1250 Pa로 상승시켜 2.5 m³/s를 공급한다. 그림으로부터 이러한 압력 상승을 발생시키기 위해 팬 허브 지름은 적어도 630 mm는 되어야 한다. 그러나 팁의 지름을 891 mm로 가장 작게 선택하면, 최소 유량이 약 5 m³/s가 된다. 유량을 제한하기 위해 우리는 위 연습 문제 7.26의 결과를 사용하여 지름을 891 mm보다 작게끔 줄일 수 있다.

성능 요구 사항을 만족시키기 위해 필요한 홴 지름을 결정하시오.

7.30 위 연습 문제 7.29의 홴은 772 mm의 지름을 가졌어야 한다. 연습 문제 7.29의 성능 변수와 함께 이 값을 사용하여 이 홴을 비속도 및 비지름, 그리고 허브-팁 비로 분석하시오. 그림 5.1과 그림 6.10과의 일치에 대해 논의하시오. 추가적으로 설계안이 보수적인지 확인하시오.

7.31 낮은 부하의 축류 홴에 대해 블레이드 스톨을 예측하기 위한 방법이 예비 설계를 위한 컴퓨터 코드에 사용하기 위해 개발되었다(Ralston과 Wright, 1987). 국가항공자문위원회(NACA)의 블레이드 캐스케이드 데이터(Emery 등, 1958)의 관계에 기초하여, 이 방법은 간단하고 근사적인 알고리즘으로 단순화될 수 있다. $\omega_{1stall} \approx \omega_{1BEP} + [4 + 0.2 (1 - \omega_{1BEP}/45)\theta_{flBEP}]f(t/c)$, $\omega = 90° - \beta$, $\theta_{fl} = \beta_1 - \beta_2$, 그리고 $f(t/c) = 0.6 + 4(t/c)$ 이다. 여기서 만약 위 연습 문제 7.20의 정의에 기초하여 φ와 Ψ가 BEP에서 알려져 있다면, $\omega_1 = \tan^{-1}(1/\varphi)$이고 $\omega_2 = \tan^{-1}[(1 - \Psi)/\varphi]$이다. 두께비 t/c도 알고 있거나 근사해야 한다. 이 방법은 연습 문제 7.20과 연습 문제 7.21에서 개발된 $\Psi - \phi$ 곡선에 대한 선형 근사로 사용될 수 있다(설계점을 지나는 기울기는 $d\Psi/d\Phi = -2\eta_T \cot\beta_2$임). 설계점에서 $\Psi = 0.3$, $\Phi = 0.3$, $\eta_T = 0.85$일 때 $\Psi - \phi$ 곡선을 구성하시오. $t/c = 0.05$를 사용하고 $\phi_{stall} = \cot\beta_{1stall}$로부터 기울기와 실속점을 찾아보시오. 마지막으로 성능 곡선을 그리시오.

7.32 피치가 조정 가능한 축류 홴(CPAF)의 작은 크기 모형이 $D = 0.508$ m, $d/D = 0.631$, 그리고 $N = 3600$ rpm에서 시험되었다. 홴은 16개의 블레이드와 23개의 베인을 가지고 있으며, $t/c = 0.07$의 블레이드 두께를 가지고 있다. 성능 곡선은 그림 P7.32에 나타내었다. 연습 문제 7.20, 연습 문제 7.21 및 연습 문제 7.31에서 개발된 방법을 사용하여 CPAF 모형에 대한 세 $\Delta p_T - Q$ 곡선을 모사하고, 그 결과를 실험 데이터와 비교하시오.

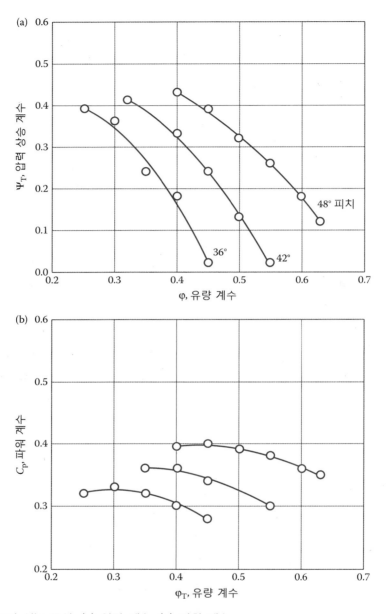

그림 P7.32 CPAF의 성능 곡선. (a) 압력 계수, (b) 파워 계수

7.33 증기 터빈이 수직단으로 설계되었다. 블레이드 속도는 700 ft/s이고 증기 속도의 축방향 성분은 400 ft/s이다. 세 가지 서로 다른 반동도(0.0, 0.4 및 0.7)에 대해 단의 비일을 계산하고, 속도 삼각형과 노즐 및 로터 블레이드 모양을 배치하시오.

7.34 가스 터빈 엔진의 터빈의 한 단이 다음 특성을 가지고 있다. 허브 지름이 1 ft, 블레이드

길이가 4 in., 회전 속도가 18,000 rpm이다. 단 입구 압력은 32.5 psia이고 출구 압력은 15.0 psia이다. 입구 온도는 900°F이다. 단의 등엔트로피 효율은 89.0%로 예측된다. 단 설계는 일정한 축방향 속도 $C_x = 850$ ft/s와 블레이드 길이 방향으로 일정한 비일을 가지는 수직단을 가정하여 수행되었다. 가스 상수들은 $R = 53.3$ ft lb/lbm°R, $\gamma = 1.37$이다.

(a) 이 단에서 수행되는 비일을 계산하시오.

(b) 평균 밀도를 사용하여 단을 통과하는 질량 유량을 계산하시오.

(c) 허브, 평균 반경 및 블레이드 팁에서 필요한 부하 계수 및 반동도를 계산하시오.

(d) 허브, 평균 반경 및 팁에 대한 속도 삼각형을 구하시오.

(e) 허브, 평균 반경 및 블레이드 팁에서의 노즐과 블레이드 모양을 그리시오.

7.35 다음 경우에 대해 속도 삼각형과 블레이드 모양을 스케치하시오. 속도 삼각형과 블레이드 모양의 중요한 특징을 나타내시오.

(a) 축류 터빈(수직단): 유량 계수 $\varphi = C_x/U = 0.4$, 반동도 = 0.3

(b) 원심 펌프: 예선회 없음, 후향 기울어짐 베인($\beta_2 = 25°$), 슬립 없음.

(c) 축류 압축기: 수직단, 50% 반동도, 입사각 0°, 편차각 5°

7.36 파슨스 터빈(Parsons turbine)은 증기 터빈의 한 종류로, 로터 블레이드와 스테이터(노즐) 블레이드들이 동일한 모양을 가지지만, 반대 방향에서 측정된 각도를 가진다. 다르게 언급해 보면, 노즐을 떠나는 절대 유동각(α_2)은 로터를 떠나는 상대 유동각(β_3)과 일치한다. 파슨스 터빈의 한 단이 움직이는 블레이드 방향에 상대적으로 측정된 노즐 출구 각도 20°를 가지고, 노즐을 떠나는 증기의 절대 속도는 525 ft/s이고, 블레이드 속도는 500 ft/s이다.

(a) 터빈 단의 속도 삼각형 및 블레이드 모양들을 그리시오. 이 단은 수직단인가?

(b) 파슨스 터빈의 반동도는 얼마인지 구하시오.

(c) 부하 계수를 구하시오($\Psi = w/U^2$).

(d) 특별한 터빈 그룹은 이러한 파슨스 단을 10개 가지고 있다. 이 그룹은 220 psia 및 570°F인 증기를 받는다. 이 단 그룹의 전압-전압 등엔트로피 효율은 80%이다. 증기를 $R = 85.74$ ft lb/lbm°R, $\gamma = 1.3$인 이상 기체로 생각하여, 증기가 단의 그룹을 빠져나갈 때 증기의 정체 압력 및 정체 온도를 예측하시오. 파슨스 단의 폴리트로픽 효율은 얼마인지 구하시오.

제8장

2차원 캐스케이드

8.1 1차원, 2차원 및 3차원 유동 모형

터보기계 내의 실제 유동 영역은 블레이드의 주기성 때문에 적어도 3차원 및 (불가피하게) 비정상적(unsteady) 특성을 지닌다. 보다 수월한 분석을 위해 케이싱에 고정된 기준 프레임(절대 좌표)과 회전하는 임펠러에 고정된 기준 프레임(상대 좌표)에서, 2개의 결합된 준정상(quasi-steady) 흐름으로 유동을 모형화하는 것이 일반적이다. 이러한 두 시스템은 임펠러 속도 U에 의해 연결된다.

기하학적으로 복잡한 유동은 여러 가지 모형을 이용하여 설명될 수 있다. 6장과 7장에서는 1차원 모형을 사용하였다. 즉, 모든 유선은 유체가 흐르는 블레이드 통로의 캠버선과 평행한 것으로 가정하였다. 유선과 속도 벡터가 2차원 평면으로 표시되기 때문에 이것을 2차원 모형이라고 고려하기도 한다. 여기서 중요한 점은 유동 방향을 모든 지점에서 알고 있다고 가정하고, 유선에서 수직인 방향으로 속도의 변화가 없다는 것이다.

유체의 3차원 유동 영역에서 가장 많이 사용되는 모형 중의 하나는 이른바 준3차원(Q3D: quasi-three-dimensional) 모형이다. 이 모형에서는 터보기계의 유동을 2차원 유동의 중첩으로 처리한다. 이 중첩된 유동 중의 하나는 인접한 블레이드 사이 자오면상의 유선인 블레이드와 블레이드 사이의 유동이다(보통 기계 축과 동축 실린더로 모형화됨). 두 번째 유동은 허브-팁 평면(축류)에서 발생하거나 뒷판(back plate)-슈라우드 평면(반경류)에서 발생한다. 이 두 번째 평면에서 축류 및 반경류 속도 성분은 확연히 눈에 띄지만, 선회 속도 성분은 블레이드-블레이드 해석으로부터 평균값으로 나타난다.

축류 허브-팁 평면에 대한 단순한 모형은 7.5절에서 이미 제시된 바가 있다. 즉, 반경류 속도를 0으로 가정하고 축류 속도의 변화를 무시한 채, 실제 반경에 적당한 블레이드 속도 U 값을 사용한 반경 방향으로 '적층한' 속도 삼각형이다. 가장 단순화된 모형이 그 장의 나머지 부분에 적용되었는데 평균 반경에서 단일 대표 유선을 사용하거나, 반경류 기계에서 임펠러 깊이의 중간 지점을 사용하는 것이었다.

이 장의 주제는 블레이드-블레이드 사이의 유동이다. 블레이드 캐스케이드(blade cascade)에 주목할 것이다. 축류 캐스케이드는 평면적이고 동일한 블레이드의 반복적인 배열을 의미한다. 반경류 캐스케이드는 완전한 원형에 배치된 동일한 블레이드의 반경 배열이다. 간단한 의미에서 축류 기계의 원주 방향으로 임의의 높이에서 평면을 '감싸서' 축류 기계의 캐스케이드를 얻을 수 있다. 반경류의 캐스케이드는 전형적인 반경류 기계의 축을 내려다볼 때 보이는 그대로이다. 단순한 물리적 모형, 해석적 모형, 특히 경험적 데이터 기반의 모형들이 실제 유체 속도 벡터를 캐스케이드의 기하학적 구조에 연결하기 위해 사용될 것이다[블레이드 형상, 곡률, 고형비(solidity) 및 설치각].

추가로 2차원 캐스케이드의 유동 에너지 손실에 대한 데이터 및 모형이 고려될 것이다. 허브-팁 또는 뒷판-슈라우드 평면에 대한 간단한 '평균 반경/폭' 모형과 좀 더 복잡한 '반경류 적층' 모형은 다음 장에서 다루어질 것이다. 이전 장과 마찬가지로 최대 효율점(BEP: best efficiency point)에 매우 가까운 유동으로 한정하여 검토할 것이다. 즉, '설계' 성능에 초점을 맞추어 기술하기 때문에 '탈설계' 성능은 거의 고려하지 않을 것이다.

8.2 축류 캐스케이드: 기본 기하학적 구조와 단순 유동 모형

블레이드 익렬에 대한 이전 설명에서는 블레이드나 베인의 속도 벡터가 블레이드의 평균 캠버선과 나란하다고 가정하였다. 이 가정이 평균적으로는 맞는다고 할지라도 유동은 일반적으로 캠버선이 아니라 실제 표면을 따라 흐른다. 더 일반적으로 블레이드 유로의 폭이 그 길이에 비해 상당히 좁지 않으면, 유로 중심에 가까운 유동은 블레이드의 형상에 영향을 많이 받지 않는다. 그림 8.1은 이러한 상황을 보여 주며, 그림 8.2는 축류 캐스케이드의 전형적인 형상과 명명법을 보여 준다(그림 6.2 참조).

여기서 두 가지 문제가 발생한다. 첫 번째, 속도 벡터의 크기와 방향이 블레이드 유로 전체에서 달라지는 것이다. 블레이드의 표면에서의 속도는 0이고, 블레이드 상단 표면 '인근'의 속도는 그 표면과 나란하게 되며, 하단 표면 인근에서는 속도가 그 표면과 나란해진다. 일반적으로 이 문제는 유로 폭 전체에서 속도의 크기와 방향을 평균하는 방법으로 다루어진다. 유로 폭이 유로 길이와 같은 규모인 경우 (평균) 유동은 (평균) 캠버선 형상과 매우 유사

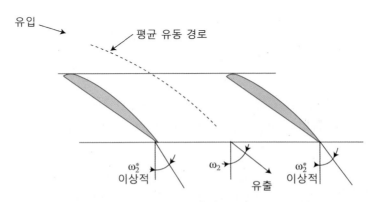

그림 8.1 평균 속도 벡터의 개념을 보여 주는 2차원 축류 캐스케이드에서의 유동

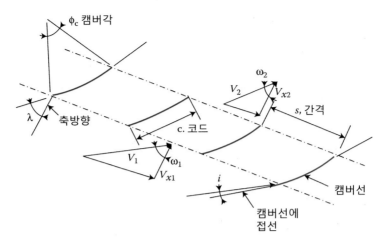

그림 8.2 축류 캐스케이드의 전형적인 레이아웃과 학술 용어. 유한 두께 블레이드는 캠버선으로 접힘

하게 유도된다. 길이가 폭에 비해 증가함에 따라 평균 유동은 이상적인 출구 각도(즉, 캠버선의 접선)와 더 가깝게 정렬된다.

두 번째, 유로 폭이 큰 경우에는 유동이 잘 유도되지 못하고, 평균 유출 각도가 그림 8.2와 같이 평균 캠버 각도에서 크게 벗어나게 된다. ω_2는 축방향에서 측정한 평균 출구 각도 또는 유동 각도로 정의한다.[7] 마찬가지로 ω_2^*는 블레이드 형상에 대한 각도(소위 이상적인 출구 각도 또는 블레이드 각도)를 나타낸다. 일반적으로 $\omega_2 > \omega_2^*$는 실제 유체 선회 각도 $\theta_{fl}(\omega_1 - \omega_2)$가 이상적인 유체 선회 각도 $\theta_{fl}^*(\omega_1^* - \omega_2^*)$보다 작다. 따라서 특정한 캐스케이드 구조의 경우 $C_{\theta 2}$는 이전에 가정하였던 것보다 작아진다. 즉, 특정 블레이드는 지금까지 사용해 온 단순 계산에서 예상되는 만큼의 일을 유체에 전달하지 못한다. 이상적인 출구 각도와 실제 (평균) 출구 각도의 차이를 편차 δ라고 한다.

$$\delta \equiv \omega_2 - \omega_2^* \tag{8.1}$$

정의된 바와 같이 편차는 항상 양의 값을 가진다. 즉, 유동은 블레이드의 곡선보다 작게 선회한다.

캐스케이드의 입구에서 유동 각도와 블레이드 각도의 관계에 대해 생각해 볼 수 있다. 유입되는 유속 벡터와 블레이드 앞전에서의 캠버선 접선의 차이는 입사 각도(incidence angle)

---

7) 문헌에서 기호 β가 이 각도로 가장 많이 사용되고 있다. 본 교재에서는 일반적으로 β는 블레이드 속도(U)와 상대 속도(W) 사이의 각도를 나타내는 데 사용되기 때문에 축류로 참조되는 유동 각도는 비교적 사용 빈도가 낮은 심볼 ω가 사용된다.

라고 하며, 일반적으로 간략하게 입사각(incidence, i)으로 표현한다. 그림과 같이 입사각은 보통 유속 벡터가 블레이드의 압력면 쪽으로 선회할 때 양의 값을 가진다. 접근하는 유동의 방향은 유체가 블레이드의 영향을 받기 전에 캐스케이드의 상류에서 물리적으로 결정되기 때문에, 주어진 블레이드 형상과 블레이드 설치각에 대해 입사각은 유동이 캐스케이드에 들어가기 전에 결정된다. 6장과 7장의 분석에서는 앞전의 캠버선 접선에 대해 블레이드 상대 유동의 입사각은 0으로 간주되었다. 이것은 반드시 최적의 유동 조건은 아니며, 실제 데이터에서는 보통 입사각이 다소 양의 값을 가질 때 캐스케이드의 성능이 최적임을 보여 준다. 모든 요소를 포함하여 실제 캐스케이드 내에서 실제 유체 선회각은 다음 식으로 주어진다.

$$\theta_{\mathrm{fl}} = i + \phi_{\mathrm{c}} - \delta \tag{8.2}$$

여기서 ϕ_{c}는 블레이드(캠버선)의 선회 각도이다.

$$\phi_{\mathrm{c}} = \omega_1^* - \omega_2^* \tag{8.3}$$

축류 기계의 성능 예측 및 설계 계산의 정확도를 높이기 위해서는 캐스케이드 유동의 정량적 모형을 수립해야 한다. 초기 모형(예: Howell, 1945)은 2개의 가정에서 시작되었다. (1) 최적의 입사각은 0(유입 유동은 앞전에서 캠버선에 접함)이고, (2) 캠버선은 직선 또는 원호와 같은 단순한 형상이다. 그런 다음 편차에 유용한 모형을 찾는 데 노력이 집중되었다. 초기 유동 모형은 편차가 블레이드의 선회 각도에 비례하고, 고형비(solidity) $\sigma = (c/s)$에 반비례하다고 제안하였다. 다음과 같은 단순한 경험적 공식은 Constant(1939)에 의해 제안되었다.

$$\delta \approx \frac{0.26\phi_{\mathrm{c}}}{\sigma^{1/2}} \tag{8.4}$$

식 (8.4)는 블레이드의 익렬이 원호 모양으로 확산하는 경우(가속화가 아닌 경우임)에 적용되며, 'Constant의 규칙'이라고 한다.

상수값 0.26은 고정된 값이 아닌 캐스케이드 자체의 블레이드 방향에 대한 함수이며, 다음과 같이 주어진다.

$$\delta = \frac{m\phi_{\mathrm{c}}}{\sigma^{1/2}} \tag{8.5}$$

Howell(1945)은 변수 m을 블레이드 뒷전 각도 ω_2^* 및 최대 캠버 위치(원호 캠버선인 경우 중간-코드 길이)와 연관시켰다.

$$m \approx 0.23 + 0.1\left(\frac{\omega_2^*}{50}\right) \quad \text{(Howell의 원호)} \tag{8.6}$$

Carter와 Hughes(1946)는 m을 블레이드 설치각 λ와 관련지었다. 원호 캠버선의 경우 그들의 관계는 다음과 같이 근사할 수 있다.

$$m \approx 0.216 + 0.046\left(\frac{\lambda}{50}\right) + 0.056\left(\frac{\lambda}{50}\right)^2 \quad \text{(Carter의 원호)} \tag{8.7}$$

식 (8.5)는 m에 사용되는 공식에 따라 'Simple Howell의 규칙' 또는 'Carter의 규칙'이라고 하며, 원호 모양의 캠버가 있는 확산 블레이드에 한정된다.

전형적인 캐스케이드 캠버 각도인 20°에서 고형비 $\sigma = 1.0$의 경우 Constant의 규칙에 따라 $\delta = 5.2°$가 된다. 뒷전의 각도가 15°이고 블레이드 설치각이 약 30°인 경우 Simple Howell의 규칙도 Carter의 규칙과 동일한 계산 결과를 나타낸다. 20°의 '이론적' 유동 선회와 비교하면 5.2°는 절대 무시할 수 없는 값이다. 이처럼 초기의 편차 '규칙'은 축류 압축기와 홴의 캐스케이드 배치에 있어 보수적인 필요 척도를 제공하였다. 세 가지 규칙을 모두 낮은 고형비에서는 큰 편차 각도가 예상되며, 고형비의 증가에 따라 편차를 줄일 수 있음을 명확하게 보여 준다. 고형비 σ와 더불어 δ에 대한 블레이드의 방향은 의한 이차적인 영향[8]을

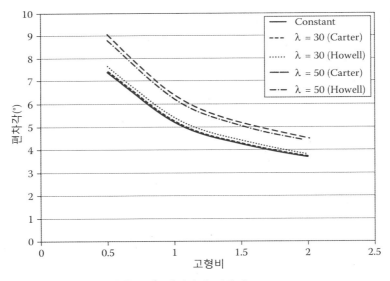

그림 8.3 다양한 편차각 규칙을 사용한 20° 캠버각의 편차각

8) 원호 캠버선의 경우 블레이드 방향 변수는 $\omega_2^* = \lambda(\phi_c/2)$와 관계되어 있다.

그림 8.3에서 볼 수 있으며, 여기서 고형비와 블레이드 방향이 모두 변수이다(블레이드 캠버 각은 $20°$로 고정). 다시 말해 편차의 범위는 단순한 가정에 의해 유도된 유동과 비교할 때 상당히 크다고 볼 수 있다. 편차각은 모두 캠버각에 정비례하고 ϕ_c의 약 20~40% 범위이다.

8.3 체계적인 축류 캐스케이드의 유동 연구

20세기 중반부터 가스 터빈 및 제트 엔진용 축류 압축기 개발이 본격적으로 진행됨에 따라 캐스케이드 유동에 대한 보다 정확한 모형이 필요하게 되었다. 연구 개발의 대부분은 국가 연구소인 미국의 NACA 랭글리 항공 연구소(Langley Aeronautical Laboratory)와 루이스 연구소(Lewis Laboratory)[9] 및 영국 국립 가스 터빈 기관(NGTE: British National Gas Turbine Establishment)과 같은 국가 연구소에서 이루어졌다. 개발에는 이론적 모형화와 실험적인 연구가 모두 포함되었다. 미국에서의 연구에 대한 요약은 NASA SP 36 Aerodynamic Design of Axial-Flow Compressors(Johnsen and Bullock 1965)에 잘 나타나 있는데, 이것은 1956년에 편집된 일련의 보고서 중에서 기밀이 해제된 버전이다. 여기에서는 실험적 모형만을 설명한다.

가장 유용한 설계 데이터는 캐스케이드 풍동에서의 체계적인 실험에 근거한 것이었다. 그림 8.4는 이러한 풍동의 개략도이다. 풍동 시험에서의 주요 데이터는 캐스케이드 변수의 함수로 나타낸 (평균) 유동의 선회 각도와 정체압 손실이다. 실험 프로그램은 다음과 같이 실시되었다. 첫째, 기본적인 블레이드 형상(블레이드 시리즈)을 선택한다(상세한 내용은 생략함). 그 다음 선정된 블레이드 시리즈에서 다음 변수가 체계적으로 변경된다.

- 고형비 σ
- 블레이드(캠버선)의 곡률 ϕ_c
- 블레이드 두께(크기와 모양에 대한 상세 정보)
- 블레이드 설치(엇갈림) 각 λ
- 접근 유동 각도 ω_1

블레이드 설치각(λ)과 접근 유동 각도(ω_1)가 모두 축(관통 유동)방향을 기준으로 한다는 점에 유의해야 한다. 이러한 각도와 블레이드 캠버선의 개념을 사용하여 유동 방향을 받음각

---

9) 각각 현재의 미국 항공우주국(NASA)의 랭글리 연구소와 글렌 연구소이다.

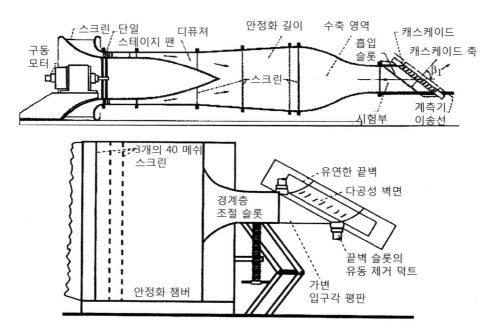

출처: Johnsen, I. A. and Bullock, R. O., *Aerodynamic design of axial flow compressors*, NASA SP-36, 1965.

그림 8.4 캐스케이드 풍동의 개략도

(접근 속도 벡터와 코드선 사이의 각도) 또는 입사각(접근 속도 벡터와 캠버선의 접선 사이의 각도)으로 대체하여 표현할 수 있다(그림 6.1 참조).

  기본적인 실험 절차로, 먼저 특정 캐스케이드에 대해 특정값의 블레이드 형상(캠버 포함), 고형비 및 접근 유동 각도를 설정하는 것이다. 그 다음 블레이드의 설치각을 변화시켜 (평균) 유체 선회 각도와 블레이드 뒷전 경계층의 특성을 측정하였다. 결과 데이터는 편차 각도($\delta = i + \phi_c + \theta_{fl}$ 사용) 및 전압 손실 계수 $\zeta[\zeta \equiv \Delta p_{T,loss}/(1/2)\rho V_1^2]$로 변환되는데, 이는 입사각($i$)에 대해 나타내어질 수 있다. 전형적인 데이터 분포를 그림 8.5에 나타내었다.

  이 그림에서 설계 목적으로 가장 중요한 것은 손실이 최소일 때의 값이다(Johnsen과 Bullock에 의하면 상대적으로 평탄한 저손실 영역의 중간점이 최소 손실점으로 선택됨). 이 최소 손실점에 해당하는 값은 특정 캐스케이드의 '설계값'(즉, 최적의 성능값)으로 지정된다. 이러한 설계값은 다음과 같이 표시된다.

- (최소 손실) 입사 각도 i
- 편차
- 손실 계수
- 최대 허용 확산비

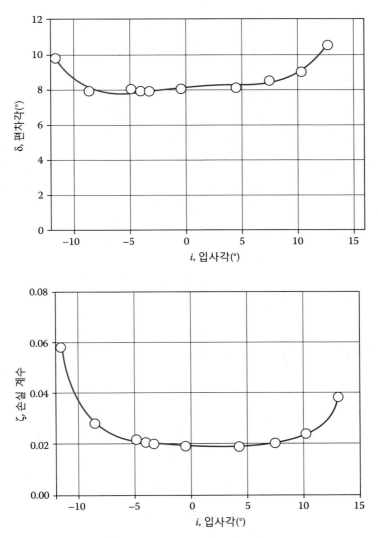

출처: Johnsen, I. A. and Bullock, R. O. *Aerodynamic Design of Axial Flow Compressors*, NASA SP-36, 1965.

그림 8.5 전형적인 캐스케이드 실험 결과 선도

이러한 설계 변수들은 다양한 캐스케이드 변수들의 항으로 나타내어졌는데, Johnsen과 Bullock의 그래프에서 도출된 일련의 간단한 식과 이후 연구자들이 곡선 접합한 식이 그 예이다.

물론 이러한 데이터를 생성하려면 매우 많은 양의 실험 작업이 요구된다. NACA의 연구에서는 캠버각(ϕ_c)은 0°에서 약 70°까지의 범위, 고형비(σ)는 0.5에서 1.75까지의 범위, 그리고 입구 유동 각도(ω_1)가 30°에서 70°까지의 범위를 포함하는 많은 실험 조합에 대한 실

험적 연구가 진행되었다. 여기에 더해서 지금부터 설명할 블레이드 형상 변화의 영향도 고려되었다.

캐스케이드의 블레이드 형상은 기본적으로 에어포일 모양이다(그림 6.1 참조). 여러 나라의 항공 연구 시설들(미국의 경우 NACA)은 1920년대에서 1940년대에 걸쳐 수십 년간 다양한 에어포일 형상을 개발하고 실험하였다. 특정 에어포일 모양 제품군을 에어포일 시리즈(airfoil series)라고 한다. 일반적으로 에어포일 시리즈는 캠버선의 모양을 지정하는 특정 곡선군과 두께 분포를 지정하는 두 번째 곡선군으로 정의된다. 에어포일 코드에 대한 비로 나타낸 최대 캠버의 크기, 최대 캠버의 위치 및 최대 두께를 선정하면 에어포일의 모양과 에어포일 성능 특성을 구할 수 있다. 에어포일의 형상은 일반적으로 '명명법(code designation)'으로 구분되는데, 여기서는 에어포일의 형상과 성능을 정의하는 변수들이 나타나 있다.

NACA 캐스케이드 실험은 원래의 NACA 65 시리즈 에어포일(Emery 등, 1958)을 기반으로 설계되고, NACA 65 시리즈 압축기 블레이드라고 불리는 특정 에어포일 제품군에 대해 수행되었다. 65 시리즈 에어포일은 표면의 상당 부분을 층류를 유지하도록 설계된 고성능 에어포일이다. 이 유형의 에어포일은 제2차 세계 대전 동안 제작된 고성능 전투기에 사용되었는데, 이 중에서 가장 유명한 것은 'Mustang'이다. 65 시리즈 에어포일 코드 지정의 핵심은 $65-(x)(yy)$이다. 여기서 '65'는 시리즈(즉, 캠버선과 두께 분포의 특정 함수 형태)를 의미

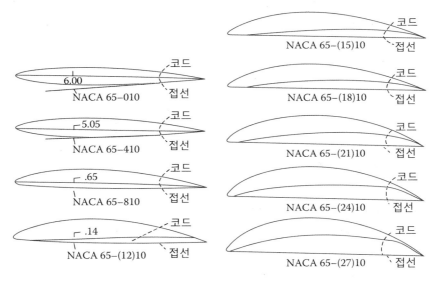

출처: Emery 등, *Systematic Two-Dimensional Cascade Tests of NACA 65-Series Compressor Blades at Low Speed*, NACA-TR-1368, 1958.

그림 8.6 NACA 캐스케이드 실험에 사용된 블레이드 형상

하며, x는 '설계 양력 계수'(받음각 0일 때)의 10배이고, yy는 코드선과 두께의 비율 (t/c)% 이다. 예를 들어, 65-010의 설계 양력 계수는 0이며, 최대 두께는 코드선 길이의 10%이다. 65-810의 설계 양력 계수는 0.8이며, 두께는 10%이다. 초기 작업에서 실험된 모든 캐스케이드에는 10%의 블레이드 두께가 적용되었다. 그림 8.6은 블레이드 캐스케이드에 사용된 에어포일 단면의 형상을 보여 준다. 형상에 대한 정보는 다양한 참고 문헌에서 찾을 수 있다 (Emery 등, 1958, Abbott와 von Denhoff, 1959, Ladson 등, 1996).

Johnsen과 Bullock은 실험에 사용된 65 시리즈의 에어포일이 실제로 원호 캠버선이 아니고, 앞전과 뒷전에서 캠버선의 기울기가 무한하다고 지적하고 있다. 하지만 이론적으로는 앞전과 뒷전에서 캠버선의 기울기가 다른 상태로 다루어지기 때문에 이 문제를 다음과 같은 방법으로 해결할 수 있다. 최대 캠버점(여기서는 코드 중간점)에서 앞전과 뒷전에 대해 각각 등가(equivalent) 원호를 그리면 입사각, 편차각, 블레이드 선회 각도는 이 등가 원호로부터 구해질 수 있다. 블레이드 선회 각도(캠버각)와 양력 계수의 관계는 다음 식과 같이 표현된다.

$$\phi_c^\circ = 25C_{L0} \tag{8.8}$$

여기서 C_{L0}는 설계 양력 계수(에어포일 명명법으로부터 'x'/10)이다.

8.4 캐스케이드 성능에 대한 관계식

홴과 압축기의 설계자가 편리하게 사용할 수 있도록 대량의 캐스케이드 데이터가 일련의 상관관계로 정리되었다(Johnsen과 Bullock, 1965). 이 절에서는 '각도' 변수, 입사각과 편차각에 대한 상관관계를 설명한다. 손실과 확산에 관련된 변수의 상관관계는 이후의 절에서 검토할 것이다. 여기서 상관관계는 최소 손실 조건에 대한 성능 변수만을 참고한다는 것에 유의해야 한다. 다음과 같은 기본적인 상관관계의 특징을 이해할 필요가 있다.

- 상관관계는 편차에 대한 'Carter/Howell의 규칙'과 유사하게 간단한 함수 형태를 기반으로 한다.
- 이 공식의 변수(예: 'm'과 σ의 지수)는 그 자체가 캐스케이드 변수와 유동 변수의 함수이다.
- 이 상관관계는 NACA 65 시리즈 이외의 모양과 10% 이외의 최대 두께에 대해서는 '보정 계수'를 사용한 NACA 65-A10 블레이드('A'는 임의)의 성능 특성을 기반으로 한다.

먼저, 최소 손실 입사각 i를 고려한다. 입사각은 Carter의 규칙에 의해 제안되는 형태로 캠버에 대한 선형 함수로 표현된다(즉, 블레이드 캠버각에 비례함).

$$i = i_0 + n\phi_c \tag{8.9}$$

여기서 i_0는 영-캠버(평평한) 블레이드 형상에 필요한 입사각이고, n은 입사각과 캠버의 관계를 나타내는 '기울기 계수'이다. i_0와 n은 모두 캐스케이드 변수 ω_1, t/c(두께-코드 비율) 및 σ의 복잡한 함수이다. i_0는 다음과 같이 65-A10 프로파일에 대한 영-캠버 입사각의 항으로 표현된다.

$$i_0 = (K_i)_{sh}(K_i)_t(i_0)_{10} \tag{8.10}$$

이 식은 일반적인 사용을 염두에 둔 아주 복잡한 함수이다.[10] 첨자 't'는 블레이드의 상대적인 두께(10%가 아닌 경우)의 영향을 의미하며, 첨자 'sh'는 65 시리즈의 에어포일이 아닌 형상인 경우를 고려하기 위한 변수이다. 극단적인 경우로 매우 얇은 블레이드(t/c가 0에 가까움)의 경우 $(K_i)_t$의 값은 0이 되고, i_0도 0이 된다. 10% 두께의 65 시리즈 블레이드의 경우 함수는 다음과 같이 간소화된다.

$$i_0 = (i_0)_{10} \tag{8.11}$$

따라서 이제 문제는 ω_1과 σ의 함수로 $(i_0)_{10}$과 n을 결정하는 것이다. 원래의 상관관계는 σ를 변수로 하고, ω_1에 대한 $(i_0)_{10}$과 n의 그래프로 제시되었다. 최근에는 이러한 광범위한 그래프가 일련의 곡선 맞춤으로 간략화되었다(Wilson, 1984, Wright, 1987). 예를 들어, $i = i_0 + n\phi_c$와 $n = n_0/\sigma^c$를 사용하면 Howell과 Carter의 기존 상관관계와 매우 유사한 형태를 얻을 수 있다.

$$i = i_0 + \left(\frac{n_0}{\sigma^c}\right)\phi_c \tag{8.12}$$

t/c 값이 작은 경우 i의 식은 다음과 같이 간소화된다.

$$i = \left(\frac{n_0}{\sigma^c}\right)\phi_c, \quad \frac{t}{c} \to 0 \tag{8.13}$$

이것은 간단한 Howell/Carter 식과 같은 형태이지만 σ의 제곱근은 변수인 지수 c로 대체

---

10) 이 책에서는 'K' 함수는 제공되지 않는다. 따라서 여기서는 두께 10%인 65 시리즈 블레이드만 고려한다.

되었다. 데이터를 곡선 맞춤하려면 n_0와 c가 ω_1과 σ 자체의 함수로 표현되어야 한다.

두께가 10%의 65 시리즈 블레이드의 경우 비교적 간단한 곡선 맞춤 근사식을 얻을 수 있다.

$$i_0 = \sigma \left[8.0 \left(\frac{\omega_1}{100} \right) - 1.10 \left(\frac{\omega_1}{100} \right)^2 \right] \tag{8.14}$$

그리고

$$n_0 = - \left[0.0201 + 0.3477 \left(\frac{\omega_1}{100} \right) - 0.5875 \left(\frac{\omega_1}{100} \right)^2 + 1.0625 \left(\frac{\omega_1}{100} \right)^3 \right] \tag{8.15}$$

그리고

$$c = 1.875\sigma \left[1.0 - \left(\frac{\omega_1}{100} \right) \right] \quad \text{(for } \sigma \le 1.0 \text{)} \tag{8.16}$$

또는

$$c = 1.875 \left[1.0 - \left(\frac{\omega_1}{100} \right) \right] \quad \text{(for } \sigma > 1.0 \text{)} \tag{8.17}$$

이 식들은 전형적이고 정확한 최적의 블레이드 앞전 입사각을 설정한 알고리즘이다. 이 식들은 앞에서 설명하였던 단순한 접선 입사($i = 0$)인 조건을 대체하는데, 이 조건은 고형비가 큰 아주 얇은 블레이드에서만 어느 정도 정확성을 보이기 때문이다.

블레이드 캐스케이드의 정확한 계산을 위해서는 유동 편차에 대한 Howell/Carter의 규칙 대신 NASA SP-36에서 제시된 보다 일반적인 형식의 관계식을 사용해야 한다. 다른 단순한 규칙들과 마찬가지로 편차각을 캠버각의 선형 함수로 가정한다.

$$\delta = \delta_0 + m\phi_c \tag{8.18}$$

변수 δ_0 및 m은 캐스케이드 변수 ω_1 및 σ의 함수이다. δ_0 식은 10% 두께의 65 시리즈 에어포일 값을 기반으로 하고, 두께와 모양을 고려한 수정 계수를 사용한다. i_0와 마찬가지이다.

$$\delta_0 = (K_\delta)_{sh} (K_\delta)_t (\delta_0)_{10}$$

이전과 마찬가지로 65 시리즈 블레이드 형상은 $(K_\delta)_{sh}$가 1이 되고, 10% 두께의 블레이드의 $(K_\delta)_t$는 1이다. 매우 얇은 블레이드의 $(K_\delta)_t$는 0이 된다. 기울기 계수 m에 대해 Howell/Carter 형식인 $m = m_0/\sigma^b$로 사용하면, 편차각은 다음과 같다.

$$\delta = \delta_0 + \left(\frac{m_0}{\sigma^b}\right)\phi_c \tag{8.19}$$

또는 매우 얇은 블레이드의 경우

$$\delta = \left(\frac{m_0}{\sigma^b}\right)\phi_c, \quad \frac{t}{c} \to 0 \tag{8.20}$$

두께 10%의 65 시리즈 에어포일의 경우 δ_0, m_0 및 b의 값은 NASA SP-36에서 제시된 그래프의 곡선 맞춤으로 다음과 같이 표현될 수 있다.

$$\delta_0 = 5.0\sigma^{0.8}\left(\frac{\omega_1}{100}\right)^2 \tag{8.21}$$

그리고

$$m_0 = 0.170 - 0.0514\left(\frac{\omega_1}{100}\right) + 0.3592\left(\frac{\omega_1}{100}\right)^2 \tag{8.22}$$

그리고

$$b = 0.965 - 0.0200\left(\frac{\omega_1}{100}\right) + 0.1249\left(\frac{\omega_1}{100}\right)^2 - 0.9720\left(\frac{\omega_1}{100}\right)^3, \quad \sigma > 1.0 \tag{8.23}$$

또는[11]

$$b = \sigma\left[0.965 - 0.0200\left(\frac{\omega_1}{100}\right) + 0.1249\left(\frac{\omega_1}{100}\right)^2 - 0.9720\left(\frac{\omega_1}{100}\right)^3\right], \quad \sigma < 1 \tag{8.24}$$

이 방정식들은 블레이드 설계 시 편차각에 대한 정확한 추정값을 제공한다.

입사각/편차각 기울기 함수(n_0 및 m_0)의 다항식 곡선 맞춤식 및 식 (8.15)에서 식 (8.17) 및 식 (8.12)에서 식 (8.24)의 고형비 지수(b 및 c)는 컴퓨터 또는 프로그램 가능한 계산기를 사용하면 매우 편리하다. 손으로 계산할 경우에는 그림 8.7 및 그림 8.8에 제공된 그래픽 자료를 사용하는 것이 더욱 유용하다.

---

11) 식 (8.24)는 오타가 아니라 식 (8.23)에 σ를 곱한 것이다.

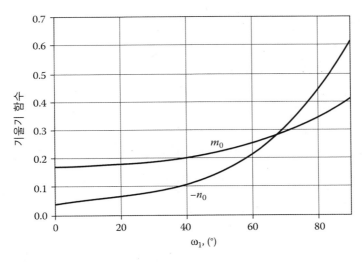

그림 8.7 입사각과 편차각 상관관계의 기울기 함수

마지막으로 위에서 설명한 캐스케이드 성능에 대한 정확하고 상세한 정보를 모두 정리해서 터보기계 블레이드 설계에 적용할 수 있는 합리적인 절차의 정립이 필요하다. 블레이드 설계의 기본 목적은 당연히 특정 유량에 필요한 비에너지(specific energy) 상승 또는 유체 선회 θ_{fl}을 달성하는 형상을 선택하는 것이다. 식 (8.2)를 통해 유체의 선회는 블레이드 캠버, 입사각, 편차각으로 계산된다.

$$\theta_{fl} = \phi_c + i - \delta$$

식 (8.12)와 식 (8.19)를 이용하면

$$\theta_{fl} = \phi_c + i_0 + \left(\frac{n_0}{\sigma^c}\right)\phi_c - \left[\delta_0 + \left(\frac{m_0}{\sigma^b}\right)\phi_c\right] \tag{8.25}$$

θ_{fl}의 특정값을 달성하기 위해 필요한 캠버각의 크기(보통 속도 삼각형에서 구해짐)는 다음과 같다.

$$\phi_c = \frac{\theta_{fl} - i_0 + \delta_0}{1 + [(n_0/\sigma^c) - (m_0/\sigma^b)]} \tag{8.26}$$

$20°$의 θ_{fl}이 필요한 상황을 고려해 보자. 입사각이 0에서 유체가 완벽하게 유도된다고(6장과 7장에서 설명한 것과 같음) 가정할 때 필요한 블레이드 캠버각은 $20°$가 된다. 비교적 간단한 Constant 규칙이 편차각에 적용되고, 입사각이 0이라는 가정이 계속 유지되는 경우 식

(8.26)에서 필요한 캠버각은 고형비의 함수이다.

$$\phi_c = \frac{\theta_{fl}}{1.0 - (0.26/\sigma^{1/2})} = \frac{20°}{1.0 - (0.26/\sigma^{1/2})}$$

$\sigma = 1.0$의 경우 $\phi_c = 26.3°$이고, $\sigma = 0.5$의 경우 $\phi_c = 31.6°$ 등이다.

다음으로 i와 δ에 대해 더 복잡하고 정확한 상관관계식을 이용하여 캠버각을 계산하고, 그 결과를 Constant 규칙을 이용한 결과와 비교해 보자. 두께 10%의 65 시리즈 에어포일을 사용하고 입구 유동 각도 $\omega_1 = 45°$를 가정한 다음 $\sigma = 1.0$의 경우를 계산하면

$$i_0 = 3.37, \quad \delta_0 = 1.01, \quad b = 0.894$$
$$c = 1.031, \quad m_0 = 0.2196, \quad n_0 = -0.1344$$
$$\phi_c = \frac{\theta_{fl} - i_0 + \delta_0}{1 + [(n_0/\sigma^c) - (m_0/\sigma^b)]} = \frac{20 - 3.37 + 1.01}{1 - [(0.1344/1^{1.031}) - (0.219/1^{0.894})]} = 27.3°$$

따라서 캠버각은 $27.3°$인데, 이 값은 Constant 규칙에 의한 값과 매우 가까운 것으로 $1°$만 차이가 날 뿐이다. $\sigma = 0.5$의 경우 복잡한 방법은 $\phi_c = 34.6°$의 결과를 준다. 이번에는 Constant 규칙의 결과와는 다소 큰 차이가 있고, 차이가 $3°$를 약간 초과하고 있다. 물론 두 가지 계산 방법 모두 캠버각은 '이상적인' $20°$와는 상당히 차이가 난다.

예제 8-1 ▌축류 팬 블레이드 설계

축류 팬의 평균 반경에서 블레이드와 베인의 형상을 구하시오. 팬의 성능 요구 사항은 밀도 $\rho = 1.198 \text{ kg/m}^3$일 때 $Q = 4.719 \text{ m}^3/\text{s}$ 및 $\Delta p_t = 448.3603 \text{ Pa}$이다.

다양한 선택을 위해 N_s 및 D_s의 계산은 $N = 1425 \text{ rpm}$, $D = 0.762 \text{ m}$, $\eta_T = 0.89$의 베인 축류 팬을 제안한다. 그림 6.14는 $d = 0.457 \text{ m}$를 제공하는 $d/D = 0.6$을 제안하므로 따라서 $r_m = (d + D)/4 = 0.305 \text{ m}$이다. 그림 $U_m = 45.415 \text{ m/s}$ 및 $C_X = 4Q/\pi(D^2 - d^2) = 16.154 \text{ m/s}$가 계산된다. 여기서 선회가 없다고 가정하고 오일러 방정식을 사용하면, $C_{\theta 2}$는 다음과 같이 계산된다.

$$C_{\theta 2} = \frac{\Delta p_T/\rho}{U_m \eta_T} = 9.144 \text{ m/s}$$

속도 삼각형으로부터

$$\beta_1 = 19.6°, \quad \omega_1 = 70.4°, \quad \beta_2 = 24.0°, \quad \omega_2 = 66.0°, \quad \theta_{f1} = 4.4°$$

이러한 변수는 평균 반경에서 블레이드의 설계에 필요한 거의 모든 정보를 제공한다. 하지만 σ의 값을 선정해야 한다. de Haller의 비는 $W_2/W_1 = 130.3/158.1 = 0.82$로 계산된다. 이것은 다소 보수적이므로 σ의 적당한 값, 예를 들어 1.0을 선택한다. 이제 캠버각 ϕ_c와 블레이드 설치각 λ를 계산해 보자. 단순한 계산을 위해 또는 저렴한 제작 비용을 위해 t/c 값이 매우 작은 약 0.005인 얇은 금속 블레이드를 사용한다. 따라서 i_0와 δ_0를 0으로 설정하고 단순화된 방정식으로 작업할 수 있다.

$$i = \left(\frac{n_0}{\sigma^c}\right)\phi_c \quad \text{및} \quad \delta = \left(\frac{m_0}{\sigma^b}\right)\phi_c$$

다음 곡선 접합 결과나 그림 8.7 및 그림 8.8에서 다음을 구한다.

$$m_0 = 0.312, \quad b = 0.674, \quad n_0 = -0.340, \quad c = 0.555$$

그러므로

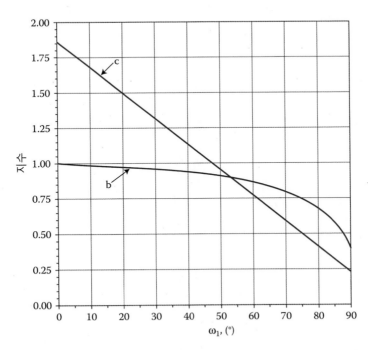

그림 8.8 입사각과 편차각의 상관관계에 대한 고형비 지수

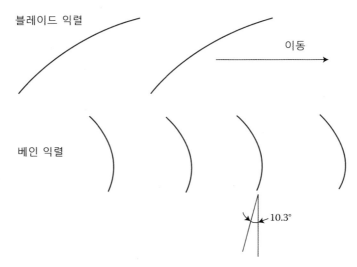

그림 8.9 평균 반경에서 홴 블레이드 및 베인 형상

$$\phi_c = \frac{\theta_{fl} - i_0 + \delta_0}{1 + [(n_0/\sigma^c) - (m_0/\sigma^b)]} = \frac{4.4 - 0 + 0}{[(0.340/1^{0.555}) - (0.312/1^{0.674})]} = 12.6°$$

비교적 높은 수준의 고형비임에도 불구하고 편차와 최적의 입사각 설정(각각 $-4.28°$ 및 $3.93°$)으로 인해 $4.4°$의 유동 선회를 위해 $12.6°$의 원호 캠버가 필요하게 된다. 블레이드의 설치각은 다음과 같이 계산된다.

$$\lambda = \omega_1 - i - \left(\frac{\phi_c}{2}\right) = 68.4°$$

위에서 구한 평균 반경에서의 블레이드 구성이 그림 8.9에 나타나 있다(아래에서 구한 베인도 같이 나타남).

로터의 설계를 완료하기 위해서는 블레이드의 개수를 선정해서 형상을 확정해야 한다. 블레이드 수를 $N_B = 8$로 하고 블레이드 코드 길이 c_m을 구한 다음, 고형비로부터 블레이드 간격을 계산한다. 평균 반경에서 고형비는 $\sigma_m = (N_B)c_m/2\pi r_m$이므로 블레이드 코드 길이는 $c_m = (2\pi r_m \sigma_m)/N_B = 0.239$ m이다. 허브에서 팁까지 블레이드 길이 L_B는 $(D-d)/2 = 0.305$ m이므로 블레이드 모양은 거의 사각형이며 종횡비는 $L_B/c_m = 1.274$이다. 이것은 다소 '짤막한' 블레이드로 2에서 3의 종횡비는 베인 축류 홴에서 드문 일이 아니다.

위에서 전개된 방법은 홴의 베인 부분의 설계에서도 이용할 수 있다. 여기서도 홴의 평균 반경에서 계산을 수행하고, 블레이드 익렬의 출구 조건에서 직접 베인 익렬의 유입 조건을 결정한다. 베인 익렬 입구 속도 C_3는 로터 유출에서의 절대 속도 C_2이다. 베인 익렬에서 유출되는 유동의 요구 사항은 간단하게 유동의 방향을 축방향으로 만드는 것이다(완전한 선회 회복). 베인의 입구 각도 ω_3는 블레이드 익렬에서 C_x와 $C_{\theta2}$ 값으로 설정된다. 위에서 $C_x = 16.154$ m/s 및 $C_{\theta2} = 9.144$ m/s이었기 때문에 $C_3 = 18.562$ m/s이다. 베인 익렬로부터의 유출인 C_4의 값은 C_x뿐이므로 $C_4 = 16.154$ m/s이다. 베인의 de Haller 비는 다음과 같다.

$$\frac{C_4}{C_3} = \frac{53}{60.9} = 0.87$$

이것은 매우 보수적인 값이므로 낮은 평균 고형비값, 예를 들어 $\sigma = 0.75$를 베인 평균 반경 캐스케이드에 대해 설정할 수 있다. 베인의 유입 각도는 다음과 같다.

$$\omega_3 = \tan^{-1}\left(\frac{C_{\theta2}}{C_x}\right) = 29.5°$$

베인의 유체 선회 각도는 유출 각도를 0으로 만들어야 하므로 $\theta_{fl} = \omega_3 = 29.5°$이다. 얇은 에어포일을 가정하고 계산하면

$$m_0 = 0.186, \quad b = 0.709, \quad n_0 = -0.0908,$$
$$c = 0.991, \quad i_0 = 0, \quad \delta_0 = 0$$

따라서

$$\phi_c = 45.3°$$

공진을 피하기 위해 베인수 N_V는 블레이드수의 배수에 대해 나눠지지 않는 수로 선택한다. 이 예제에서 $N_B = 8$이므로, 예를 들어 $N_V = 17$을 검토한다. 다음으로 베인의 종횡비 (L_V/c_{mV})는 1에서 6 사이로 유지하고자 한다. 17개 베인의 경우 평균 코드 길이는 0.069 m(베인 익렬 고형비 0.75 기준)이며, 높이는 0.305 m(블레이드 높이와 일치시키기 위해 선정)이다. 따라서 약 4.4의 종횡비를 얻을 수 있다. 23개의 베인은 코드 길이가 0.051 m이며 종횡비는 약 6.0이다. 7매의 베인 또는 17매 베인의 두 가지 구성 모두 괜찮아 보이므로 $N_V = 17$로 결정한다. 평균 반경에서의 얇은 베인의 i 및 σ의 값은 다음과 같이 계산된다.

$$i = \left(\frac{n_0}{\sigma^c}\right)\phi_c = -5.47° \quad \text{및} \quad \delta = \left(\frac{m_0}{\sigma^b}\right)\phi_c = 10.33°$$

마지막으로

$$\lambda = \omega_1 - i - \frac{\phi_c}{2} = 12.4°$$

이 예비 설계의 평균 반경에서의 블레이드 및 베인의 모양과 방향은 그림 8.9에 나타내었다. 베인이 축류 방향을 훨씬 넘어 유동을 선회시킬 것처럼 보이는 점에 유의한다. 이것은 초기 캐스케이드 문헌에서 일반적으로 볼 수 있는 '과선회(over-turning)'라는 용어와 관련이 있다. 이것은 잘못된 용어인데 블레이드 캠버의 추가된 $10.33°$는 단순히 편차를 고려하기 위한 것이고, 이로 인해 유로의 평균 속도가 '과선회'되도록 만드는 것이 아니라 순수하게 축방향이 되도록 만들기 때문이다.

8.5 블레이드수와 낮은 고형비의 캐스케이드

앞의 예제에서 설계된 것과 동일한 허브 및 블레이드/베인 설계를 사용하기로 결정하였지만, 동일한 크기와 모양의 블레이드수를 줄이거나 늘려서 홴의 성능을 수정한다고 가정해 보자. 예를 들어, 다양한 제품을 설계, 개발, 가공하는 데 필요한 비용을 절감하기 위해 N_B =4, 6, 8, 10, 12, 14 및 16인 블레이드수를 가지는 홴 제품 시리즈를 판매하고자 한다. 해당되는 평균 반경의 고형비는 각각 σ_m =0.5, 0.75, 1.0, 1.25, 1.50, 1.75 및 2.0이다(단일 블레이드에서 다른 반경에서의 단면을 검토하는 경우 고형비의 달라질 수 있다는 것에 유의해야 함). 직관적으로 홴의 블레이드를 제거한다면, 예를 들어 8개의 블레이드에서 4개가 되면 특정 유량에서 유체에 대한 작업량이 감소하여 압력 상승이 감소할 것을 예상해야 한다. 반면에 블레이드를 추가하는 경우, 예를 들어 8개에서 16개가 되면 일과 압력 상승이 증가할 것이다. 허브와 팁의 지름 및 블레이드와 베인의 형상뿐만 아니라 블레이드의 설치각 및 설계 유량이 동일하다고 가정하였기 때문에 λ, ϕ_c, ω_1 및 i는 변하지 않는 것에 유의해야 한다.[12] δ 값만 σ의 변화에 의해 달라진다. 물론 아래와 같이 유동 선회각 θ_{fl}도 역시 변한다.

$$\theta_{fl} = \phi_c + i - \delta$$

예제에서 산출된 m_0, b, i 및 ϕ_c (동일한) 값을 사용하면

---

12) 동일 유량에서 압력 상승이 변하면 비속도가 변하기 때문에 전효율 역시 변하게 되지만, 이론적 설명을 위해 전효율은 변하지 않는다고 가정한다.

표 8.1 압력 상승에 대한 블레이드수의 효과

N_B	σ	$\delta°$	$\theta_{fl}°$	$\beta_2°$	$C_{\theta2}$(m/s)	Δp_T(Pa)
2	0.25	10.0	-1.7	17.9	-4.57	-221.69
4	0.50	6.27	2.05	21.7	4.72	229.16
6	0.75	4.77	3.55	23.2	7.56	371.14
8	1.00	3.93	4.40	24.0	9.14	443.38
10	1.25	3.38	4.94	24.5	10.03	485.72
12	1.50	3.00	5.33	24.9	10.76	520.60
14	1.75	2.69	5.62	25.2	11.13	540.52
16	2.00	2.46	5.85	25.5	11.49	557.96

$$\theta_{fl} = 8.32° - \frac{3.93°}{\sigma^{0.674}}$$

이 선회각에 대한 식은 다음과 같이 압력 상승을 다시 산출하는 데 이용된다.

$$\beta_2 = \beta_1 + \theta_{fl} = 19.6° + \theta_{fl}$$
$$C_{\theta2} = U_m - C_x \cot\beta_2 = 149.0 - 53.0\cot\beta_2$$
$$\Delta p_T = \eta_T \rho U_m C_{\theta2} = 0.89 \times 0.00233 \times 149.0 \times C_{\theta2}$$

표 8.1에 계산을 요약하였으며, 그림 8.10은 결과를 그래프로 보여 준다.[13]

계산 결과에서 몇 가지 중요한 점을 볼 수 있다. 먼저, 압력 상승은 실제로 N_B(또는 σ)와 함께 증가하지만, 이 관계는 분명히 비선형적이다. 초기 설계 결과인 8개의 블레이드의 절반을 사용한다면, 압력 상승은 초깃값의 52%가 된다. 즉, 고형비가 절반이 되면 압력 상승도 절반이 된다. 하지만 8개가 아닌 16개의 블레이드를 사용하면 압력 상승은 초깃값의 126% 정도가 된다. 고형비를 2배로 하여도 압력 상승이 2배가 되는 것은 아니다. 고형비가 증가함에 따라 전반적으로 점근선에 수렴하는 경향을 보이는데, 이것은 δ의 $1/\sigma^c$에 비례하는 경향을 명확히 보여 주는 것이다. 편차가 천천히 0에 가까워지고, 압력 상승은 점차 한계에 도달한다. 즉, '이상적인' 0 편차는 유체를 완벽하게 유도한다. δ가 0에 가까워지면 θ_{fl}은 $\phi_c + i\,(= 8.82°)$의 한계에 가까워지고, $\Delta p_T = 722.36$ Pa이 된다. 물론 이 값은 고형비가 무한히 크고 위 모든 가정이 유효할 때 가능한 것이다. 블레이드의 두께 및 점성 경계층의 두께에 의한 유로의 막힘으로 인해 고형비의 실제적인 상한은 약 $\sigma = 2.0$이나 그 이하인 것이

---

13) 실선 곡선은 압력 상승 대비 고형비의 그래프로 해석되어야 한다. 블레이드 개수 $N_B = 6.7$인 계산은 불가능하다.

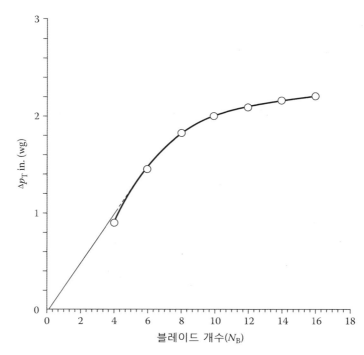

그림 8.10 블레이드수에 따른 전압력 상승의 변화. 다른 모든 변수는 일정하게 유지되고, 모든 계산에는 표준 캐스케이드 상관식이 이용됨.

이미 지적된 바 있다. 또 매우 높은 고형비는 표면의 유체 마찰에 의한 손실이 매우 커지게 만들고, Cordier 효율값보다 훨씬 작게 만들 것이다. 따라서 16개의 블레이드 케이스는 이 설계의 성능 한계로 간주할 수 있다.

다시 표 8.1을 참조하면 선회 속도, 유체 선회 및 압력 상승의 값은 모두 2개의 블레이드 구성에서는 음수가 되는 것을 알 수 있다. 이것은 매우 낮은 고형비에서는 홴이 터빈처럼 작동해서 마치 공기 유동에서 에너지를 얻어 내고 있는 것처럼 보이지만, 이것은 명확히 사실이 아니다. 이런 결과가 나타나는 이유는 매우 낮은 값의 고형비에 대한 실험적 성능 데이터의 부족으로 인해 입사각과 편차각의 알고리즘이 유효하지 않기 때문이다. 이러한 상관관계를 이용하여 0에 가까운 고형비를 추정하기보다는 물리적 및 수학적 한계의 특이성을 인식해야 한다. 곡선 접합으로 구한 상관관계에서는 $1/\sigma^a$ 형태의 식을 사용하기 때문에 σ가 아주 작아지면 무한대의 값을 얻을 수도 있다. 요구 성능이 고정된 상태에서 물리적으로 매우 낮은 고형비를 구성하기 위해서는 아주 큰 캠버각이나 아주 큰 입사각을 사용해서 아주 짧은 블레이드 유로에서도, 즉 블레이드 코드 길이가 블레이드 간격에 비례하여 아주 작은 경우에 유동의 선회가 가능하도록 해야 한다.

블레이드의 '설계' 문제의 경우, 이 문제는 아주 낮은 고형비(예를 들어 $\sigma \ll 0.5$) 캐스케이드에 대한 '고립' 에어포일 이론의 해석적 한계를 설정해서 해결할 수 있다. 낮은 고형비 캐스케이드 연구 분야의 Myers와 Wright(1993)는 이 문제를 해결할 수 있는 방법을 제시하고 있다. 이 방법은 많은 참고 문헌(예: Mellor, 1959)에서 제시한 고전적인 고립 에어포일 이론을 기반으로 한다. Mellor는 낮은 고형비 캐스케이드의 유동 선회 능력의 한계를 양력 계수의 항으로 정의하였는데, 여기서 양력 계수는 캐스케이드 형상과 유동 변수의 함수이다. 이 값 C_{Lm}은 이론적으로 다음과 같다.

$$C_{Lm} = \left(\frac{2}{\sigma}\right)\cos\omega_m (\tan\omega_1 - \tan\omega_2) \tag{8.27}$$

여기서 ω_m은 다음 식으로 정의되는 ω의 평균이다.

$$\omega_m = \tan^{-1}\left(\frac{\tan\omega_1 + \tan\omega_2}{2}\right) \tag{8.28}$$

고립된 블레이드 또는 매우 낮은 고형비의 블레이드 캠버각은 임의의 낮은 고형비에서의 양력 계수, 즉 소위 블레이드 요소 이론(blade element theory)을 바탕으로 계산된다.

$$\phi_c \approx \phi_{c,\,isolated} = \frac{2}{\pi}C_{Lm}\,(\text{rad}) = \frac{360}{\pi^2}C_{Lm}\,(°) \tag{8.29}$$

입사각은 아래와 같이 주어진다.

$$i = -\frac{\phi_c}{2} \tag{8.30}$$

'표준' 상관관계식은 표 8.1의 $\sigma = 0.25$ 경우와 같이 잘못된 값을 산출하기 때문에 낮은 $\sigma(\sigma < 0.5)$에서는 이러한 식을 사용해야 한다. 그렇게 계산된 값과 높은 고형비($\sigma > 0.5$) 사이의 값을 매끄럽게(smoothing) 보완하는 작업이 필요할 수 있다. Myers와 Wright(1993)는 선형 보간법을 권장하고 있다.

표 8.1의 결과처럼 기존의 블레이드 형상과 허브에 대해 수행된 '성능' 분석에서는 약간 다른 종류의 한계를 사용하여 매우 낮은 고형비에서의 편차각을 보간한다. 여기서 고형비가 0인 캐스케이드의 실제 유동 선회각은 0이라는 실제 물리적인 한계를 사용할 수 있다. $\theta_{fl} = 0$인 조건에서 편차 각도 δ는 다음과 같다.

$$\delta_{\sigma=0} = \phi_c + i = \frac{\phi_c}{2} + \beta_1 - \lambda \tag{8.31}$$

보간을 위한 두 번째 값은 $\sigma = 0.6$에서 '표준' 상관관계를 사용하여 $\delta_{0.6}$을 계산하여 얻을 수 있다. 매우 낮은 σ에 대한 보간식은 다음과 같다.

$$\delta = \left(\frac{\delta}{0.6}\right)(\delta_{0.6} - \delta_{\sigma=0}) + \delta_{\sigma=0} \tag{8.32}$$

이제 다른 블레이드수의 휀 제품군으로 돌아가서 블레이드를 2개 적용하여 고형비가 낮은 경우의 성능을 재검토한다. $\sigma = 0.25$ 및 '표준' 캐스케이드 알고리즘을 사용하면 편차 각도는 $10°$인 것으로 예측되고, 결과적으로 음의 선회 각도와 음의 압력 상승이 발생한다. 여기서는 $\sigma < 0.5$이기 때문에 낮은 고형비 보간법을 사용해야 한다. 먼저, $\delta_{\sigma=0} = \phi_c + i = 8.23°$를 계산한다. 다음으로 $\sigma = 0.6$에서의 편차는 $\delta_{0.6} = 3.93°/\sigma^{0.674} = 5.55°$로 주어진다. 마지막으로 $\sigma = 0.25$에 대해 $\delta_{\sigma=0.25} = (0.25/0.6)(5.55° - 8.23°) + 8.23° = 7.4°$의 값을 얻을 수 있다.

나머지 계산을 완료하면 선회 각도는 양수인 $1.12°$, β_2는 $21.6°$, $C_{\theta 2}$는 2.707 m/s 및 Δp_T는 131.27 Pa이고, 이것은 현실적인 값이며 일관되게 양수값을 보인다. 매우 낮은 고형비의 보간법을 사용하여 4개의 블레이드 구성($\sigma = 0.5$)에 대한 계산을 수행하면 241.616 Pa의 압력 상승이 발생한다. 이것은 '표준' 상관관계에서 얻어진 압력 상승보다 약간 높은 값이다. 이러한 새로운 계산 결과는 그림 8.10에서 $N_B = 0$(블레이드가 없는 경우는 고형비 = 0)의 경우 압력 상승이 0인 점선으로 나타난다.

8.6 확산 한계 및 캐스케이드 선정

축류 캐스케이드의 편차 모형[식 (8.4), 식 (8.5) 및 식 (8.19) 참조]에서 편차는 ω_1, σ 및 ϕ_c의 함수이다. 이러한 규칙은 마치 블레이드 캠버의 양을 늘림으로써 낮은 σ를 보완하여 유동 선회 요구 사항인 θ_{fl}을 만족시킬 수 있는 것처럼 보인다. 하지만 상세한 연구에 따르면 허용 가능한 확산은 캐스케이드의 고형비에 영향을 받기 때문에 실제로 그렇게 간단하지 않다. 6장에서 de Haller 비 및 확산 상사 개념을 이용하여, 적어도 고형비가 1 정도인 경우에 대해서는 $V_2/V_1 > 0.72$이면 허용 가능한 블레이드 부하 수준[14]을 얻을 수 있다는 규

---

14) 블레이드에서는 $V = W$이며, 고정 베인에서는 $V = C$이다.

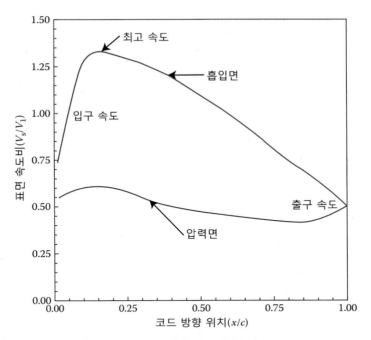

그림 8.11 흡입면에서 최고 속도가 나타나는 블레이드 표면 속도 분포

칙을 확립하였다. 고형비가 증가하면 최소 V_2/V_1 값을 약간 조정할 수 있는 것으로 나타났지만, 이 방법은 '디퓨져 도표'에 근거하는 단순한 상관관계보다 더 발전된 방식은 아니다.

블레이드 표면의 속도 V를 보다 정확하게 잘 추정함으로써 보다 현실적인 확산 한계를 도출할 수 있다(Johnsen과 Bullock, 1965). 그림 8.11은 전형적인 에어포일의 표면 속도 분포를 보여 준다. 확산(사실은 유체의 감속임)은 저압의 '흡입'면에서 가장 급격하게 발생하는 것을 알 수 있다. 블레이드(또는 베인)의 흡입면에서 V의 최댓값을 V_p(p는 'peak'를 의미함)로 나타내면, 또 다른 확산 변수를 다음과 같이 정의할 수 있다.

$$D_p \equiv \frac{(V_p - V_2)}{V_p} = 1 - \frac{V_2}{V_p} \tag{8.33}$$

이 D_p를 NACA 국부적 확산 변수라고 한다.

일반적인 2차원 경계층 계산 절차(White, 2005)를 사용하면, 에어포일 표면에서 이론적인 포텐셜 유동의 속도 분포를 구하여 경계층의 상대 운동량 두께 Θ_c/c를 D_p 함수로 추정할 수 있다. Θ_c/c는 블레이드 흡입면의 뒷전에서 경계층의 운동량 두께와 날개 코드 길이에 대한 비율이고, 블레이드 유동의 점성 효과로 인해 발생하는 블레이드 후류 두께와 운동량 손

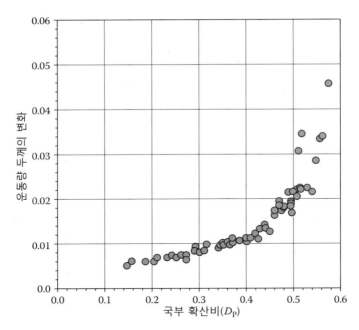

그림 8.12 국부 확산 변수에 대한 운동량 두께의 변화(속도와 운동량 두께의 계산된 값 사용)

실(즉, 항력)의 척도이다.

NACA 65 시리즈 에어포일에 대해 Θ_c/c를 D_p의 함수로 나타낸 계산 결과가 그림 8.12에 정리되어 있다. D_p가 증가하면 Θ_c/c는 단순 증가 경향을 보인다. D_p가 0.5 조금 넘는 값에 도달하면(즉, $V_2/V_p < 0.5$이면), Θ_c/c의 크기는 급속히 증가하기 시작한다. 이 급격한 변화는 블레이드의 흡입면에서 유동 박리를 나타내는 것이다. 이때 블레이드 캐스케이드에서는 실속과 항력 및 전압력 손실이 급격히 증가한다. 따라서 $D_p < 0.5$인 조건에서 캐스케이드의 운용은 권장되지 않는다.

D_p 기반의 개념은 점성 유동 거동을 명확히 보여 주고, 확산 한계를 확립하는 데 상당히 유용하지만 포텐셜 유동 해석을 통한 D_p 계산과 경계층 해석을 통한 Θ 계산은 간단한 작업이 아니다. 좀 더 간단한 방법을 찾기 위해 Lieblein(1956)은 V_p의 근사식을 아래와 같이 제안하였다.

$$V_p \approx V_1 + \frac{\Delta V_\theta}{2\sigma} \tag{8.34}$$

여기서 $\Delta V_\theta/2$는 평균 순환 속도인데 흡입면에서는 더해지는 값이고, 압력면에서는 빼는

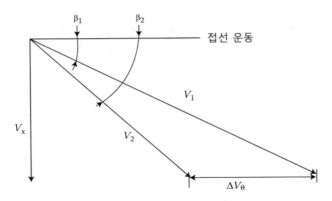

그림 8.13 Lieblein 확산 모형에 사용된 속도 분포

값이다. $\varDelta V_\theta$의 크기는 그림 8.13과 같이 블레이드의 속도 삼각형에서 추출할 수 있다. 정성적으로 말하면, 이 속도 차이는 그림 8.11에 나타낸 두 표면 사이의 압력 차이의 원인이다.

Lieblein은 확산 계수의 새로운 형식을 다음과 같이 정의하였다.

$$D_\mathrm{L} = 1 - \frac{V_2}{V_1} + \frac{\varDelta V_\theta}{2 V_{1\sigma}} \tag{8.35}$$

그는 기존의 $\varTheta/c$에 대한 광범위한 캐스케이드 결과를 활용하여 D_L과 관련성을 찾았다. 그 결과가 그림 8.14에 제시되어 있는데, 각 데이터가 경향성을 보이며 분포하는 것을 볼 수 있다. 눈에 띄는 것은 약 $D_\mathrm{L} = 0.6$까지 $\varTheta/c$는 약 4배만큼 점점 증가한다. $D_\mathrm{L} \approx 0.6$을 초과하면 $\varTheta/c$는 매우 빠르게 증가하고 매우 산재되어 있으며, 이는 블레이드 실속의 시작을 나타낸다. Lieblein의 결과는 허용 가능한 수준의 블레이드 부하를 설정하는 것에 대한 확고한 지침으로 사용될 수 있다. 즉, D_L은 확실히 0.6 미만이어야 하고, 합리적으로 보수적인 설계를 위해서는 D_L 값이 0.45~0.55의 범위를 초과해서는 안 된다. 블레이드의 고형비 수준이 비교적 높은 경우 식 (8.35)의 마지막 항은 작아지고, D_L은 이전에 블레이드의 최대 하중을 결정하는 기준으로 활용되었던 de Haller 비(0.72)를 반영하여 $1 - 0.72 = 0.28$로 감소한다.

설계 한계로 허용되는 D_L의 최대 수준 $D_{\mathrm{L,max}}$가 선택된 경우 필요한 고형비의 최솟값은 다음과 같이 구할 수 있다.

$$\sigma_\mathrm{min} = \frac{\varDelta V_\theta / 2 V_1}{(V_2/V_1) - (1 - D_{\mathrm{L,max}})} \tag{8.36}$$

$C_{\theta 1} = 0$, $C_{\theta 2} = 12 \text{ m/s}$, $U = 35 \text{ m/s}$ 및 $C_\mathrm{x} = 10 \text{ m/s}$인 축류 홴 블레이드 단면(블레이드

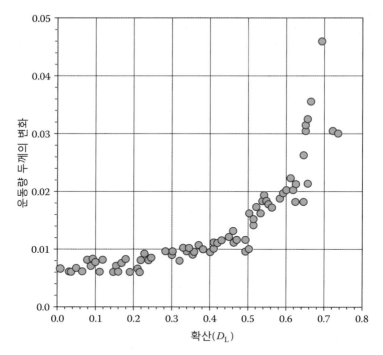

그림 8.14 Lieblein 확산 계수에 따른 운동량 두께의 변화(실험 데이터의 상관관계)

의 경우 $V = W$를 기억)에 대해 최소 고형비를 구해 보자. 이러한 값의 경우 $W_1 = 36.4$ m/s 및 $W_2 = 25.1$ m/s이고, $W_2/W_1 = 0.690$이다. 다음으로 $D_{L,max} = 0.5$를 지정하면

$$\sigma_{min} = \frac{12/2 \times 36.4}{0.69 - (1 - 0.5)} = 0.868$$

이 값은 적당한 고형비이며, 상당히 보수적인 de Haller 비를 이용한 결과와도 잘 맞는 다.[15] $D_{L,max}$를 $0.45(\sigma_{min} = 1.18)$로 선택하면 더 큰 실속 여유를 확보할 수 있기 때문에 보다 보수적인 설계가 가능하다. 이 보수적인 설계의 단점은 더 무겁고 더 비싼 기계(블레이드 수가 많거나 블레이드가 긴 형태임)가 도출된다는 점이다.

속도 삼각형을 이용하면 식 (8.36)으로부터 최소 고형비에 대한 다른 형태의 식을 유동각과 최소 확산 변수의 항으로 유도할 수 있다.

$$\sigma_{min} = \frac{\cos \omega_1}{2} \left[\frac{\tan \omega_1 - \tan \omega_2}{(\cos \omega_1 / \cos \omega_2) - (1 - D_{L,max})} \right] \tag{8.37}$$

---

15) 앞의 관계식 식 (6.17)에 의하면 $\sigma = 1.16$이다.

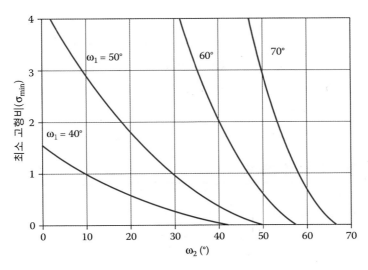

그림 8.15 ω_1과 ω_2에 따른 최소 고형비의 변화

그림 8.15는 입구 유동각에 대해 출구 유동각의 함수로 표현된 최소 고형비에 대한 전형적인 결과를 나타낸 것으로 식 (8.37)이 사용되었다. $D_{L,max}$ 값은 0.5로 '적정하게 보수적인' 값이다.

이러한 결과는 ω_1이 큰 경우 ω_2의 값은 ω_1과 별로 다르지 않다는 것을 보여 준다. 즉, 합리적인 확산 수준이 유지되는 경우 유동 선회 $\theta_{fl}(=\omega_1-\omega_2)$은 매우 높은 고형비값이 사용되는 경우에도 작은 값으로 제한된다. 한편, 작은 ω_1이 작은 경우 매우 큰 θ_{fl} 값(작은 ω_2)에 대해서도 확산 수준은 큰 문제가 아니다. ω_1이 작은 경우 필요한 최소 고형비는 훨씬 더 작은 값이다. 이 특성을 이해하기 위해 큰 값 ω_1이 작은 값 C_x/U $(\omega_1 = \tan^{-1}C_x/U)$에 대응하고 있다는 것에 유의해야 한다. 즉, 낮은 유량과 낮은 비속도를 의미한다. 작은 ω_1은 큰 C_x/U에 대응하는데, 이것은 높은 유량과 큰 비속도를 의미한다.

ω_1이 충분히 크고 요구되는 θ_{fl}이 큰 경우 축류 캐스케이드를 이용하여 낮은 유량에서 높은 압력 상승을 실현하는 것은 어려울 것으로 예상되며, 이때는 반경류 기계를 사용하는 것이 더 적절할 것이다. 이것은 Cordier의 지침을 따라 설계하였을 때 허용되지 않는 de Haller 비의 결과를 얻었던 예제와 동일한 경우이다(6.6절 참조). 만약 축류 기계가 필요한 경우 확산 수준을 제어하기 위해 허용할 수 없을 정도로 큰 고형비를 사용해야 한다. 큰 C_x와 작은 ω_1이 되도록 매우 큰 허브$(d/D \approx 1)$를 선택하면 이 문제점을 부분적으로 줄일 수 있다. 하지만 이와 같은 설계는 블레이드 익렬에서 점성 손실과 동압을 증가시켜서 정적 효율이 감

소된다.

마지막으로 블레이드 코드가 선형적으로 변하는(tapered blade) 등의 기하학적인 제약 조건이 있는 경우에는 설계 과정에서 고형비를 직접 선택할 수 있다. 그러나 설계가 실속 한계를 넘지 않게 하려면 선택된 고형비로 인한 확산 수준을 계산하는 것이 매우 중요하다.

8.7 확산 캐스케이드의 손실

지금까지 유체에 또는 유체에 의해 수행된 일과 유용한 에너지 변화(양정 또는 압력 변화)를 연결하는 유일한 방법은 효율을 곱하거나 나누는 것이었다. 효율에 대한 정보와 실제 기계의 설계 특성의 관계는 논의되지 않았고, 효율은 그냥 주어지거나 가정되었거나 Cordier 상관관계로부터 추정되었다. 이 방법은 성능 예측에 어느 정도 유용하기는 하지만 대략적인 예측값이므로 설계 또는 분석되는 실제 기계의 변수들과 직접적으로 연관이 없다. 보다 정확한 분석은 기계를 통과하는 유동에서 발생하는 다양한 손실의 계산에 기반해야 한다. 일반적으로 정체 압력 손실로 표현된 손실은 실제 기계의 형상과 유동과 관련되어 있다. 이러한 손실의 정확한 예측은 매우 복잡하므로 복잡한 3차원 점성(일반적으로 난류임) 유동의 모형화가 필요하다. 여기서는 손실에 대한 일반적이고 근사적인 반경험적(semi-empirical) 모형만 다룰 것이다.

Koch와 Smith(1976)는 축류 압축기의 손실에 대한 연구를 수행하였고, 그들의 연구는 축류 홴에도 적용할 수 있다. 그들은 압축기의 주요 손실을 다음 네 가지 유형으로 구분하였다.

- 표면 마찰과 확산에 의한 블레이드 및 베인의 형상(profile) 손실
- 벽면 경계층과 블레이드 끝 간극 관련 손실
- 블레이드 유로 내 충격파에 의한 손실
- 부분-스팬 슈라우드 및 지지 구조물에 의한 항력 손실

일반적으로 압축기에 대해서는 이러한 손실이 고려되어야 하지만, 앞으로 중점적으로 다뤄질 저속 축류 홴이나 펌프의 예비 설계에서는 처음 두 가지 손실 유형이 중요하다. 엄밀히 말하면 프로파일 형상 손실과 충격 손실만 2차원 캐스케이드와 관련이 있으며, 벽면 및 슈라우드/지지 구조물의 손실은 3차원 효과와 회전 임펠러와 고정 케이싱 사이의 상호 작용으로 발생하는 것이다. 주요한 손실의 소개를 위해 유형을 모두 나열하였지만, 캐스케이드 형상 손실만을 상세히 설명할 것이다.

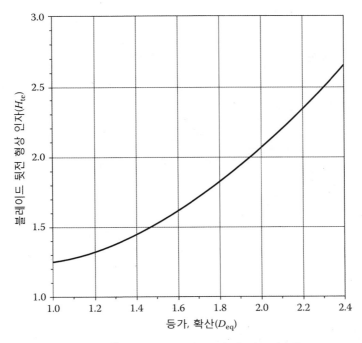

출처: Koch, C. C. and Smith, L. H., Jr. "Loss sources and magnitudes in axial-flow compressors," *ASME Journal of Engineering for Power*, 98(3), 411-424, 1976.

그림 8.16 등가 확산 변수의 함수로 나타낸 블레이드 뒷전 형상 인자

블레이드 캐스케이드에서 발생하는 형상 손실은 블레이드 표면에서 경계층의 발달로 인한 것이다. 특정한 블레이드 및 베인의 형상 손실은 Lieblein(1957)의 블레이드 부하 연구를 기반으로 추정될 수 있는데, 이 방법은 Koch와 Smith(1976)의 연구에 의해 더 확장되었다.

이 기법에서는 경계층 이론을 기존 블레이드 캐스케이드에 적용하여, 형상 손실을 블레이드 뒷전의 운동량 두께 및 형상 인자(form factor)를 이용하여 구한다.[16] Lieblein의 등가 확산 변수 D_{eq}는 Koch와 Smith에 의해 수정된 식으로 구할 수 있다.

$$D_{eq} = \left(\frac{\cos\omega_1}{\cos\omega_2}\right)1.12 + 0.0117i^{1.43} + 0.61\left(\frac{\cos^2\omega_1}{\sigma}\right)(\tan\omega_1 - \tan\omega_2) \qquad (8.38)$$

그런 다음 이 변수를 사용하여 식 (8.39)에서 블레이드 출구의 운동량 두께를 추정하고, 그림 8.16에서 블레이드 뒷전의 형상 인자를 추정한다.

---

16) 이러한 변수의 정의는 다음과 같다. 운동량 두께 $\Theta \equiv \int_0^\delta u/V[1-(u/V)]dy$, 배제 두께 $\delta^* \equiv \int_0^\delta (1-(u/V))dy$, 형상 인자 $H \equiv \delta^*/\Theta$, 여기서 δ는 경계층 두께이다.

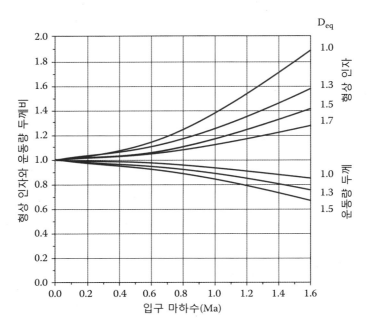

출처: Koch, C. C. and Smith, L. H., Jr. "Loss sources and magnitudes in axial-flow compressors," ASME Journal of Engineering for Power, 98(3), 411-424, 1976.

그림 8.17 형상 인자와 운동량 두께에 대한 마하수의 영향

$$\frac{\Theta}{c} \approx 0.00210 + 0.00533 D_{eq} - 0.00245 D_{eq}^2 + 0.00158 D_{eq}^3 \tag{8.39}$$

이러한 관계식은 모두 블레이드 코드 길이를 기준으로 한 레이놀즈수 1.0×10^6과 입구 마하수 0.05를 기반으로 한다. 이들 이외의 조건에 대한 블레이드 출구 운동량 두께와 뒷전 형상 인자의 값은 보정되어야 하고, 보정값은 그림 8.17과 그림 8.18에서 구할 수 있다. 그림 8.17은 블레이드 출구 운동량 두께 비율(그림의 하단)과 뒷전 형상 계수(그림의 상단)의 변화를 입구 마하(Mach)수와 등가 확산 계수의 함수로 나타낸 것이다. 그림 8.18은 블레이드 코드 길이 레이놀즈수의 함수로 블레이드 출구 운동량 두께의 변화를 보여 준다. 경계층 변수를 결정하면 블레이드 또는 베인 단면에서의 전압 손실은 다음 식으로 구할 수 있다 (Lieblein과 Roudebush, 1956, Koch와 Smith, 1976).

$$\zeta_{\text{blade}} = \frac{\Delta p_T}{\rho V_1^2 / 2} = \frac{2(\Theta/c)(\sigma/\cos\omega_2)(\cos\omega_1/\cos\omega_2)^2 [2/(3-1/H)]}{1-(\Theta/c)(\sigma H/\cos\omega_2)^3} \tag{8.40}$$

개별 블레이드의 압력 손실을 질량 평균 적분하면 블레이드 익렬 전체에 대한 순압력 손

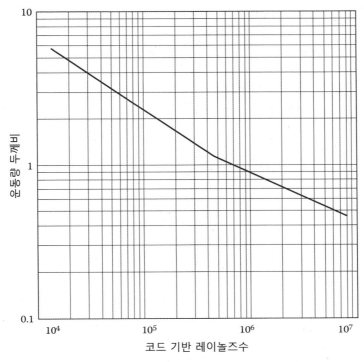

출처: Koch, C. C. and Smith, L. H., Jr. "Loss sources and magnitudes in axial-flow compressors," *ASME Journal of Engineering for Power*, 98(3), 411-424, 1976.

그림 8.18 운동량 두께에 대한 레이놀즈수의 영향

실(net pressure loss)을 구할 수 있다.

출구 가이드 베인을 사용하여 로터 출구 선회 속도를 회복시키는 경우, 베인 익렬의 형상 손실은 블레이드의 형상 손실과 같은 방법으로 계산된다. 출구 가이드 베인이 사용되지 않은 설계의 유출 선회 속도는 추가적인 전압력 손실을 야기한다. 이 손실은 접선 속도의 운동에 너지 분포에 대한 질량 평균 적분을 사용하여 구할 수 있다. 출구 가이드 베인이 없는 매우 고부하 설계에서는 선회 운동에너지가 가장 큰 손실이 될 수 있다.

허브와 케이싱의 경계층으로 인한 손실 및 팁 간극 효과에 대해서는 여기에서 자세히 설명하지 않을 것이다. 일반적으로 이러한 손실은 축류 터보기계의 전반적인 성능 저하의 주요 원인이다(Hirsch, 1974, Horlock, 1958, Mellor와 Wood, 1971). 많은 연구들에 의하면, 두껍고 불규칙한 벽면 경계층이 실속의 시작으로 이어질 수 있다(McDougall 등, 1989). 이러한 손실을 추정하기 위한 몇 가지 방법이 개발되었다(Lakshminarayana, 1979, Comte 등, 1982, Hunter와 Cumpsty, 1982, Wright, 1984d). Koch와 Smith(1976)의 반경험적인 방법

은 고전적인 경계층 이론에 기초하고 있고, 비교적 쉽게 사용할 수 있다. 자세한 내용은 그들의 논문을 참고한다.

손실을 추정한 후 효율은 감소된 전압 상승(이상적인 손실)과 이상적인 전압 상승의 비율로 계산된다. 물론 모든 정체 압력 손실을 동일한 동압을 기준으로 계산해야 한다. 여기서는 블레이드 속도에 대응하는 동압을 사용한다. 감소된 전압 상승(무차원)은 다음과 같다.

$$\frac{\Delta p_T}{\rho U^2} = \frac{w}{U^2} - \zeta_{\text{blade}}\frac{C_1^2}{2U^2} - \zeta_{\text{vane}}\frac{C_2^2}{2U^2} - \zeta_{\text{end}}\frac{C_1^2}{2U^2} \tag{8.41}$$

여기서 w는 질량 평균 비일(오일러 방정식으로 계산), ζ_{end}는 벽면 경계층과 팁 간극 효과를 나타내는 손실 계수이다. 따라서 전체 효율은 다음과 같다.

$$\eta_T = 1 - \zeta_{\text{blade}}\frac{C_2^1}{2w} - \zeta_{\text{vane}}\frac{C_2^2}{2w} - \zeta_{\text{end}}\frac{C_1^2}{2w} \tag{8.42}$$

정적 효율은 다음과 같다.

$$\eta_s = \eta_T - \frac{C_3^2}{2w} = \eta_T - \frac{C_{3\theta}^2 + C_{3x}^2}{2w} \tag{8.43}$$

여기서 $C_{\theta 3}$은 환형 유로에서 평균된 미회복 선회 속도이다. 출구 가이드 베인에 의해 전체 선회 속도가 회복된다면, $C_{\theta 3}$ 값은 물론 0이다.

8.8 축류 터빈 캐스케이드

이 장에서 지금까지 설명한 모든 내용은 확산(압축기, 휀 및 펌프) 캐스케이드에만 적용된다. 확산 캐스케이드만큼 광범위하지는 않지만 가속(터빈) 캐스케이드에도 유사한 고려가 필요하다.

터빈 응용 분야에서는 확산 한계를 다룰 필요가 없지만, 설계의 정밀도를 유지하기 위해서는 입사각, 편차각 및 캐스케이드 형상 손실이 반드시 고려되어야 한다. 또 고형비를 선정하기 위한 간단한 규칙도 필요하다. 첫 번째 가장 간단한 고려 대상은 입사각이다. 터빈 캐스케이드에서는 일반적으로 최적의 입사각을 $0(i = 0)$으로 간주한다. 즉, 블레이드는 일반적으로 입구 속도 벡터가 앞전의 캠버선에 접하도록 설계되고 설정된다.

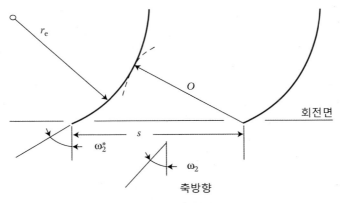

그림 8.19 Ainley-Mathieson 편차 모형의 터빈 캐스케이드 변수

다음으로 편차를 고려한다. Ainely와 Mathieson(1951)에 의한 매우 간단한 방법[D. G. Wilson(1984)에 의해 수정]을 사용하여 축류 터빈 블레이드 익렬과 노즐 익렬에서 모두 블레이드 뒷전 각도의 요구 사항을 추정할 수 있다. 이 방법은 최대 마하수 1까지의 수력과 가스 및 증기 터빈에 사용할 수 있으며, 실제 터빈의 실험 데이터와 비교를 통해 조정된 기하학적인 인자를 기반으로 한다. 설명의 용이성을 위해 이 '규칙'을 평균 캠버선 분석으로 단순화할 수 있다. 그림 8.19와 같이 실제 유체 출구 각도의 계산은 개도율, o/s와 곡률비, r_e/s의 항으로 표시된다. 유효 출구 각도 또는 유체 각도[17], ω_2는 다음과 같다.

$$\omega_2 = \left[\frac{7}{6} \left(\cos^{-1} \frac{o}{s} - 10° \right) + 4° \left(\frac{s}{r_e} \right) \right], \ Ma_2 \le 0.5 \tag{8.44}$$

$$\omega_2 = \left[\cos^{-1} \left(\frac{o}{s} \right) - \left(\frac{s}{r_e} \right)^{1.787 + 4.128(s/r_e)} \right] \sin^{-1} \left(\frac{o}{s} \right), \ Ma_2 = 1.0 \tag{8.45}$$

0.5에서 1.0 사이의 마하수에 대한 각도는 보간법으로 구할 수 있다. $Ma_2 = 0.5$일 때의 값을 $(\omega_2)_{0.5}$, $Ma_2 = 1.0$일 때의 값을 $(\omega_2)_{1.0}$라 하면, 0.5에서 1.0 사이의 마하수 추정값은 다음과 같다.

$$\omega_2 = (\omega_2)0.5 - (2Ma_2 - 1)[(\omega_2)_{0.5} - (\omega_2)_{1.0}], \ 0.5 \le Ma_2 \le 1.0 \tag{8.46}$$

계산 결과의 절댓값을 사용해야 한다.

종종 블레이드 뒷전 부근이 평평하다고 가정하고 이러한 상관관계를 단순화한다(그림

---

17) 각도 ω는 축방향을 기준으로 정의된 것을 상기한다. 이것은 6장과 7장의 속도 삼각형에서 블레이드(접선) 방향을 가리키는 각도 β(상대 속도 벡터, W) 또는 α(절대 속도 벡터, C)의 여각(complementary angle)이다.

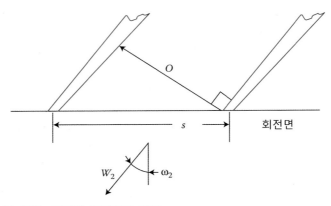

그림 8.20 터빈 노즐 형상: 편평한 블레이드 뒷전

8.20 참조). 이 가정으로 인해 r_e가 아주 커지고, 유동각에 대한 식($Ma_2 \leq 0.5$의 경우)은 다음과 같이 단순화된다.

$$\omega_2 = \frac{7}{6}\left[\cos^{-1}\left(\frac{o}{s}\right) - 10°\right] \tag{8.47}$$

그림 8.20에서 $\cos^{-1}(o/s) = \omega_2^*$는 블레이드 각도(blade metal angle)이다. 이 식은 편차각의 항으로 다음과 같이 표현될 수 있다.

$$\delta = 10° - \frac{\omega_2^*}{6} \tag{8.48}$$

그림 8.21은 블레이드 각도와 유체 각도의 관계를 나타낸 것이다.

펌핑 기계에서 유입되는 유체의 예선회가 필요한 경우(즉, $C_{\theta 1} \neq 0$), Ainely-Mathieson-Wilson의 방법을 사용하여 입구 가이드 베인(IGV)을 설계할 수도 있다.

나머지 주요 블레이드 설계 변수인 캐스케이드 고형비는 확산 한계가 없기 때문에 엄격히 규정되어 있지 않다. 블레이드의 양력 계수에 대한 최댓값을 규정함으로써 고형비를 적절하게 제한할 수도 있다(Zweifel, 1945). 일정한 축속도 조건에서 운동량을 고려하면 유동 각도와 양력 계수의 관계는 다음과 같다.

$$C_L = \left(\frac{2\cos\lambda}{\sigma}\right)\cos^2\omega_2\left(\tan\omega_2 - \tan\omega_1\right)$$

따라서

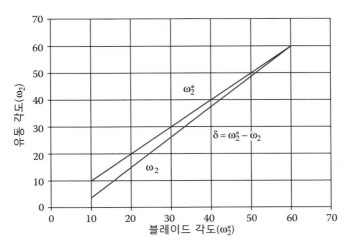

그림 8.21 터빈 캐스케이드의 뒷전각과 편차각

$$\sigma = \left(\frac{2\cos\lambda}{C_L}\right)\cos^2\omega_2\,(\tan\omega_2 - \tan\omega_1) \tag{8.49}$$

C_L을 상한으로 고정하고 간격(s)이 주어지면 초기 고형비가 선정되고, 블레이드 또는 노즐의 코드 길이가 결정된다($\sigma = c/s$ 기억). Zweifel은 $C_{L,\max}$를 거의 0.8로 할 것을 제안하지만, Wilson은 더 적은 보수적인 값으로 $C_{L,\max} = 1.0$을 권장하였다. 입구 노즐의 일반적인 조건은 $\omega_1 = 0°$ 및 $\omega_2 = 65°$이다. $C_{L,\max} = 1.0$의 경우 $\sigma = \cos(\omega_2/2)$를 얻을 수 있으므로 $\sigma = 0.84$이다. 다른 현실적인 ω_2 값인 경우 σ는 0.75에서 1.0의 범위가 될 것이다. 낮은 반동도 블레이드의 경우에는 필요한 고형비가 크게 증가한다. 예를 들어, $\omega_1 = 30°$, $\omega_2 = -60°$ (90° 선회) 및 $C_{L,\max} = 1.0$의 경우 $\sigma = 1.5$가 필요하다. 많은 일을 하기 위해서는 적절한 부하에서도 더 큰 고형비가 필요함을 분명히 알 수 있다.

가속 캐스케이드에서 형상 손실을 추정하기 위한 다양한 방법이 존재한다. Soderberg의 방법(Soderberg, 1949)은 적당히 단순하면서도 초기 설계에 적합할 정도로 정확하다. 이 방법에서는 블레이드 익렬의 출구 속도를 기반으로 하는 손실 계수를 사용한다. 또 터빈 블레이드 익렬은 압축성 유체 조건에서 에너지 변화가 큰 경우에서 작동하는 경우가 많기 때문에, 손실은 엔탈피, 즉 '손실' = $h_2 - h_{2s}$로 구해진다. 여기서 h_2는 블레이드 익렬 출구에서의 실제 엔탈피이며, h_{2s}는 블레이드 익렬에서의 유동이 등엔트로피인 경우의 엔탈피이다. 유동이 거의 비압축성인 경우 $h_2 - h_{2s} \approx \Delta p_{T,loss}/\rho$이다.

블레이드 또는 베인 익렬의 손실은 다음과 같다.

$$h_2 - h_{2s} = \zeta \times \frac{V_2^2}{2} \tag{8.50}$$

여기서 V_2는 블레이드 또는 베인(노즐) 익렬 중에서 어떤 것을 고려할지에 따라 C_2 또는 W_2 중의 하나이다. 손실 계수는 다음과 같이 계산된다. 첫째, ζ^*의 계산은 다음과 같다.

$$\zeta^* = 0.4 + 0.6 \left(\frac{\theta_{\text{fl}}^{\circ}}{100} \right)^2 \tag{8.51}$$

ζ^*는 블레이드 익렬의 종횡비, L_{B}/b는 3 및 수력 지름 기준의 레이놀즈수, $Re = 10^5$일 때의 블레이드 익렬의 손실 계수이다. L_{B}는 블레이드의 높이(허브에서 팁까지의 길이), b는 축 방향의 캐스케이드 폭이고 $b = c\cos\lambda$ 및 $Re = \rho_2 V_2 D_{\text{H}}/\mu_2$이며, 여기서 $D_{\text{H}} = 2L_{\text{B}} H \cos\omega_2^* / (s\cos\omega_2^* + L_{\text{B}})$이다. 그 다음으로 손실 계수는 아래 식을 이용하여 수정된다.

$$\zeta = \left(\frac{10^5}{Re} \right)^{1/4} \left[(1 + \zeta^*) f\left(\frac{b}{L_{\text{B}}} \right) - 1 \right] \tag{8.52}$$

여기서

$$f\left(\frac{b}{L_{\text{B}}} \right) = 0.0993 + 0.021 \frac{b}{L_{\text{B}}} \quad \text{(노즐용)} \tag{8.53a}$$

그리고

$$f\left(\frac{b}{L_{\text{B}}} \right) = 0.0975 + 0.075 \frac{b}{L_{\text{B}}} \quad \text{(로터용)} \tag{8.53b}$$

벽면 및 팁-간극 손실을 제외하면, 터빈 단의 전효율은 다음과 같이 계산할 수 있다.

$$\eta_{\text{T, no endloss}} = \frac{w}{w + \text{losses}} = \left(1 + \zeta_{\text{nozzle}} \frac{C_2^2}{2w} + \zeta_{\text{rotor}} \frac{W_3^2}{2w} \right)^{-1}$$

Dixon(1998)에 따르면 벽면 및 팁-간극 효과를 고려하기 위해 위에서 구한 효율에 총면적(즉, 블레이드 면적 + 노즐 면적 + 케이싱 면적 + 허브 면적)에 대한 블레이드 면적의 비율을 단순히 곱해서 전체 효율을 구할 수 있다. 따라서 단 전체의 전효율은 다음과 같다.

$$\eta_{\text{T, stage}} \approx \left(\frac{A_{\text{blades}} + A_{\text{nozzles}}}{A_{\text{blades}} + A_{\text{nozzles}} + A_{\text{casing}} + A_{\text{hub}}} \right) \times \left(1 + \zeta_{\text{nozzle}} \frac{C_2^2}{2w} + \zeta_{\text{rotor}} \frac{W_3^2}{2w} \right)^{-1} \tag{8.54}$$

8.9 반경류 캐스케이드

앞에서 축류 캐스케이드를 광범위하게 검토하였고, 이제 반경류 캐스케이드에 집중해 보자. 반경류 터보기계의 설계에서도 본질적으로 축류 터보기계와 같은 문제를 고려해야 한다. 즉, '입사각'(입구 유동과 블레이드 앞전의 정렬 정도), '편차각'(블레이드 뒷전에서 유동 방향과 블레이드 방향의 차이), '고형비'(블레이드 간격과 블레이드 길이에 대한 비율), 손실에 영향을 미치는 확산 비율과 블레이드 경계층의 발달 등의 문제이다. 평면 형상인 축류 캐스케이드와는 달리, 반경류 캐스케이드는 반경류 형상이라는 큰 차이가 있지만, 이 밖에도 다른 차이점이 있다. 대부분의 경우 반경류 캐스케이드는 에어포일을 사용하지 않는다. 반경류–블레이드 시스템에 대한 실험적 연구가 일부 수행되었지만, Emery 등이 수행하였던 연구와 같은 체계적인 풍동 실험 연구는 없었다. 그 결과 대부분의 설계 계산은 이론이나 수치 연구에서 도출된 모형을 기반으로 한다. 정적 반경류 캐스케이드를 고려하는 경우는 거의 없으며, 연구와 모형은 거의 항상 회전 캐스케이드(즉, 펌프, 홴, 압축기 또는 터빈 임펠러)를 고려하고 있다.

앞 절의 축류 캐스케이드에서의 방법을 따라 가장 간단하고 먼저 고려되어야 할 사항은 입사각이다. 저자는 최적의 입사각을 예측하는 간단한 모형은 존재하지 않는다고 알고 있다. 캐스케이드로 균일한 반경류 유동이 유입된다고 가정하고, 블레이드 앞전과 블레이드 익렬 입구의 블레이드 상대 속도 벡터는 방향이 일치하는 것이 좋다. 즉, 입사각은 0으로 간주한다. 반경류 속도를 균일하다고 가정하는 것이 비교적 간단한 방법이지만, 이 가정을 넘어서서 개선하려면 임펠러 입구를 지나 블레이드 앞전에 접근하는 유동의 3차원 상세 정보가 필요하다. 여기서 언급한 간단한 가정을 통해 기본적인 예비 설계 분석을 수행할 수 있다. 다음 장에서는 블레이드 입구의 (축방향) 유동 분포를 추정하기 위한 근사 준3차원 모형을 도입하여, 이 가정을 약간 현실화할 것이다. 진정한 최적 설계를 위해서는 이러한 예비 설계 기법으로 도출된 원심 임펠러 형상을 유동 영역에 대한 전산 유체역학 해석 또는 실험 개발 프로그램 또는 그 양쪽을 모두 사용하여 개선해야 한다.

축류 캐스케이드의 유동에서 보인 바와 같이 유체의 불완전한 유도는 임펠러 출구 선회, $C_{\theta 2}$가 유동이 블레이드 캠버선을 따른다는 가정에 의한 이상적인 값보다 작아지는 결과로 이어진다. 그림 8.22에 나타낸 바와 같이 $C_{\theta 2}$의 실제값은 항상 $C_{\theta 2}^*$로 나타나는 이상적인 값보다 작다. 반경류 캐스케이드/임펠러에서는 이 현상을 미끄럼(slip)이라고 한다. 미끄럼은 다음과 같이 정의되는 미끄럼 계수 μ_E에 의해 정의된다.

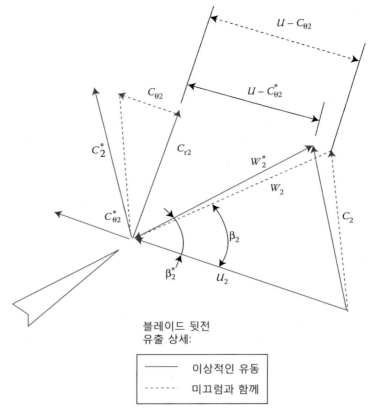

그림 8.22 임펠러 출구에서 실제 및 이상적 (완벽하게 안내된) 속도 선도

$$\mu_E \equiv \frac{C_{\theta 2}}{C_{\theta 2}^*} \tag{8.55}$$

μ_E를 추정하기 위한 많은 모형이 있으며, 대부분은 수치 유동의 해석 결과와 기하학적 인자를 기반으로 한다. 미끄럼의 계산에 일반적으로 사용되는 방법에는 Busemann(1928)의 방법이 있다. 이것은 $45° \leq \beta_2^* \leq 90°$의 범위에서 큰 유출 각도 및 중간 유출 각도가 모두 있는 블레이드의 초기 설계에 이용된다. 압축기 설계에 널리 사용되는 또 다른 방법은 Stanitz(1951)에 의한 방법이 있다. 이것은 이완 기법(relaxation method)을 이용하여 반경류 캐스케이드 내의 비점성 포텐셜 유동을 해석하였다($\beta_2^* = 90°$). Stanitz의 결과는 β_2^*의 값이 클수록 더욱 정확한 값을 보이며, 다음 식으로 근사된다.

$$\mu_E \approx 1 - \frac{0.63\pi}{N_B} \quad \text{(Stanitz)} \tag{8.56}$$

Balje(1981)는 반경류 블레이드에 대해 유사한 모형을 제안하였다.

$$\mu_E \approx 1 - \frac{0.75\pi}{N_B} \quad \text{(Balje)} \tag{8.57}$$

Stodola(1927)에 의해 개발된 방법은 아마도 가장 오래 전부터 널리 사용된 방법일 것이다. Stodola 모형을 상세하게 검토하면 미끄럼의 메커니즘에 대해 상당한 통찰력을 얻을 수 있다. 이 모형은 '상대와류'의 개념을 기반으로 하며, 이것은 임펠러 출구에서 인접한 블레이드 사이에 딱 맞는 지름 l의 원통형 유체 요소로 정의된다(그림 8.23 참조). 블레이드수가 매우 많고 블레이드가 매우 얇은 경우 임펠러 내의 모든 유체는 임펠러에서 고체와 같이 회전하며, 모든 유체 입자는 임펠러와 같은 각속도 N으로 회전하게 된다. 유한수의 베인의 경우 유체 입자는 임펠러 각속도로 회전하지 않는다. Stodola는 유체 입자가 전혀 회전하지 않는다고 가정하였고, 따라서 $-N$의 임펠러에 상대적인 각속도가 있다고 가정하였다. 따라서 임펠러의 출구 직후에 위치한 상대와류의 제일 바깥에 있는 유체 입자는 임펠러의 속도와 반

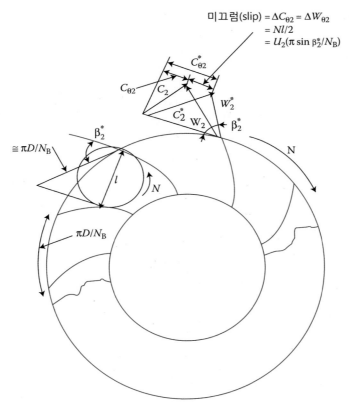

그림 8.23 Stodola의 미끄럼 모형

대의 상대 속도 $\Delta W_\theta = -N(l/2)$를 가지게 된다. 그림에서 $\Delta C_\theta = \Delta W_\theta$ 및 $l \approx (\pi D_2/N_B)\sin\beta_2^*$ 이기 때문에 미끄럼 속도는 $\Delta C_\theta = -N(\pi D/2N_B)\sin\beta_2^* = \pi U_2 \sin\beta_2^*/N_B$ 이다. '이상적인' 속도 삼각형에서 $C_{2\theta}^* = U_2 - W_{2\theta} = U_2 - C_{r2}\cot\beta_2^*$ 이므로 Stodola의 미끄럼 계수는 다음과 같다.

$$\mu_E = \frac{C_{\theta 2}}{C_{\theta 2}^*} = 1 - \frac{\pi \sin\beta_2^*/B_B}{1 - (C_{r2}\cot\beta_2^*/U_2)} \tag{8.58a}$$

Stodola의 식은 다소 보수적(미끄럼을 과대평가하는 경향이 있기 때문에 μ_E는 다소 낮음) 이지만 단순하다는 장점이 있고, 전체 범위의 β_2^* 값에 적용된다. 따라서 반경류 기계의 예비 설계에서 권장되는 방법이다.

적정한 값의 C_{r2}/U_2의 경우 Stodola의 식은 종종 다음과 같이 단순화된다.

$$\mu_E = 1 - \left(\frac{\pi \sin\beta_2^*}{N_B}\right) \tag{8.58b}$$

이 형태는 뒷전 영역이 매우 평평한 블레이드에 가장 적합하다. 마지막으로 Wiesner(1967)는 Busemann의 방법과 매우 밀접하게 일치하는 완전히 경험적인 식을 제안하였다. Wiesner의 공식은 다음과 같다.

$$\mu_E = 1 - \frac{(\sin\beta_2^*)^{1/2}}{N_B^{0.7}} \tag{8.59}$$

그림 8.24(a)는 반경류-블레이드 또는 반경류-팁 압축기 또는 송풍기($\beta_2^* = 90°$)의 μ_E를 계산하는 다양한 방법의 결과를 비교한 것이다. Stodola, Busemann 및 Balje의 방법은 상당히 일치하고 있다. 반면, Stanitz의 방법은 μ_E의 추정값이 약 5% 높게 나타난다. Balje의 방법은 블레이드수가 10을 초과하면 적정하게 보수적이다. 그림 8.24(b)와 그림 8.24(c)는 각각 20°와 40°의 낮은 블레이드 각도의 미끄럼 계수를 비교하는 것이다. Balje 및 Stanitz 방법은 더 큰 블레이드 각도에서는 적용되지 않기 때문에 포함되지 않았다. 블레이드수가 약 8보다 큰 경우 Busemann과 Stodola의 방법은 작은 블레이드 각도 범위에서 잘 일치하고 있다. 비교적 간단한 형태의 Stodola 공식은 이용하기 쉽고, 그 정밀도는 원심형 기계의 예비 블레이드 설계에 이용하는 데에 적합하다. 여기서도 설계의 고도화 단계에서는 실험 또는 자세한 전산 유체역학 해석을 이용한 설계 개선이 필요하다.

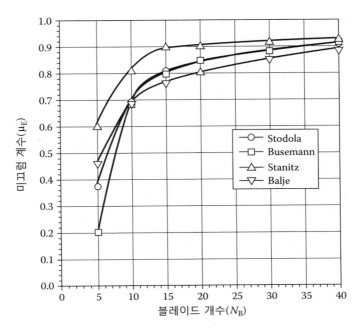

그림 8.24(a) 반경류 블레이드($\beta_2^* = 90°$) 미끄럼 계수의 비교

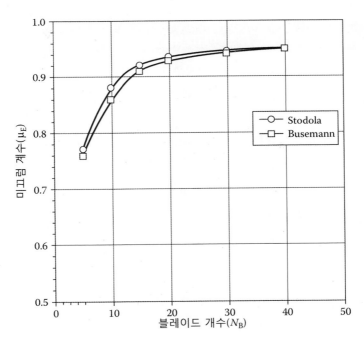

그림 8.24(b) $\beta_2^* = 20°$ 미끄럼 계수의 비교

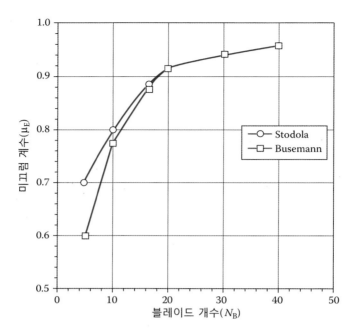

그림 8.24(c) $\beta_2^* = 40°$ 미끄럼 계수의 비교

예제 8-2 ┃ 반경류 펌프 설계에 대한 미끄럼의 영향

물 펌프는 0.015 m^3/s의 유량으로 30 m의 양정을 공급해야 한다. 펌프는 소형 가솔린 엔진에 의해 3000 rpm으로 구동된다. 블레이드의 뒷전 각도에 대한 미끄럼 및 블레이드수의 영향을 구하시오.

주어진 성능 데이터에서 $N_s = 0.54$의 비속도를 구할 수 있다. Cordier 분석에서 $D_s = 5.3$, $D = 0.115$ m 및 $\eta_T = 0.84$를 얻을 수 있다. d/D는 식 (6.33)에 의해 약 0.35이어야 한다. 따라서 $d = 0.055$ m, $U_1 = 8.62$ m/s, $U_2 = 24.3$ m/s 및 $C_{\theta 2} = gH/(\eta_T U_2) = 14.4$ m/s이다. C_{r1} ($= C_1$)이 목(throat) 속도와 일치하도록 설정되어 있는 경우 $C_{r1} = Q/(\pi d^2/4) = 6.35$ m/s이다. 다음으로 적절한 값인 $C_{r2} = 4.0$ m/s를 선택하고 $W_2/W_1 \approx 1$의 보수적인 de Haller 비를 계산한다. C_{r2}와 C_{r1}의 값으로 임펠러의 입구와 출구 폭을 계산한다. 결과를 요약하면 다음과 같다.

$$U_1 = 8.62 \text{ m/s}, \quad U2 = 24.3 \text{ m/s},$$
$$C_{r1} = 6.35 \text{ m/s}, \quad C_{r2} = 4.0 \text{ m/s}, \quad C_{\theta 2} = 14.4 \text{ m/s}$$

$C_{\theta 1}$은 0으로 설정되었다.

상대 속도 각도(W_2와 U_2 사이의 각도)는

$$\beta_2 = \tan^{-1}\left(\frac{C_{r2}}{U_2 - C_{\theta 2}}\right) = 22.0°$$

미끄럼이 없는 경우 이것은 블레이드 각도와 일치할 것이다. 그러나 미끄럼 계수를 사용하여 블레이드 각도를 수정해야 한다. 출구 속도를 계산하는 데 필요한 블레이드 각도는 다음과 같다.

$$\beta_2^* = \tan^{-1}\left[\frac{C_{r2}}{U_2 - (C_{\theta 2}/\mu_E)}\right] = \tan^{-1}\left[\frac{4.0}{24.3 - (14.4/\mu_E)}\right]$$

아주 작은 블레이드 각도를 가정하고, Stodola 모형[식 (8.58a)]을 사용하여 미끄럼 계수를 추정한다.

$$\mu_E = 1 - \frac{\pi \sin\beta_2^*/N_B}{1 - [(C_{r2}\cot\beta_2^*)/U_2]} = 1 - \frac{\pi \sin\beta_2^*/N_B}{1 - [(4.0\cot\beta_2^*)/24.3]}$$

μ_E는 β_2^*에 상당히 영향을 받기 때문에 반복적인 계산이 필요하다. 미끄럼 계수는 블레이드의 수에 의존하기 때문에 블레이드의 각도는 선택한 블레이드수에 따라 달라진다. 10개의 블레이드를 선택한 경우 $\mu_E = 0.758$ 및 $\beta_2^* = 37.0°$가 계산된다. 이것은 22.0°에서 15°만큼 변한 것이며, 무시할 수 없는 변화이다. 블레이드수를 증가시키면 미끄럼 계수가 증가하고, 필요한 블레이드 각도가 작아진다. 그림 8.25는 미끄럼 계수와 블레이드 뒷전 각도에 대한 블레이드수의 영향을 보여 준다. 유출 유동각 β_2는 필요한 양정 상승에 대응하기 위해 일정하며, 강조를 위해 그림에 포함되었다. β_2^*의 반복 계산은 8개 미만의 블레이드수에서는 수렴하지 않는 것에 유의해야 한다. 즉, 모형의 정확도를 고려할 때 주어진 속도, 눈 지름 및 블레이드 폭을 가지는 펌프는 8개 이하의 블레이드로는 요구되는 양정과 유량을 생성할 수 없다.

블레이드의 추가 또는 제거 시 원심형 기계에서 발생하는 양정 변화를 조사함으로써 미끄럼의 거동을 보다 자세히 설명할 수 있다. 블레이드 각도 β_2^*가 특정값으로 고정되면, 블레이드수에 따라 $C_{\theta 2}$를 다시 계산할 수 있다. 단순화된 Stodola 규칙[식 (8.58b)]을 사용하면 원래의 값 $C_{\theta 2,\text{orig}}$에 대한 새로운 값 $C_{\theta 2,\text{new}}$ 비율은 다음과 같다.

$$\frac{C_{\theta 2,\,\text{new}}}{C_{\theta 2,\,\text{orig}}} = \frac{\mu_{E,\,\text{new}}}{\mu_{E,\,\text{orig}}} = \frac{1 - [(\pi \sin\beta_2^*)/N_{B,\,\text{new}}]}{1 - [(\pi \sin\beta_2^*)/N_{B,\,\text{orig}}]}$$

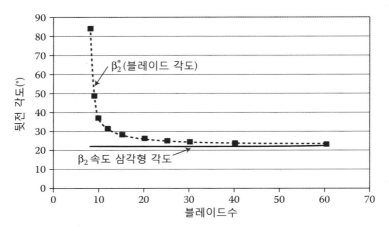

그림 8.25(a) 미끄럼 영향을 나타내는 블레이드 각도와 유동각

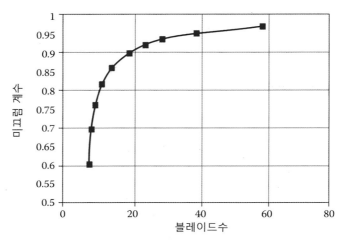

그림 8.25(b) 미끄럼 계수에 대한 블레이드수의 효과

앞의 예제에 따라 $N_{B,orig} = 40$ 및 $\beta_2^* = 23.6°$를 사용하고, 효율과 블레이드 팁 속도를 고정하면 다음을 구할 수 있다.

$$\frac{H_{new}}{H_{orig}} = \frac{\eta_T U_2 C_{\theta2, new}}{\eta_T U_2 C_{\theta2, orig}} = \frac{N_T U_2 \mu_{E, new} C_{\theta2}^*}{N_T U_2 \mu_{E, orig} C_{\theta2}^*} = \frac{\mu_{E, new}}{\mu_{E, orig}} = 1.032 - \frac{1.299}{N_{B, new}}$$

표 8.2는 블레이드수가 8부터 40까지 증가될 때 양정비와 미터 단위의 양정을 보여 준다.

그림 8.25와 표 8.2에 표시된 결과는 펌프 설계에서 아마도 10~15개 이상의 블레이드를 초과해서는 안 된다는 것을 보여 준다. 이 이상의 양정 증가를 위해서는 블레이드수가 2배

표 8.2 블레이드수에 따른 양정 변화

N_B	H_{new}/H_{orig}	$H(m)$
8	0.87	26.09
9	0.89	26.63
10	0.90	27.06
12	0.92	27.71
15	0.95	28.36
20	0.97	29.01
25	0.98	29.40
30	0.99	29.66
40	1.00	30.00

또는 3배로 증가되어야 하지만, 이로 인해 늘어나는 임펠러 설계의 복잡성과 비용 증가를 정당화할 수는 없다. 또 블레이드수를 늘리면 표면적이 커지기 때문에 표면 마찰에 의한 손실이 증가한다. 30 m의 양정이 반드시 필요한 경우 임펠러 지름 또는 속도를 조정해야 한다.

8.10 원심형 캐스케이드의 고형비

'고형비'라는 용어는 원심형 캐스케이드에서는 일반적으로 사용되지 않으며, 블레이드 설계나 임펠러 설계에서 사용되는 주요 설계 변수도 아니다. 미끄럼 계수의 다양한 식에 나타낸 바와 같이 블레이드수는 유출각과 압력 상승을 결정하는 데 매우 중요한 변수이다. 원형의 임펠러에 유한수의 블레이드를 배치해야 하기 때문에 고형비와 비슷한 개념이 고려되어야만 한다. 반경류 유동 캐스케이드의 고형비는 여러 가지 방법으로 정의될 수 있다. 가장 일반적인 방법은 그림 8.26과 같이 블레이드 앞전과 뒷전이 이루는 원호와 인접한 블레이드의 앞전 사이의 원호 간격 $\vartheta_{LE}(= 360°/N_B)$의 비율로 고형비를 정의하는 것이다. 원심 캐스케이드 설계의 일반적인 규칙은 이렇게 정의된 각 고형비(angular solidity)를 약 1이나 1보다 약간 크게 설정하는 것이다.

앞의 예에서 살펴본 바와 같이 작은 수의 블레이드를 사용하면 미끄럼이 커지고, 미끄럼 계수가 작아진다. 그 후 블레이드 출구 각도를 매우 큰 값으로 증가시켜 본질적으로 낮은 선회를 극복함으로써 설계 압력 상승을 달성할 수 있다. 불행히도 블레이드 개수를 늘리는 대신 블레이드 선회 각도를 높게 설정하면 부하가 매우 큰 블레이드 구성이 되고, 따라서 두꺼운 블레이드 경계층이나 심하면 박리가 발생하여 불필요하게 높은 전압력 손실을 야기할 수

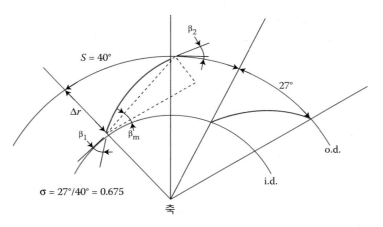

그림 8.26 원심형 캐스케이드 내의 대략적인 고형비를 정의하는 형상

있다. 더 많은 수의 블레이드를 사용하면 필요한 블레이드 선회가 줄어들고, 각각의 블레이드에 일이 분산되며, 캐스케이드의 각 고형비가 커지게 된다. 이렇게 하면 표면적이 커지기 때문에 마찰 손실이 증가할 수 있다. 전형적인 원심 블레이드의 설계에서는 미끄럼 계수가 보통 0.85 이상으로 설정되어 있기 때문에 비교적 많은 수의 블레이드가 필요하며, 상당히 높은 각도 고형비를 얻을 수 있다.[18]

단순화된 Stodola 공식[식 (8.58a)]을 사용하고 재정렬하면

$$N_{\mathrm{B}} = \mathrm{INT}\left(\frac{\pi \sin \beta_2^*}{1 - \mu_{\mathrm{E}}}\right) + 1 \tag{8.60}$$

여기서 INT는 '최대 정수'를 나타낸다. 분명히 출구 블레이드 각도가 큰 경우에는 각도의 사인(sine)으로 블레이드수가 증가한다. 또 미끄럼 계수가 큰 경우 필요한 블레이드수는 급속히 증가한다. 따라서 블레이드의 부하 제어를 위해 캐스케이드는 높은 각 고형비를 가지도록 설계된다. 여기까지 반경류 임펠러에서의 고형비의 사용은 축류 캐스케이드에서와 유사하다.

높은 범위의 비속도($N_{\mathrm{s}} > 1$)를 가지는 임펠러의 원심형 캐스케이드는 고형비와 확산 계수를 사용하여 축류형 기계와 거의 동일한 방법으로 분석할 수 있다. 충분히 많은 블레이드를 가지는 원심형 캐스케이드의 고형비를 다음과 같이 근사할 수 있다.

---

18) 주목할만한 예외는 보통 4~8개의 블레이드 밖에 없는 낮은 비속도의 원심형 펌프이다.

$$\sigma_c \approx \frac{[1-(d/D)]N_B}{2\pi \sin\beta_m} \tag{8.61}$$

여기서

$$\beta_m = \sin^{-1}\left(\frac{\sin\beta_1 + \sin\beta_2}{2}\right) \tag{8.62}$$

이 공식은 블레이드 코드 길이를 인접한 뒷전 사이의 원호 길이로 나눈 축류형 기계 고형비와 비슷하다(그림 8.26 참조). 만약 확산을 기준으로 블레이드의 고형비를 선정한다면, 원심형 캐스케이드에 맞게 Lieblein 공식을 적용할 수 있다.

$$D_{Lc} = 1 - \frac{W_2}{W_1} + \frac{\Delta W_\theta}{2w_1\sigma_c} \tag{8.63}$$

블레이드 흡입면의 경계층 유동이 축류 캐스케이드와 유사하다고 가정하면[곡률과 코리올리(Coriolis) 영향은 무시함], 유동 박리를 피하기 위해서는 $D_{Lc} < 0.5 \sim 0.6$으로 유지해야 한다. 결국 이것은 $Q = 4.248$ m³/s, $\Delta p_T = 292.945$ kgf/m², $\rho = 1.2$ kg/m³, $D = 0.9144$ m, $d/D = 0.727$ 및 $N = 158$ rad/s($= 1506$ rpm)의 홴 계산을 나타내는 표 8.3과 같이 매우 보수적인 제약이다. 여기서 $N_s = 0.95$ 및 $D_s = 3.1$이다. $C_{\theta 1}$은 0으로 가정하고 있기 때문에 ΔW_θ는 단순히 $C_{\theta 2}$이다. 블레이드 폭은 $b_1 = d/4$ 및 $b_2 = (d/D)b_1$이다. 이 계산은 블레이드 수가 적정한 경우 확산 변수가 0.6을 초과해야 하는 것을 의미하며, 홴은 $N_B > 10$ 및 $\sigma_c > 1.48$이어야 한다는 것을 의미한다. 실제로 이 범위의 비속도에 속하는 대부분의 원심형 홴은 약 1.1~1.25의 고형비를 가지고, 매우 높은 전효율을 가지며, 매우 깨끗한 경계층 유동을 보인다. 12개의 블레이드수가 일반적이기 때문에 Lieblein 확산 한계는 일반적으로 사용되는 블레이드보다 약 40% 더 긴 블레이드를 필요로 한다. 낮은 비속도의 시스템을 고려하는 경우 고형비의 요구 사항은 전혀 맞지 않을 수 있다. 예를 들어, 홴의 압력 상승 요구 사항을 4배로 하기 위해 $N_s = 0.40$ 및 $D_s = 7.3$을 사용하는 경우가 있다. 30개의 블레이드수의

표 8.3 원심형 홴의 고형비 선택

N_B	μ_E	ΔW_θ	W_2/W_1	β_2^*	c/D	σ_c	D_L
10	0.892	135.1	0.620	21.4	0.467	1.48	0.638
12	0.915	131.9	0.636	20.8	0.467	1.78	0.575
14	0.925	130.4	0.645	20.6	0.467	2.08	0.550
16	0.933	129.6	0.65	20.4	0.467	2.38	0.554

고형비 요구 사항은 약 8이지만, 이것은 실제로 작동 불가능한 값이다. 이 경우 de Haller 비는 0.53이다. 이것은 이전 기준에서 허용할 수 없을 정도로 낮은 값이다.

여기서 왜 이것이 받아들여지는지 그 이유를 살펴보자. 원심형 임펠러 블레이드의 흡입면에서는 종종 유동 박리가 발생한다. 축류 기계는 유동의 안정성 문제 때문에 유동 박리가 허용되지 않는다. 그러나 경계층 박리를 수반한 원심형 임펠러의 블레이드 사이 유로의 유동은 비교적 단조로우며 유로를 통과하여 출구에서 나오는 안정된 제트 후류 유동 패턴을 나타낸다(Johnson과 Moore, 1980). 임펠러 유로에서 박리된 유동을 허용하면 확산의 제한이 대폭 완화되어, 훨씬 높은 블레이드 부하를 허용하더라도 적당한 성능을 보일 수 있다. 일반적으로 미끄럼 계수를 0.9 부근으로 유지하기 위해 적절한 블레이드수에서 1에 가까운 고형비는 만족스러운 값이다.

8.11 요약

블레이드 캐스케이드의 상세한 유동에 대한 연구는 유동의 거동에 대한 좀 더 깊은 이해를 제공하기 위해 수행되었다. 캐스케이드 유동 예측의 관계를 사용하면 주어진 성능을 위해 블레이드 및 베인의 익렬 설계의 정확도가 크게 향상된다. 현재는 전산 유체역학 해석 기술을 사용하여 최종 설계 및 분석이 이루어지고 있지만, 확립된 캐스케이드의 개량 및 최종 최적화 전에 좋은 예비 설계 및 상호 작용에 대한 정보를 제공할 수 있다.

축류 캐스케이드의 성능에 대한 정보는 광범위하다. 정보의 대부분은 Langley와 Lewis(현재 Glenn) 연구 센터의 연구를 기반으로 한다. 이 장에서 검토한 내용은, 첫째 고형비, 캠버 및 피치와 같은 캐스케이드 변수의 함수로서 현재의 입사각과 편차각을 구하는 데에 중점을 두고 있다. 이 연구에서는 합리적인 정확도로 기계의 블레이드 및 베인의 크기를 조정할 수 있는 일련의 알고리즘을 제공하였고, 확산 한계와 이것이 캐스케이드의 고형비에 미치는 영향에 대해 설명하였다.

다음으로 캐스케이드에 대해 점성 경계층 손실의 발생을 알아보았다. 고전적인 예측 기법은 특정 캐스케이드 구성의 효율성을 추정하는 간단한 방법으로 제시되었다. 이러한 손실 예측은 캐스케이드 형상, 여기에서 소개된 확산의 개선된 추정 방법 및 블레이드 상대 마하수를 기반으로 한다.

터빈 블레이드 캐스케이드의 유동에서는 입사각과 편차 및 고형비가 고려되었다. 블레이드 출구 형상 및 유동 마하수에 영향을 받는 축류 캐스케이드에 대해 유동 예측과 설계를 위한 비교적 간단한 방법이 제시되었다. 터빈 캐스케이드의 손실을 추정하는 간단한 방법이 설명되었다.

　마지막 고려 사항은 반경류 또는 원심형 블레이드 캐스케이드에 대한 내용이었다. 실험적 정보의 양은 그다지 광범위하지 않다는 것을 확인하였고, 반이론적 방법으로 유동 편차(미끄럼이라고도 함)를 계산하는 방법을 설명하였다. 미끄럼 예측에 대한 몇 가지 방법이 제시되고 비교되었으며, 이들은 일치함의 정도가 높았다. 미끄럼 계수는 블레이드수와 임펠러의 유출 각도의 요구 사항에 대해 크게 의존하는 것을 알 수 있었다. 또 원심형 캐스케이드의 고형비 개념은 축류 기계의 경우에 보다 중요성이 낮은 것으로 나타났다.

8.1 앞 연습 문제 6.4를 반복하고, 확산 계수의 한계와 편차 추정에 대한 Howell의 규칙을 사용하여 적절한 고형비와 캠버 및 피치를 구하시오.

8.2 공기는 절대 유동 출구 각도가 60°인 입구 가이드 베인(IGV) 열을 통해 그림 P8.2와 같이 축류 홴 캐스케이드로 흘러간다. 블레이드 열은 순수한 축류 유출 유동을 생성하도록 설계되어 있다.

(a) 입구 가이드 베인(IGV)의 고형비와 캠버값을 구하시오.

(b) 블레이드의 고형비와 캠버값을 구하시오.

(c) 이상적인 동력을 구하시오.

모든 작업을 나타내고, 모든 가정을 쓰시오. (단, Howell-Carter의 규칙은 확산 캐스케이드에만 해당된다)

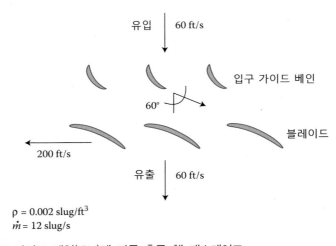

유입 | 60 ft/s

입구 가이드 베인

60°

블레이드

200 ft/s

유출 | 60 ft/s

$\rho = 0.002 \ \text{slug/ft}^3$
$\dot{m} = 12 \ \text{slug/s}$

그림 P8.2 입구 가이드 베인(IGV)에 따른 축류 홴 캐스케이드

8.3 SWSI 원심형 홴의 형상은 다음과 같다. $b_1 = 5$ in., $b_2 = 3$ in., $d = 12$ in., $D = 20$ in., $\beta_1 = 25°$ 및 $\beta_2 = 35°$(실제 유체 각도)이고, 기타 변수는 $N = 1800$ rpm 및 $\rho = 0.0233$ slug/ft³이다.

(a) 이상적인 성능, Q 및 Δp_{Ti}를 구하시오.

(b) 홴의 총효율을 구하고, Δp_{Ti}를 Δp_T로 수정하여 필요한 동력을 구하시오.

(c) Δp_T 및 Q를 얻을 수 있는 블레이드 출구 각도 및 호환되는 블레이드수(β_2^* 및 N_B)

를 선정하시오. μ_E에는 전체 Stodola 및 간이 Stodola 형식을 모두 사용하시오. (단, $\mu_E > 0.85$를 유지하는 데 충분한 블레이드를 사용한다)

8.4 앞 연습 문제 6.5의 휀에 대해 합리적인 평균 고형비를 선정 및 효율성과 편차의 영향을 포함한 Δp_T를 생성하는 데 필요한 캠버 각도 ϕ_c를 결정하시오. 또 벡터 그림과 블레이드 모양 및 레이아웃을 스케치하시오.

8.5 미끄럼의 Stodola 식을 포함하여 비 점성 효과, ψ_{ideal}(연습 문제 7.6)을 수정할 수 있다. 미끄럼과 점성 손실을 보정한 ψ_T가 다음과 같이 되는 것을 구하시오.

$$\Psi_T = 2\left[1 - \frac{(\pi \sin\beta_2)/N_B}{1 - \varphi_c \cot\beta_2}\right](1 - \varphi_c \cot\beta_2) - \left[\left(\frac{d}{D}\right)^2 + \varphi_c^2\right]N_B C_{wb}$$

8.6 위 연습 문제 8.5의 결과를 사용하여 d/D, β_2 및 ϕ_c의 특정값에 대한 최적의 블레이드 수를 다음 주어진 식과 같이 구하시오.

$$N_{B,opt} = \left\{\frac{2\pi \cos\beta_2}{[(d/D)^2 + \varphi_c^2]C_{wb}}\right\}^{1/2}$$

8.7 위 연습 문제 8.6의 식을 사용하여 C_{wb}를 추정하는 방법을 쓰시오.

8.8 $\beta_2 = 60°$, $d/D = 0.7$, $\phi_c = 0.3$ 및 $C_{wb} = 0.025$의 송풍기의 경우 사용하기 위한 블레이드의 '최적'의 수는 몇 개여야 하는지 구하시오.

8.9 축류 펌프의 전압력 상승은 20 psi 및 체적 유량은 6800 gpm이다. 팁과 허브의 지름은 각각 16 in. 및 12 in.이고, 회전 속도는 1100 rpm이다.
   (a) 총효율을 추정하고, 필요한 동력을 구하시오.
   (b) 원하는 유동에서 압력 상승과 위 (a)의 효율을 달성하기 위한 평균 속도 도표를 구하시오.
   (c) Constant의 편차 규칙을 사용하여 평균 블레이드 형상을 구하시오.

8.10 보다 복잡하고 정확한 Howell의 규칙을 사용하여 위 연습 문제 8.9의 (c) 블레이드 레이아웃을 다시 구하시오. 결과를 'Constant의 규칙'의 결과와 비교하시오. 단순화된 규칙을 사용하면 압력 상승의 오류는 어떻게 되는지 설명하고, 펌프 설계에 미치는 영향에 대해 쓰시오.

8.11 앞 연습 문제 7.12의 성능을 달성하기 위해 와류익과 베인의 형상을 상세히 하기 위해

Ainely-Mathieson 방법을 사용하시오. (단, 평균 반경에서 수행한다)

8.12 12,000 cfm 및 2.0 in. wg를 사용하여 8.4절의 홴 평균 스테이션을 다시 구하시오. 또 $d = 0.6D$를 사용하여 허브 및 팁 배치를 구하시오.

8.13 원심형 블레이드 캐스케이드의 미끄럼을 예측하기 위해 Stodola 식을 고려해 보시오. $\mu_E = 1 - (\pi/N_B)\sin\beta_2^*/(1 - \phi\cot\beta_2^*)$ 및 $\phi = C_{r2}/U_2$이고, β_2^*가 $90°$에 가까워짐으로써 식은 $\mu_E = 1 - (\pi/N_B)\sin\beta_2^*$로 감소하거나 유연하지 못한 $\mu_E = 1 - (\pi/N_B)$이다.

(a) 이 결과를 다음 주어진 반경류 블레이드 임펠러($\beta_2^* = 90°$)의 일반식과 비교하시오.

$$\text{Stanitz, 1951: } \mu_E = 1 - 0.63\left(\frac{\pi}{N_B}\right)$$

$$\text{Balje, 1962: } \mu_E = \frac{1}{1 + \left[6.2(d/D)^{2/3}/N_B\right]}$$

$$\text{Buseman, 1928: } \mu_E = \frac{N_B - 2}{B_B}$$

(b) 보수적인 방법을 파악하고 더 높은 값의 μ_E를 생성하는 방법을 사용하는 것에 대한 설계의 의미에 대해 설명하시오. Balje 방법은 언제 사용할만한 보수성의 수준을 제공하는지 알아보시오.

8.14 $\rho = 0.00235$ slug/ft³의 공기 중에서 작동하는 원심형 홴은 1785 rpm으로 작동하고 총효율은 85%이다. 홴의 지름은 $D = 30$ in., 입구의 지름은 $d = 21$ in.이다. 블레이드 출구 폭은 $b_2 = 7.5$ in. 및 입구 폭은 $b_1 = 9.0$ in.이다. $\beta_1^* = 32°$ 및 $\beta_2^* = 35°$일 때, $N_B = 12$ (블레이드수)이다.

(a) 홴의 체적 유량을 구하시오.

(b) 홴의 이상적인 양정 상승 또는 압력 상승을 구하시오.

(c) 미끄럼 계수와 순전압력 상승을 구하시오(미끄럼 및 효율의 영향 포함).

8.15 송풍기는 밀도 1.22 kg/m³의 공기를 3000 Pa의 압력 상승으로 5 m³/s의 공기를 공급하도록 설계되어 있다. 지정된 성능을 달성하기 위한 원심형 홴 임펠러를 설계하시오.

(a) D, d, b_1, b_2 및 N을 구하시오.

(b) 레이놀즈수 및 간극 갭($c/D = 0.002$) 효과를 포함한 수정된 Cordier 값을 사용하여 효율을 구하시오.

(c) 미끄럼을 고려한 블레이드 형상(β_1^*, β_2^* 및 N_B)을 구하시오.

(d) 치수 스케치 또는 도면의 모든 최종 치수표를 쓰시오.

(e) 블레이드 평균 캠버선 및 유로를 정확하게 표현하여 블레이드의 각도 및 고형비를 구하시오.

8.16 폭이 2배인 원심형 송풍기의 형상은 다음과 같다. $D = 0.65$ m, $b_2 = 0.15$ m, $b_1 = 0.20$ m, $d = 0.45$ m 및 $\beta_2^* = 32°$이고, 팬은 15개의 블레이드가 있으며, 1185 rpm으로 작동한다.

(a) 총유량이 8 m^3/s일 경우 β_1의 올바른 값을 구하시오.

(b) 입구 유체 밀도가 $\rho_{01} = 1.19$ kg/m^3의 경우 점성 손실을 무시하고 팬의 압력 상승을 구하시오. (단, 초기 해답에는 유동이 비압축성이라고 가정한 다음 p/ρ^γ는 상수임을 이용하여 출구 밀도의 증가에 따른 압력 상승을 보정한다)

(c) 효율을 구한 다음, 이 값을 사용하여 송풍기의 순압력 상승을 구하시오.

8.17 베인 축류 팬의 특징은 $D = 0.80$ m, $d = 0.49$ m 및 $N = 1400$ rpm이다. 팬의 성능은 $Q = 5.75$ m^3/s, $\Delta p_T = 750$ Pa, $\rho = 1.215$ kg/m^3 및 $\eta_T = 0.85$이다. 캐스케이드 변수를 선정하여 블레이드 및 베인의 형상을 구하시오. 국부 확산 계수 D_L을 허브, 평균 및 팁에서 각각 0.60, 0.45 및 0.30이 되도록 한다.

(a) 이러한 D_L 제약을 만족시킬 수 있는 블레이드 및 베인의 고형비 분포를 구하시오.

(b) 블레이드와 베인이 매우 얇다고 가정한다. 고형비 및 유동 각도를 구하고, 편차, 캠버 및 입사각과 블레이드의 허브와 평균 및 팁의 엇갈림각을 구하시오.

(c) 위 (b)를 베인 열에 대해 구하시오.

8.18 송풍기의 성능 요구 사항은 유량 $Q = 9000$ cfm으로 나타나 있다. 전압력 상승, $\Delta p_T = 8.0$ in. wg, 주변 공기 밀도 $\rho = 0.0022$ $slug/ft^3$이다.

(a) 송풍기의 임펠러에 적합한 속도 및 지름을 결정하고, 전체 효율을 구하시오. (단, 다양한 원심 설계 작업이지만 분석을 통해 이 선택을 정당화한다)

(b) 레이놀즈수와 2.5배 이상의 넉넉한 운전 간극(즉, $C/D = 0.0025$)의 영향 및 벨트 구동 시스템의 영향(구동 효율은 95%라고 가정함)에 의한 총효율을 구하시오.

8.19 문제의 예비 설계 결정의 결과에 밀접하게 일치하는 위 연습 문제 8.18의 요구 사항 세 가지를 구하기 위해 그림 5.11의 무차원 성능 곡선을 사용하시오.

8.20 위 연습 문제 8.18의 팬에 적합한 스로트 지름비 d/D, 폭 비율, b_1/D 및 b_2/D를 구하고, 블레이드 열 입구 및 출구에서 모두 구하시오. 또 블레이드의 de Haller 비를 계산하시오.

8.21 위 연습 문제 8.20에서 분석된 원심형 홴에서 블레이드의 형상을 정의하기 위해 캐스케이드 변수를 구하시오. 또 Stodola의 미끄럼 계수를 사용하여 필요한 블레이드수를 구하시오. (단, 유출 벡터의 적절한 제어를 유지하기 위해 0.85에서 0.9 사이의 μ_E를 선택한다) 얇은 블레이드를 가정하고, 블레이드 열 입구에 이미 결정된 유동 각도를 사용한다. 선택한 μ_E에 따라 블레이드 금속의 출구 각도 β_2^*를 구하시오. 이로 인해 이전에 계산된 $C_{\theta 2}$가 $C_{\theta 2}/\mu_E$로 증가한다.

8.22 위 연습 문제 8.21의 임펠러의 보기 2개를 설명하는 일련의 도면을 작성하시오. '전면' 보기에서 적어도 3개의 블레이드를 표시하여 캠버 형상과 블레이드 사이의 유로를 구하시오. 또 '측면' 보기에서 블레이드에 대한 측판 및 슈라우드(있는 경우)의 형상을 나타내고, b_1, b_2 및 d/D를 구하시오.

8.23 공기 이동 장치의 성능 요구 사항은 유량 $Q = 1$ m³/s, 전압력 상승 $\Delta p_T = 500$ Pa 및 주변 공기 밀도 $\rho = 1.175$ kg/m³로 기재되어 있다. 기계의 음향 파워 레벨이 82 dB을 초과하지 않도록 제한되어 있다.
   (a) 홴의 적합한 속도와 지름을 결정하고 총효율을 구하시오. (단, 베인 축 설계를 사용하지만 분석을 통해 이 선택을 정당화한다)
   (b) 레이놀즈수와 2.5배 이상의 운전 간극(즉, $C/D = 0.0025$)의 영향 및 벨트 구동 시스템의 영향(구동 효율은 95%라고 가정함)에 의한 총효율을 구하시오.

8.24 8 in. wg의 정압 상승과 $\rho g = 0.053$ lbf/ft³의 공기 중량 밀도 250 cfm을 공급하기 위한 소형 송풍기가 요구된다. SWSI 구성용 원심형 유로를 구하시오. 최소 W_1에 적합한 d/D 비율을 사용하고, Stodola 식($\mu_E \approx 0.9$)을 이용하여 미끄럼을 추정하고, 블레이드 열에 따라 달라지는 폴리트로픽 밀도 변화를 추정한 다음 (Cordier 효율 사용) $25° < \beta_2^* < 35°$로 제한된 임펠러 출구 폭 사이즈를 구하시오.

8.25 위 연습 문제 8.23의 홴이 500 Pa의 정압 요구 사항이 되도록 다음을 구하시오.
   (a) 동력, 총효율, 정압 효율 및 음향 파워 레벨 L_W를 구하시오.
   (b) 홴에 적합한 허브 및 팁의 지름 비율을 선정하고, 위 (a)의 계산을 반복하시오.

8.26 위 연습 문제 8.23의 $\Delta p_T = 500$ Pa의 홴의 속도 삼각형을 정의하시오. 또 허브, 평균 및 팁의 블레이드 및 베인의 두 열에서 작업을 구하고, 모든 위치에서 반응 각도를 구하시오.

8.27 위 연습 문제 8.26에서 분석된 베인 축류 홴에 대해 블레이드 및 베인의 형상을 정의하기

위한 캐스케이드 변수를 구하시오. 허브, 평균 및 팁에서 국소 확산 계수 D_L을 블레이드 및 베인에 대해 각각 0.60, 0.45 및 0.30이 되도록 한다.

(a) 이러한 D_L 제약을 만족시킬 수 있는 블레이드 및 베인의 고형비 분포를 구하시오.

(b) 블레이드와 베인이 매우 얇다고 가정한다. 고형비 및 유동 각도를 구하고, 편차, 캠버 및 입사각과 블레이드의 허브, 평균 및 팁의 엇갈림각을 구하시오.

(c) 위 (b)를 베인 열에 대해 반복해서 계산하시오.

8.28 17개의 블레이드를 기반으로 계산된 블레이드 각도 및 코드 길이를 사용하여 연습 문제 8.27의 휀의 블레이드 기하학적 변수 및 반경에 따른 곡선 세트를 구하시오. 코드 길이를 결정하기 위해 9개의 베인을 사용하여 베인의 곡선을 구하시오.

8.29 앞 연습 문제 7.12의 터빈 발전기 세트에 대해 허브, 평균 및 팁 반경류에서 노즐 및 블레이드의 전체 레이아웃을 완성시키시오. Ainley-Mathieson 방법을 사용하여 유량 편차를 고려한다. 반경의 함수로서 노즐 및 블레이드의 변수 구성을 쓰시오.

8.30 앞 연습 문제 7.14의 원심형 휀 임펠러에 대해 블레이드의 정확한 형상을 구하시오.

(a) $\mu_E = 0.9$의 Stodola 공식을 사용하여 블레이드수 및 출구 금속 각도를 구하시오.

(b) 11개의 블레이드에 Stanitz 공식을 사용하여 블레이드의 출구 각도를 배치하고, 위 (a)의 임펠러 형상과 비교하시오.

8.31 위 연습 문제 8.26의 휀에 대해 블레이드 팁에서 필요한 캠버를 추정하기 위해 $\sigma = 0.4$를 사용한다. NACA 상관관계를 이용하고 낮은 고형비 상관관계를 이용한 결과와 비교하시오.

8.32 열교환기는 주위 압력보다 2.2 in. wg 높은 정압의 공기 2500 cfm이 필요하다. 주위 밀도는 $\rho = 0.00225 \ \text{slug/ft}^3$이다. 휀을 장착하려면 음향 파워 레벨이 85 dB 이하여야 한다.

(a) 베인 축류 휀의 적합한 속도 및 지름을 결정하고, 전반적인 효율을 구하시오.

(b) 레이놀즈수 및 $C/D = 0.002$의 운전 간극의 영향에 대한 총효율을 구하시오.

(c) 그림 6.10에서 선택한 d/D 비율을 사용하여, 블레이드 및 베인 평균의 얇은 호를 구하시오. (0.5의 등가 확산에 따라 고형비를 선정한다)

(d) Howell의 상관관계를 이용하여 이러한 단면을 선택하고, 그 결과를 위 (c)의 추정값과 비교하시오.

(e) 두께 10%의 NACA 65 시리즈 캐스케이드에 대해 블레이드 각도의 전체 NACA 상관관계를 이용하여 블레이드 및 베인의 평균을 정의하고, 이전의 계산과 비교하시오.

8.33 베인 축류 홴은 $Q = 12$ m³/s, $N = 1050$ rpm, $\rho = 1.18$ kg/m³, $D = 1.0$ m 및 $d = 0.7$ m 를 가진다. 홴 블레이드 허브의 허브 고형비 σ_h를 1.50으로 설정하고, $D_L = 0.6$을 초과하지 않도록 제한한다. 이러한 제약으로 홴이 발생할 수 있는 최대 전압력 상승을 구하시오. 블레이드에 균일하게 부하가 걸려 있다고 가정하고, 다시 비속도에 따른 효율을 사용하여 결과를 구하시오.

8.34 $\sigma_h = 1.0$ 및 2.0을 사용하여 최대 전압력 상승을 다시 계산하여 위 연습 문제 8.33의 계산을 추가로 구하시오. 허브 고형비의 함수로 최대 전압력 상승 곡선을 구하시오. 이 연구에서 나타난 경향의 한계에 대해 논의하시오.

8.35 $D_L = 0.55$ 및 0.50의 확산 한계에 대한 위 연습 문제 8.33의 계산을 반복하시오. 이 값은 점점 보수적 설계 수준을 나타낸다. $D_L = 0.55$ 및 0.50의 결과를 연습 문제 8.33의 결과와 비교하여 각각 세트의 $D_s \sim N_s$ 값을 Cordier 곡선과 비교하시오.

8.36 $Q = 12$ m³/s, $N = 1050$ rpm, $\rho = 1.18$ kg/m³, $D = 1.0$ m 및 $d = 0.7$ m의 베인 축류 홴에 대해 베인 허브가 $D_L = 0.58$을 초과하지 않도록 제한한다. $\sigma_{v-h} = 1.25$에 제한된 베인 허브 고형비에서 달성 가능한 최대 전압력 상승을 구하시오.

8.37 저압 증기 터빈의 첫 번째 단은 2000 ft³의 체적 유량 및 45 Btu/lb의 지정된 일을 위해 설계된다. 단의 바깥지름은 5 ft 및 속도는 3600 rpm이다. 단은 일반적으로 축류이다. 다음을 선택하거나 결정하여 설계를 완료하시오.
(a) 블레이드 길이, 이에 따른 허브 지름
(b) 블레이드수
(c) 허브, 팁 및 평균 반경에서의 블레이드 및 노즐 프로파일

8.38 작동 유체로 공기를 사용하는 일반 축류단의 사양은 다음과 같다.

축 속도 C_x:　425 ft/s
반응 각도:　0.6
블레이드 속도:　650 ft/s
입구 정체 특성:　24 psia, 650°R
단 (total-total) 폴리트로픽 효율: 88.7%
고형비: 1.1

속도 도표의 완전한 세트를 작성하고, 합리적인 블레이드/베인 형상을 배치한 다음(필요

에 따라 편차를 수정함), 단이 다음의 경우 단의 출구 정체 압력을 구하시오.

(a) 터빈

(b) 압축기

8.39 50 ft에 가까운 양정을 500 gpm을 공급하도록 물 펌프를 설계하시오. 펌프 양정의 변화를 거의 수반하지 않고 광범위한 유량(설계 유량의 +15%/−25% 등)을 공급하도록 요구되며, 꽤 '평평한' 성능 곡선이 바람직하다. 경제적인 이유로 펌프는 동기 전동기에 의해 구동된다. 설계는 속도, 바깥지름 및 허브 지름, 미끄럼 및 효율의 영향을 포함한 블레이드 폭 및 형상을 포함해야 한다. 설계는 '급진적'인 것이 아니라 '전형적인' 것이 기대되고 있다.

8.40 발전소의 강제 초안에 대한 DWDI '에어포일 블레이드' 원심형 홴을 설계하시오. 지정된 총유량은 5000 ft³/s 및 압력 상승은 15 in. wg이다. 홴의 속도는 500 rpm이며 압축성은 무시할 수 있다. 다음을 결정하시오.

(a) 안지름 및 바깥지름, 블레이드 폭(제작의 경제성을 위해 일정한 블레이드 폭을 사용함), 블레이드수, 블레이드 형상(미끄럼을 고려함)을 포함한 임펠러 레이아웃

(b) 홴 효율 및 동력

(c) 케이싱의 대략적인 모양

8.41 앞 연습 문제 7.13의 주어진 사양에서 시작한다. 정류기/디퓨저 베인을 가진 축류 홴을 설계한다. 홴 허브 및 팁 지름, 블레이드수 및 허브, 팁 및 평균 반경의 로터/스테이터 블레이드 형상을 설계하시오. 설계는 de Haller 비의 적절한 값을 설정하여 홴 효율 및 블레이드/유량 편차를 고려해야 한다. [단, Cordier 정보를 사용하여 (total-total) 효율을 추정하고, 로터 지름의 시작값을 결정한다. 편차를 추정하기 위해 Constant의 규칙을 이용한다]

8.42 원심형 펌프는 50 ft의 양정에 500 gpm을 퍼 올리기 적합하다. 임펠러는 입구 예선회 베인이 없는 '단순한' 설계이다. 양정은 거의 변화하지 않고 광범위한 유량(설계 유량의 ±25 등)을 제공하기 위한 펌프가 될 것으로 예상되기 때문에 상당히 '평평한' 성능 곡선이 바람직하다. 다음 비속도['펌프 형식'(n_s): $N(\text{rpm})\sqrt{Q}(\text{gpm})/H(\text{ft})^{3/4}$] 중 1500, 3000 또는 6000에서 어느 값이 더 나은 설계값인지 정하시오.

(a) 적절한 비속도를 사용하여 펌프 회전 속도, (추정) 수력학적 효율 및 (바깥)지름을 구하시오.

(b) 임펠러 출구에서 단위 질량당 펌프 일과 절대 속도의 접선 성분($C_{\theta 2}$)을 구하시오.

(c) 허브 지름의 합리적인 '최적'의 값을 구하시오.

(d) $C_1 = C_{r1} = 0.7U_1$을 가정하고 입구 속도 선도를 배치한 다음, W_1 및 임펠러의 입구 폭, b_1을 구하시오.

(e) 유출 시 임펠러 폭을 입구의 임펠러 폭의 절반으로 한다($b_2 = b_1/2$). C_{r2}를 찾은 다음 U_2, C_{r2} 및 $C_{\theta2}$를 사용하여 출구 속도 선도를 구하시오.

(f) W_2를 계산하고 de Haller 비를 구하시오.

(g) 합리적인 블레이드수를 구하시오.

(h) 임펠러 블레이드 형상을 구하시오.

8.43 앞 연습 문제 7.14를 다시 계산하시오. 2폴, 4폴 또는 6폴을 가진 구동 모터를 지정한다. 홴의 효율 및 미끄럼을 고려한다. 레이아웃은 로터 팁과 허브의 지름, 로터 팁과 허브의 폭 및 블레이드수와 형상을 포함해야 한다.

8.44 대형 축류 펌프는 140 kPa의 압력 상승에 0.45 m³/s의 유량을 공급해야 한다. 임펠러 허브와 팁의 지름은 각각 $D = 0.4$ m 및 $d = 0.3$ m에서 작동 속도는 1200 rpm이다. 허브에서 블레이드의 길이는 15 cm(코드 길이)이며, 고형비는 1.0이라고 가정한다.

(a) Cordier 선도를 사용하여 펌프의 총효율을 추정하고, 레이놀즈수의 영향에 대해 Cordier 수를 구하시오.

(b) 필요한 압력 상승을 달성하기 위해 이 펌프 블레이드의 평균 반경 방향의 축류 속도 선도를 배치하고, 벡터에 대한 효율성을 구하시오.

(c) 위 (b)의 벡터 선도에 따라 이 블레이드 평균의 형상을 구하시오.

(d) 이 위치의 de Haller 비는 허용 범위인가?

(e) Howell 규칙을 사용하여 편차를 추정하고, 블레이드 형상 및 교정 베인(평균 반경에서 수행함)을 구하시오.

8.45 위 연습 문제 8.44에서 검토한 펌프의 허브와 팁의 de Haller 비 및 벡터 선도, 블레이드 형상을 구하시오.

8.46 반경류 펌프는 시스템에 연결된다. 시스템의 양정-유동 특성은 $H = 5 + 950 \times Q^2$에서 H는 m 및 Q는 m³/s이다. 펌프는 다음과 같은 특징이 있다.

임펠러 지름: 0.25 m

회전 속도: 1450 rpm

블레이드수: 8

블레이드 출구 각도: 30°(후방 기울기)

입구 예선회: 없음

임펠러 팁 폭: 2.0 cm

D/d : 3.0

b_2/b_1 : 0.33333

수력 효율: 0.82

기계 효율: 0.90

(a) 펌프의 양정-유동 특성의 방정식을 구하시오. (단, Stodola 미끄럼 계수를 사용한다)

(b) 펌프/시스템을 통과하는 유량을 구하시오.

(c) 임펠러 블레이드 입구 각도를 구하시오.

(d) 펌프 임펠러를 작성하시오.

(e) 축 입력 동력을 구하시오.

8.47 원심 펌프는 다음 사양에 맞게 설계해야 한다.

양정: 120 ft,   유량: 900 gpm,   속도: 1750 rpm

입구 예선회는 없으며 7개의 베인을 사용한다. 입구는 최적/표준인 $A_1 = A_0$이다. 블레이드 폭은 일정한 반경류 속도를 유지하기 위해 가늘어진다.

(a) 수력 효율 및 단위 질량 유량당 일을 구하시오.

(b) 각도 25° 및 60°에 대한 임펠러 지름 계산을 통해 블레이드 팁 각도(β_2^*)와 임펠러 지름 사이의 관계를 구하시오. (단, 미끄럼은 Weisner 모형을 사용한다)

8.48 소형 가반식 가스 터빈 발전소가 설계되어 있다. 단순함과 견고함을 위해 유닛에는 단단 원심 압축기와 단단 축류 터빈이 장착된다. 이 장치는 표준 해수면 흡기 조건(59°F, 14.696 psia 및 0.0764 lbm/ft³)의 75 kW 순 축출력을 위해 설계되었다. 이 문제는 유닛의 예비 설계를 통해 수행된다.

Part I: 열역학적 계산

예비 설계에서는 다음 변수가 선정된다.

압축기 (전)압력 비율: 3:1

연소기의 총압력 손실(압축기와 터빈 사이): 2 psi

연소기 유출(터빈 입구) 총온도: 1500°F

연료/공기 비율: 2%

터빈 출구 전압력: 14.8 psia

작동 유체는 $R = 53.35$ ft×lb/lbm°R 공기로 간주된다. 압축기에서 $\gamma = 1.4$이다. 터빈에서 $\gamma = 1.35$이다. 적절한 경우 압축기의 효율이 최대가 되도록 설계 변수가 선택된다. 하지만 구성 요소의 크기가 작기 때문에 Cordier 값은 8(0.08)씩 '완화'해야 한다.

(a) 압축기에 필요한 단위 질량 유량당 일(Btu/lb)을 구하시오.

(b) 터빈 입구의 전압력과 터빈 휠에 의해 생성되는 특정 일(Btu/lb)을 구하시오. 터빈 효율이 압축기 효율보다 3% 크다고 가정한다.

(c) 터빈의 질량 유량이 압축기의 질량 유량보다 2% 높은 점에 유의하고(압축기와 터빈 사이에 연료 유량이 추가됨), 순 100 hp을 생성하는 데 필요한 공기(압축기 흡입구)의 질량 유량을 구하시오.

(d) 최대 설계 효율을 달성하기 위해 필요한 압축기 회전 속도를 구하시오.

Part II: 압축기 설계

다음과 같은 선정이 이루어졌다. 압축기는 반경류 팁 블레이드($\beta_2^* = 90°$)가 있다. 압축기의 입구에는 축류의 인듀서 베인이 있고 예선회는 없다($\alpha_1 = 90°$, $C_1 = C_{1x}$). 압축기에는 11개의 블레이드와 11장의 '종렬형 절반 블레이드'가 있다(즉, 유출 측 22개 블레이드 및 입구 측 11개 블레이드).

(a) 미끄럼 계수를 계산하고 요구되는 압축기 작업을 수행하는 데 필요한 블레이드 팁 속도(U_2)를 구하시오.

(b) 필요한 압축기 지름을 구하시오.

(c) 입구 인듀서 블레이드의 높이(즉, 허브의 지름)의 적절한 값을 구하시오.

(d) 입구 속도 선도를 그리고, 인듀서 평균 반경에서 인듀서 블레이드 각도(β_1^*)를 구하시오.

(e) 유출 반경류 속도가 입구 축류 속도와 동일하다고 가정하고($C_{r2} = C_{x1}$), 임펠러 팁 폭을 구하시오. $\rho = 0.10$ lbm/ft³을 사용한다.

Part III: 터빈 설계

터빈 휠의 바깥지름이 압축기의 바깥지름과 동일하다고 가정한다. 터빈 및 압축기는 공통의 축을 공유하기 때문에 모두 같은 속도로 회전한다. 터빈 블레이드의 높이는 0.5 in.이다. 터빈 설계는 평균 블레이드 반경에 대해서만 이루어진다. 터빈 유량은 압축기 유량의 102%임을 기억한다.

(a) 터빈 블레이드 속도, 작업 계수 및 필요한 반응 각도를 구하시오.

(b) 평균 밀도 0.035 lbm/ft³을 사용하여 터빈의 축류 속도(C_x)를 구하시오.

(c) 터빈 속도 선도를 구하시오.

(d) 노즐 및 로터 블레이드를 작성하시오. 불안정한 지침을 고려한다.

8.49 발전소 응축수 펌프를 설계한다. 650 ft(200 m)의 양정에 5.0 ft³/s(=0.14 m³/s)의 유량을 생성하기 위한 원심 펌프의 예비 설계를 구하시오. 속도는 3550 rpm이다. 얻어질 정보는 다음과 같다.

(a) 펌프 효율

(b) 요구 동력

(c) 블레이드수 선정

(d) 허브 및 바깥지름, 플레이드 폭 및 형상(미끄럼을 고려함)을 포함한 임펠러 레이아웃

(e) 케이싱의 스케치

8.50 발전소의 순환수 펌프를 설계한다. 25 ft(7.6 m)의 양정에 170.0 ft³/s(=4.8 m³/s)의 유량을 생성하기 위한 축류 펌프의 예비 설계를 구하시오. 다음을 결정하시오.

(a) 펌프 효율

(b) 요구 동력

(c) 블레이드수

(d) 허브 및 바깥지름(평균 반경), 블레이드 형상 및 교정 베인 형상(편차 및 확산 한계를 고려함)을 포함한 임펠러 레이아웃

(e) 케이싱의 스케치

8.51 축류 터빈 단은 일정한 축속도의 일반 단이다. 유량 계수 $\varphi = C_x/U$의 값은 0.6 및 노즐 출구 각도 $\alpha^* = 21.8°$이다.

(a) 속도 선도를 구하시오.

(b) 노즐 및 로터 블레이드 형상을 작성하시오.

(c) 단 부하 계수, $\psi = C_\theta/U$ 및 반응 각도를 구하시오.

(d) Soderberg의 방법을 사용하여 터빈의 전(total-total)효율을 구하시오.

8.52 풍동 홴('명판'을 포함)을 관찰하면 다음과 같은 정보를 얻을 수 있다. 홴 타입=전체 단 튜브 축, 속도=3500 rpm, 유량=9600 cfm, 전압 상승=4.121 in. wg, 홴 정압 상승=3.0 in. wg, 총효율=56%, 정효율=41%이다. 필요한 만큼의 정보를 사용하여 이러한 사양의 홴을 설계하시오.

제**9**장

준3차원 유동

9.1 준3차원 유동 모형

8장의 서두에서 언급한 바와 같이 터보기계의 실제 유동은 3차원이다. 터보기계는 일반적으로 회전축에 대해 축대칭이기 때문에 3개의 공간 좌표 x(축), r(반지름) 및 θ(원주)를 사용하여 원통 좌표계로 유동을 설명하는 것이 가장 편리하다. 또 일반적으로 3개의 축에 대응하는 속도 성분을 사용하는데, 절대 기준 좌표계에는 C_x, C_r 및 C_θ를 사용하며, 상대(회전) 기준 좌표계에서는 W_x, W_r 및 W_θ를 사용한다. 물론 두 쌍의 속도 성분은 독립적이지 않고, $W = C - Ue_\theta$와 같이 로터 선형 속도($U = rN$) 및 회전(원주) 방향의 단위 벡터 e_θ와 연관되어진다.

실제 유동은 복잡하므로 분석 및 설계를 위해서는 다양한 단순화된 모형을 사용해야 한다. 예를 들어, 이 책에서 지금까지 수행된 분석과 계산은 일반적으로 블레이드 또는 베인 익렬에 단순하고 균일한 입구 및 출구 조건이 존재한다고 가정하고, 익렬 자체의 자세한 유동은 고려되지 않았다. 구체적으로 축류형 기계에서 기계를 통과하는 자오면 유동 표면은 공통의 축, 즉 회전축을 가진 단순한 동심 원통으로 간주되었다. 또 질량 유량 또는 부피 유량은 내부 허브와 외부 케이싱 사이의 환형부에 균일하게 분포되어 있다고 가정하였다. 즉, C_x는 입구, 출구 및 전체 시스템에서 일정한 값으로 가정된다. 함수적으로는 $C_x \neq f(x, r, \theta)$로 표현된다. 또 반경류 속도 $C_r = 0$(어디서나)과 같이 어디에도 존재하지 않는다고 가정되었다. 이 가정은 반경류 터보기계에서 로터 깊이 방향으로 유동이 균일하다는 가정에 해당하며, 최소 하나의 속도 성분은 0이다(일반적으로 입구 허브의 C_r 및 로터 출구의 C_x). 이전 3개의 장에서 이 유동 모형을 이용하여 소위 블레이드-블레이드 사이 평면에서 블레이드와 유체 사이의 상호 작용에 집중할 수 있었다.

많은 기계 유동장에서 이러한 가정은 충분히 정당화되지만, 점성/난류 경계층에 의해 벽면(허브 및 케이싱 표면) 부근에서는 유동의 왜곡이 당연히 예상된다. 그러나 일반적인 경우 축방향 운동 및 선회에 의한 회전 운동(절대 좌표계의 축류 속도 및 접선 속도, C_x 및 C_θ)에 관련된 곡면을 따르는 유동을 더 주의 깊게 살펴볼 필요가 있다. 이 딜레마에 널리 사용되는 해법 중 하나는 준3차원(Q3D) 유동 모형(Q3D 모형: quasi-three-dimensional flow model)이다(Wu, 1952, Johnsen과 Bullock, 1965, Katsanis, 1969, Wright 등, 1982).

Q3D 방법은 서로 수직인 표면에서 2개의 완전하게 상응하는 2차원 유동 문제를 해결함으로써 유동의 3D 근사 결과를 제공한다. 그림 9.1은 Q3D 모형을 나타낸 것이다. 하나의 표면은 회전의 자오인데, 그림 9.1에서는 자오면에 의해 절단된 인접한 블레이드의 단면 사이의

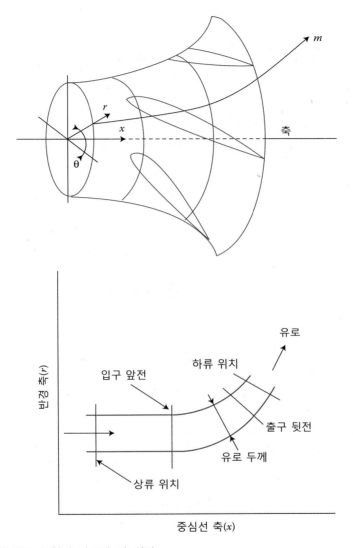

그림 9.1 준3차원 유동 모형의 자오면 및 평면

영역을 확인할 수 있다. 이것을 S1 표면이라고 하며, 이 표면의 결과는 블레이드-블레이드 사이의 결과이다. S2 표면 또는 '관통 유동 표면'으로 불리는 두 번째 표면은 평면에서 회전 축을 통과한다. 이 표면에서 원주 방향으로 평균된 속도장을 풀고, 자오면 유동 표면의 형상을 분석하고 결정한다. 일반적으로 S2 표면의 유동은 비점성으로 모형화된다. S2 표면에는 축방향, 반경 방향 및 접선 방향의 3개의 속도가 연결되어 있다. 이러한 속도는 두 공간 좌표만의 함수이며, 접선 방향의 변화는 블레이드-블레이드 사이 유동의 평균으로 구해진다. 일반적으로 8장에서 논의되었던 것과 같은 반경험적 모형을 사용하여 S1(블레이드-블레이드

사이) 결과에 손실을 포함할 수 있다. S2 해석에서는 블레이드-블레이드 사이의 유동이 분석되는 지점의 형상과 위치에 대한 정보를 S1 표면 유동 해석에 제공한다. 최상의 결과를 얻기 위해 두 표면의 해석은 서로의 결과에 영향을 주지 않을 때까지 반복되는데, 자오면(S1)의 결과에서 접선 방향의 유동 정보(C_θ 및 손실)를 S2 표면의 원주 방향 평균 유동에 제공하는 방식으로 반복된다. 이러한 해법은 아주 정확하지도 않고 완전 3D도 아니지만, 3D 유동에 대한 우수한 근삿값을 얻을 수 있다(Wright 등, 1984b). 이 방법은 완전 3D 해석에 비해 노력을 상당히 줄일 수 있으며, 형상이 반복적으로 변경되는 경우에 아주 유용하다. 이 모형은 여전히 매우 복잡하고, 일반적으로 S2 평면에서 유체 운동의 편미분 방정식의 해를 필요로 하며, 컴퓨터 수치 기반의 계산이 항상 필요하다. 이 내용은 10장에서 다룰 것이다.

9.2 축류형 기계의 단순화된 반경 방향 평형

예비 설계 작업과 관련하여 제한된 변수 설정 및 유동 거동에 대한 몇 가지 기본적인 통찰력을 구하기 위해 간단한 반경 방향 평형(SRE: simple radial equilibrium)의 개념을 사용해서 축류형 기계의 관통 유동을 묘사하면 많은 것을 배울 수 있다. 여기서는 블레이드의 상류 및 하류 위치에서 유동의 형태가 평형을 이룬다고 가정하기 때문에 블레이드 또는 베인의 익렬(즉, 전체 S2 표면에서)을 통한 2차원 유동(축 및 반경 방향 운동을 모두 포함함)의 자세한 기술은 생략한다. 여기서는 반경 방향의 속도 성분은 무시할 수 있을 만큼 작다고 ($C_r = 0$) 가정하고, '원심력'과 반경 방향의 압력 구배가 평형을 이루기 위한 축방향 속도와 접선 방향 속도 성분의 조화가 필요하다. 이 SRE의 개념을 그림 9.2에 나타내었다. 표시된 유체 입자에 작용하는 '원심력'(단위 부피당)은 $\rho(C_\theta^2/r)$이다. 축방향으로 작용하는 순 힘은 압력 구배에 의해 발생하고, dp/dr(단위 부피당)이다. 점성력을 무시하고 S2 평면에 유선 곡률이 없다고 가정할 경우(그림 9.3 참조), 유체 입자에는 반경 방향의 평형이 필요하다.

$$\frac{dp}{dr} = \rho \frac{C_\theta^2}{r} \tag{9.1}$$

Johnsen과 Bullock에 따르면 SRE 모형은 다소 부족한 점이 있지만, 이 모형을 입구 및 출구 조건에만 적용한다면 환형 캐스케이드의 유동을 합리적인 정밀도로 분석할 수 있다(Johnsen과 Bullock, 1965). 그림 9.3은 이 유동 형상을 묘사하고 있다. 그림 9.3의 '반경류 영역'은 블레이드를 통한 유로를 나타낸다. '입구' 및 '출구'에서 SRE[식 (9.1)]가 가정되

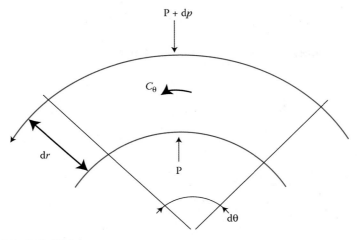

그림 9.2 SRE 내의 유체 입자

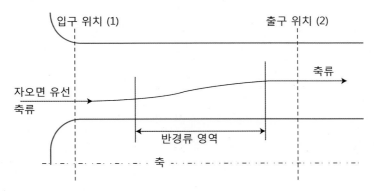

그림 9.3 SRE 개념 및 유동 형상

었다.

  SRE 적용을 위해서 기계의 유동장에 요구되는 물리적 제약이 없다는 점을 유의해야 한다. 식 (9.1)로 나타나는 조건이 충족되지 않을 경우 추가적인 반경 방향 가속도 $C_r(\partial C_r/\partial r)$ 및 $C_x(\partial C_r/\partial x)$의 형식이 있고, C_r는 0이 되지 않을 수 있으며, 유선은 곡선이 된다. SRE 모형을 이용하면, 블레이드 사이의 공간에서 반경 방향 평형과 직선 유선이 되도록 만드는 C_x와 C_θ에 대한 식을 구할 수 있다. 압축성 유동에 대한 식도 유도될 수 있지만(Dixon, 1998, Japikse와 Baines, 1994), 본 교재에서는 비압축성 유동에만 한정하여 설명할 것이다.

  정상 상태 비압축성 유동의 경우 전압력 상승은 전효율과 오일러 방정식(6장 참조)으로 구할 수 있다.

$$\Delta p_\mathrm{T} = \eta_\mathrm{T}\,\rho Nr\,(C_{\theta2} - C_{\theta1}) \tag{9.2}$$

평면 '1' 및 '2'에서 반경 방향 속도는 0이며

$$\Delta p_\mathrm{T} = \left(p + \frac{1}{2}\rho C_x^2 + \frac{1}{2}\rho C_\theta^2\right)_2 - \left(p + \frac{1}{2}\rho C_x^2 + \frac{1}{2}\rho C_\theta^2\right)_1 \tag{9.3}$$

여기서 식 (9.3)을 식 (9.2)에 대입하고, r에 대해 미분한 후 재정렬하면

$$\frac{dp_2}{dr} - \frac{dp_1}{dr} + \rho C_{x2}\frac{dC_{x2}}{dr} - \rho C_{x1}\frac{dC_{x1}}{dr} + \rho C_{\theta2}\frac{dC_{\theta2}}{dr} - \rho C_{\theta1}\frac{dC_{12}}{dr}$$

$$= \rho N\left[\frac{d\,(\eta_\mathrm{T} rC_{\theta2})}{dr} - \frac{d\,(\eta_\mathrm{T} rC_{\theta1})}{dr}\right]$$

다음으로 반경 방향 평형 조건식 (9.1)을 위치 '1' 및 '2'에 적용하고 재정렬하면

$$\frac{d\,(C_{x2}^2/2)}{dr} = N\left[\frac{d\,(\eta_\mathrm{T} rC_{\theta2})}{dr} - \frac{d\,(\eta_\mathrm{T} rC_{\theta1})}{dr}\right] - \frac{d\,(C_{x2}^2/2)}{dr} + \frac{d\,(C_{x1}^2/2)}{dr}$$

$$- \frac{d\,(C_{\theta2}^2/2)}{dr} + \frac{d\,(C_{\theta1}^2/2)}{dr} + \frac{C_{\theta1}^2 - C_{\theta2}^2}{r} \tag{9.4}$$

일반적으로 C_{x1} 및 $C_{\theta1}$은 상류 계산으로부터 알려진 것으로 가정된다. 식 (9.4)를 보다 사용하기 편한 형식으로 표현하기 위해 C_{x1}이 상수(균일한 유입)이고 $C_{\theta1}$이 0(단순한 유입)이라고 가정한다. 또 η_T는 r에서 독립적이라고 가정한다.[19]

$$\frac{d\,(C_{x2}^2/2)}{dr} = N\eta_\mathrm{T}\frac{d\,(rC_{\theta2})}{dr} - \frac{d\,(C_{\theta2}^2/2)}{dr} - \frac{C_{\theta2}^2}{r} \tag{9.5}$$

이 방정식을 무차원화하는 것이 더 편할 때가 있다. 이를 위해 속도를 블레이드의 팁 속도 $ND/2$로 나누고, 반경을 로터 반경 $D/2$로 나눈다. 그리고 7장과 같이 φ 및 Ψ를 정의한다.

$$\varphi_2 = \frac{C_{x2}}{ND/2} \quad \text{및} \quad \Psi = \frac{C_{\theta2}}{ND/2} \tag{9.6}$$

그리고 무차원의 반경을 다음과 같이 정의한다.

---

19) 손실이 없어 $\eta_\mathrm{T} = 1$이라고 가정하는 것이 아니라 단순히 블레이드 익렬에서 반경에 따른 효율의 변화가 없다고 가정하는 것이다.

$$z = \frac{r}{D/2} \tag{9.7}$$

무차원의 SRE 속도 방정식은 다음과 같다.

$$\frac{d(\varphi_2^2/2)}{dz} = \eta_T \Psi + \eta_T z \frac{d\Psi}{dz} - \Psi \frac{d\Psi}{dz} - \left(\frac{\Psi^2}{z}\right) \tag{9.8}$$

차원 있는 형태[식 (9.5)] 또는 무차원 형태[식 (9.8)]의 속도 방정식은 비선형 상미분 방정식이기 때문에 풀기 어려워 보인다. 더 어려운 것은 2개의 독립 변수 φ_2 및 Ψ 또는 C_{x2} 및 $C_{\theta2}$가 있는 것인데, 하나의 방정식에서 두 변수를 결정할 수 없다. SRE 모형의 목적은 설계 도구라는 것을 기억해야 한다. 해석 순서는 설계자가 하나의 변수 $\varphi_2 \sim C_{x2}$ 또는 $\Psi \sim C_{\theta2}$의 변화를 지정하고, 적절한 속도 방정식의 해가 반경 방향의 평형을 이룰 수 있도록 다른 변수의 반경 방향의 변화를 규정하는 것이다. 일반적으로 설계자는 선회의 변화를 지정하고, 방정식을 사용하여 반경 방향 평형을 위해 필요한 축류 속도의 분포를 결정한다.

$\Psi = 0$을 지정하면 간단하지만 무의미한 해를 찾을 수 있다. 이것은 입구 선회와 출구 선회 성분이 없으며 $\varphi_2 = $ constant 경우로 미분 방정식을 만족한다. 그러면 질량 보존에 의해 $\varphi_2 = \varphi_1$이다. 이러한 경우는 유동을 선회시키는 블레이드가 없는 파이프의 유동에 대한 것이다.

$\Psi = a/z$ (a는 상수)를 지정한 경우 단순하지만 매우 중요한 결과를 얻을 수 있다. $\Psi = a/z$를 SRE 속도 방정식에 대입하면

$$\frac{d\varphi_2^2}{dz} = 2\left[n_T\left(\frac{a}{z}\right) + \eta_T \frac{d}{dz}\left(\frac{a}{z}\right) - \left(\frac{a}{z}\right)\frac{d}{dz}\left(\frac{a}{z}\right) - \frac{a^2/z^2}{z} \right]$$

$$= 2\left[\eta_T\left(\frac{a}{z}\right) - \eta_T\left(\frac{a}{z}\right) + \left(\frac{a^2}{z^3}\right) - \left(\frac{a^2}{z^3}\right) \right] = 0 \tag{9.9}$$

따라서 $\varphi_2 = $ constant는 방정식을 만족한다. 차원 있는 변수로 나타내면 $C_{\theta2} = constant/r$ 일 때 $C_x = $ constant이다. 유체역학에서 단순한 포텐셜 와류가 $C_\theta = \Gamma/2\pi r$로 표현되고, 여기서 Γ는 (일정한) 와류 강도이다. 이러한 유동을 일반적으로 자유와류 속도 분포라고 한다. 터보기계 분야에서는 '자유와류 유동'이라고 한다. 오일러 방정식에서 전압 상승의 분포는 다음과 같다.

$$\Delta p_T = \eta_T \rho N r (C_{\theta2} - C_{\theta1})$$

단순한 유입 조건($C_{\theta 1} = 0$)과 자유와류 분포 $C_{\theta 2} = a/r$를 사용하면

$$\Delta p_\mathrm{T} = \eta_\mathrm{T} \rho N r \left(\frac{a}{r} \right) = a \eta_\mathrm{T} \rho N = \text{상수} \tag{9.10}$$

결과를 다음과 같이 요약할 수 있다.

자유와류인 출구 선회 분포의 경우

- 축류 속도 분포는 균일하다.
- 각 유선에서 일과 정체 압력의 변화는 동일하다.

위 결과는 앞에서 축류 홴, 펌프, 압축기 및 터빈을 분석할 때의 가정으로 사용되었는데, 특히 7.5절에서 다룬 3D 유동의 '블레이드 적층' 모형에서 사용되었다. 자유와류로 가정하면 유동 분석이 쉽기 때문에 많은 터보기계, 특히 증기 터빈이나 초기의 다단 축류 압축기가 자유와류 기계로 설계되었다. 물론 자유와류 분포 설계에는 단점이 있다. $C_{\theta 2}$를 $1/r$에 비례하여 증가시켜야 하기 때문에 비교적 작은 허브를 갖춘 기계에서 자유와류 상태를 실현하기 위해서는 허브 근처에 매우 큰 C_θ 값이 필요하다. 펌프의 경우 C_θ가 크고 U가 작으면 블레이드 de Haller 비가 허용할 수 없을 정도로 작아지고, 유동의 선회(따라서 편차각과 블레이드의 뒤틀림)가 지나치게 커질 수도 있다.

두 번째, 합리적인 선회 설계 선택은 강제와류 분포이다. $C_{\theta 2} = ar$ 또는 무차원의 형식으로는 $\Psi = az$이다. 이것은 유체가 고체처럼 회전하는 경우에 발생하는 속도 분포이다. 강제와류의 경우 SRE 속도 방정식은 다음과 같다.

$$\frac{d(\varphi_2^2/2)}{dz} = \eta_\mathrm{T} az + \eta_\mathrm{T} za - aza - \left(\frac{a^2 z^2}{z} \right) = 2(\eta_\mathrm{T} az - a^2 z) = 2az(\eta_\mathrm{T} - a)$$

적분하면

$$\varphi_2 = [2a(\eta_\mathrm{T} - a)z^2 + K]^{1/2}$$

K는 적분 상수이며, 질량 보존에 의해 상류의 유동에서 구해야 한다.

$$\pi \varphi_1 (1 - z_\mathrm{h}^2) = 2\pi \int_{z_h}^1 \varphi_2 z \, dz = \int_{z_h}^1 [2a(\eta_\mathrm{T} - a)z^2 + K]^{1/2} z \, dz$$

K를 구하는 방법은 이후에 논의될 것이다. 여기서는 축류 속도가 비선형적으로 변화한다는 점에 유의한다.

강제와류 분포에 의한 전압 상승은 아래 식과 같이 포물선 분포를 보인다.

$$\Delta p_{\mathrm{T}} = \eta_{\mathrm{T}} \rho N r (C_{\theta 2} - C_{\theta 1}) = \eta_{\mathrm{T}} \rho N r (ar - C_{\theta 1}) = \eta_{\mathrm{T}} \rho N (ar^2 - r C_{\theta 1}) \qquad (9.11)$$

이것은 허브보다 블레이드 팁에서 더 많은 일이 수행되는 것을 의미한다. 사실 허브 영역은 전압 상승에 그다지 기여하지 않기 때문에 강제와류 분포의 효과가 상대적으로 떨어진다. 그럼에도 불구하고 일부 초기의 축류 압축기는 강제와류 분포로 설계되었다.

자유와류와 강제와류의 분포를 더 깊게 설명할 수도 있지만, 이제는 두 방법 모두 축류형 터보기계 설계에서 최선의 선택이 아닌 것으로 여겨진다. 이 문제에 대해 좀 더 심도 있게 살펴보기 위해서는 SRE 속도 방정식과 그 해의 비선형성을 해결해야만 한다.

9.3 SRE 근사해

지금까지 검토한 것처럼 SRE 모형의 전형적인 용도는 설계자가 선회 속도의 반경 방향 분포를 지정하고, 적절한 축류 속도 분포를 결정하여 평형을 유지하도록 하는 것이다. 2개의 특정 분포, 제로 선회(무의미한 해) 및 자유와류 분포의 경우 관련된 수학적 해법은 매우 간단하다. 그렇지 않으면 SRE 속도 미분 방정식과 해는 비선형이기 때문에 매우 어렵다. 이를 해결하기 위한 하나의 옵션은 컴퓨터 또는 프로그램 가능한 계산기를 이용하여 수치 기법을 활용하는 것이다. 이 방법은 특정 문제에서는 유용하지만 일반성이 결여되어 설계에 대한 일반적인 통찰력과 지침을 얻기는 어렵다. 유용한 대안은 근사해를 구하는 것이며, 이 절에서 설명할 것이다.

Ψ의 일반식을 a/z 항(자유와류)을 기준으로 하고 다항식을 추가하여, 다음과 같이 간단한 형태로 가정한다.

$$\Psi = \frac{a}{z} + b + cz + dz^2 + \cdots \qquad (9.12)$$

계수 a, b, c, d 등은 상수이고, 블레이드 위치에 따른 선회 속도(사실상 부하)를 설정하기 위해 선택할 수 있는 값이다. 단순화와 선회 분포의 합리적인 일반성을 위해 3항까지만 사용하고 고차 항은 무시되어 d 및 고차 항의 모든 계수가 0으로 설정된다. 따라서 선회 분포는 자유와류 및 강제와류 분포의 조합이며, 일정한 선회 성분($\Psi = a/z + b + cz$)을 가진다. 이 분포를 지정하면 평형 방정식은 다음과 같다.

$$\frac{d\left(\varphi_2^2/2\right)}{dz} = \eta_{\mathrm{T}}b + 2c\eta_{\mathrm{T}}z - \frac{ab}{z^2} - \left(\frac{2ac}{z}\right) \tag{9.13}$$

여기서 b와 c의 고차 항(즉, b^2, bc 및 c^2)을 제거하여 단순화되어 있다. 이때 b와 c는 a에 비해 작고, b^2은 b에 비해 작다는 식(말하자면, $b \ll 1$, $c \ll 1$, $b \ll a$ 및 $c \ll a$)으로 가정하였다.

이렇게 수학적 계산을 단순하게 하는 과정은 '차수 분석(order analysis)' 또는 '작은 섭동 이론(small perturbation theory)'이라고 불리는 방법이다. b와 c의 작은 값을 사용하고 $C_\theta = a/r$에서의 작은 편차를 주어 평형에 대한 자유와류 이론에 '섭동'을 가한다. 이 방법은 제한이 많은 방법이지만, 간단한 수학적 결과를 나타내어 일반적인 유동의 거동에 대한 심도 깊은 정보를 얻을 수 있다.

식 (9.13)을 직접 적분하면

$$\frac{\varphi_2^2}{2} = \eta_{\mathrm{T}}bz + \eta_{\mathrm{T}}cz^2 - 2ac\ln(z) + \frac{ab}{z} + K \tag{9.14}$$

여기서 K는 적분 상수이다. 따라서

$$\varphi_2 = \left\{ 2\left[\eta_{\mathrm{T}}bz + \eta_{\mathrm{T}}cz^2 - 2ac\ln(z) + \frac{ab}{z} + K \right] \right\}^{1/2} \tag{9.15}$$

질량 보존을 만족시키는 K를 사용해야 하므로 이 적분 상수는 임의의 값이 아니다. 다시 쓰면

$$\int_{z_{\mathrm{h}}}^1 2\pi\varphi_1 z\,dz = \int_{z_{\mathrm{h}}}^1 2\pi\varphi_2 z\,dz \text{이고 대입하면}$$

$$\pi\varphi_1\left(1 - z_{\mathrm{h}}^2\right) = 2\pi\int_{z_{\mathrm{h}}}^1 \left[2\left(\eta_{\mathrm{T}}bz + \eta_{\mathrm{T}}cz^2 - 2ac\ln(z) + \frac{ab}{z} + K \right) \right]^{1/2} z\,dz \tag{9.16}$$

여기서 z_{h}는 허브-팁 비이고 d/D이며, φ_1은 z의 함수가 아니라고 가정한다.

불행히도 이 적분은 아직 간단한 식으로 나타낼 수 없다. 일반화된 분석을 위한 형태의 해를 구하기 위해서는 추가적인 근사가 필요하다.

식 (9.16)의 복잡한 피적분 함수를 선형화하여 계산이 쉽게 만드는 방법을 찾아야 한다. 이 작업은 다음과 같이 φ_2의 섭동 변수 형식을 도입하여 수행할 수 있다.

$$\varphi_2 = [1 + \varepsilon(z)]\varphi_1 \tag{9.17}$$

$\varepsilon(z)$는 z의 함수이며, 균일한 입구 유동에 대한 출구의 축방향 속도의 편차를 나타낸다 ($\varphi_1 = $ 일정). 즉, 모든 z에 대해 $\varepsilon(z) = 0$은 균일한 유출을 나타내고, $\varepsilon(z) = mz$는 출구에서 유동이 선형 재분포된 것을 의미한다.

식 (9.14)로 돌아가 식 (9.17)을 대입하면

$$\varphi_2^2 = [1 + \varepsilon(z)]^2 \varphi_1^2 = [1 + 2\varepsilon(z) + \varepsilon^2(z)]\varphi_1^2$$
$$= 2\left[\eta_\mathrm{T} bz + \eta_\mathrm{T} cz^2 - 2ac\ln(z) + \frac{ab}{z} + K\right] \tag{9.18}$$

$\varepsilon^2(z) \ll 2\varepsilon(z)$가 되도록 $\varepsilon(z) \ll 1$(즉, 균일한 유동에 대한 편차가 작음)이 필요하다. 그 후에

$$[1 + 2\varepsilon(z)]\varphi_1^2 \approx 2\left[\eta_\mathrm{T} bz + \eta_\mathrm{T} cz^2 - 2ac\ln(z) + \frac{ab}{z} + K\right] \tag{9.19}$$

$\varepsilon(z)$에 대해 풀면

$$\varepsilon(z) = \frac{1}{\varphi_1^2}\left[\eta_\mathrm{T} bz + \eta_\mathrm{T} cz^2 - 2ac\ln(z) + \frac{ab}{z} + K - \frac{1}{2}\right] \tag{9.20}$$

식 (9.17)을 질량 보존의 식에 대입하고, 양변을 2π로 나누어 주면

$$\int_{Z_\mathrm{h}}^1 \varphi_1 z\,dz = \int_{Z_\mathrm{h}}^1 \varphi_2 z\,dz = \int_{Z_\mathrm{h}}^1 [1 + \varepsilon(z)]\varphi_1 z\,dz = \int_{Z_\mathrm{h}}^1 \varphi_1 z\,dz + \int_{Z_\mathrm{h}}^1 \varepsilon(z)\varphi_1 z\,dz \tag{9.21}$$

동일 항을 정리하면 질량 보존에 대한 요구 사항은 다음과 같이 간략화할 수 있다.

$$\int_{Z_\mathrm{h}}^1 \varepsilon(z) z\,dz = 0 \tag{9.22}$$

식 (9.22)에서 $\varepsilon(z)$를 작게 할 필요가 없다. 식 (9.20)($\varepsilon(z) \ll 1$ 필요)을 식 (9.22)에 대입하면, 적분을 수행하여 K를 구할 수 있다. 이에 따라 $\varepsilon(z)$의 최종식을 구할 수 있다. 상세한 과정은 독자에게 연습용으로 남겨 두고 결과식만 나타내면 다음과 같다.

$$\varepsilon(z) = \left(\frac{\eta_\mathrm{T}}{\varphi_1^2}\right)\left\{[z - f_1(z_\mathrm{h})]b + [z^2 - f_2^2(z_\mathrm{h})]c + \left(\frac{ab}{\eta_\mathrm{T}}\right)\left[\frac{1}{z} - \frac{1}{f_3(z_\mathrm{h})}\right]\right. \left. - \left(\frac{2ac}{\eta_\mathrm{T}}\right)[\ln(z) + f_4(z_\mathrm{h})]\right\} \tag{9.23}$$

여기서 f_1, f_2, f_3 및 f_4는 $z_h(=d/D)$의 함수이며 다음과 같이 주어진다.

$$f_1(z_h) = \frac{2}{3}\left(\frac{1-z_h^3}{1-z_h^2}\right)$$

$$f_2(z_h) = \left(\frac{1-z_h^2}{2}\right)^{1/2}$$

$$f_3(z_h) = \frac{1+z_h^2}{2}$$

$$f_4(z_h) = \frac{1+z_h^2[\ln(z_h^2)-1]}{2(1-z_h^2)} \tag{9.24}$$

식 (9.17), 식 (9.23) 및 식 (9.24)를 사용하면 $(b, c) \ll a$ 및 $(b, c) \ll 1$를 만족시키는 a, b 및 c의 선택에 의해 결정되는, 다양한 블레이드 부하 분포에 대한 r 함수로 C_{x2}는 $C_{x2} = U_{\varphi 2} = U_{\varphi 1}[1 + \varepsilon(z)]$에서 계산할 수 있다. $b = c = 0$의 경우 C_{x2}는 $C_{x1}(=\text{constant})$이 되는데, 이것은 구할 수 있는 가장 간단한 조건의 하나이다.

'정확한' 비선형 방정식의 수치 적분(Kahane, 1948, Wright와 Ralston, 1987) 결과와 비

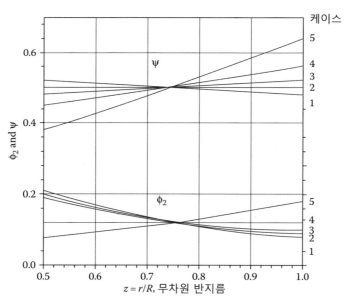

출처: Wright, T., "Aclosed-form algebraic approximation for quasi-three-dimensional flow in axial fans," ASME Paper No. 88-GT-15, 1988.

그림 9.4 선형화된 SRE 모형에 의한 선회 및 축류 속도 분포의 비교($\varphi_1 = 0.5$, $z_h = 0.5$, $\eta_T = 0.9$)

교하면, 이러한 결과에서 얻은 근삿값에 대한 오차(Wright, 1988)는 ε의 크기가 0.25를 초과하면 φ_2의 추정 오차가 약 5%를 넘게 된다. 그림 9.4는 φ_2의 불균일성에 대한 부하 분포 $[\Psi(z)]$의 영향을 보여 준다. 설계 과정에서 동일한 유량의 모든 경우에서 동일한 전압력 상승을 가져올 수 있도록 제한된다고 해 보자. 허브와 팁의 비율은 $z_h = 0.5$, 무차원 유량은 $\varphi_1 = 0.5$, 전효율은 $\eta_T = 0.9$로 설정된다. 각 케이스는 a, b 및 c의 다른 선택에 해당한다. 케이스 2는 자유와류인 기준 케이스($a = 1$ 및 $b = c = 0$)이며, 케이스 1, 3, 4 및 5는 자유와류에 비해 증가된 부하를 나타내는 케이스이다. 그림 9.4는 z에 따른 φ_2와 ψ의 변화를 나타낸다. 자유와류 분포는 $\psi = 0.5$에서 균일한 유출을 보여 주지만, 다른 케이스들은 균일 유동에서 점점 더 먼 분포를 나타낸다. 그러나 일반적으로 유동은 환형의 바깥쪽으로 치우치고, 허브 근처의 유량은 감소한다. 선회에 의한 하중이 블레이드의 외측 영역으로 이동하면(강제와류 분포의 경우처럼) 허브 부근의 축류 속도가 매우 낮아지고, 심지어 음수가 되는 경우가 있는데, 이것은 허용할 수 없는 설계 조건이다.

그림 9.5는 블레이드 전체에 일정한 선회를 생성하는 설계에 대해 예측된 속도를 비교한 것이다. 여기서 $\Psi = b = 0.2$ 및 $\varphi_1 = 0.4$에서 $a = c = 0$, $z_h = 0.5$ 및 $\eta_T = 0.9$이다. φ_2에 대

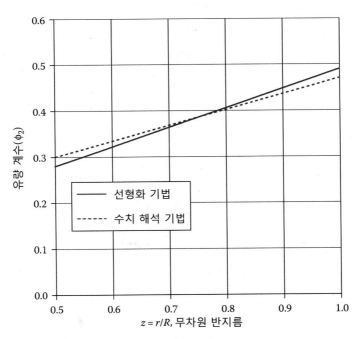

그림 9.5 균일한 선회 분포를 위해 선형화 기법과 정확한 수치 해석 기법에 의해 계산된 축방향 속도의 분포 비교($\varphi_1 = 0.4$, $z_h = 0.5$, $\eta_T = 0.9$, $b = 0.2$, $a = c = 0$)

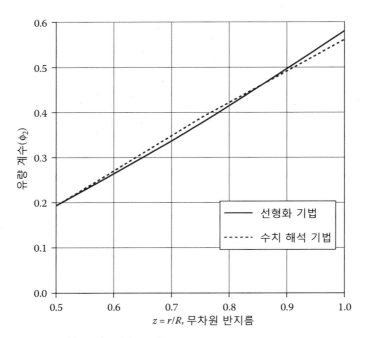

그림 9.6 강제와류 선회 분포를 위해 선형화 기법과 정확한 수치 해석 기법에 의해 계산된 축방향 속도의 분포 비교($\varphi_1 = 0.4$, $z_h = 0.5$, $\eta_T = 0.9$, $c = 0.23$, $a = b = 0$)

한 선형화 결과와 수치 적분에 의한 '정확한' 계산 결과가 함께 나타나 있다(Wright와 Ralston, 1987). 유도 과정 중의 가정들에 의해 선형화된 결과에는 어느 정도의 오차가 발생한다. φ_2의 최대 오차는 블레이드 팁 $z = 1.0$에서 약 4%로 나타난다. 해당하는 ε의 값은 약 0.12이다.

그림 9.6 및 그림 9.7은 각각 $c = 0.23$ 및 $c = 0.5$($a = b = 0$에서 $\Psi = 0.23z$ 및 $\Psi = 0.50z$)에 대해 선형 선회 분포(즉, 강제와류 분포)에 대한 유사한 비교 결과를 보여 준다. 첫 번째 경우 그림 9.6은 최대 오차가 약 6%이고, 두 번째 경우 그림 9.7은 약 11%의 최대 오차를 나타내는데, 이는 b가 0.5 정도로 큰 경우에는 허용 섭동 제한을 초과한 것임을 나타낸다. 그림 9.7에서는 다른 여러 변수가 변경되는 점에 유의한다.

근사적인 해법은 NACA(Kahane, 1948)의 실험 데이터와도 비교되었는데(Wright, 1988), 실험에서는 형상이 더욱 심한 3D이고 팁에 부하가 더 많도록(일정한 선회) 설계된 여러 개의 홴이 시험되었다. 연구 결과 선형화된 SRE 계산이 S2 해석에 사용되는 경우 최대 오차가 5%에서 14%(실속 근처임)임을 보여 주었다. 더 나은 비교를 위해 선형화 기법과 수치 해석 기법, NACA의 실험 데이트럴 그림 9.8(a) 및 그림 9.8(b)에 나타내었다. 물론 SRE/S2 표

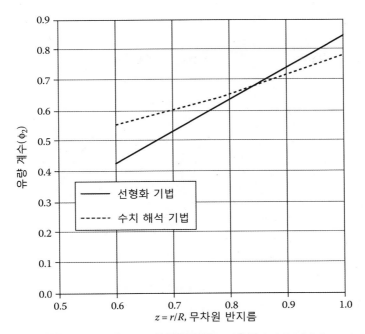

그림 9.7 제와류 선회 분포를 위해 선형화 기법과 정확한 수치 해석 기법에 의해 계산된 축방향 속도의 분포 비교($\varphi_1 = 0.667$, $z_h = 0.6$, $\eta_T = 0.9$, $c = 0.5$, $a = b = 0$)

면 모형뿐만 아니라 S1(블레이드-블레이드 사이) 모형 손실/효율 예측, Q3D 가정의 전반적인 타당성 등 성능 예측을 위해서는 다른 다양한 구성 요소가 필요하다. 그렇더라고 두 기법의 결과가 실험과 잘 일치하는 것은 두 방법이 S2 해석에 적합하고, φ_2 분포에 대한 국부적인 차이가 적분에 의한 성능에서 상쇄되었음을 의미한다.

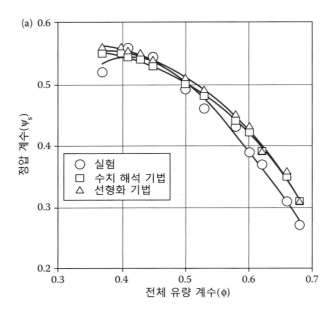

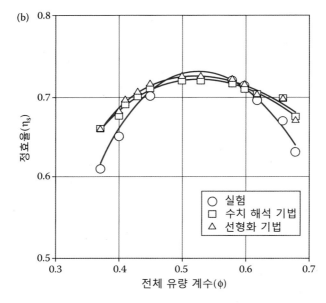

출처: Wright, T., "A closed-form algebraic approximation for quasi-three-dimensional flow in axial fans," ASME Paper No. 88-GT-15, 1988.

그림 9.8 선형화된 수치 관통류 모형을 사용한 NACA 일정 선회 축류 팬의 측정된 정압(a)과 효율(b) 비교

9.4 불균일 유입에 대한 적용

이전 절에서 설명된 SRE 모형은 블레이드 익렬에 대해 유입 유동이 균일하다는 가정으로 전개되었다. 이러한 상황은 단단 기계 또는 다단 기계의 1단의 입구에서 발생할 수 있다. 그러나 출구 가이드 베인 또는 다단의 마지막 단에서는 대부분 불균일한 유입 유동이 발생한다. 이것은 출구 속도 분포의 계산을 더 복잡하게 하고, 결국에는 수치 해석 기법만 적용 가능하게 된다. 예외인 하나의 경우는 고정 베인 익렬의 유동이다. Jackson과 Wright(1991)는 반경 방향의 평형 유동의 선형 모형이 베인 익렬에 대한 축방향 속도의 변화를 포함하도록 확장하였다. 반경 방향 평형에 추가된 기본적인 가정은 다음과 같다.

- 베인 익렬을 통과하는 전압은 일정하고(에너지의 추가는 없고 손실은 무시), 밀도는 일정하기 때문에 베르누이 방정식이 적용된다.
- 베인 입구 유동의 분포는 로터 출구의 분포와 동일하다.
- 베인 익렬은 모든 선회를 제거한다.

아래 첨자 3은 베인 입구, 아래 첨자 4는 베인 출구를 나타낸다. 식으로 나타내면

$$\Delta p_\mathrm{T} = p_\mathrm{T4} - p_\mathrm{T3} = \left(p_4 + \frac{\rho C_{x4}^2}{2} + \frac{\rho C_{\theta4}^2}{2}\right) - \left(p_3 + \frac{\rho C_{x3}^2}{2} + \frac{\rho C_{\theta3}^2}{2}\right) = 0 \tag{9.25}$$

반경 방향의 평형식 식 (9.1)을 r에 대해 미분하고, $C_{\theta4}$를 0으로 놓은 후 재배열하면

$$\frac{1}{2}\frac{dC_{x4}^2}{dr} - \frac{C_{\theta3}^2}{r} - \frac{1}{2}\frac{dC_{x3}^2}{dr} - \frac{1}{2}\frac{dC_{\theta3}^2}{dr} = 0 \tag{9.26}$$

$\varphi = C_x/U$, $\gamma = C_\theta/U$ 및 $z = r/(D/2)$로 속도 및 반경을 정규화하면, 식 (9.26)은 미분 형태로 나타낼 수 있다.

$$\frac{d\varphi_4^2}{2} = \left(\frac{\Upsilon_3^2}{z}\right)dz + \varphi_3 d\varphi_3 + \Upsilon_3 d\Upsilon_3 \tag{9.27}$$

$\gamma_3 = \gamma_2 = \Psi = a/z + b + cz$라고 가정하면

$$\varphi_4 d\varphi_4 = \eta_\mathrm{T} b dz + 2\eta_\mathrm{T} cz dz \tag{9.28}$$

여기서 고차 항은 무시되었다. 적분하면

$$\frac{\varphi_4^2}{2} = \eta_{\mathrm{T}} bz + \eta_{\mathrm{T}} cz^2 + K \tag{9.29}$$

여기서 K는 질량 보존으로부터 결정되는 적분 상수이다.

φ_4를 섭동 형식으로 나타내면

$$\varphi_4 = [1 + \varepsilon_4(z)]\varphi_3 \tag{9.30}$$

ε가 블레이드 출구의 유동을 나타내는 것(ε_2로 표기되는 경우도 있음)과는 다름을 보여 주기 위해 ε_4에 아래 첨자 '4'가 포함되어 있다. 질량 보존의 원리를 적용하여 K와 ε_4를 구하면 베인의 출구 속도 분포를 다음과 같이 표현할 수 있다.

$$\varphi_4 = \varphi_3 + \left(\frac{\eta_{\mathrm{T}}}{\varphi_3}\right)\left\{ b[z - f_1(z_{\mathrm{h}})] + c[z^2 - f_2(z_{\mathrm{h}})] \right\} \tag{9.31}$$

그리고

$$f_1(z_{\mathrm{h}}) = \frac{2}{3}\left(\frac{1 - z_{\mathrm{h}}^3}{1 - z_{\mathrm{h}}^2}\right) \ \text{및} \ f_2(z_{\mathrm{h}}) = \frac{1 + z_{\mathrm{h}}^2}{2} \tag{9.32}$$

φ_3은 상수가 아니라 그 자체가 z와 z_{h}의 함수임을 기억한다.

9.5 원심형 기계에 대한 Q3D 모형

축류형 기계의 경우와 마찬가지로 혼합류 또는 반경류 기계의 유동은 복잡하고 3차원적이다. 원심형 유동장의 분석에서 더 간단한 방법은 이전 장에서 사용된 것과 같이 평균 유동을 고려하여 일종의 1차원 계산을 수행하는 것이다. 그러나 대부분의 연구에서는 설계점에서조차 블레이드 스팬을 따라 유동 특성에 크게 변하는 것을 보여 주고 있으므로 원심형 임펠러 유동의 고유한 3차원성을 다양한 방식으로 정확하게 분석할 필요가 있다.

이러한 유동에 유한 차분, 유한 체적 및 유한 요소 기법 등을 포함하는 많은 전산 유체역학 기법들이 적용되어 왔다. 비점성 및 점성 유체 모형이 모두 사용되고 있다. 이러한 방법들에 대해서는 다음 장에서 아주 간단히 언급될 것이다.

축류형 기계의 분석 및 설계와 마찬가지로 Q3D 유동 모형은 이러한 유동장에 대해 엄밀하지는 않지만 간단한 결과를 제공한다. 그러나 축류와 달리 원심형 기계의 Q3D 모형은 간단한 형태로 표현할 수 없고, 모두 수치 계산 및 컴퓨터를 기반으로 한다. 그렇더라도 설계에 완전 3차원 해석을 적용해야 한다는 것을 의미하지는 않는다.

실험 데이터와의 비교와 더불어 다양한 완전 3D 해석과 Q3D 방법의 비교(예: Wright, 1982, Wright 등, 1984b)를 찾아볼 수 있다. Wright 등(1984b)은 대형 원심형 홴 임펠러의 날개와 슈라우드 표면의 속도 및 표면 압력에 대해 3D 유한 요소 포텐셜 유동 해석 기법과 '유선 곡률법'(Katsanis, 1977)을 기반으로 하는 유한 미분 Q3D 기법으로 비점성, 비압축성 계산을 수행하였다. 계산 결과와의 비교를 위해 191개의 압력 탭이 설치된 임펠러에서 측정된 실험적 결과도 포함되었다. 이 홴은 비속도 $N_s = 1.48$ 및 $D_s = 2.14$의 넓은 블레이드를 가지는 원심형 홴이다. 실험 데이터와 분석 예측의 비교를 그림 9.9 및 그림 9.10에 나타내었다. 그림 9.9는 설계 유량에서 블레이드 미드 스팬 표면의 결과(즉, 'S1' 데이터)를 보여준다. 그림 9.10은 설계 유량에서 슈라우드와 인접한 블레이드 캠버선의 중간 경로에 해당하는 입구 벨 마우스 표면의 결과를 나타낸다('S2 결과'). 블레이드 및 슈라우드의 정압은 아래와 같이 계수 형식으로 제공된다.

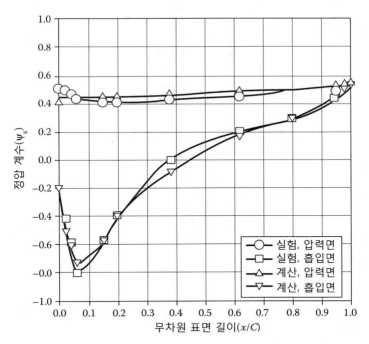

출처: Wright, T., Tzou, K. T. S., and Madhavan, S., *ASME Journal for Gas Turbines and Power*, 106(4), 1984b.

그림 9.9 예측된 블레이드 표면 압력과 실험 결과와의 비교(미드 스팬에서 설계점 유동)

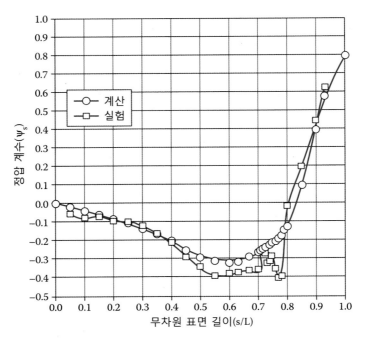

출처: Wright, T., Tzou, K. T. S., and Madhavan, S., *ASME Journal for Gas Turbines and Power*, 106(4), 1984b.

그림 9.10 임펠러 슈라우드와 입구 벨 마우스에서의 예측 및 실험적 표면 압력의 비교(설계점)

$$\Psi_s = \frac{p_s}{\rho U_2^2/2}$$

일반적으로 더 엄격하고 완전한 3D 유한 요소법의 예측이 Q3D법의 예측보다 실험 결과와 더 잘 일치하지는 않았다. 긍정적으로 말하면 두 가지 방법은 홴에서 측정된 표면 속도와 압력의 좋은 예측을 제공한다. 축류형 기계의 연구에서와 마찬가지로 이러한 수치 방법은 모두 광범위한 입력 데이터의 준비 및 개선이 필요하였다. 예비 설계 또는 설계를 위한 체계적인 변수 분석을 위해서는 간단하고 덜 복잡한 Q3D 기반의 분석 방법이 더 바람직할 것이다.

9.6 단순한 기법들

축류형 기계 분석에 사용하였던 간단한 방법인 SRE는 혼합류 또는 반경류 기계의 분석에 쉽게 적용될 수 없다. 자오선 유선은 일반적으로 매우 큰 곡률이 있다는 사실 때문에 어려움이 발생한다. 따라서 압력 구배 항에는 C_m 값 및 이와 연관된 곡률 반경 r_{mc}와 C_θ 값 및 이와 연관된 국부 곡률 반경, 반지름 좌표 r가 포함되어야 한다. 이러한 두 항목을 고려하는 완전한 유선 곡률 모형을 사용하여 평형 유동을 비교적 성공적으로 모형화한 연구가 수행되었다(Novak, 1967, Katsanis, 1977). 이 모형을 총칭하여 '유선 곡률' 분석이라 하는데, 이 기법에서는 압력 구배가 2개의 '원심력' $\rho C_m^2 / r_{mc}$ 및 $\rho C_\theta^2 / r$ 항에 의해 균형을 이루어야 한다. 속도의 미분 방정식은 매우 복잡하며, 아래와 같은 형식을 가진다(Japikse와 Baines, 1994).

$$C_m \frac{dC_m}{dq} = \text{반경 평행 항} + \text{유선 곡률 항} + \text{블레이드 힘 항} \tag{9.33}$$

여기서 q는 유선에 거의 수직인 좌표이고 S2 평면 위에 위치한다. 식의 우항은 유선 궤적을 따른 속도의 도함수를 포함하고, 유선과 좌표축 사이의 각도 및 반경류 속도를 고려해야 한다. 미분 방정식은 해석적인 방법으로는 해를 구할 수 없기 때문에 수치(컴퓨터) 해법이 필요하다. 문제를 더욱 어렵게 만드는 것은 유동장을 풀기 이전에는 슈라우드와 허브 표면의 유선 모양만이 알려져 있다는 것이다. 기계 내부의 자오선 유선의 위치는 지배 방정식을 풀어서 찾아야 한다. 따라서 수렴된 해를 구하려면 매우 복잡하게 연관된 유동과 형상을 반복적인 방법으로 풀어야 한다. 물론 수렴성은 유동 표면을 따른 선회 속도 생성 분포 C_θ에 대한 설계자의 선택과 밀접한 관련이 있다.

반복적인 수치 해석 절차는 일반적으로 우수한 정보 및 설계 지침을 제공할 수 있지만 입력 요구 사항과 수렴도 및 해석의 정확도에 대한 우려로 인해 작업하기가 어렵거나 번거로울 수 있다. 일반적인 원리를 설명하거나, 변수의 영향 연구를 수행하거나, 예비 설계를 수행하기 위해서는 단순하고 합리적인 정도의 정확도를 가지는 분석이 아주 유용하다. 이러한 분석을 개발하려는 시도가 많았으며, 이러한 방법의 대부분은 완전히 성공적이지는 못하였다. 예를 들면, Davis와 Dussourd(1970)는 반경류 기계의 수정된 평균 유동 해석에 근거한 계산 방법을 개발하였는데, 그들은 임펠러 유로의 점성 유동을 모형화하여 유로의 여러 위치에서 '평균' 속도를 제공하였다. 유로에서의 일의 전달률에 대한 가정을 단순화함으로써 확산의 계산과 임펠러를 통과한 손실의 추정이 가능하게 되었다. 자오선 곡률은 슈라우드 및 허브 표면 사이의 유선 형태를 보간하여 모형화하였다. 이 근사 때문에 이 계산의 결과는 매우 좁은 임펠러 유로의 경우에 좋은 결과를 보여 주었다. 이 근사에도 불구하고 Davis와 Dussourd는 여러 가지 압축기 임펠러의 성능에 대한 합리적인 예측 결과를 얻을 수 있었다. 그림 9.11에 예를 나타낸 바와 같이 예측값과 실험값은 합리적으로 일치하고 있다. 이 연구는 높

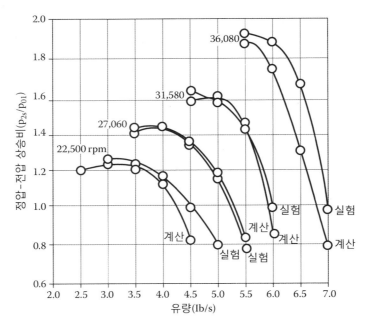

출처: Davis, R. C. and Dussourd, J. L., "A unified procedure for calculation of off-design performance of radial turbomachinery,"ASMEPaper No. 70-GT-64, 1970.

그림 9.11 Davis와 Dussourd의 예측 결과와 측정된 압축기 성능의 비교

은 발전 가능성을 보여 주었지만 불행히도 논문에는 제한적인 정보만이 공개되었고, 많은 세부 사항이 누락되었다.

한편, 전체 임펠러 유동 모형과는 달리 원심형 유동장의 중요한 부분에 대해서는 해석적인 접근법이 어느 정도 성공적인 결과를 보였다. 특히, 이 방법들은 다양한 수치 모형과 함께 사용될 때 더욱 성공적이었다. 간단하지만 중요한 예로, 혼합류 또는 원심류 기계에서 블레이드 앞전의 접근 속도 분포에 대한 단순한 상관관계를 구하는 것을 고려해 보자. Wright 등 (1984b)은 유선 곡률법을 사용하여 체계적으로 설계된 슈라우드 구성의 세트를 분석하는 것부터 시작하였다. 입구 영역의 모양은 그림 9.12에 나타낸 바와 같이 최소 곡률 반경을 특징으로 하는 쌍곡선형 슈라우드 형상으로 모형화되었다. 슈라우드 윤곽을 따라 표면 속도를 계산하여 평균값 $\overline{C}_m$과 비교하여 C_m의 최댓값 비율을 추정하였다. 슈라우드를 따라 특정 지점의 평균값은 입구 속도 $C_x = Q/(\pi d^2/4)$ 및 슈라우드의 해당 위치에서의 단면적과 관련이 있다. 그림 9.12에 나타낸 바와 같이 $C_m/\overline{C}_m$의 최댓값은 최소 곡률 반경에서 발생하는 것으로 가정하였다. 분명히 이 비율은 1보다 클 것이다. 표면 속도 계산의 예가 그림 9.13에 나타나 있다.

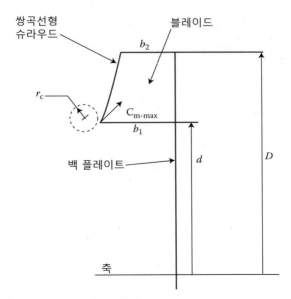

그림 9.12 쌍곡선형 슈라우드 연구에 사용된 형상

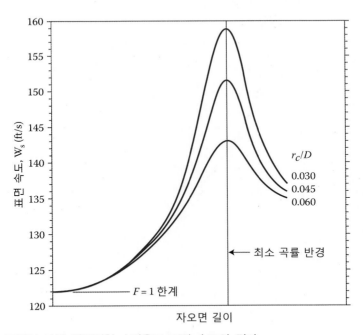

그림 9.13 최소 곡률이 다른 쌍곡선형 슈라우드 표면 속도의 결과

전형적인 입구 속도 삼각형를 고려하고, 임펠러 팁 속도($U_2 = ND/2$)를 사용하여 속도를 무차원화하면(슈라우드에서) 최대 상대 속도 $W_{\max}$는 다음과 같이 표현할 수 있다.

$$\frac{W_{\max}}{U_2} = \left[\left(\frac{d}{D}\right)^2 + F^2 \left(\frac{\overline{C}_{\mathrm{m}}}{U_2}\right)^2 \right]^{1/2} \tag{9.34}$$

여기서 F는 '곡률 함수'이며, $F > 1$이다.

계산 결과의 단순 링(ring) 와류 모형을 기반으로 F는 다음 형식을 가진다고 가정되었다.

$$F = 1.0 + \frac{\text{상수}}{(r_c/D)^n} \tag{9.35}$$

r_c/D 값이 매우 큰 경우(예를 들어, 원통형 덕트) F는 1.0에 가까울 것으로 예상된다. 식 (9.35)에 의해 제안된 F의 함수 모형은 그림 9.14에서 '정확한' 수치 계산값과 비교되었다.

이러한 개념을 적용하면 블레이드 앞전의 영역에서 유로 사이의 $C_{\mathrm{m}}(y)$ 분포에 대한 경험 (heuristic) 모형을 구축할 수 있게 된다(y는 슈라우드에서 허브 쪽으로 측정된 좌표이며, 블레이드 입구에서 슈라우드에 수직인 좌표임, 그림 9.15 참조). 이제 슈라우드에서 허브

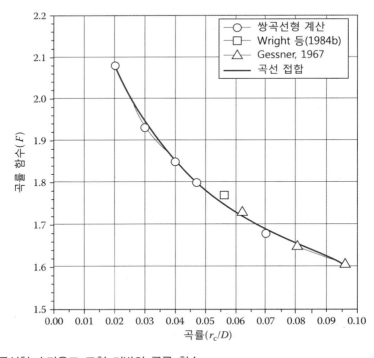

그림 9.14 쌍곡선형 슈라우드 모형 기반의 곡률 함수

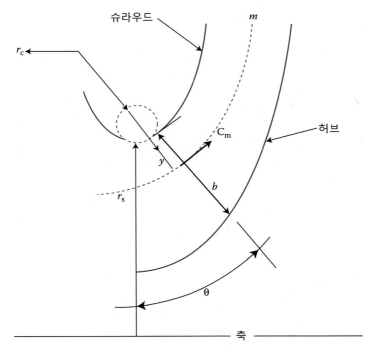

그림 9.15 블레이드 입구 속도 분포 모형의 형상

$(0 < y < b_1)$로의 C_m의 분포가 $C_\mathrm{m}/\overline{C}_\mathrm{m} = 1 + ay^n$에 따라 변화한다고 가정한다. 그림 9.14에 나타낸 결과에 대한 곡선 접합 $(C_\mathrm{m}/\overline{C}_\mathrm{m})_\mathrm{max} = 1 + [0.3/(r_\mathrm{c}/D)^{1/3}]$을 적용하면 속도 분포는 다음과 같다.

$$\frac{C_\mathrm{m}}{\overline{C}_\mathrm{m}} = \frac{1 + [0.3/(r_\mathrm{c}/D)^{1/3}]}{1 + ay^n} \tag{9.36}$$

질량 보존의 요구 조건에 의해

$$\frac{\int C_\mathrm{m} dA}{\int \overline{C}_\mathrm{m} dA} = \frac{\int C_\mathrm{m} dA}{\overline{C}_\mathrm{m} A} = 1.0 \tag{9.37}$$

그림 9.15에서 정의된 형상의 경우 $\overline{C}_\mathrm{m}$을 체적 유량의 항으로 표시할 수 있다.

$$Q = \overline{C}_m \{ 2\pi r_\mathrm{s}^2 [1 - (b'/2)\cos\theta] b' \}, \quad b' = b_1/r_\mathrm{s}$$

Q 또한 다음과 같이 계산된다.

$$Q = 2\pi r_{\mathrm{s}} \int_0^{b_1} C_{\mathrm{m}} dy - 2\pi \cos\theta \int_0^{b_1} C_{\mathrm{m}} y dy \qquad (9.38)$$

무차원 변수 $y' = y/r_{\mathrm{s}}$를 정의하면

$$Q = C_{\mathrm{mu}} 2\pi r_{\mathrm{s}}^2 \left[\int \left(\frac{C_{\mathrm{m}}}{C_{\mathrm{mu}}} \right) dy' - 2\pi \cos\theta \int \left(\frac{C_{\mathrm{m}}}{C_{\mathrm{mu}}} \right) y' dy' \right] \qquad (9.39)$$

$C_{\mathrm{m}}/\overline{C}_{\mathrm{m}} = (C_{\mathrm{m0}}/\overline{C}_{\mathrm{m}})(1 + a r_{\mathrm{s}} y')$ (즉, $n = 1$)로 쓰며, 여기서 $C_{\mathrm{m0}} = Q/A_0$ 및 A_0은 '눈(eye)'의 면적이고 $\theta = 0$이다. r_{c}와 r_{s}에 관해서는 $r_{\mathrm{s}} = d/2$이고, 그림 9.13과 그림 9.14에 표시된 기계에서 $d/D = 0.7$이다. 따라서

$$\left(\frac{C_{\mathrm{m}}}{\overline{C}_{\mathrm{m}}} \right)_{\mathrm{max},0} = 1.0 + \frac{0.426}{(r_{\mathrm{c}}/r_{\mathrm{s}})^{1/3}} \qquad (9.40)$$

마지막으로 편의상 $g = a r_{\mathrm{s}}$로 정의하면, 질량 보존 조건은 다음과 같이 표현된다.

$$\frac{b'[1 + (b'\cos\theta/2)]}{1 + [0.426/(r_{\mathrm{c}}/r_{\mathrm{s}})^{1/3}]} = \int \left(\frac{1}{1 + gy'} \right) dy' - \cos\theta \int \left(\frac{y'}{1 + gy'} \right) dy' \qquad (9.41)$$

여기서 적분 구간은 0에서 b'이다. 이 관계에서 g에 대한 결과를 구할 수 있다. 적분을 수행하면

$$\frac{b'[1 + (b'\cos\theta/2)]}{1 + [0.426/(r_{\mathrm{c}}/r_{\mathrm{s}})^{1/3}]} = \frac{1}{g} \left[\ln(1 + gb')\left(1 + \frac{\cos\theta}{g} \right) - b'\cos\theta \right] \qquad (9.42)$$

특정한 형상의 경우 이 식의 좌변은 단순히 상수가 된다. 우변은 아주 복잡하며, g에 대해서 직접 풀 수 없다. 다행히 주어진 기하학적 형상에 대해 반복적으로 풀 수 있으며, 세 변수 b', θ 및 $r_{\mathrm{c}}/r_{\mathrm{s}}$에 대한 함수를 얻을 수 있다. 컴퓨터 코드를 사용하여 다양한 변수 $(0 < b' < 1.25,\ 0° < \theta < 90°,\ 0.05 < (r_{\mathrm{c}}/r_{\mathrm{s}}) < 1.2)$에 대해 이 방정식의 근을 구하였으며, $\theta = 90°$인 경우의 g에 대한 계산 결과의 예를 그림 9.16에 나타내었다.

결과는 $r_{\mathrm{c}}/r_{\mathrm{s}}$와 b'에게 모두 상당히 비선형적이다. 선형 회귀를 통해 다음과 같이 g에 대한 함수로 표현할 수 있다.

$$g \approx \left[0.264(\cos\theta)^{1.18} + \frac{0.955}{b'} \right] \left(\frac{r_{\mathrm{c}}}{r_{\mathrm{s}}} \right)^{-0.38} \qquad (9.43)$$

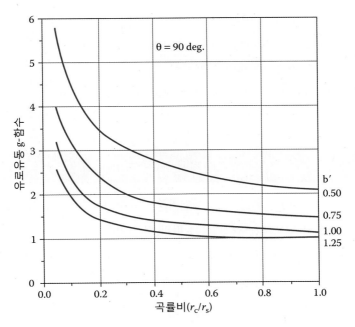

그림 9.16 g 함수의 샘플 결과

이 선형 회귀식에 대한 상관 계수는 0.999이다.

따라서 블레이드 입구 속도 분포에 대한 경험 모형은 다음과 같다.

$$\frac{C_m}{\overline{C}_m} = \frac{C_{m0}}{1 + gy'} \tag{9.44}$$

여기서

$$\overline{C}_m = \frac{Q}{2\pi r_s^2 b'\left[1 - (b'\cos\theta/2)\right]} \tag{9.45a}$$

$$\frac{C_{m,\,max,\,0}}{\overline{C}_{m,\,0}} = 1.0 + \frac{0.426}{(r_c/r_s)^{1/3}} \tag{9.45b}$$

$$y' = \frac{y}{r_s} \tag{9.45c}$$

$$b' = \frac{b}{r_s} \tag{9.45d}$$

여기서 g는 식 (9.43)으로부터 계산되었다.

실험 데이터와의 비교(Wright 등, 1984b)를 통해 다소 보수적이지만 경험 모형을 검증할 수 있을 것이다. $C_m / \overline{C}_m$에 대한 예측 근사식은 크지 않지만(약 7~8%) 모든 경우에서 $y = 0$의 값을 과대 예측한다. 이 유동 모형은 적어도 블레이드 앞전 근처의 유입 속도 분포를 예측하기 위한 목적으로 반경류 및 혼합류 형상의 유동을 보여 주거나 예비 설계하는 데 유용하다. 유동이 유로 출구에 가까워질수록 점성 영향의 중요성이 높아지고, 이 단순한 모형의 정확성은 크게 떨어질 것으로 예상된다.

예제 9-1 ▌ 임펠러 입구 형상의 영향

입구 유로를 따라 $\overline{C}_m$이 일정한 원심 펌프 임펠러를 고려하자. 이것은 슈라우드 곡률 반경의 중심에서 θ가 $0°$에서 $90°$인 범위로 그려진 선을 따라 유동 면적이 일정하다는 것을 의미한다. 즉, $\overline{C}_m = \overline{C}_m (\theta = 0) = \overline{C}_0$이다. $\theta = 0$일 때 b_0를 b로 정의하면, 다음 식이 성립한다.

$$\overline{C}_m = \overline{C}_0 = \frac{Q}{\pi [r_s^2 - (r_s - b_0)^2]} = \frac{Q/\pi r_s^2}{1 - (1 - b_0')^2} \tag{9.46}$$

그러므로

$$b' = \frac{1 - (1 - B_1 \cos\theta)^{1/2}}{\cos\theta} \tag{9.47}$$

여기서

$$B_1 = 1 - (1 - b_0')^2 \tag{9.48}$$

위 식을 일정한 평균 자오면 속도를 위해 필요한 조건이다.

이 예제에서 $b_0' = 0.8$을 선택하면, θ 함수인 b'은 그림 9.17과 같이 나타낼 수 있다. $\theta = 90°$에서 방정식의 해는 존재하지 않으므로 그 한계값 이내에서만 적용되어야 한다. r_s 및 D의 값이 주어지면 상세한 유동 경로를 구할 수 있다. $D = 0.5$ m, $r_s = 0.333$ m 및 $Q = 4$ m³/s로 선정하면, $\overline{C}_m = 12.9$ m/s를 얻을 수 있다. 따라서 그림 9.18에 $r_c = 0.15$, 0.30 및 0.60 m에 대해 나타낸 바와 같이 임펠러의 단면 형상은 r_c에 따라 달라진다.

기계적인 설계와 비용의 관점만을 고려한다면, 임펠러 축방향의 길이를 최대한 짧게 하는 것이 바람직하다. 그러나 축방향의 길이 제한은 블레이드 유로의 속도 분포에 좋지 않은 영향을 줄 수 있다. 그림 9.18에 나타낸 바와 같이 $\theta = 45°$의 라인을 따라 블레이드의 앞전을 배치하고, 이전에 전개된 방정식을 사용하여 블레이드 전체(허브에서 슈라우드까지)에서 블레이드 유입 속도

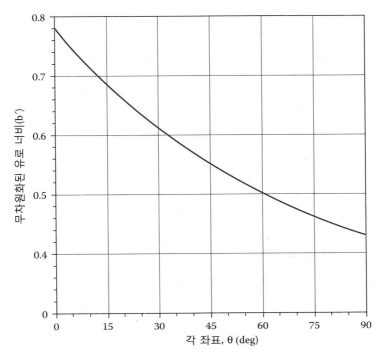

그림 9.17 임펠러 입구 영역에서 무차원화된 유로 너비의 분포

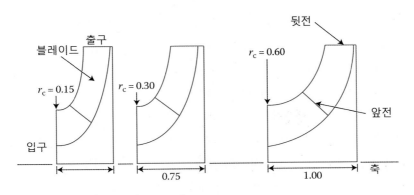

그림 9.18 세 가지 예제의 유로 형상(단위: m)

C_m의 변화를 분석해 보자. 그림 9.19는 C_m 대비 y/b(유로 폭의 비율)의 계산 결과를 나타낸다. $r_c = 0.05$ m(축 길이가 최소인 임펠러) 구성의 경우 C_m은 슈라우드에서 27 m/s부터 허브에서 8 m/s까지의 범위를 보인다. 고려되는 최대 곡률 반경 $r_c = 0.40$ m에 대해서는 C_m이 21 m/s부터 11 m/s까지의 범위를 보인다. 최소와 최대의 자오선 속도의 비율은 곡률 반경을 변경함으로써 3.4에서 1.9로 감소하였다.

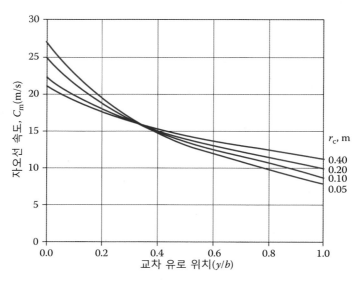

그림 9.19 그림 9.18에 나타낸 블레이드 유로에 대한 블레이드 유입 속도 분포

이러한 C_m의 비교적 큰 변화는 상대 유입 각도 $\beta_1[= \tan^{-1}(C_{m1}/U_1)]$의 변화에 영향을 미친다. $N = 1200$ rpm을 가정하고, 전체 유로의 유입 각도 β_1의 변화를 그림 9.20에 나타내었다. 최소 곡률인 $r_c = 0.05$ m는 $18° < \beta_1 < 34°(16°$의 뒤틀림)로 가장 큰 범위를 보였고, 최대 곡률인 $r_c = 0.40$ m는 $23° < \beta_1 < 27°(4°$의 뒤틀림)로 가장 작은 범위를 보였다. 작은 뒤틀림은 훨씬 간단한 형상을 가능하게 하고, 바로 뒤에서 설명되는 바와 같이 임펠러의 확산 수준을 낮추게 된다. 그러나 임펠러가 축방향으로 길어져서 비용이 증가하고, 회전체에 과도한 돌출(overhang)이 발생되며 베어링 사이의 간격이 커지게 된다.

임펠러가 60 m의 양정을 생성하도록 설계되고 효율이 0.9라고 가정하면, 상대 출구 속도 $W_2 = 18.8$ m/s로 계산된다($D = 0.5$ m 및 C_m은 일정임을 상기하기 바람). 블레이드 앞전에서 평균 $\overline{C}_m$을 사용하면 $W_1 = 22.4$ m/s의 평균값을 얻을 수 있고, 이는 0.84의 매우 양호한 (평균) de Haller 비를 나타낸다. 허브와 팁의 유선에 대한 de Haller 비는 다르다. 표 9.1은 다양한 슈라우드의 곡률값에 대한 값을 보여 준다. 슈라우드에서의 값은 기껏해야 한계치 부근의 작은 값을 나타낸다. 따라서 작은 곡률 반경은 매우 뒤틀린 블레이드 형상으로 이어질 뿐만 아니라 높은 수준의 확산과 그로 인해 슈라우드에서의 불안정한 유동을 야기하고, 결국 효율 저하로 이어질 수 있다.

앞에서 나타난 바와 같이 큰 곡률 반경의 사용은 앞전의 큰 입사각이나 de Haller 비의 증가에 따른 불이익 없이 뒤틀림이 없는 블레이드를 사용할 수 있게 한다.

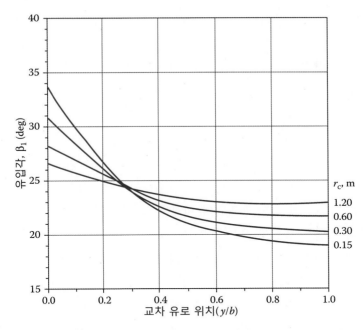

그림 9.20 위 그림 9.18에 나타낸 블레이드 유로에 대한 유입각 분포

표 9.1 슈라우드 곡률 반경에 대한 de Haller 비

r_c(m)	W_2/W_1 슈라우드	W_2/W_1 허브
0.05	0.63	0.93
0.10	0.65	0.97
0.20	0.66	1.00
0.40	0.67	1.04

9.7 요약

이 장에서는 터보기계 블레이드와 베인의 통로에서 전체 3D 유동의 개념을 소개하였다. 이러한 유동은 본질적으로 매우 복잡하기 때문에 서로 수직인 평면에서 2개의 물리적으로 호환이 가능한 유동장의 중첩을 포함하는 근사 해법을 사용하는 아이디어가 개발되었다. 이 Q3D 접근법은 유동에 대한 이해와 합리적인 설계 형상을 생성하는 데 유용하고, 다루기 쉬운 계산 체계를 제공하기 위해 이 장 전체에서 다루어졌다.

여기서 개발 및 적용된 고전적인 결과는 관통 유동 속도(완전 축류든지 반경류든지)가 일정하다는, 단순하지만 유용한 가정에 대한 대안을 제시하였다. 제시된 방법을 통해 축류 임펠러의 축류 속도의 반경 방향 분포와 원심형 기계의 자오선 속도의 정규 분포를 추정할 수 있었다. 어떤 경우에도 유동의 유선 수직 방향 압력 구배와 유선을 따르는 유체의 원심력 사이의 평형이 이루어지도록 하였다.

축류형 기계의 경우 이 개념은 SRE로 더욱 단순화되었고, 비선형 유동 모형식이 전개되었다. 이 다루기 어려운 식은 섭동 기법의 개념을 사용하여 선형화되었다. 그 결과, 약간 적용이 제한적이기는 하지만 터보기계의 비균일 축 유동에 대한 대수식 결과를 도출하였다. 이 기법의 결과와 수치 해석 및 실험 결과와의 비교는 이 방법의 유용성과 한계를 보여 주었다.

Q3D 유동 해석 기법은 원심형 유동장에서도 사용할 수 있지만, 일반적으로 컴퓨터 기반의 수치 해석 기법이 필요하다. 이전의 분석 결과와 실험 결과를 사용하여 주어진 문제에 대한 대략적이지만 여전히 어려운 접근 방법의 일부를 설명하였다. 기하학적 구조가 유동에 미치는 영향에 대한 연구나 대략의 설계를 위한 예비 설계 단계에서는 보다 간단한 해석 기법이 필요하다. 이러한 근사 기법이 강조되었고 설명되었다. 원심형 임펠러 입구의 유입 유동에 대한 경험적 분석 모형이 전개되었고, 귀중한 설계 정보를 나타낼 수 있음을 보였다.

3D 유동 효과를 추정하는 이러한 간단한 예측 도구의 대략적인 특징이 장 전체에서 강조되었다. 이 방법을 통해 예비 설계에 유용한 정보를 도출하고, 복잡한 유동장에 대한 통찰을 얻을 수 있지만, 실제로 상세 설계를 위해서는 엄격하고 완전한 3D, 완전 점성 및 완전 압축성 유동 해석이 뒤따라야 한다.

9.1 이 장에서 설명한 바와 같이 일 계수는 다음과 같이 쓸 수 있다.

$$\Psi = \frac{a}{z} + b + cz$$

여기서 a, b 및 c는 상수이다. $a = c = 0$일 때 $\Psi = b$로 한다. 질량 보존의 법칙을 이용하여 $d\phi_2^2$에 유선 평형 조건을 구하시오.

$$\varphi_2 = \varphi_1 \left[1 - z_1 \left(\frac{\eta_T \Psi}{\varphi_1^2} \right) + \left(\frac{\eta_T \Psi}{\varphi_1^2} \right) z \right]$$

여기서

$$z_1 = \frac{2/3\,(1 - z_h^3)}{1 - z_h^2}$$

9.2 $\eta_T = 0.85$, $\Psi = b = 0.35$ 및 $\varphi_1 = 0.625$일 때, 연습 문제 9.1의 결과를 사용하여 출구 속도 분포에 대한 균일한 하중과 허브 크기(z_h)의 영향을 설명하시오. $z_h = 0.25$, 0.375, 0.5, 0.625, 0.75 및 0.875의 변수 φ_2의 분포를 계산하고, 그래프를 그리시오.

9.3 작은 섭동법과 수치 적분에 의해 일정한 선회 해법에 대해 그림 9.5에 표시된 결과를 구하시오. 위 연습 문제 9.1의 결과를 사용하여 그림 9.5에 나타내는 다른 방법을 평가하시오.

9.4 위 연습 문제 9.1에서 완료된 반경 방향 평형법을 이용하여 특별한 경우의 출구 유동과 선회 분포를 구하시오. 여기서 c가 상수일 때(즉, 강제와류 분포) 단일 항 $\Psi = cx$를 이용한다. 이를 나타내면

$$\frac{\varphi_2}{\varphi_1} = 1 - \left(\frac{\eta_T c}{\varphi_1^2} \right) z_2^2 + \left(\frac{\eta_T c}{\varphi_1^2} \right) z^2$$

여기서

$$z_2^2 = \frac{1 + z_h^2}{2}$$

9.5 그림 9.6의 예를 고려한다. $z_h = 0.5$, $c = 0.23$, $\eta_T = 0.9$ 및 $\phi_1 = 0.4$의 경우 위 연습 문제 9.4의 결과를 사용하여 그림 9.6에 표시된 수치 해법과 섭동 방법 해법을 구하시오.

9.6 출구 선회 속도 분포가 자유와류(a/z) 형식에서 일탈하는 것을 허용하면, 블레이드 또는 베인 스팬 전체의 2차원 캐스케이드 변수의 단순함이 손실된다. 유동은 블레이드 익렬을 통과하는 반경 방향의 위치가 변화하는 경로를 추적해야 하지만 입구와 출구만을 고려하여 분석을 간소화할 수 있다. 블레이드의 고정 반경 위치의 일반적인 근사는 $U(= U_1 = U_2)$ 및 $C_{\theta 2}$와 함께 속도 삼각형을 형성하기 위해 평균 축속도를 사용하여 유동을 거의 2차원 으로 볼 수 있다. 즉, 평균 축속도는

$$C_{xm} = \frac{C_{x1} + C_{x2}}{2}$$

계산을 위해 U를 함께 사용할 수 있으며

$$\omega_1 = \tan^{-1}\left(\frac{U}{C_{xm}}\right)$$

유사하게

$$\omega_2 = \tan^{-1}\left(\frac{U - C_{\theta 2}}{C_{xm}}\right)$$

정의에 약간의 조정을 통해 단순한-단 가정의 특징을 유지한다. 이러한 정의와 위 연습 문제 9.2의 결과를 사용하여 허브, 평균 및 팁 반경의 블레이드의 레이아웃을 구하시오. 0.5 비율의 허브-팁을 사용한다.

9.7 위 연습 문제 9.6에서 개발한 블레이드 캠버와 피치의 분포를 자유와류의 선회 분포에서 동일한 성능 사양을 충족한 홴에 해당하는 블레이드와 비교하시오. 같은 성능을 얻기 위해 $\Psi = a/z$에서 블레이드의 레이아웃을 구하시오.

9.8 위 연습 문제 9.7의 자유와류 및 일정한 선회 홴에서 달성 가능한 최소 허브 크기를 구하시오. 공차의 척도로 홴 허브에서 0.6의 de Haller 비를 사용한다.

9.9 $D_L \leq 0.6$과 $\sigma \leq 1.5$를 사용하여 위 연습 문제 9.8을 다시 구하시오.

9.10 그림 9.6에서 지정된 홴에서 평균 축속도(연습 문제 9.6)의 근삿값을 사용하여 지정된 성능을 충족하도록 블레이드의 레이아웃을 구하시오. $z_h = 0.50$을 포함하여 그림 9.6에 표

시된 물성치를 사용한다.

9.11 위 연습 문제 9.10의 블레이드 설계를 검토하여 휀의 최소 허용 허브 크기를 구하시오. $W_2/W_1 \geq 0.6$의 de Haller 비 기준을 사용한다.

9.12 위 연습 문제 9.5 휀의 베인 익렬을 설계하시오. 베인 익렬 입구에서 블레이드를 가로지르는 평균 축속도를 사용한다. 베인 익렬 내에서 축방향 속도 성분의 새로운 비틀림이 없다고 가정한다.

9.13 위 연습 문제 9.6의 휀의 베인 익렬을 설계하시오. 연습 문제 9.12에서 사용한 것과 같은 가정을 사용한다.

9.14 로터에서의 불균일한 유입을 사용하여 위 연습 문제 9.12의 블레이드 익렬 설계를 반복하고, 다음에 따라 고르지 않은 베인 익렬 유출을 계산하시오.

$$\varphi_4 = \varphi_3 + \left(\frac{\eta_T}{\varphi_3}\right)[b(z - z_1) + c(z^2 - z_2^2)]$$

일 때

$$z_1 = \frac{2/3(1 - z_h^3)}{1 - z_h^2} \ \ \text{및} \ \ z_2^2 = \frac{1 + z_h^2}{2}$$

9.15 위 연습 문제 9.14의 사양을 사용하여 연습 문제 9.13의 베인 익렬 설계를 다시 구하시오.

9.16 베인 축류 휀 설계를 시작하여 총압력 상승 600 Pa에서 0.5 m^3/s의 유량을 제공한다. 크기, 속도, 허브-팁 비율을 선택하여 블레이드 및 베인의 예비 자유와류 선회 레이아웃을 구하시오.

9.17 $C_{\theta 2} = kr^{1/2}$에 따라 분포하는 선회 속도 분포를 준비함으로써 위 연습 문제 9.16의 작업을 확장하시오. (단, 이것은 분명히 선회 분포에 채용된 시리즈 용어 중의 하나는 아니지만, 이 함수의 허브, 평균 반경 및 팁에 있는 3개의 값을 $\Psi = a/z + b + cz$에 적용함으로써 분포를 근사할 수 있다)

9.18 위 연습 문제 9.17의 선회 분포에서 블레이드 및 베인의 두 익렬 출구 유량 분포를 풀고 허브, 평균 및 팁에서 블레이드와 베인의 속도 삼각형을 구하시오. 또 $W_2/W_1 \geq 0.6$이 요구되는 허브 크기를 구하시오.

9.19 위 연습 문제 9.17의 팬 설계를 위해 블레이드와 베인 모두의 캐스케이드 특성 레이아웃을 구하시오. '제곱근' 선회 분포에 Q3D 유동을 사용하여 이러한 블레이드와 베인의 물리적 형상을 연습 문제 9.5의 일정한 선회 팬의 형상과 비교하시오.

9.20 임의의 선회 분포에 대한 질량 평균 압력 상승은 블레이드 스팬에 걸쳐 전체 Ψ의 가중 적분을 이용한 오일러(Euler) 방정식에서 계산할 수 있다. $\Psi = a/z + b + tcz$를 이용하여 나타내시오.

$$\Psi_{\text{avg}} = \frac{\int \Psi \varphi_1 z \, dz}{\int \varphi_1 z \, dz}$$

그리고

$$\Psi_{\text{avg}} = \frac{2a}{1 + z_{\text{h}}} + b + \frac{(2/3)c(1 - z_{\text{h}}^3)}{1 - z_{\text{h}}^2}$$

9.21 일 계수 또는 선회 속도 형식의 유용성, $\Psi = a/z + b + cz$ 및 그 근사를 통해 유동 해법은 상수 a, b 및 c를 다음 3개의 값을 블레이드의 허브와 평균 및 팁에서 $\Psi_{\text{H}}(z = z_{\text{h}}$에서), $\Psi_{\text{M}}(z = (1 + z_{\text{h}})/2$에서) 및 $\Psi_{\text{T}}(z = 1$에서)(연습 문제 9.17의 제안된 특정한 경우)의 '모든' 세트에 적용함으로써 크게 확장될 수 있다. 이를 나타내시오.

$$a = (\Psi_{\text{H}} + \Psi_{\text{T}} - 2\Psi_{\text{M}}) \frac{z_{\text{h}}(1 + z_{\text{h}})}{(1 - z_{\text{h}})^2}$$

$$b = \Psi_{\text{H}} - \frac{a}{z_{\text{h}}} - cz_{\text{h}}$$

$$c = \frac{\Psi_{\text{T}} - \Psi_{\text{H}}}{1 - z_{\text{h}}} + \frac{a}{z_{\text{h}}}$$

9.22 9.5절의 표기법을 이용하여 $\phi_1 = 1.0$, $\eta_{\text{T}} = 0.90$, $\Psi_{\text{H}} = 0.4$, $\Psi_{\text{M}} = 0.4$, $\Psi_{\text{T}} = 0.3$ 및 $z_{\text{h}} = 0.5$의 팬을 고려한다. 허브 부근의 까다로운 작업 요구 사항을 완화시키기 위해 이러한 평탄한 하중 분포 종류는 종종 무거운 하중의 팬에 사용된다. 마찬가지로 자유와류 팬은 동일한 Ψ_{M} 및 Ψ_{T}에 대해 $\Psi_{\text{H}} = 0.6$이며, 허브의 부하가 50% 증가한다. 연습 문제 9.21의 결과를 사용하여 $\Psi(z)$를 구하시오(즉, a, b 및 c를 찾아 '평탄화된' 부하 분포 모형링을 구한다).

9.23 위 연습 문제 9.22의 홴의 경우 하중 분포는 $\Psi = -0.30/z + 1.40 - 0.80z$ 이다.

  (a) 위 연습 문제 9.20의 결과와 Ψ 를 사용하여 Ψ_{avg} 를 구하시오.

  (b) 식 (9.23) 및 식 (9.24)를 이용하여 홴의 축방향의 유출 $\phi_2 = [1 + \varepsilon(z)]\phi_1$ 을 구하시오.

  (c) 위 (b)의 ϕ_2 분포의 질량 보존을 증명하시오.

  (d) Ψ 분포는 $b, c \ll a$ 가 없는 점을 유의한다. 이는 결과에 어떤 영향을 미치는지 설명하시오.

9.24 위 연습 문제 9.23의 홴의 경우 평균 Ψ_{avg} 는 0.378이며, 유출 분포는 $\phi_2 = 1.26z - 0.72z^2 - 0.42/z - 0.48\ln z + 0.901$ 이어야 한다.

  (a) $\Psi(z) = -0.30/z + 1.40 - 0.80z$ (연습 문제 9.22에서) 및 축속도의 국부값을 사용하여 블레이드의 W_2/W_1 을 구하시오.

  (b) 이러한 결과를 $\phi_1 = \phi_2 = 1.0$ 및 $\Psi(z) = 0.289/z$ 의 일정한 와류 홴과 비교하시오. 또 유체의 회전 각도를 계산하고 비교하시오.

9.25 위 연습 문제 9.23의 2개의 홴은 허브에서 $D_L = 0.55$, 평균에서 $D_L = 0.45$ 및 팁에서 $D_L = 0.35$ 를 사용한다. 이러한 홴의 W_2/W_1 및 $\Psi = C_{\theta 2}/U$ 의 결과에서 필요한 고형비의 분포를 계산하고, 두 가지 설계 결과를 비교하시오.

9.26 그림 9.17의 형상에서 식 (9.45a)~식 (9.45d)를 구하시오. (단, $\overline{C}_m$ 은 유로 전체의 C_m 의 적분 평균값으로 정의되는 것을 상기하고, $r_c \ll r_s$ 를 가정한다)

9.27 식 (9.45a)~식 (9.45d)에서 시작하여 식 (9.46) 및 식 (9.47)을 증명하시오.

9.28 θ 가 90°에 접근하는 한계 케이스(그림 9.15)에서 식 (9.47)이 $b' = B_1/2$ 로 감소하는 것을 보이시오.

9.29 9.6절의 예에서 유로 폭 b 는 눈($\theta = 0°$)에서 수평 레벨($\theta = 90°$)까지 전개되었다. 유로 면적이 90° 수준을 넘어 일정($C_m = $ constant)하다고 가정할 경우 그림 9.18에 나타낸 3개의 임펠러의 모든 출구 폭($r = D/2$ 에서)을 구하시오.

9.30 위 연습 문제 9.29의 출구 폭 계산을 반복하여 출구 면적을 임펠러의 눈과 일치시키시오 ($\theta = 0°$ 에서 입구 면적). 또 두 결과의 명백한 모순을 설명하시오.

FLUID MACHINERY

FLUID MACHINERY

제**10**장

성능과 설계의 심화 주제

10.1 서론

이전 장에서는 터보기계 내부의 유동을 상대적으로 단순화하여 취급하였다. 3차원 효과를 고려할 때에도 해석 범위를 비점성 유동으로만 한정하였다. 이러한 가정에서 추정된 결과는 실제 유동과 잘 맞을 때도 있지만, 심각한 차이를 보이는 경우도 자주 발생한다. 터보기계의 유동을 완벽하게 구현하거나 유동의 모형화와 해석의 정확도를 개선하기 위해서는 유동의 비정상성, 3차원 현상, 높은 점성/난류, 유동 박리와 같은 복잡한 현상들이 고려되어야 하고, 심한 탈운전 조건에서 발생할 수 있는 실속과 안정성 상실 등도 반영되어야 한다.

이 장에서는 위 심화 주제 중의 일부를 살펴볼 것이다. 이전의 장과는 달리 해석이나 설계 수단들은 거의 소개되지 않으며, 따라서 연습 문제도 주어지지 않는다. 이 장에서는 주로 관련된 물리 현상과 가용한 심화 계산 수단을 규명하고 기술하는 데 집중할 것이다. 이 장에서는 출판 시점에서의 최신 정보들을 간단히 소개하는 것을 목적으로 하였고, 독자가 대학원 수준의 점성 유동과 난류 유동 등의 유체역학에 익숙하다는 가정에서 기술하였다.

10.2 주유동 난류 강도

터보기계 유동에서 까다로운 문제 중의 하나는 주유동이 높은 난류 강도를 가지고 있다는 것이다. 이러한 난류는 블레이드, 베인, 엔드월 경계층, 후류 등이나 유동 장애물, 곡관, 기타 간섭으로 인한 덜 이상적인 유동 유입 등에 의해 발생한다. 주유동의 높은 난류 강도는 블레이드나 다른 표면에서 유동의 난류 천이 현상에 영향을 미치게 된다. 전통적인 경계층 관점 (Schilchting, 1979, White, 2005)에서 소위 불안정성 발달 길이(처음 경계층의 불안정성이 발생한 지점부터 완전히 난류 유동으로 천이가 된 지점까지의 거리)는 높은 난류 강도 조건에서 크게 줄어든다(Granville, 1953). Schlichting이 제시한 그림 10.1에 이러한 특성이 잘 나타나 있다. 불안정 지점(instability point)은 운동량 두께를 기준으로 해서 레이놀스수 Re_θ 에 의해 결정된다. 완전 난류 유동 조건은 불안정 지점의 하류에서 Re_θ가 어느 정도 증가한 지점에서 발생한다. 그림 10.1에서 보인 바와 같이 다음 식으로 정의되는 난류 강도 $T_u = 2\%$만 되어도 완전 난류로 천이에 필요한 Re_θ의 증가량이 1/10 이상 감소하는 것을 볼 수 있다.

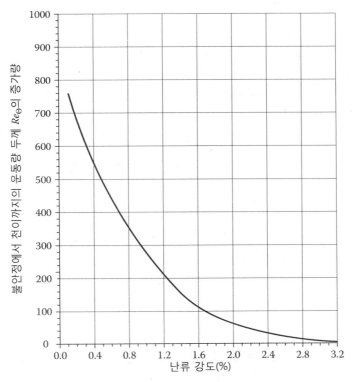

출처: Schlichting, H. *Boundary Layer Theory*, 7th ed. McGraw-Hill, New York, 1979.

그림 10.1 천이에 대한 주유동 난류 강도의 영향

$$T_\mathrm{u} = 100\,(u'^2/\overline{u}^2)^{1/2}$$

여기서 u'은 비정상 순간 속도 성분이고 $\overline{u}$는 시간 평균 속도이다.

높은 난류 강도가 대류 열전달과 표면 마찰에 미치는 영향도 매우 중요하며(Kestin 등, 1961, Schilchting, 1979), 주유동 난류 강도가 약 2.5% 이상인 경우에는 수십 배 차이의 열 전달 계수 변화도 야기할 수 있다. 구체적인 예를 들면, 압축기의 경우 입구 영역에서 난류 강도는 약 2.5%이지만, 블레이드와 베인 하류에서는 거의 20%의 값을 가진다(Wisler 등, 1987). 이 수치는 층류 불안정과 점진적인 천이를 가정하는 전통적인 방법으로는 전형적인 터보기계 내부의 유동 현상을 정확하게 예측하지 못함을 의미한다.

Robert Mayle(1991)는 터보기계 내에서 발생하는 층류에서 난류로의 천이에 대한 광범위한 문헌 조사와 중요한 연구를 수행하였다. 그는 해당 분야의 초기 연구들을 포함한 문헌 조사를 수행하였고, 천이 발생을 예측하는 방법별로 자료를 정리하였다. 위에서 안정성과 경계층 발달로 설명한 '자연 천이(natural transition)'는 가스 터빈이나 다른 터보기계의 유동과

는 크게 관련이 없다. 특히, 터보기계의 경계층 천이는 전통적인 매끄러운 표면의 유동에 비해 상당히 작은 Re_θ 값에서 발생한다. 주유동의 난류 강도가 큰 경우에는 불안정으로의 순차적인 진행, 와류의 발생과 성장은 주유동 난류에 의해 촉발되거나 발생된 난류점(turbulence spot)의 급격한 형성으로 대체된다. 터보기계에서 이러한 일반적인 발달 과정의 '우회'는 천이 영역을 짧게 만든다. 더불어 블레이드와 베인의 유동은 대체로 큰 압력 구배와 낮은 레이놀즈수의 특성을 가지기 때문에 앞전 부근의 층류 박리의 발생도 천이 과정을 더 짧게 만들 수 있다. 종종 박리 기포 위의 자유 전단층에서 층류-난류 천이가 발생하고, 표면에 난류 경계층으로 재부착되기도 한다. 더구나 블레이드와 베인, 상류 유로의 구조물에서 발생하는 후류의 영향으로 인해 터보기계 내부의 유동은 대부분 비정상(unsteady)이고, 따라서 경계층의 발달 과정은 매우 복잡하다. 비정상성과 '주유동' 난류 강도 분야의 더 많은 정보는 Mayle과 Dullenkopf(1990), Mayle(1991), Addison과 Hanson(1992), Wittg 등(1988), Dullenkopf과 Mayle(1994) 등에서 찾을 수 있다.

10.3 이차 유동과 3차원 유동 효과

터보기계 관련 기술의 발전 초기부터 알려진 바와 같이 회전하는 기계 구성품의 내부와 주변의 유동은 복잡한 이차 유동을 포함한다. 이 효과들은 블레이드와 블레이드 사이의 압력 구배, 반경 방향 압력 구배, 원심력, 스팬 방향의 유동, 기계의 기밀과 간극을 통한 유동 등과 관계가 있다.

Johnsen과 Bullock(1965)는 이러한 효과들에 대한 초기 연구들을 정리하였고, Smith(1955)와 Hansen과 Herzig(1953) 등의 연구 결과 등과 함께 이차 유동들에 대해 상세히 설명하였다.

이 초기 연구들은 유동의 선회와 블레이드 사이의 압력 구배에 의해 낮은 운동량을 가지는 엔드월 경계층 유동이 말려 올라가서 발생하는 '통로 와류(passage vortex)'의 존재를 보여 주었다. 스팬 방향으로의 베인 경계층 유동(압력 구배에 의해 안쪽 방향)과 블레이드 경계층의 유동(원심력에 의해 바깥쪽 방향)의 존재는 복잡함을 더하게 된다. 베인이나 블레이드와 엔드월(케이싱이나 허브) 사이의 간극에서는 엔드월 효과에 의해 유로에 추가적인 와류가 발생할 수 있다. 그림 10.2(a)는 축류 압축기 로터의 하류에서 측정된 블레이드 통로의 운동에너지 손실 분포를 나타낸 것이다. 원심력에 의해 축적된 경계층 유동과 팁 유동 효과, 안쪽 엔드월 부근의 통로 와류가 잘 나타나 있다. 이와 유사하게 그림 10.2(b)는 임펠러 입

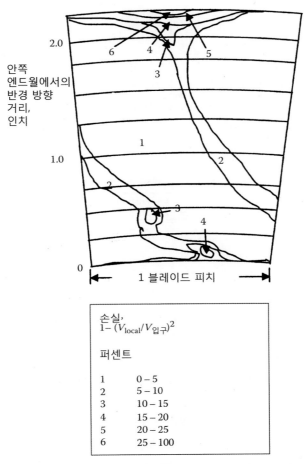

안쪽 엔드월에서의 반경 방향 거리, 인치

1 블레이드 피치

손실,
$1- (V_{local}/V_{입구})^2$

퍼센트

1	0 – 5
2	5 – 10
3	10 – 15
4	15 – 20
5	20 – 25
6	25 – 100

출처: 운동에너지 손실 선도, JohN_{rm s}en과 Bullock, "Aerodynamic design of axial flow compressor," NASA SP-36, 1965.

그림 10.2(a) 축류기계 출구 속도의 측정 결과

구 간극의 영향을 포함한 원심형 블로워의 결과를 나타낸 것이다. 두 경우 모두 주유동은 이차 유동에 의해 크게 교란되는 것을 볼 수 있다.

Johnsen과 Bullock의 연구 이후 수십 년 동안 이차 유동에 대해 활발한 연구가 수행되었다. 유동 측정 기술의 진보(Denton과 Usui, 1981, Moore와 Smith, 1984, Gallimore와 Cumpsty, 1986a, b)는 이차 유동에 대한 근본적인 이해에 기여하였다. 전산 해석 기법의 발전에 따라 이차 유동의 모형화에 대한 필요성이 커지게 되었고, 두 가지 서로 다른 접근 방식으로 모형화가 시도되었다.

Adkins와 Smith(1982), Wisler 등(1987)은 이차 유동의 대류 전달 모형을 이용하여 이차

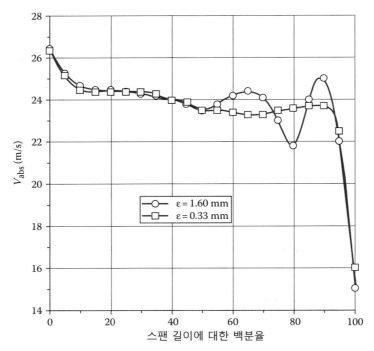

출처: Wright, *ASME Journal of Gas Turbine and Power*, 106(4), 1984c.

그림 10.2(b) 입구 간극이 큰 경우와 작은 경우에 대한 원심 임펠러 출구의 절대 속도

유동을 설명하고 이차 유동의 모형을 제공하였다. 반면, Gallimore와 Cumpsty(1986a, b)는 난류 확산 과정에 기반한 모형을 스팬 방향 혼합의 주요한 구조라고 설명하였다. 두 연구 집단 사이의 의견의 격차가 상당히 컸으며 상대의 이론을 받아들이려고 하지 않았다. 이후 Wisler 등(Wisler 등 1987)은 Gallimore와 Cumpsty, L. H. Smith, Jr., G. J. Walker, B. Lakshiminarayana 등의 논평을 포함한 기념비적인 논문을 발표하였는데, 이 논문에서는 두 관점을 동일한 문제와 이에 대한 해법을 위한 요소로 설명하였다. 즉, 혼합 과정이 발생하는 유로의 영역에 따라 대류 이차 유동이나 난류 혼합 확산이 지배적일 수 있다고 설명하였다. 따라서 적절한 유동 모형은 두 유동 구조 모형을 모두 포함하고 있어야 한다.

이후 Leylek와 Wisler(1991)는 유동 측정 결과들을 고차원 난류 모형에 기반한 3D Navier-Stokes 해석을 이용하여 재분석하였다. 그 결과(Li와 Cumpsty, 1991a, b의 결과도 마찬가지임)는 대류 전달과 난류 혼합 모형 모두 완전 점성, 3차원 내부 유동을 상세히 파악하는 데 중요함을 보였다.

10.4 축류 캐스케이드에서 낮은 레이놀즈수의 영향

　중간 부하 영역에서 작동하는 축류형 터보기계에 대해 아주 낮은 레이놀즈수가 성능에 미치는 영향에 대한 연구는 상대적으로 큰 주목을 받지 못하였다. '낮은 레이놀즈수'란 코드를 기준으로 한 레이놀즈수($Re = \rho V c / \mu$)가 $10^3 \sim 10^5$ 범위를 의미한다. 낮은 레이놀즈수 조건이 되면 블레이드 흡입면의 앞전 부근에서 박리 기포가 발생할 수 있다. 박리 기포는 블레이드 표면에서 경계층이 박리되어 재순환 영역을 형성한 것을 말한다. 많은 경우 박리되는 경계층은 층류이고, 박리된 유동에서 천이가 발생하며, 난류 경계층으로 재부착된다. 박리 기포는 성능을 상당히 저하시킬 수 있고 실속으로 이어질 수도 있으므로 축류형 터보기계에서는 발생을 억제시켜야 하는 것이다. 비록 실속까지 이어지지 않더라도 유동의 선회와 손실에는 영향을 끼치게 된다. 그림 10.3(Robert, 1975b)은 축류 캐스케이드에서 손실과 유동 선회에 대한 낮은 레이놀즈수의 영향을 나타낸 것이다. 여기서 레이놀즈수가 10^5 이하로 감소할 때 유동 선회 θ_{fl}은 급격히 감소하고, 전압 손실 계수 ζ_1은 급격히 증가하는 것을 볼 수 있다.

　Mayle(1991)은 이 현상들에 대한 많은 참고 문헌을 검토하고 정리하였다. Roberts(1975a, b), Citavy와 Jilet(1991), Cebeci(1983), Gostelow(1995), Pfenninger와 Vemura(1990),

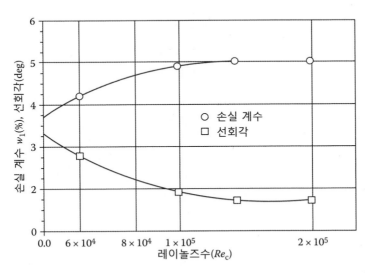

출처: Robert, W. B., *ASME Journal of Engineering for Power*, 97, 261-274, 1975a,
　　　Roberts, W. B., *ASME Journal of Engineering for Power*(July), 1975b.

그림 10.3 유동 선회와 손실에 대한 낮은 레이놀즈수의 영향

Mayle(1990), O'Meara와 Mueller(1987), Schmidt와 Mueller(1989) 등에 의해 이 독특한 현상에 연구되었다. 비록 낮은 레이놀즈수 영역의 유동을 예측하는 많은 기법이 제시되었지만, 정확한 예측을 위해서는 여전히 많은 연구가 필요하다. 또 이러한 기법들은 복잡한 적분과 내삽이 필요하고, 이용법이 직관적이지 않다. 이용하는 데 용이한 기법은 예측 결과의 정확도가 떨어진다. 설계 목적에 적용될 수 있으면서 낮은 레이놀스수 영역의 유동을 정확하게 기술할 수 있는 간단한 완전 3D Navier-Stokes CFD 기법은 존재하지 않는다.

Wang(1993)은 Roberts, Citavy와 Jilek의 결과를 이용하여 낮은 레이놀즈수 박리 기포에 의한 손실과 편차각의 변화를 예측하여 기본 설계에 적용할 수 있는 방법을 고안하였다. Wang의 결과는 실험 결과들과 비교, 검증되었고, 기존의 축류 팬 설계 절차에 통합되어 사용될 수 있다.

일반적으로 손실 예측에는 캠버각, 입구 유동각, 출구 유동각, 고형비, 레이놀즈수, 편차각, 입사각, 받음각, 난류 강도 등 많은 인자가 포함되지만, Wang의 방법에서는 단순화를 위해 여러 인자들을 상수로 고정하거나 무시하고 손실의 근삿값을 구한다. 대부분의 기본 설계 과정에서 입사각은 영에 가까운 값으로 설정되고, 입사각은 설계 결과에 큰 영향을 끼치지 않아야 한다. 인용된 대부분의 실험에서 난류 강도는 5% 이하였으므로 난류 강도의 영향도 무시된다. 레이놀즈수, 입구 유동각, 출구 유동각, 캠버각, 고형비, 편차각은 알려진 값이거나 설계 과정에서 결정되어야 하는 값이다.

낮은 레이놀즈수 영역에서 작동하는 축류 캐스케이드에서의 손실 예측은 Lieblein(1957)과 Roberts의 방법을 기반으로 한다. 8장에서 설명한 바와 같이 Lieblein 방법은 낮은 레이놀즈수 영역의 손실 예측에 사용되지 못한다. Wang의 방법에서 Lieblein 방법은 층류 박리 직전까지의 손실 계산에 사용되는데, 이를 위해서는 박리 직전까지의 손실은 레이놀즈수에 크게 영향을 받지 않는다는 가정이 필요하다. 그림 10.3에서 박리가 발생하기 전까지 손실은 레이놀즈수에 크게 영향을 받지 않지만, 박리가 발생한 후에는 레이놀즈수의 영향을 크게 받았음을 확인할 수 있다.

박리점 이전까지의 손실은 상수로 가정할 수 있고, 따라서 박리점에서의 손실은 Lieblein의 방법으로 구할 수 있다. 8장에서 설명된 바와 같이 이 손실은 국소 확산 계수의 함수이며, 아래의 곡선 맞춤식으로 계산된다.

$$\zeta_{1,s} = \zeta_1 = \left(\frac{2\sigma}{\cos\omega_2}\right)\left(\frac{\cos\omega_1}{\cos\omega_2}\right)^2 \times [0.005 + 0.0049\,(D_L) + 0.2491\,(D_L)^5] \qquad (10.1)$$

여기서

$$D_L = 1.0 - \left(\frac{\cos\omega_1}{\cos\omega_2}\right) + \left(\frac{\cos^2\omega_1}{2\sigma}\right)(\tan\omega_1 - \tan\omega_2) \tag{10.2}$$

Wang의 모형은 Roberts(1975a)의 결과를 바탕으로 한다. Roberts 방법은 아래와 같이 정리될 수 있는데, 그는 박리 이후의 손실을 박리 전의 손실에 손실의 증가량을 추가하는 방식으로 구하는 것을 제안하였다.

$$\zeta_{1sb} = \zeta_{1b} + \Delta\zeta_1 = \zeta_{1b} + K_1\left(\frac{\phi_c}{a}\right)\left(\frac{t/c}{b}\right)\frac{1}{\sigma}(k\Delta F_D) \tag{10.3}$$

여기서 ϕ_c는 에어포일 캠버각($\phi_c \geq 5°$), t/c는 두께비, σ는 고형비이다. K_1은 상수이고 a, b, k는 Roberts 방법에서 결정되는 기준 상수들이다. ΔF_D는 '편차 계수'의 변화값이며, 편차 계수는 편차각, 캠버각, 고형비의 조합, $F_D \equiv \sigma\delta/\phi_c$로 정의된다. 따라서

$$\Delta F_D = F_{D,\,sb} - F_{D,\,s} \tag{10.4}$$

Re가 약 10^5보다 작아지면 편차각 δ의 Re에 대한 의존도는 점점 커진다(그림 10.3 참조). 이러한 현상을 간단하게 표현하기 위해 ΔF_D를 다음과 같이 표현할 수 있다.

$$\Delta F_D = \frac{\sigma\delta_{sb}}{\phi_c} - \frac{\sigma\delta_s}{\phi_c} = \left(\frac{\delta_{sb}}{\delta_s} - 1\right)\left(\frac{\sigma\delta_s}{\delta_c}\right) \tag{10.5}$$

식 (8.18)에서 $\delta_s = \delta_0 + m\phi_c$이므로 $(\sigma\delta_s/\phi_c) = m/\sigma^{b-1} + \sigma\delta_0/\phi_c$이다. 일반적인 캠버각과 고형비에 대해 $\sigma^{b-1} \approx 1$이고 $\sigma\delta_0/\phi_c \approx 0$이다. 만약 중간 정도의 입구각($\omega_1 = 50°$)을 가진다면 $m \approx 1/4$이 된다. 모두 정리하면 ΔF_D는 다음과 같이 근사될 수 있다.

$$\Delta F_D \approx \frac{1}{4}\left(\frac{\delta_{sb}}{\delta_s} - 1\right) \tag{10.6}$$

이 근사식은 상세한 편차 계수 모형과 비슷한 정확도를 보인다.

식 (10.3)에서 ϕ_c를 $\phi_c =$ 상수$\times C_{L0}$로 대체하면 모든 상수들을 하나의 값으로 표현할 수 있으므로 $\Delta\zeta_1$을 아래와 같이 나타낼 수 있다.

$$\Delta\zeta_1 = K_f C_{L0}\left(\frac{t}{c}\right)\frac{(\delta_{sb}/\delta_s) - 1}{\sigma} \tag{10.7}$$

'이론적'으로 정리할 수 있는 것은 여기까지이다. 상수 K_f는 실험적으로 결정되어야 하고,

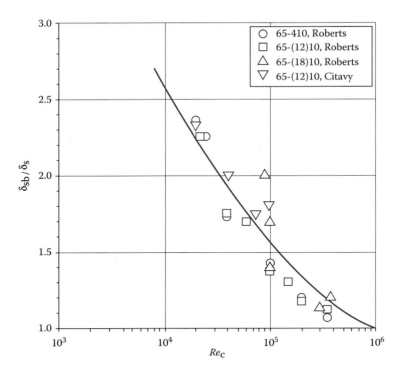

출처: Roberts, W. B., *ASME Journal of Engineering for Power*, (July), 1975b.
　　Citavy, J. and Jilke, J., 1990, ASME Paper No. 90-GT-221, 1990.

그림 10.4 편차각 비교와 관계식

편차비 δ_{sb}/δ_s는 실험값의 곡선 맞춤에서 얻어진다. Citavy와 Jilek(1990)의 결과를 이용하고 $C_{L0} = 1.2$로 가정하면, δ_{sb}/δ_s는 다음과 같이 간단하게 나타낼 수 있다.

$$\frac{\delta_{sb}}{\delta_s} \approx \left(\frac{10^6}{Re_c}\right)^{0.2} \tag{10.8}$$

이 곡선과 Citavy와 Jilek(1990), Roberts(1975b)의 결과가 그림 10.4에 나타나 있다. 이 곡선 맞춤은 $Re = 10^6$에 강제 맞춤되었고, Citavy와 Jilek 결과를 보수적으로 추정하도록 제한되었다.

그림 10.5는 낮은 캠버를 가지는 에어포일($C_{L0} = 0.4$)에 대한 Roberts의 결과를 나타낸 것이다. K_f 값은 실험 결과를 잘 추종하도록 $K_f \approx 2$로 선정되었다. 따라서 손실 증가량에 대한 최종 표현식은 다음과 같다.

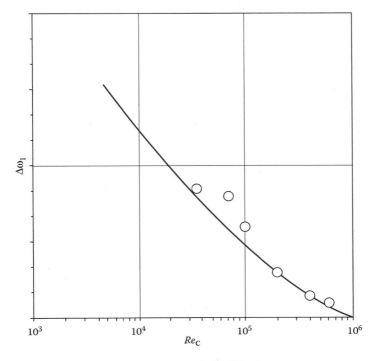

그림 10.5 Roberts의 NACA 65–410 에어포일 결과에 대한 비교

$$\varDelta\zeta_1 \approx 2C_{\mathrm{L0}}\left(\frac{t}{c}\right)\frac{(10^6/Re_{\mathrm{c}})^{0.2}-1}{\sigma} \tag{10.9}$$

식 (10.8)과 식 (10.9)를 이용하면 낮은 레이놀즈수 범위($Re_{\mathrm{c}} \le 10^6$)에서 축류 캐스케이드의 손실 증가와 편차각 변화를 예측할 수 있다. 이렇게 얻어진 예측값의 일관성과 정확도는 다른 연구자들[Roberts, Catavy, Jilet, Johnsen과 Bullock(NASA SP-36) 등]의 결과와 비교해서 확인할 수 있다.

그림 10.6은 $C_{\mathrm{L0}}=1.2$와 1.8인 경우에 대해 예측값과 Roberts의 결과를 비교한 것이다. K_{f}를 구하기 위해서 Roberts의 $C_{\mathrm{L0}}=0.4$ 실험 결과가 사용되었기 때문에 예측값이 실험 결과와 대체로 잘 맞지만, 전반적으로 관계식에 의한 값이 실험값보다 크게 예측되는 경향을 보인다.

그림 10.7은 $C_{\mathrm{L0}}=1.2$인 경우 Citavy와 Jilek의 결과, NASA SP-36(Johnsen과 Bullock, 1965)에서 인용된 British C4에 대한 결과를 관계식에 의한 결과와 비교한 것이다. 두 경우 모두 예측값은 어느 정도의 경향성을 보이지만, 손실값은 크게 과대 예측되고 있다.

아주 낮은 $Re_{\mathrm{c}}(\le 10^4)$에서는 이 예측 모형의 결과가 대략적인 근삿값으로만 사용되어야

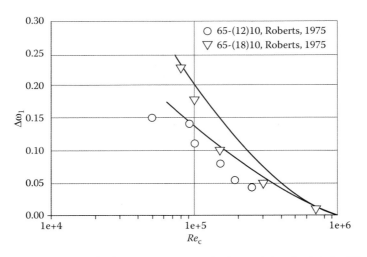

그림 10.6 Roberts의 NACA 65–(12)10과 NACA 65 – (18)10 에어포일 결과에 대한 비교

한다. 이러한 낮은 레이놀즈수 영역에서는 손실 예측값은 많은 오차를 가질 수 있지만, 편차 각 예측에서는 타당한 값을 얻을 수 있으며, 특히 일반적인 범위의 블레이드 부하 조건에 대해서 더 좋은 결과를 보인다.

낮은 레이놀즈수 영역에서 작동되도록 에어포일을 설계할 수 있다. Pfenninger와 Vemura (1990)는 낮은 레이놀즈수에서 작동하는 에어포일 설계의 최적화에 대해 연구하였다. 그들은 블레이드가 낮은 레이놀즈수 영역에서 작동하도록 설계될 수 있고, 천이에 대한 최적 제어를 적용하면 적당한 성능도 낼 수 있음을 보였다. 재설계된 에어포일에서는 흡입면의 압력

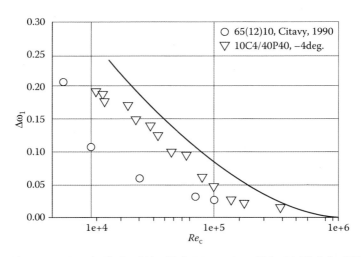

그림 10.7 Citavy의 NACA 65 – (10)10 에이포일과 British C4 에어포일 결과에 대한 비교

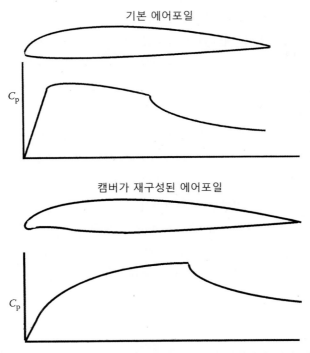

그림 10.8 낮은 레이놀즈수 영역에서 우수한 성능을 보이는 에어포일의 형상과 압력 분포

분포를 크게 변화시키기 위해 블레이드 앞전 부근의 형상이 달라졌다. 그림 10.8은 두 블레이드 형상과 압력 분포의 변화를 정성적으로 나타낸 것이다. 가장 큰 변화는 앞전에서 약간의 음의 입사각을 가지도록 앞부분의 캠버선이 수정된 것이다. 이렇게 하면 층류 박리 기포의 생성과 성장을 야기하는 흡입면에서의 역압력 구배를 줄일 수 있다.

위 결과들은 선정 가능한 블레이드의 캠버각을 약간 증가시키거나 과도한 유동 선회를 방지하기 위해 블레이드 피치각을 약간 줄이는 방식으로 기존의 캐스케이드 알고리즘에 통합되어 적용될 수 있다. 도출된 설계는 박리 발생과 성장을 충분히 억제할 수 있을 정도의 음의 앞전 입사각을 가져야 한다. 불행히도 이 설계 개념은 실험적으로 검증되지는 않았다.

10.5 실속, 서지, 안정성 상실

터보기계 운전의 기본 원칙은 정상 상태 운전점이 기계 특성 곡선과 시스템 특성 곡선의 교점으로 결정된다는 것이다. 오직 이 '일치점(match point)'에서만 기계를 통과한 유량은 시스템을 통과한 유량과 동일하고, 기계에 의해 공급되거나 기계가 사용한 단위 질량 유량당 에너지는 시스템이 사용하거나 시스템에 공급한 양과 동일하게 된다. 이 원칙은 본 교재의 1장에서 이미 설명되었다. 펌핑 기계나 터빈 모두에 적용 가능하지만, 이 절의 설명은 터보 기계가 에너지를 공급하고 시스템이 에너지를 소비하는 펌핑 기계(펌프, 홴, 압축기)에 국한한다.

이 일치점에서 기계와 시스템은 평형 상태에 있고, 지금까지는 이 평형이 안정적이라고 가정하였다. 실제 펌프 시스템의 한계를 고려하기 위해서는 어떤 조건에서 이 평형이 안정적인지, 불안정성이 발생한다면 그 영향이 어떠한지 살펴보아야 한다.

기계에 발생한 작은 교란의 영향부터 고려하자. 만약 이 교란이 유량의 작은 변화이고, 기계와 시스템이 원래의 일치점(유량과 에너지)으로 되돌아간다면, 시스템과 기계는 안정적인 평형 상태이다. 만약 교란이 발생하였을 때 유량이 계속 바뀐다면, 이 시스템을 정적 불안정 (statically unstable)이라고 한다. 이것이 그림 10.9(Greitzer, 1981)에 도식화되어 있다. 시스템 특성 곡선은 전형적으로 단순 증가하는 '포물선' 형태이지만, 그림에 나타낸 특정한 기계 특성 곡선은 음의 경사 구간, 양의 경사 구간, 그리고 필연적으로 영의 경사를 가지는 구간으로 구성된다.

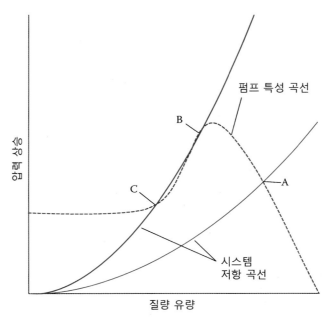

출처: Greitzer, E. M., *ASME Journal of Fluids Engineering*, 103, 193-242, 1981.

그림 10.9 펌핑 기계의 정적과 동적 불안정 조건의 예

첫째, 교란 이전의 작동점이 A라고 가정하자. 유량이 약간 증가한다면, 기계에 의해 공급되는 압력이 감소한다. 동시에 유량의 증가로 인해 시스템에서 압력 저하가 이전보다 더 커지게 된다. 기계는 시스템이 요구하는 더 커진 압력을 공급하지 못하게 되고, 시스템의 유량은 감소하게 되며, 작동점은 A로 돌아가게 된다. 마찬가지로 순간적으로 유량이 감소하더라도 작동점이 A로 돌아가는 것을 설명할 수 있다. 이처럼 교란되지 않은 작동점으로 되돌아가는 것이 (정적) 안정성의 전형적인 필요 조건이다.

이제 기계와 시스템이 작동점 B(더 높은 시스템 저항을 가짐)에서 운전되고 있다고 가정하자. 만약 유량이 약간 증가하게 된다면, 기계는 시스템 저항 증가에 의한 압력 저하보다 더 큰 압력을 공급하게 된다. 이 '추가' 압력은 유량이 더 증가하게 만든다.[20] 이때 기계와 시스템은 원래의 교란이 없는 평형 상태로 돌아오려는 경향을 보이지 않게 되고, 불안정으로 정의된다.

이 현상을 요약하면 아래와 같다.

B 작동점에서 기계 특성 곡선은 시스템 저항 곡선보다 경사가 더 심하거나 또는 더 양의 값을 가지고, 운전은 불안정적이다.

A 작동점에서 기계 특성 곡선은 시스템 저항 곡선에 비해 아주 작은 값(사실상 음의 값)을 가지며, 운전은 안정적이다.

이러한 기울기 법칙은 펌핑 시스템의 가장 단순한 정적 안정성 평가 기준이다.

정적 안정성뿐만 아니라 초기 설정값에서 유량 변동이 발생하고 증폭되는 동적 불안정성(dynamic installbility)으로 이어지는 조건도 반드시 고려되어야 한다. 그림 10.9에서 동적 불안정성은 펌프가 최대 압력 상승점 부근에서 작동할 때 발생할 수 있다.

채워진 유체의 체적이 $\forall_f$, 유로 길이가 L, 유로 단면적이 A인 단순한 펌핑 시스템의 정적과 동적 안정성 평가 기준을 구해 보자. Greitzer(1996)는 아래의 기준을 유도하였다.

$$\left(\frac{dp_{\text{machine}}}{d\dot{m}}\right) < \left(\frac{dp_{\text{system}}}{d\dot{m}}\right) \quad \text{(정적 안정을 위해)} \tag{10.10}$$

그리고

$$\left(\frac{dp_{\text{machine}}}{d\dot{m}}\right) < \left(\frac{K_s}{dp_{\text{system}}/d\dot{m}}\right) \quad \text{(동적 안정을 위해)} \tag{10.11}$$

---

20) 순간적 유량 감소에 대해서도 유사하게 설명할 수 있다.

K_s는 시스템의 특성을 나타내는 것으로 아래와 같이 정의된다.

$$K_s \equiv \left(\frac{\gamma p_1 L}{\rho \forall_f A} \right) \tag{10.12}$$

여기서 γ는 비열비이다. K_s는 양수이고, 큰 체적이나 짧은 유로를 가지는 시스템에서는 아주 작은 값일 수 있다. 이는 동적 불안정성은 $dp_{\text{machine}}/d\dot{m}$이 작은 양수일 때 발생할 수 있음을 의미한다. 동적 불안정성은 그림 10.9의 작동점 C와 같이 영의 기울기를 가지는 영역 부근에서 발생할 수 있으며, 실제로도 이 영역에서 자주 일어난다. 식 (10.11)의 조건은 정적 불안정 조건[식 (10.11)]에 비해 확실히 덜 제약적이고, 증가하는 저항을 가지는 시스템에서 더 자주 발생한다.

Greitzer(1996)는 유량 요동을 지속하기 위해 필요한 에너지를 이용하여 동적 불안정으로 이어지는 기본 과정을 간단하고 명료하게 설명하였다. 그는 질량 유량의 변동량($\delta \dot{m}$)과 압력 상승의 변동량($\delta \Delta p$)의 곱에 집중하였다. 두 가지 조건(양과 음의 기계 특성 곡선의 기울기)을 고려하자. 기계 내부의 유동은 준정상 상태라고 가정한다. 첫 번째 조건은 $\dot{m}$과 Δp의 변화 모두 양수인 경우이며, 그 곱은 항상 양수이다. 이 경우 펌프에 의해 공급되는 에너지는 유량의 요동을 야기한다. 기계 특성 곡선이 음인 경우 $\dot{m}$의 변화는 항상 Δp의 변화와 반대 부호를 가지게 되어 그 곱은 항상 음이 되고, 유동의 에너지는 확산 과정을 통해 제거되며, 유량의 요동은 감쇄된다.

이제 불안정한 운전이 발생할 때 기계 내의 유동 조건을 살펴보자. 이를 위해 필요한 펌프 특성 곡선의 양의 기울기 조건이나 최소한 영의 기울기 조건은 6.8절에서 확산 한계로 설명한 바와 같이, 일반적으로 기계 내부 유로에서 실속(박리) 유동 조건을 동반한다. 실속이나 유동 박리는 하나나 다수 또는 무리의 유로에서 박리가 발생하는 회전 실속이나 회전 박리 형태로 자주 발생한다. 박리된 유동은 블레이드 표면이나 통로 엔드월에서 멀어지고, 이러한 실속 셀(cell)은 임펠러에 대해 상대적으로 이동(회전)하게 된다.

회전 실속은 축류형과 원심형 펌핑 기계 모두에 대해 여러 연구자에 의해 연구되어 왔다 (Greitzer, 1981, O'Brien 등, 1980, Laguier, 1980, Wormley 등, 1982, Goldschmeid 등, 1982, Madhavan과 Wright, 1985). 유량이 설계 유량보다 작아지는 등의 이유로 인해 만약 특정 블레이드의 흡입면에서 처음 박리가 발생하면, 실속 셀은 임펠러의 회전 방향과 반대로 이동하여 다음 블레이드의 흡입면으로 이동하려는 경향을 보인다. 그림 10.10은 이 과정을 나타내고 있다. 유량이 감소하면 유동은 증가된 입사각으로 블레이드로 유입되고, 이는 흡입면에 아주 가파른 압력 구매를 야기하여 유동 박리로 이어진다. 주유동은 처음 실속이 발생

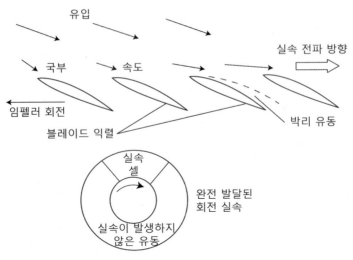

그림 10.10 실속 셀의 형성과 이동

한 통로 다음의 유로로 편향되고, 앞의 블레이드의 입사각은 더욱 증가하며 뒤따르는 블레이드의 입사각은 감소하게 된다. 이는 앞의 블레이드의 박리가 뒤따르는 블레이드로 이동하는 것을 야기한다. 이러한 실속 셀의 전진 이동은 유량 감소에 의한 회전 실속에서 볼 수 있는 전형적인 형태이다. Madhavan과 Wright(1985)가 보인 바와 같이 유량이 설계 유량보다 과도하게 증가하거나 임펠러 회전 방향으로 의도적으로 예선회를 가지게 하는 경우(송풍기 성능 감소를 위해 예선회 조절 베인을 사용하는 경우와 같음), 실속 셀은 반대 방향으로 전파될 수 있다.

고정 좌표계에서 관측되는 이동 속도(즉, 셀 회전 주파수)는 셀의 상대 운동에 따른 회전 속도나 주파수와 다르다. 회전 실속의 셀이 완전히 형성된 경우, 고정된 좌표계에서 측정된 압력의 맥동은 전형적인 흡입면 실속의 경우 작동 속도의 2/3이고, 초과 유량이나 입구 유동의 예선회에 의한 경우에는 작동 속도의 3/4이다. 그림 10.11은 원심형 휀 실험의 결과, 유량 계수 변화율에 따른 주유동의 압력 맥동 주파수의 변화를 나타낸 것이다.

블레이드 통로와 디퓨져의 유사성을 이용하면 실속이 발생하는 조건을 알아볼 수 있다. 7장에서 설명된 바와 같이 Sovran과 Klomp(1967)의 디퓨져 연구 결과에 이용하면 캐스케이드에서의 최대 정압 상승은 형상의 함수로 나타낼 수 있다. 즉, L/w_1을 형상 인자(그림 7.37 참조)로 간주하면 캐스케이드의 실속을 나타내는 인자 Ψ_{s-max}의 값을 구할 수 있다.

$$\Psi_{s-max} = \frac{\delta p_s}{\rho U_2^2} \tag{10.13}$$

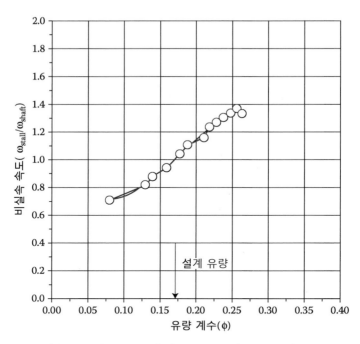

출처: Madhavan, S. and Wright, T., *ASME Journal of Engineering for Gas Turbine and Power*, 1985.

그림 10.11 원심형 홴의 실속 셀 속도와 압력 맥동 주파수

이 개념은 Koch(1981)의 관계식을 보완한 것인데, 그는 Ψ_{s-max}를 길이비 L/g_2의 함수로 계산하였다. 여기서 L은 블레이드 코드 g_2는 '엇갈림 피치'(staggered pitch, $g_2 = s \cos \omega_2^*$, 6.8절에서는 s를 디퓨져 폭이라고 정의함)이다. 그림 10.12은 Koch 관계식을 나타내고 있는데 실험 결과로 검증되지 않았지만 실속 전에 예상할 수 있는 최대 압력 상승은 0.6 이하 정도이다.

Greitzer(1981), Wright 등(1984a), Longley와 Greitzer(1992) 등에 의해 보고된 바와 같이 축류형과 원심형 기계 모두에 대해 임펠러에서 실속의 발생은 임펠러 입구에서의 유동의 왜곡이나 불균일성에 크게 영향을 받는다. 실제로 발생하는 대부분의 유동 왜곡은 유입되는 유동의 반경 방향 또는 원주 방향으로의 정상적(steady)인 변화나 고정 좌표에 대한 비정상적(unsteadiness)인 변화를 포함한다. 예를 들면, Wright 등(1984a)의 원심형 임펠러 실험에서는 잘못된 설치나 입구 환경에 대한 부주의에 의해 야기되는 실속 여유의 감소 정도를 보여 주었다. 그림 10.13에 나타낸 바와 같이 홴의 입구 유동 속도 형상에 큰 왜곡이 있는 경우 실속 압력 상승이 5~10% 감소하는 것을 볼 수 있다. 입구 속도 분포의 평균 표준편차인 '속도 왜곡 계수' V_{rms}는 다음과 같이 표현된다.

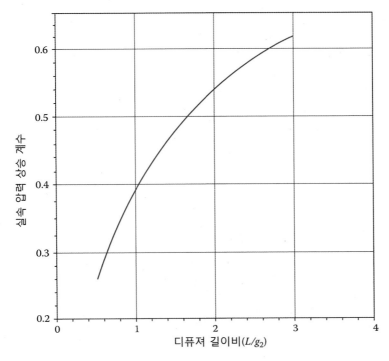

그림 10.12 Koch의 실속 압력 상승 계수 상관식

$$V_{rms} = \sum_{i=1}^{n} \frac{[(V_i - V_m)^2/n]^{1/2}}{V_m} \qquad (10.14)$$

여기서 V_m은 평균 속도, V_i는 i점에서 측정된 속도이고, n은 입구 단면에서의 샘플 개수이다. 실속 압력비는 균일 입구 유동 조건에서의 실속 압력 상승값으로 정규화한 것을 의미한다.

회전 실속 셀의 존재 그 자체만으로는 기계의 작동에 큰 해를 미치지 않을 수도 있다. 팬의 경우 회전 실속에 동반된 압력 맥동은 정압 상승의 20~40% 정도의 크기이며, 기계나 시스템의 구조적인 위험보다는 저주파 소음이 더 문제가 된다. 심각한 경우 만약 맥동 주파수가 시스템의 고유 진동수와 일치하게 되면 공진 현상이 발생할 수 있다.

실속이 성능과 소음 또는 심한 경우는 기계나 시스템의 구조적 안정성에 미치는 가장 큰 위험은 압력과 유량의 큰 변동이 발생하는 서지(surge)를 야기할 수 있다는 것이다. 서지가 발생하면 압력 맥동 범위가 설계값의 50%에 달할 수도 있고, 기계 내에서 상당한 유량의 역류도 발생할 수 있다. 이것은 기계와 시스템 모두에 높은 수준의 **응력 발생**을 야기하고, 심각한 파손이나 파괴로 이어질 수 있다. 만약 가스 터빈이나 제트 엔진에서 서지가 발생한다

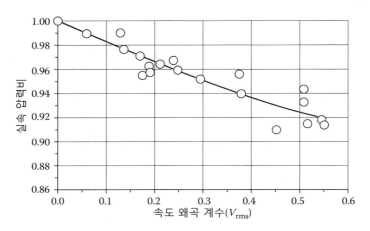

그림 10.13 실속 여유에 대한 입구 유동 왜곡의 영향

면, 이는 '연소 정지'를 야기할 수 있고 큰 사고로 이어질 수도 있다.

Greitzer(1996)는 공진 압축 시스템 모형 해석에서 Emmons 등(1995)에 의해 제안된 기법을 채택하여 서지 발생을 예측할 수 있는 변수를 정의하였다. Greitzer의 변수는 다음과 같이 정의된다.

$$B \equiv \frac{U}{2a}\left(\frac{\forall_c}{A_c L_c}\right)^{1/2} \tag{10.15}$$

여기서 $\forall_c$, A_c, L_c는 압축 시스템의 형상을 나타낸 것으로 각각 외부 탱크 체적, 유로 단면적, 길이를 나타낸다. U는 임펠러 팁 속도이고, a는 음속이다. 주어진 시스템 구성에서 임계값 B_{crit}가 존재하는데, 임계값 이상이면 압축 시스템의 압력과 유량이 주기적으로 크게 변하는 서지가 발생한다. 임계값 이하인 경우 과격한 서지 현상은 나타나지 않지만, 시스템은 성능이 낮아지고 소음이 커지는 지속적인 회전 실속 조건으로 접어들 수 있다.

특정 시스템 구성에 대해 B_{crit}는 해석적이나 실험적으로 구해질 수 있다(Greitzer, 1981). 명백하게 기존의 압축 시스템에 서지 문제가 발생하고 심한 성능의 맥동이 발생한다면, 기존의 B 값을 이용하여 해결책을 찾을 수 있다. B_{crit}를 알면 시스템 형상을 수정하거나 기계의 속도를 줄임으로써 B를 낮추고 시스템을 서지 조건에서 벗어나게 할 수 있다.

10.6 터보기계 분야의 전산 유체 해석

아마 20세기 후반과 21세기에서 터보기계 공학 분야의 가장 중요한 발전은 다양한 CFD 기법의 개발과 이용일 것이다. 느슨한 의미에서 CFD는 "컴퓨터를 사용하여 유체 유동 방정식의 해답을 찾는 분야의 연구"이다(Cèngel과 Cimbala, 2010). 이 정의는 너무 광범위해서 표계산(spreadsheet) 프로그램을 이용하여 Darch-Weisbach 식과 Colebrook 마찰 계수 공식으로 관의 유량을 계산하는 것도 포함될 수 있다. 대부분의 공학자들에게 CFD는 컴퓨터와 소프트웨어를 이용하여 적어도 유체의 흐름을 기술하는 미분 방정식을 풀어서 유동장을 모사하는 것이다. 해석 대상은 정상 유동일 수도, 비정상 유동일 수도 있고, 2차원, 3차원 또는 준3차원일 수도 있다. 압축성이거나 비압축성 유동일 수도 있고, 비점성 유동일 수도 있으며, 층류나 난류일 수도 있다. 한때 CFD가 독자적으로 대학원 연구, 심화 연구 및 개발의 주제였던 시기도 있었지만 현재는 ANSYS CFX나 FLUENT와 같이 많은 종류의 제품을 시중에서 구할 수 있고, 학부 재학생 교재에서도 이 주제에 대한 소개나 개요를 제공하고 있다 (Cèngel과 Cimbala, 2010, Munson 등, 2009).

터보기계에 대한 CFD의 궁극적인 목적은 터보기계 내의 유동장을 상세히 모사할 수 있는 완전한 수치 해석 시스템을 개발하는 것이다. 일반적인 터보기계의 유동은 3차원이고 비정상 유동이며, 높은 난류 강도를 가지고, 많은 경우에 압축성 유동이기 때문에 이 목적의 달성은 쉬운 일이 아니다. 예비 설계와 배치 등의 간단한 문제부터 완전 3차원, 점성/난류, 압축성, 종종 비정상 유동까지 고려된 복잡한 문제까지 많은 연구자들은 CFD를 다양한 문제에 적용해 왔다. 이러한 기법들은 주어진 형상의 검증과 개선에 필요한 상세 유동장 분석의 실마리를 제공한다. 이러한 반복 과정을 통해 설계는 개선되거나 최적화되고, 성능의 향상, 효율의 증대, 높은 탈운전 효율과 안정성을 이룰 수 있다.

하지만 CFD는 터보기계의 모든 유동을 풀 수 있는 만능은 아니다. Denton(Denton, 1990)의 터보기계 관련 논문 모음집에서 중요한 결론 중의 하나는 CFD 해석이 가장 유용한 분야는 본 교재의 앞부분에서 설명한 1차원이나 평균 유선 해석(meanline analysis)의 설계 결과를 개선하는 것이다. 펌프나 항공기 엔진에 이르기까지 터보기계나 터보기계의 구성품의 유동에 대한 완전한 수치 모사를 위해서는 일반적으로 공학적 도구로써 종합적 설계 체계에 내재되어 있는 정립된 CFD 코드가 필요하다. CFD를 통한 상세한 유동장 정보는 경험 있는 설계자에게 적은 비용으로 더 좋은 설계를 가능하게 한다. 전반적인 설계 절차에는 기계의 방식 선정, 용량 선정, 평균 유선 해석, 실험 관계식 등의 기본 설계 과정이 포함되고, 이후에 CFD 해석을 통한 평가와 반복적 절차에 의한 설계의 개선을 수행한다(Denton, 1999).

CFD를 적용할 때에도 다양한 것을 고려해야 한다. 예를 들어, 유한 차분(finite-difference), 유한 요소(finite-element), 유한 체적(finite-volume) 공식에서 어떤 방식을 선택할 것인지, 그리드 생성은 어떤 방법을 취할 것인지[정렬 격자(strectured grid), 비정렬 격자(unstrectured grid), 변환 격자(transformed grid)], 정확도, 수렴성, 결과 검증 등에 대한 주제 등이 고려되어야 한다. 좋은 CFD 해석을 위한 필수 구성 요소(Lakshminarayana, 1991)에는 문제에 맞는 지배 방정식과 수치 해석 기법의 적용, 현실적인 경계 조건 설정, 이산 공간(dicretized domain)과 유동 난류에 대한 적절한 모형화 등이 있다. 난류 모형은 엔드월 유동, 팁 누설, 블레이드/베인 후류와 낮은 레이놀즈수 영역의 유동(10.3절, 10.4절 참조)을 포함한 터보기계에서 발생하는 대표적인 유동 현상을 타당한 정확도로 모사할 수 있어야 한다.

지난 수십 년간 CFD 기법이 지속적으로 발전하면서 동시에 컴퓨터 성능, 수치 해석 기법, 유동 현상(특히, 난류)의 이해와 모형화 등의 발전을 필요로 하게 되었다. 또 터보기계 형상을 입력하고 결과를 보여 주는 기법의 개발도 중요하게 되었다. 오래된 많은 기법도 최신 설계와 해석에서 유용하게 활용될 수 있다. 예를 들어, 비점성 유동 해석은 필요시 경계층 계산과 함께 적용되어 기본 설계 단계나 거의 비점성 유동인 영역에 적용될 수 있다. 필요에 따라 동일한 문제를 3D 완전 Navier-Stokes 기법을 이용하여 다시 연구할 수도 있지만, 근사화된 기법을 적절히 이용한다면 시간과 비용을 크게 줄일 수 있다.

CFD 기법들에 대한 정성적인 논의는 이 책의 범위를 벗어난다. 아래의 문헌들은 터보기계에 특화된 일부 연구를 조사하여 정리한 것이다. 이 정보(Chima, 2009a) 제공에 도움을 준 NASA Glenn Research Center의 R. V. Chima 박사에게 감사 드린다.

CFD의 일반적인 참고 문헌은 다음과 같다.

- Lakshminarayana(1996) – 이 광범위한 자료는 특히 터보기계에 집중
- Tannehill 등(1997) – 모든 응용 분야에 적용 가능한 CFD 상세 설명서. 상세한 수학적 설명
- Hirsch(1990) – 터보기계와 터보기계의 CFD에 집중
- Wilcox(2006) – CFD를 위한 모든 중요한 난류 모형을 상세히 설명

9장에서 언급된 바와 같이 준3차원(Q3D: quasi-three-dimensional) 모형은 터보기계의 3차원 유동을 설명하기 위한 초기 노력의 일환이다. 축류형 기계의 SRE를 제외하면, 대부분의 Q3D 기법에서는 컴퓨터 코드의 이용이 필요하다. 일반적으로 비점성 유동함수나 유선 곡률 기법을 이용하여 S1과 S2 유선 표면에 대해 운동 방정식을 풀이하고, 반경험적인 손실 모형을 적용하여 이 계산 결과를 보다 현실적으로 개선한다. 현재의 컴퓨터를 이용하면 일반

적으로 Q3D 모형을 기반으로 하는 CFD 코드의 계산은 아주 빠르게 수행될 수 있다.

관통 유동(S2) 모형에서는 유한 차분 유동함수 공식(Katsanis and McNally, 1977)이나 아주 조밀한 격자에서 작동 가능한 유선 곡률 공식(Katsanis, 1964)을 적용할 수 있다. 이 기법들은 종종 형상 형성기(geometry generator)와 연계되어 설계 시스템에 적용되기도 한다.

블레이드-블레이드(S1) 모형은 블레이드의 형상 최적화에 사용될 수 있다. 패널 기법 (McFarland, 1993)이나 유동함수 공식(Katsanis, 1969)을 사용하는 예전 모형들은 비점성, 아음속 유동에만 적용 가능하다. 새로운 모형들은 전체 Navier-Stokes 방정식을 풀고, 충격 파와 손실, 열전달도 모사할 수 있다(Chima, 1986).

본 교재를 기술하는 시점에서 적어도 설계 해석 분야에서 가장 최신의 기법은 주로 2-방정식 난류 모형을 적용하는 완전 3차원 Reynolds-averaged Navier-Stokes(3D-RANS) 기법들이다. 이 기법은 산업계에서 독립된 블레이드 익렬의 성능을 예측하는 데 자주 이용된다. 이 기법에서는 유한 차분 또는 유한 체적 방법을 사용할 수 있고 충격파, 효율, 팁 누설 유동과 열전달 등을 예측할 수 있다. 계산 시간과 저장 공간을 절약하기 위해 블레이드와 블레이드 사이가 주기적이라 가정하고, 익렬당 하나의 블레이드만 해석한다. Dunham(1998)은 현재의 해석 가능 범주에 대한 개요를 정리하였다. 대부분의 코드는 현시(explicit) 시간 전진법을 사용한다(Chima, 1991, Dawes, 1988, Denton, 1982, Heidmann 등, 2000). 이 기법으로 압축성 유동의 해석은 가능하지만, 펌프나 휀 같은 낮은 아음속이나 비압축성 유동에서는 전처리 과정이 필요하다. 어떤 코드는 압력 보정 기법을 사용한다(Hah, 1984). 일반적으로 3D-RANS 코드로 좋은 결과를 얻기 위해서는 CFD에 대한 지식과 경험이 필요하다. 선정된 난류 모형이 결과에 큰 영향을 미친다.

아마 가장 도전적인 일은 다단 터보기계에서 정확한 유동을 예측하는 것일 것이다. 대부분의 코드(예들 들어 Chima, 1998)는 혼합 평면 기법(mixing plane scheme)을 이용한다. 회전하는 블레이드 익렬과 정지된 블레이드 익렬이 번갈아 있기 때문에 해석 코드에서는 각 블레이드 익렬은 바로 인접한 블레이드 익렬에서 나오는 평균 유동의 영향을 받는다고 가정한다. 후류, 충격파 등의 유동 불균일성은 블레이드 익렬 사이의 격자 접면에서 모두 혼합된다. 일반적으로 이 모형은 전체 단 성능 예측에는 좋은 결과를 나타내지만 상세한 로터-스테이터의 상호 작용은 나타내지 못한다. 평균 통로 기법(the averaged passage method, Adamczyk, 1999)에서는 블레이드 익렬 간의 상호 작용을 보여 주기 위해 정지와 회전 좌표계에서의 Navier-Stokes 방정식의 시간 평균을 이용한다. 평균 과정에서 레이놀즈 응력과 유사한 미확인 항이 나타나는데, 이 항의 모형화가 필수적이다. 완전 비정상 다단 계산(Chen and Whitfield, 1990)은 블레이드 익렬 간의 비정상적인 상호 작용 전체를 모형화한다. 일반

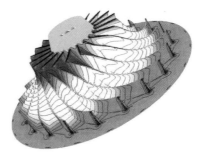

출처: Chima, R. V., 2009b, 웹사이트 http://www.grc.nasa.gov/WWW/5810/rvc/

그림 10.14 SWIFT 3D–RANS로 계산된 원심 압축기 임펠러의 압력 분포

적으로 인접한 블레이드 익렬은 다른 수의 블레이드를 가지고 있어 주기적이라는 가정을 적용할 수 없으므로 모든 블레이드 통로가 고려되어야 한다. 이 방법은 큰 컴퓨터 군집 (cluster)이 필요하고 몇 개월의 시간이 걸릴 수도 있지만, 블레이드 익렬 간의 상호 작용에 대한 상세한 정보를 제공할 수 있다.

첨단 터보기계 유동 해석 CFD의 코드는 대부분 설계나 제작사의 고유 재산이다. 반면, 일반적인 상용 CFD 코드는 사용료가 값비싸고 터보기계 유동 해석에 적용하기 위해서는 많은 노력이 필요하다. 작은 규모의 계산이 필요한 경우 미국 내의 기업과 대학은 NASA Glenn Research Center의 R. V. Chima 박사가 개발한 CFD 코드들을 무료로 이용할 수 있다 (Chima, 2009b). 그림 10.14는 이 코드 중의 하나인 SWIFT 3D-RANS 코드를 이용한 결과의 예를 나타낸 것이다.

10.7 요약

이전의 장에서 설명한 방법과 해석 기법은 모두 실제 터보기계에서 발생하는 많은 어려움을 회피하거나 단순화하였다. 단순한 방법들은 유동장에서 중요한 물리 현상의 모형을 찾고 설계의 기초를 제공하기도 하지만, 이 분야의 특정한 문제에서는 보다 엄밀하고 심오한 이해의 추구가 필요하다. 이 장에서는 그 주제 중의 일부가 간단하게 소개되고 설명되었다.

전형적으로 높은 주유동의 난류 강도는 경계층과 높은 점성 영역에서의 유동의 발달과 거동에 큰 영향을 미친다. 층류에서 난류로의 천이는 난류 강도에 크게 영향을 받으며, 터보기계 내에서의 천이는 일반적인 외부 유동과는 매우 다른 특징을 보인다. 더불어 박리 유동의 성장, 실속, 유로 내의 유동 혼합 역시 유동에 내포된 난류의 정도와 크기(scale)에 크게 영향을 받는다.

블레이드 유로 내의 유동을 완전하게 설명하기 위해서는 유로의 이차 유동의 영향도 반드시 고려되어야 한다. 이차 유동은 블레이드와 블레이드 사이(원주 방향)와 허브와 슈라우드 사이(반경 방향 또는 수직 방향)의 압력 구배 때문에 발달한다. 일체형 슈라우드가 없는 기계의 엔드월이나 팁 간극을 통한 유동에 의해 발생하는 와류의 성장은 유동장을 더욱 복잡하게 만든다. 이러한 엔드월 간극과 누설 유동은 통로 내의 주유동에 강력한 회전 운동을 더할 수도 있다. 유로 내 유동의 대류와 확산에 대한 두 이론도 간단하게 소개되었고, 실제 유동장의 모형화를 위해서는 두 이론 모두 포함되어야 하는 것도 설명하였다.

아주 낮은 레이놀즈수 유동이 캐스케이드 유동 선회와 손실에 미치는 영향은 가장 어려운 유동 문제 중의 하나이다. 이 분야의 실험 결과는 공개된 문헌에서 찾아보기 어렵기 때문에 낮은 불확실성을 가지는 효과적인 모형화가 쉽지 않다. 이 문제가 설명되었고, Roberts(1975a)의 결과를 바탕으로 추가적인 실험 결과를 이용하여 대략적인 예측 모형을 설명하였다. 도출된 모형은 낮은 레이놀즈수 유동에서 편차각에 대해서는 적절한 예측값을 보였지만, 전압 손실 계수의 예측에서는 큰 오차를 보였다.

정적 및 동적 안정성 문제도 Greitzer(1971, 1996)에 의해 오랜 시간에 걸쳐 도출된 모형을 기반으로 간단하게 설명되었다. 기계가 압력-유량 특성 곡선의 영 또는 양의 기울기 조건에서 작동하면 유동의 불안정성으로 이어질 수 있다. 특별한 경우 회전 실속 셀의 발달은 기계에 치명적일 수 있는 서지로 이어질 수 있다. 이 장에서 설명한 모형을 이용하면 터보기계의 사용자나 설계자는 기계가 위험한 구간에서 작동하지 않도록 할 수 있을 것이다.

마지막으로 터보기계의 설계와 유동 해석에서 CFD의 응용에 대한 기본 개념들을 설명하였다. 이 분야의 문헌들이 간단히 소개되었고, 기본 모형들과 그 해석 능력도 함께 소개되었다. 또 현재 사용 가능한 코드들도 설명되었다.

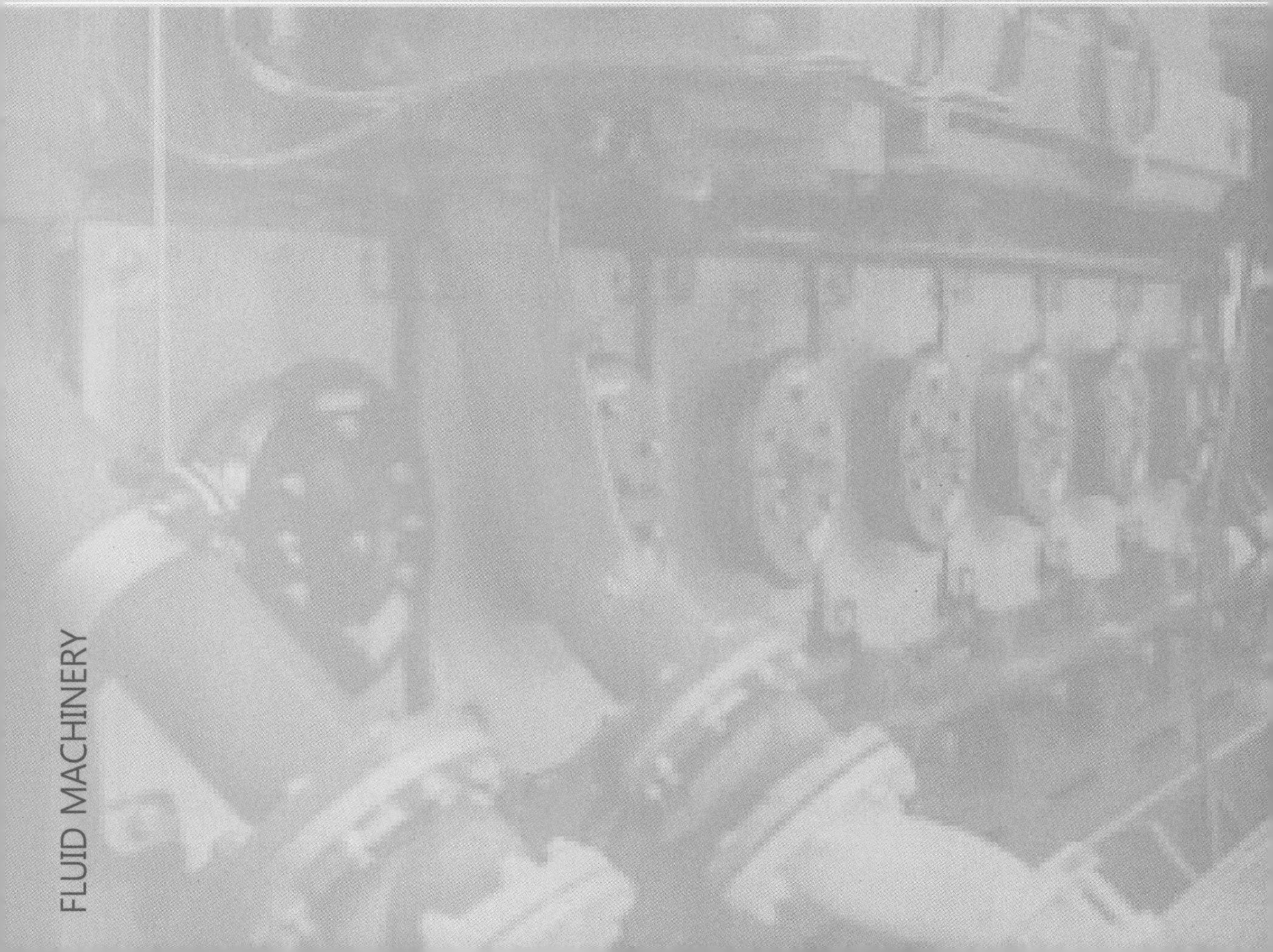
FLUID MACHINERY

FLUID MACHINERY

부 록

부록 A

표 A.1 Approximate Gas Properties at 20℃, 101.3 kPa

Gas	M	γ	$\rho(kg/m^3)$
Air	29.0	1.40	1.206
Carbon dioxide	44.0	1.30	1.831
Helium	4.0	1.66	0.166
Hydrogen	2.0	1.41	0.083
Methane	16.0	1.32	0.666
Natural gas (typical)	19.5	1.27	0.811
Propane	44.1	1.14	1.835

출처: Baumeister, T., Avallone, E. A., and Baumeister, T., III. *Marks' Standard Handbook for Mechanical Engineers*, McGraw-Hill, New York, 1978.

표 A.2 Approximate Values for Dynamic Viscosity of Gases at $T_0 = 273$ K

Gas	$\mu_0((kg/m\,s) \times 10^5)$	n
Air	1.71	0.7
CO_2	1.39	0.8
H_2	0.84	0.7
N_2	1.66	0.7
Methane	1.03	0.9

출처: Based on data from Baumeister, T., Avallone, E. A., and Baumeister, T., III. *Marks' Standard Handbook for Mechanical Engineers*, McGraw-Hill, New York, 1978.

주: Values at other temperatures may be computed using $\mu = \mu_0 (T/T_0)^n$.

표 A.3 Approximate Values of Specific Gravity and Dynamic Viscosity for Liquids at 25℃ and 1 atm

Liquid	Specific Gravity (S.G.)	Viscosity, μ (Centipoise, cP = 10^{-3} N s/m^2)
Water	0.997	0.891
Seawater	1.02	0.9
Gasoline	0.68	0.51
Kerosene	0.78	1.64
Turpentine	0.86	1.38
Heating oil	0.80	1.38
Ethylene glycol	1.13	16.2
Glycerine	1.26	950

출처: Bolz, R. E. and Tuve, G. L., *Handbook of Tables for Applied Engineering Science*, CRC Press, Boca Raton, FL, 1973.

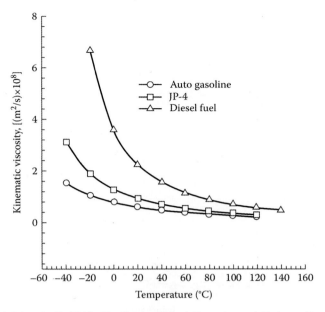

출처: Schetz, J. A. and Fuhs, A. E. (Eds). *Handbook of Fluid Dynamics and Turbomachinery*, Wiley, New York, 1996.

그림 A.1 Variation of kinematic viscosity of fuels with temperature.

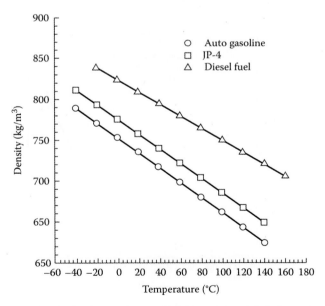

출처: Schetz, J. A. and Fuhs, A. E. (Eds). *Handbook of Fluid Dynamics and Turbomachinery*, Wiley, New York, 1996.

그림 A.2 Variation of density of fuels with temperature.

457

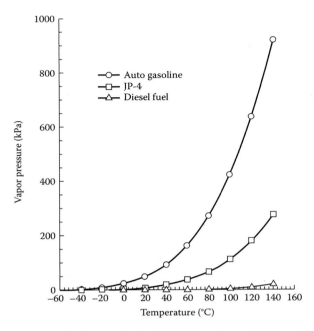

출처: Schetz, J. A. and Fuhs, A. E. (Eds). *Handbook of Fluid Dynamics and Turbomachinery*, Wiley, New York, 1996.

그림 A.3 Variation of fuel vapor pressure with temperature.

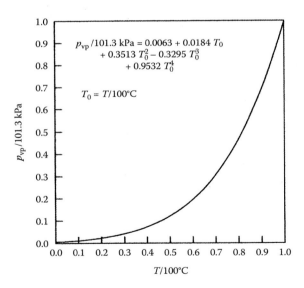

출처: Baumeister, T., Avallone, E. A., and Baumeister, T., III. *Marks' Standard Hand-book for Mechanical Engineers*, McGraw-Hill, New York, 1978.

그림 A.4 Normalized vapor pressure for water with a forth order polynomial curve fit.

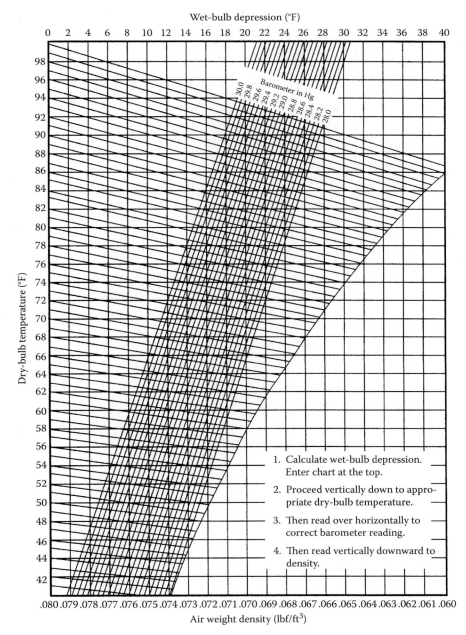

Wet-bulb depression (°F)

Dry-bulb temperature (°F)

Barometer in Hg

1. Calculate wet-bulb depression. Enter chart at the top.

2. Proceed vertically down to appropriate dry-bulb temperature.

3. Then read over horizontally to correct barometer reading.

4. Then read vertically downward to density.

Air weight density (lbf/ft³)

출처: ANSI/AMCA Standard 210-85; ANSI/ASHRAE Standard 51-1985.

그림 A.5 A psychometric density chart.

459

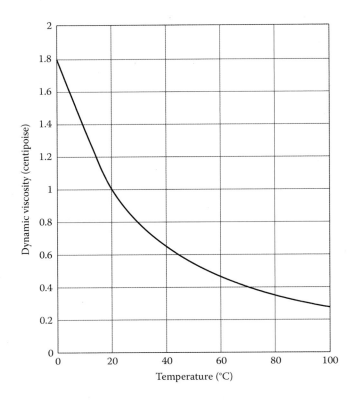

그림 A.6 Dynamic viscosity of liquid water.

부록 B

사용법: 변환이 필요한 두 단위를 선택하면, 해당하는 행과 열의 교점이 환산 인자이다. 필요에 따라 이 환산 인자를 곱하거나 나누면 된다.

Slug	lbm	MASS
6.838E−2 slug/kg	2.2 lbm/kg	**kg**
	32.174 lbm/slug	**slug**

cm²	0.01 cm²/mm²			
m²	1E−6 m²/mm²	1 E-4 m²/cm²		
in.²	1.55E−3 in.²/mm²	0.155 in.²/cm²	1.55E3 in.²/m²	
ft²	1.076E−5 ft²/mm²	1.076E−3 ft²/cm²	10.76 ft²/m²	6.944E−3 ft²/in.²
AREA	**mm²**	**cm²**	**m²**	**in.²**

m²/s	ft²/s	KINEMATIC VISCOSITY
1E−6 (m²/s²)/cSt	1.076E−5 (ft²/s)/cSt	**Centistoke (cSt)**
	9.29E−2 (ft²/s)/(m²/s)	**m²/s**

cm	0.1 cm/mm			
m	1E−3 m/mm	0.01 m/cm		
in.	0.03937 in./mm	0.3937 in./cm	39.37 in./m	
ft	3.281E−3 ft/mm	3.2808E−2 ft/cm	3.2808 ft/m	8.333E−2 ft/in.
LENGTH	**mm**	**cm**	**m**	**in.**

DYNAMIC VISCOSITY

	lbs/ft²	N s/m²	Centipoise (cP)
lbs/ft²			2.09E−5 (lbs/ft²)/cP
N s/m²	47.88 (N s/m²)/(lbs/ft²)	1E−3 (N s/m²)/cP	

VOLUME

	mm²	cm²	m²	L	in.²	ft³
cm³	1E−3 cm³/mm³					
m³	1E−9 m³/mm³	1E−6 m³/cm³				
L	1E−6 L/mm³	1E−3 L/cm³	1E3 L/m³			
in.³	6.102E−5 in.³/mm³	6.102E−2 in.³/cm³	6.102E4 in.³/m³	61.02 in.³/L		
ft³	3.531E−8 ft³/mm³	3.53E−5 ft³/cm³	35.31 ft³/m³	3.534E−2 ft³/L	5.787E−4 ft³/in.³	
gal	2.641E−7 gal/mm³	2.642E−4 gal/cm³	264.2 gal/m³	0.2642 gal/L	4.329E−3 gal/in.³	7.48 gal/ft³

PRESSURE

PRESSURE	in. Hg	in. wg	lb/in.^{2} (psi)	lb/ft^2	bar
Pa	2.95E–4 in. Hg/Pa	4.01E–3 in. wg/Pa	1.45E–4 psi/Pa	2.09E–2 (lb/ft^2)/Pa	1.0E–5 bar/Pa
in. Hg		13.6 in. wg/in. Hg	0.491 psi/in. Hg	70.7(lb/ft^2)/in. Hg	3.39E–2 bar/in. Hg
in. wg			0.0361 psi/in. wg	5.2 (lb/ft^2)/in. wg	2.49E–3 bar/in.wg
lb/in^2(psi)				144 (lb/ft^2)/psi	6.89E–2 bar/psi

VOLUME FLOW

VOLUME FLOW	m^3/s	L/s	L/min	ft^3/s	ft^3/min
L/s	1.0E3 (L/s)/(m^3/s)				
L/min	6.0E4 (L/min)/(m^3/s)	60 (L/min)/(ℓ/s)			
ft^3/s	35.31 (ft^3/s)/(m^3/s)	3.534E–3 (ft^3/s)/(L/s)	2.119 (ft^3/s)/(L/min)		
ft^3/min(cfm)	2119 cfm/(m^3/s)	0.2119 cfm/(L/s)	3.534E–2 cfm/(L/min)	1.667E–2 cfm/(ft^3/s)	
gal/min(gpm)	1.585E4 gpm/m^3/s	15.85 gpm/L/s	0.2642gpm/L/min	449 gpm/(ft^3/s)	7.481 gpm/cfm

SPECIFIC ENERGY

J/kg	ft lb/slug	ft lb/lbm	Btu/slug	ft²/s²	
2.32 (J/kg)/(Btu/lbm)	2.50E4 (ft lb/slug)/(Btu/lbm)	778 (ft lb/lbm)/(Btu/lbm)	32.2(Btu/slug)/(Btu/lbm)	2.50E5 (ft²/s²)/(Btu/lbm)	Btu/lbm
	10.76 (ft lb/slug)/(J/kg)	0.334 (ft lb/lbm)/(J/kg)	1.38E−2 (Btu/slug)/(J/kg)	1.079E5 (ft²/s²)/(J/kg)	J/kg
		3.11E−2 (ft lb/lbm)/(ft lb/slug)	1.29E−3(Btu/slug)/(ft lb/slug)	1.0 (ft²/s²)/(ft lb/slug)	ft lb/slug
				32.2 (ft²/s²)/(ft lb/lbm)	ft lb/lbm
				778 (ft²/s²)/(Btu/slug)	Btu/slug

kW	hp	ft lb/s	
0.746 hp/kW			hp
738 (ft lb/s)/kW	550 (ft lb/s)/hp		ft lb/s
0.949 (Btu/s)/kW	0.707 (Btu/s)/hp	1.29 (Btu/s)/(ft lb/s)	Btu/s
kW	hp	ft lb/s	**POWER**

찾아보기

참고 문헌

- Abbott, I. and von Denhoff, A., *Theory of Wing Sections*, Dover Books, New York, 1959.
- Adamczyk, J. J., "Aerodynamic analysis of multistage turbomachinery flows in support of aerodynamic design," ASME Paper No. 99-GT-80, June, 1999.
- Addison, J. S. and Hanson, H. P., "Modeling of unsteady transitional layers," *ASME Journal of Turbomachinery*, 114 (July), pp. 550-589, 1992.
- Adenubi, S. O., "Performance and flow regimes of annular diffusers with axialflow turbomachinery discharge inlet conditions," ASME Paper No. 75-WA/FE-5, 1975.
- Adkins, G. G. and Smith, L. H., Jr., "Spanwise mixing in axial-flow turbo-machines," *ASME Journal of Engineering for Power*, 104, 97-100, 1982.
- Adkins, R. C., "A short diffuser with low pressure loss," *ASME Journal of Fluids Engineering*, 93, 297-302, 1975.
- Ainley, D. G. and Mathieson, G. C. R., "A method of performance estimation of axial-flow turbines," ACR R&M 2974, 1951.
- Allis-Chalmers, "Catalog of general purpose pumps," Industrial Pump Division, 1986.
- AMCA, *Laboratory Methods of Testing Fans for Aerodynamic Performance Rating*, ANSI/AMCA 210-99; ANSI/ASHRAE 51-99; Air Moving and Conditioning Association, 1999.
- AMCA, "*Industrial process/power generation fans: Establishing performance using laboratory models*," Publication 802-02, Air Moving and Conditioning Association, 2002.
- Anderson, J. D., *Modern Compressible Flow with Historical Perspectives*, McGraw-Hill, New York, 1984.
- ANSYS, *ANSYS-CFX*, ANSYS Inc., Cannonsburg, PA.
- ASME, "*Centrifugal pumps*," ASME-PTC-8.2, American Society of Mechanical Engineers, 1990.
- ASME, "*Performance test code on compressors and exhausters*," ASME-PTC-10, American Society of Mechanical Engineers, 1997.
- ASME, "*Flow measurement*," ASME-PTC-19.5, American Society of Mechanical Engineers, 2004.
- ASME, "*Fans*," ASME-PTC-11, American Society of Mechanical Engineers, 2008.
- Baade, P. K., Private communication, 1982.
- Baade, P. K., Mathematical models for noise generation: An appraisal of the literature, *Proceedings of the Air Movement and Distribution Conference*, Purdue University, 1986.

- Balje, O. E., "Axial cascade technology and application to flow path designs," *ASME Journal of Engineering for Power*, 81, 1968.
- Balje, O. E., *Turbomachines*, Wiley, New York, 1981.
- Bathie, W. W., *Fundamentals of Gas Turbines*, 2nd ed., Wiley, New York, 1996.
- Baumeister, T., Avallone, E. A., and Baumeister, T., III, *Marks' Standard Handbook for Mechanical Engineers*, McGraw-Hill, New York, 1978.
- Beckwith, T. G., Marangoni, R. D., and Lienhard, J. H., *Mechanical Measurements*, Addison-Wesley, New York, 1993.
- Beranek, L. L. and Ver, I., *Noise and Vibration Control Engineering Principles and Applications*, Wiley, New York, 1992.
- Bolz, R. E. and Tuve, G. L., "Section 1.2, Properties of liquid," in *Handbook of Tables for Applied Engineering Science*, CRC Press, Boca Raton, FL, 1973.
- Broch, J., *Acoustic Noise Measurement, The Application of Bruel & Kjaer Measuring Systems*, 2nd ed., Bruel & Kjaer, Denmark, 1971.
- Burdsall, E. A. and Urban, R. H., "Fan-compressor noise: Prediction, research and reduction studies," Final Report FAA-RD-71-73, 1973.
- Busemann, A., "The head ratio of centrifugal pumps with logarithmic spiral blades" ("Das Forderhohenverhaltnis Radialer Krielselpumpen mit Logarithmisch-Spiraligen Schaufeln"), *Z. agnew Math. Mech.* 8. (in Balje, 1981).(See p. 161 in Balje, 1981), 1928.
- Carter, A. and Hughes, H., "A theoretical investigation into the effect of profile shape on the performance of aerofoils in cascade," R&M 2384, British ARC, March, 1946.
- Casey, M. V., "The effects of Reynolds number on the efficiency of centrifugal compressor stages," *ASME Journal for Gas Turbines and Power*, 107, 541-548, 1985.
- Cebeci, T., "Essential ingredients of a method for low Reynolds number airfoils," *AIAA Journal*, 27(12), 1680-1688, 1983.
- Cèngel, Y. and Cimbala, J., *Fluid Mechanics: Principles and Applications*, 2nd ed., McGraw-Hill, New York, 2010.
- Chen, J.-P. and Whitfield, D. L., "Navier-Stokes calculations for the unsteady flowfield of turbomachinery," AIAA Paper 1990-0676, 1990.
- Chicago Blower Company, *Fan Catalogs*, 1998.
- Chima, R. V., "Development of an explicit multigrid algorithm for quasi-three-dimensional viscous flows in turbomachinery," NASA TM 87128, 1986.
- Chima, R. V., "Viscous three-dimensional calculations of transonic fan perfor-mance," NASA TM 103800, May, 1991.
- Chima, R. V., "Calculation of unsteady multistage turbomachinery using steady characteristic boundary conditions," AIAA Paper 98-0968 or NASA TM-1998-206613, 1998.

- Chima, R. V., 2009a. Personal communication with the authors.

- Chima, R. V., 2009b. Website at http://www.grc.nasa.gov/WWW/5810/rvc/

- Citavy, J. and Jilek, J., "The effect of low Reynolds number on straight compressor cascades," ASME Paper No. 90-GT-221, 1990.

- Compte, A., Ohayon, G., and Papailiou, K. D., "A method for the calculation of the wall layers inside the passage of a compressor cascade with and without tip clearance," *ASME Journal of Engineering for Power*, 104, 1982.

- Constant, H., "Note on the performance of cascades of aerofoils," Note E-3996, British RAE, 1939.

- Cordier, O., "Similarity considerations in turbomachines," VDI Reports, 3, 1955.

- Crocker, M. J., *Handbook of Noise and Vibration Control Engineering*, Wiley, New York, 2007.

- Csanady, G. T., *Theory of Turbomachines*, McGraw-Hill, New York, 1964.

- Cumpsty, N. A., "A critical review of turbomachinery noise," *ASME Journal of Fluids Engineering*, 99, 278-293, 1977.

- Davis, R. C. and Dussourd, J. L., "A unified procedure for calculation of off-design performance of radial turbomachinery," ASME Paper No. 70-GT-64, 1970.

- Dawes, W. N., "Development of a 3D Navier-Stokes solver for application to all types of turbomachinery," ASME Paper No. GT-88-70, 1988.

- de Haller, P., "Das Verhalten von Traflugol gittern im Axialverdictern und im Windkanal," *Brennstoff-Warme-Kraft*, 5, 333-336, 1952.

- Denton, J. D., "An improved time marching method for turbomachinery flow calculation," ASME Paper No. 82-GT-239, 1982.

- Denton, J. D. (Ed.), *Developments in Turbomachinery Design*, Professional Engineering Publishing, Bury St. Edmunds, England, 1999.

- Denton, J. D. and Usui, S., "Use of a tracer gas technique to study mixing in a low speed turbine," ASME Paper No. 81-GT-86, 1981.

- Dixon, S. L., *Fluid Mechanics and Thermodynamics of Turbomachinery*, 5th ed., Elsevier, Amsterdam, 1998.

- Dullenkopf, K. and Mayle, R., "The effect of incident turbulence and moving wakes on laminar heat transfer in gas turbines," *ASME Journal of Turbomachinery*, 116, 23-28, 1994.

- Dunham, J. (Ed.), "CFD validation for propulsion system components," AGARD-AR-355, May, 1998.

- Emery, J. C., Herrig, L. J., Erwin, J. R., and Felix, A. R., *Systematic Two-Dimensional Cascade Tests of NACA 65-Series Compressor Blades at Low Speed*, NACA-TR-1368, 1958.

- Emmons, H. W., Pearson, C. E., and Grant, H. P., "Compressor surge and stall propagation,"

Transactions of the ASME, 77, 455–469, 1955.

- FLUENT, ANSYS Inc., Cannonsburg, PA, http://www.ansys.com

- Fox, R. W., Prichard, P. J., and McDonald, A. T., *Introduction to Fluid Mechanics*, 7th ed., Wiley, New York, 2009.

- Gallimore, S. J. and Cumpsty, N. A., "Spanwise mixing in multi-stage axial flow compressors: Part I—experimental investigations," *ASME Journal of Turbo-machinery*, 8, 1–8, 1986a.

- Gallimore, S. J. and Cumpsty, N. A., "Spanwise mixing in multi-stage axial flow compressors: Part II—Throughflow calculations including mixing," *ASME Journal of Turbomachinery*, 8, 9–16, 1986b.

- Gerhart, P. M., Gross, R. J., and Hochstein, J. I., *Fundamentals of Fluid Mechanics*, 2nd ed., Addison-Wesley; Reading, MA, 1992.

- Goldschmeid, F. R., Wormley, D. M., and Rowell, D., "Air/gas system dynam-ics of fossil fuel power plants—system excitation," EPRI Research Project 1651, Vol. 5, CS-2006, 1982.

- Gostelow, J. P. and Blunden, A. R., "Investigations of boundary layer transition in an adverse pressure gradient," ASME Journal of Turbomachinery, 111, 1989.

- Goulds, *Pump Manual: Technical Data Section*, 4th ed., Goulds Pump, Inc., Seneca Falls, NY, 1982.

- Graham, J. B., "How to estimate fan noise," *Journal of Sound and Vibration*, 6, 24–27, 1972.

- Graham, J. B., "Prediction of fan sound power," *ASHRAE Handbook: HVAC Applications*, American Society of Heating, Refrigerating and Air-Conditioning Engineers, Inc, 1991.

- Granger, R. A. (Ed.), *Experiments in Fluid Mechanics*, Holt, Rinehart and Winston, New York, 1988.

- Granville, P. S., "The calculations of viscous drag on bodies of revolution," David Taylor Model Basin Report No. 849, 1953.

- Greitzer, E. M., "The stability of pumping systems—the 1980 Freeman scholar lecture," *ASME Journal of Fluids Engineering*, 103, 193–242, 1981.

- Greitzer, E. M., "Stability in pumps and compressors," in *Handbook of Fluid Dynamics and Turbomachinery* (J. Schetz and A. Fuhs, Eds), Wiley, New York, 1996.

- Hah, C., "A Navier-Stokes analysis of three-dimensional turbulent flows inside turbine blade rows at design and off-design conditions," *ASME Journal of Engineering for Power*, 106, 421–429, 1984.

- Hansen, A. G. and Herzig, H. Z., "Secondary flows and three-dimensional boundary layer effects," (in NASA SP-36, Johnson and Bullock, 1965), 1955.

- Hanson, D. B., "Spectrum of rotor noise caused by atmospheric turbulence," *Journal of the Acoustical Society of America*, 55, 53–54, 1974.

- Heidmann, J., Rigby, D. L., and Ameri, A. A., "A three-dimensional coupled internal/external simulation of a film cooled turbine vane," *ASME Journal of Turbomachinery*, 122, 348-359, 2000.
- Heywood, J. B., *Internal Combustion Engine Fundamentals*, McGraw-Hill, New York, 1988.
- HI, *Test Standard for Centrifugal Pumps*; HI-1.6; Hydraulic Institute, 1994.
- Hirsch, C., *Numerical Computations of Internal and External Flows*, Vols. 1 and 2, Wiley, New York, 1990.
- Hirsch, Ch., "End-wall boundary layers in axial compressors," *ASME Journal of Engineering for Power*, 96, 1974.
- Holman, J. P. and Gadja, W. J., Jr., *Experimental Methods for Engineers*, 7th ed., McGraw-Hill, New York, 1989.
- Horlock, J. H., *Axial Flow Compressors, Fluid Mechanics and Thermodynamics*, Butterworth Scientific, London, 1958.
- Howard, J. H. G., Henseller, H. J., and Thornton, A. B., "Performance and flow regimes for annular diffusers," ASME Paper No. 67-WA/FE-21, 1967.
- Howden Industries, Axial Fan Performances Curves, 1996.
- Howell, A. R., "Fluid mechanics of axial compressors," *Proceeding of the Institute of Mechanical Engineers*, 153, 1945.
- Hunter, I. H. and Cumpsty, N. A., "Casing wall boundary layer development through an isolated compressor rotor," *ASME Journal of Engineering for Power*, 104, 805-818, 1982.
- Idel'Chik, I. E., *Handbook of Hydraulic Resistance*, AEC-TR-6630 (also Hemi-sphere, New York, 1986), 1966.
- Industrial Air, *General Fan Catalog*, Industrial Air, Inc, 1986.
- Jackson, D. G., Jr. and Wright, T., "An intelligent learning axial fan design system," ASME Paper No. 91-GT-27, 1991.
- Japikse, D. and Baines, N., *Introduction to Turbomachinery*, Concepts ETI, White River Junction, VT, 1994.
- Johnsen, I. A. and Bullock, R. O., "Aerodynamic design of axial flow compressors," NASA SP-36, 1965.
- Johnson, M. W. and Moore, J., "The development of wake flow in a centrifugal impeller," *ASME Journal of Turbomachinery*, 102, 383-390, 1980.
- Jorgensen, R. (Ed.), *Fan Engineering—An Engineer's Handbook on Fans and Their Applications*, Buffalo Forge Company, New York, 1983.
- Kahane, A., "Investigation of axial-flow fan and compressor rotor designed for three-dimensional flow," NACA TN-1652, 1948.
- Karassik, I. J., Messina, J. P., Cooper, P., and Heald, C. C., *Pump Handbook*, 4th ed.,

McGraw-Hill, New York, 2008.

- Katsanis, T., "Use of arbitrary quasi-orthogonals for calculating flow distribution in the meridional plane of a turbomachine," NASA TN D-2546, 1964.
- Katsanis, T., "Fortran program for calculating transonic velocities on a blade-to-blade surface of a turbomachine," NASA TN D-5427, 1969.
- Katsanis, T. and McNally, W. D., "Revised Fortran program for calculating velocities and streamlines on the hub-shroud midchannel stream surface of an axial-, radial-, or mixed flow turbomachine or annular duct, I—user's manual," NASA TN D-8430, 1977.
- Kestin, J., Meader, P. F., and Wang, W. E., "On boundary layers associated with oscillating streams," *Applied Science Research*, A 10, 1961. (See Schlichting, 1979.).
- Kittredge, C. P., "Estimating the efficiency of prototype pumps from model tests," ASME Paper No. 67-WA/FE-6, 1967.
- Koch, C. C., "Stalling pressure capability of axial-flow compressors," *ASME Journal of Engineering for Power*, 103(4), 645-656, 1981.
- Koch, C. C. and Smith, L. H., Jr., "Loss sources and magnitudes in axial-flow compressors," *ASME Journal of Engineering for Power*, 98(3), 411-424, 1976.
- Ladson, C., Brooks, C., Jr., Hill, A., and Sproles, D., "Computer program to obtain ordinates for NACA airfoils," NASA-TM-4741, 1996.
- Laguier, R., "Experimental analysis methods for unsteady flow in turbomachinery," Measurement *Methods in Rotating Components of Turbomachinery*, ASME, New York, 1980.
- Lakshminarayana, B., "Methods of predicting the tip clearance effects in axial flow turbomachinery," *ASME Journal of Basic Engineering*, 92, 1979.
- Lakshminarayana, B., "An assessment of computational fluid dynamic tech-niques in the analysis and design of turbomachinery—the 1990 Freeman scholar lecture," *ASME Journal of Fluids Engineering*, 113, 315-352, 1991.
- Lakshminarayana, B., *Fluid Dynamics and Heat Transfer of Turbomachinery*, Wiley, New York, 1996.
- Leylek, J. H. and Wisler, D. C., "Mixing in axial-flow compressors: Conclusions drawn from three-dimensional Navier-Stokes analyses and experiments," *ASME Journal of Turbomachinery*, 113, 139-160, 1991.
- Li, Y. S. and Cumpsty, N. A., "Mixing in axial flow compressors: Part 1—test facilities and measurements in a four-stage compressor," *ASME Journal of Turbomachinery*, 113, 161-165, 1991a.
- Li, Y. S. and Cumpsty, N. A., "Mixing in axial flow compressors: Part 2—measurements in a single-stage compressor and duct," *ASME Journal of Turbomachinery*, 113, 166-174, 1991b.

- Lieblein, S., "Loss and stall analysis of compressor cascades," *ASME Journal of Basic Engineering*, 81, 387–400, 1959.
- Lieblein, S., "Analysis of experimental low-speed loss and stall characteristics of two-dimensional blade cascades," NACA RM E57A28, 1957.
- Lieblein, S. and Roudebush, R. G., "Low speed wake characteristics of two-dimensional cascade and isolated airfoil sections," NACA TN 3662, 1956.
- Longley, J. P. and Greitzer, E. M., "Inlet distortion effects in aircraft propulsion systems," AGARD Lecture Series LS-133, 1992.
- Mayle, R. E., "The role of laminar-turbulent transition in gas turbine engines," ASME Paper No. 91-GT-261, 1991.
- Mayle, R. E. and Dullenkopf, K., "A theory for wake induced transition," *ASME Journal of Turbomachinery*, 112, 188–195, 1990.
- Madhavan, S., DiRe, J., and Wright, T., "Inlet flow distortion in centrifugal fans," ASME Paper No. 84-JPGC/GT-4, 1984.
- Madhavan, S. and Wright, T., "Rotating stall caused by pressure surface flow separation in centrifugal fans," *ASME Journal of Engineering for Gas Turbines and Power*, 107:33, 1985.
- Mattingly, J., *Elements of Gas Turbine Propulsion*, McGraw-Hill, New York, 1996.
- McDonald, A. T. and Fox, R. W., "Incompressible flow in conical diffusers," ASME Paper No. 65-FE-25, 1965.
- McDougall, N. M., Cumpsty, N. A., and Hynes, T. P., "Stall inception in axial compressors," Presented at the *ASME Gas Turbine and Aeroengine Conference and Exposition*, June, Toronto, Ontario, 1989.
- McFarland, E. R., "An integral equation solution for multi-stage turbomachinery design," NASA TM-105970, NASA Lewis Research Center, 1993.
- Mellor, G. L., "An analysis of compressor cascade aerodynamics, Part I: Poten-tial flow analysis with complete solutions for symmetrically cambered airfoil families," *ASME Journal of Basic Engineering*, 81, 362–378, 1959.
- Mellor, G. L. and Wood, G. M., "An axial compressor end-wall boundary layer theory," *ASME Journal of Basic Engineering*, 93, 300–316, 1971.
- Moody, L. F., "The propeller type turbine," *Proceedings of the American Society of Civil Engineers*, 51, 628–636, 1925.
- Moore, J. and Smith, B. L., "Flow in a turbine cascade—Part 2: Measurement of flow trajectories by ethylene detection," *ASME Journal of Engineering for Gas Turbines and Power*, 106, 409–413, 1984.
- Moran, M. J. and Shapiro, H. N., *Fundamentals of Engineering Thermodynamics*, 6th ed., Wiley, New York, 2008.

- Moreland, J. B., "Outdoor propagation of fan noise," ASME Paper No. 89-WA/ NCA-9, 1989.

- Morfey, C. L. and Fisher, M. J., "Shock wave radiation from a supersonic ducted rotor," *Aeronautical Journal*, 74(715), 579-585, 1970.

- Munson, B. R., Young, D. F., Okishii, T. H., and Huebsch, W. W., *Fundamentals of Fluid Mechanics*, 6th ed., Wiley, New York, 2009.

- Myers, J. G., Jr. and Wright, T., "An inviscid low solidity cascade design routine," ASME Paper No. 93-GT-162, 1993.

- Nasar, S. A., *Handbook of Electric Machines*, McGraw-Hill, New York, 1987.

- NCFMF, *Flow Visualization* (S. J. Kline, principal), National Committee for Fluid Mechanics Films (Encyclopedia Britannica, Educational Corporation), 1963. (redirects to http://web.mit.edu/ hml/ncfmf.html).

- Neise, W., "Noise reduction in centrifugal fans: A literature survey," *Journal of Sound and Vibration*, 45(3), 375-403, 1976.

- New York Blower, *Catalog on Fans*, New York Blower Co., 1986.

- Novak, R. A., "Streamline curvature computing procedure for fluid flow problems," *ASME Journal of Engineering for Power*, 89, 478-490, 1967.

- O'Brien, W., Jr., Cousins, W., and Sexton, M., "Unsteady pressure measurements and data analysis techniques in axial flow compressors," *Measurement Methods in Rotating Components of Turbomachinery*, Ed. B. Lakshminarayana and P. Runstadler ASME, New York, 1980.

- Obert, E. F., *Internal Combustion Engines, and Air Pollution*, Intext, New York, 1973.

- O'Meara, M. M. and Mueller, T. J., "Laminar separation bubble characteristics on an airfoil at low Reynolds numbers," *AIAA Journal*, 25(8), 1033-1041, 1987.

- Papailiou, K. D., "Correlations concerning the process of flow decelerations," *ASME Journal of Engineering for Power*, 97, 295-300, 1975.

- Pfenninger, W. and Vemura, C. S., "Design of low Reynolds number airfoils," *AIAA Journal of Aircraft*, 27(3), 204-210, 1990.

- Ralston, S. A. and Wright, T., "Computer-aided design of axial fans using small computers," *ASHRAE Transactions*, 93(Part 2), Paper No. 3072, 1987.

- Rao, S. S., *Mechanical Vibrations*, 2nd ed., Addison-Wesley, New York, 1990.

- Reneau, L. R., Johnson, J. P., and Kline, S. J., "Performance and design of straight two-dimensional diffusers," *ASME Journal of Basic Engineering*, 89(1), 141-150, 1967.

- Richards, E. J. and Mead, D. J., *Noise and Acoustic Fatigue in Aeronautics*, Wiley, New York, 1968.

- Roberts, W. B., "The effects of Reynolds number and laminar separation on cascade performance," *ASME Journal of Engineering for Power*, 97, 261-274, 1975a.

- Roberts, W. B., "The experimental cascade performance of NACA compressor profiles at low Reynolds number," *ASME Journal of Engineering for Power*, 97, 275-277, 1975b.
- Schetz, J. A. and Fuhs, A. E. (Eds), *Handbook of Fluid Dynamics and Turbo-machinery*, Wiley, New York, 1996.
- Schlichting, H., *Boundary Layer Theory*, 7th ed., McGraw-Hill, New York, 1979.
- Schmidt, G. S. and Mueller, T. J., "Analysis of low Reynolds number separation bubbles using semi-empirical methods," *AIAA Journal*, 27(8), 993-1001, 1989.
- Schubauer, G. B. and Skramstad, H. K., "Laminar boundary layer oscillations and stability of laminar flow, National Bureau of Standards Research Paper 1772," *Journal of Aeronautical Sciences*, 14, 69-78, 1947.
- Sharland, C. J., "Sources of noise in axial fans," *Journal of Sound and Vibration*, 1(3), 302-322, 1964.
- Shigley, J. S. and Mischke, C. K., *Mechanical Engineering Design*, McGraw-Hill, New York, 1989.
- Shepherd, D. G., *Principles of Turbomachinery*, Macmillan and Company, New York, 1956.
- Smith, L. C., "A note on diffuser generated unsteadiness," *ASME Journal of Fluids Engineering*, 97, 327-379, 1976.
- Smith, L. H., Jr., "Secondary flows in axial-flow turbomachinery," *Transactions of the ASME*, 177, 1065-1076, 1955.
- Soderberg, C., *Gas Turbine Laboratory*, Massachusetts Institute of Technology, 1949 (cited in Dixon, 1999), 1949.
- Sovran, G. and Klomp, E. D., "Experimentally determined optimum geometries for diffusers with rectilinear, conical, or annular cross-sections," *Fluid Mechanics of Internal Flow*, Elsevier Publications, Amsterdam, The Netherlands, 1967.
- Stanitz, J. D. and Prian, V. D., "A rapid approximate method for determining velocity distributions on impeller blades of centrifugal compressors," NACA TN 2421, 1951.
- Stepanoff, A. J., *Centrifugal and Axial Flow Pumps*, Wiley, New York, 1948.
- Stodola, A., *Steam and Gas Turbines*, Springer, New York, 1927.
- Strub, R. A., Bonciani, L., Borer, C. J., Casey, M. V., Cole, S. L., Cook, B. B., Kotzur, J., Simon, H., and Strite, M. A., "Influence of Reynolds number on the performance of centrifugal compressors," *ASME Journal of Turbomachinery*, 106(2), 541-544, 1984.
- Tannehill, J. C., Anderson, D. A., and Pletcher, R. H., *Computational Fluid Mechanics and Heat Transfer*, Taylor & Francis, Washington, 1997.
- Thumann, A., *Fundamentals of Noise Control Engineering*, 2nd ed., Fairmont Press, Atlanta, 1990.
- Thoma, D. and Fischer, K., "Investigation of the flow conditions in a centrifugal pump,"

Transactions of the ASME, 58, 141-155, 1932.

- Topp, D. A., Myers, R. A., and Delaney, R. A., "TADS: A CFD-based turbomachinery analysis and design system with GUI, Vol. 1: Method and results," NASA CR-198440, NASA Lewis Research Center.

- Van Wylen, G. J. and Sonntag, R. E., *Fundamentals of Classical Thermodynamics*, 3rd ed., Wiley, New York, 1986.

- Vavra, M. H., *Aerothermodynamics and Flow in Turbomachines*, Wiley, New York, 1960.

- Ver, I. L. and Beranek, L. L., *Noise and Vibration Control Engineering Principles and Applications*, 2nd ed., Wiley, New York, 2005.

- Verdon, J. M., "Review of unsteady aerodynamics methods for turbomachinery aeroelastic and aeroacoustic applications," *AIAA Journal*, 31(2), 235-250, 1993.

- Wang, R. E., *Predicting the losses and deviation angles with low Reynolds separation on axial fan blades*, Masters degree thesis in Mechanical Engineering, The University of Alabama at Birmingham, 1993.

- Weber, H. E., "Boundary layer calculations for analysis and design," *ASME Journal of Fluids Engineering*, 100, 232-236, 1978.

- Wiesner, F. J., "A review of slip factors for centrifugal impellers," *ASME Journal of Engineering for Power*, 89, 558-576, 1967.

- White, F. M., *Viscous Fluid Flow*, 3rd ed., McGraw-Hill, New York, 2005.

- White, F. M., *Fluid Mechanics*, 6th ed., McGraw-Hill, New York, 2008.

- Wislicenus, G. F., *Fluid Mechanics of Turbomachinery*, Dover Publications, New York, 1965.

- Wilcox, D., *Turbulence Modeling for CFD*, DCW Industries, LaCanada, CA, 2006.

- Wilson, C. E., *Noise Control*, Harper & Row, New York, 1989.

- Wilson, D. G., *The Design of High-Efficiency Turbomachinery and Gas Turbine Engines*, MIT Press, Cambridge, 1984.

- Wisler, D. C., Bauer, R. C., and Okiishi, T. H., "Secondary flow, turbulent diffusion, and mixing in axial-flow compressors," *ASME Journal of Turbo-machinery*, 109, 455-471, 1987.

- Wittig, S., Shultz, A., Dullenkopf, K., and Fairbanks, J., "Effects of turbulence and wake characteristics on the heat transfer along a cooled gas turbine blade," ASME Paper No. 88-GT -179, 1988.

- Wormley, D. M., Rowell, D., and Goldschmied, F. R., "Air/gas system dynamics of fossil fuel power plants—pulsations," EPRI Research Project 1651, Vol. 5, CS-2006, 1982.

- Wright, S. E., "The acoustic spectrum of axial flow machines," *Journal of Sound and Vibration*, 85, 165-223, 1976.

- Wright, T., "Efficiency prediction for axial fans," *Proceedings of the Conference on Improving Efficiency in HVAC Equipment for Residential and Small Commercial Buildings*, Purdue

University, 1974.

- Wright, T., "A velocity parameter for the correlation of axial fan noise," *Noise Control Engineering*, 19, 17-25, 1982.

- Wright, T., "Centrifugal fan performance with inlet clearance," *ASME Journal for Gas Turbines and Power*, 106(4), 906-912, 1984c.

- Wright, T., "Optimal fan selection based on fan-diffuser interactions," ASME Paper No. 84-JPGC/GT-9, 1984d.

- Wright, T., "A closed-form algebraic approximation for quasi-three-dimensional flow in axial fans," ASME Paper No. 88-GT-15, 1988.

- Wright, T., "Comments on compressor efficiency scaling with Reynolds number and relative roughness," ASME Paper No. 89-GT-31, 1989.

- Wright, T., "Low pressure axial fans," Section 27.6, *Handbook of Fluid Dynamics and Turbomachinery* (J. Shetz and A. Fuhs, Eds), Wiley, New York, 1996.

- Wright, T., Baladi, J. Y., and Hackworth, D. T., "Quiet cooling system development for a traction motor," ASME Paper No. 85-DET-137, 1985.

- Wright, T., Madhavan, A., and DiRe, J., "Centrifugal fan performance with distorted inflows," *ASME Journal for Gas Turbines and Power*, 106(4), 895-900, 1984a.

- Wright, T. and Ralston, S., "Computer aided design of axial fans using small computers," *ASHRAE Transactions*, 93(Part 2), ASHRAE Paper No. 3072, 1987.

- Wright, T., Tzou, K. T. S., and Madhavan, S., "Flow in a centrifugal fan impeller at off-design conditions," *ASME Journal for Gas Turbines and Power*, 106(4), 913-919, 1984b.

- Wright, T., Tzou, K. T. S., Madhavan, S., and Greaves, K. W., "The internal flow field and overall performance of a centrifugal fan impeller—experiment and prediction," ASME Paper No. 82-JPGC-GT-16, 1982.

- Wu, C. H., "A general theory of three-dimensional flow in subsonic and supersonic turbomachine in radial, axial and mixed flow types," NACA TR 2604, 1952.

- Yang, T. and El-Nasher, A. M., "Slot suction requirements for two-dimensional Griffith diffusers," *ASME Journal of Fluids Engineering*, 97, 191-195, 1975.

- Zurn, *General Fan Catalogs*, 1981.

- Zweifel, O., "The spacing of turbomachine blading, especially with large angular deflection," *The Brown Boveri Review*, p. 436, December (p. 132 in Balje, 1981), 1945.

저자 소개

지은이 Terry Wright
Philip M. Gerhart

옮긴이 곽재수   한국항공대학교 항공우주 및 기계공학부 교수
김윤제   성균관대학교 기계공학부 교수
김진혁   한국생산기술연구원 청정기술연구소 청정에너지시스템연구부문 수석연구원
윤준용   한양대학교 기계공학과 교수
최민석   명지대학교 기계공학과 교수

$\boxed{\text{2판}}$

유체기계 : 응용, 선정, 설계
FLUID MACHINERY: Application, Selection, and Design

2020년 8월 25일 2판 1쇄 펴냄
지은이 Terry Wright · Philip M. Gerhart
옮긴이 곽재수 · 김윤제 · 김진혁 · 윤준용 · 최민석
펴낸이 류원식 | **펴낸곳 교문사**

편집팀장 모은영 | **책임편집** 이진숙 | **표지디자인** 신나리 | **본문편집** 홍익 m&b

주소 (10881) 경기도 파주시 문발로 116(문발동 536-2)
전화 1644-0965(대표) | **팩스** 070-8650-0965
등록 1968. 10. 28. 제406-2006-000035호
홈페이지 www.gyomoon.com | E-mail genie@gyomoon.com
ISBN 978-89-363-2080-5 (93550)
값 32,000원